开放教育与全日制两类教育融合互联网+系列教材
江苏省成人高等教育精品资源共享课程配套教材

建筑施工与组织

JIANZHU SHIGONG YU ZUZHI

主　编　周文波

参　编　陈文海　饶文昌　黄家泉
　　　　陈宇清　王艳秋　陈晓旭

主　审　李　强

南京大学出版社

图书在版编目(CIP)数据

建筑施工与组织 / 周文波主编. —南京 ：南京大学出版社，2023.1

ISBN 978 - 7 - 305 - 26260 - 9

Ⅰ. ①建… Ⅱ. ①周… Ⅲ. ①建筑工程－施工管理－开放大学－教材②建筑工程－施工组织－开放大学－教材 Ⅳ. ①TU7

中国版本图书馆 CIP 数据核字(2022)第 208566 号

出版发行 南京大学出版社
社　　址 南京市汉口路 22 号　　邮　　编 210093
出 版 人 金鑫荣

书　　名 建筑施工与组织
主　　编 周文波
责任编辑 朱彦霖　　编辑热线 025 - 83597482

照　　排 南京开卷文化传媒有限公司
印　　刷 丹阳兴华印务有限公司
开　　本 787 mm×1092 mm 1/16 印张 19.25 字数 325 千
版　　次 2023 年 1 月第 1 版 2023 年 1 月第 1 次印刷
ISBN 978 - 7 - 305 - 26260 - 9
定　　价 50.00 元

网　　址：http://www.njupco.com
官方微博：http://weibo.com/njupco
官方微信号：njutumu
销售咨询热线：(025)83594756

序　言

接受继续教育是成人接受新知识、适应社会发展的客观需要，也是素质提升的个人追求。开放大学的继续教育是成人学习的最好方式之一。在习近平新时代中国特色社会主义思想指引下，开放大学以一种适应时代需要的全新办学理念和形式，蓬勃发展，给成人继续教育提供便捷平台。为了与时俱进，同时也更好满足学习者的需求，江苏开放大学与南京大学出版社决定，进行《建筑施工与组织》教材的编写工作。

掌握建筑施工技术、具备施工组织能力，是建筑工程岗位人员专业素质的基本要求。针对成人继续学习的规律，遵循开放大学教育特点，对标“工程管理”“工程造价”“土木工程”等专业的本科人才培养目标，本教材对典型建筑工程施工与施工组织内容做了梳理编撰，更加方便成人碎片化学习。本教材共包括 13 章：前 10 章为建筑施工相关内容，分别是土方工程施工、地基与基础工程施工、砌体结构工程施工、混凝土结构工程施工、脚手架工程施工、装配式结构工程施工、预应力混凝土结构工程施工、防水工程施工、建筑装饰装修工程施工、保温节能工程施工与建筑结构绿色施工；后 3 章为施工组织相关内容，分别是流水施工组织、网络计划技术、施工组织设计编制。

本次编写按建筑工程相关规范要求，结合近些年成熟工程技术与施工组织经验，同时编者再次回顾自己近三十年的课堂教学和培训授课过程、施工现场项目管理的体会，总结而成。本教材第 1 章、第 2 章、第 7 章、第 13 章由江苏开放大学周文波（副教授、高级工程师）、陈文海（教授、高级工程师、一级建造师）编写，第 3 章、第 4 章由江苏城市职业学院饶文昌（副教授、高级工程师、一级建造师、监理工程师）编写，第 5 章、第 6 章由南通二建集团黄家泉（高级工程师、一级建造师）编写，第 8 章由江苏恒颂建设工程有限公司陈宇清（高级工程师、一级建造师）编写，第 9 章、第 10 章由连云港开放大学王艳秋（讲师、一级造价师）编写，第 11 章、第 12 章由东南大学建筑设计研究院陈晓旭（高级工程师）编写，全书由周文波主编并统稿，南京诚明建设咨询有限公司李强（总经理、高级工程师、一级建造师、一级造价师、注册监理工程师）为全书进行主审。

在此次编写过程中，有幸延请了江苏开放大学张晓东教授（正高级工程师，获注册造价工程师、咨询工程师等资格、任江苏省工程造价协会教育分会理事等职务）对教材内容正规性进行斧正，感谢江苏城市职业学院糜秋晨同学、西华师范大学周一唯同学对本书插图和表格的绘制整理。南京诚明建设咨询有限公司、广联达软件股份有限公司、南京凯通基础工程有限公司、江苏南通二建集团有限公司、江苏恒颂建设工程有限公司、江苏浩辉建筑工程有限公司、江苏开放大学工程管理研究所等单位为本书资料补充提供了大力支持。以上为本书的完善付出了辛勤劳动的单位和个人，编者再次表示最诚挚的谢意！同时，我们也参考了有关著作、教材等出版物，在此也向作者表示衷心的感谢！最后编者对南京大学出版社朱彦霖、王骁宇团队付出的辛劳，真心说声：谢谢你们！

本教材是江苏开放大学本科教育层次“工程管理”“工程造价”“土木工程”等专业指定学习用书，也是“江苏省成人高等教育精品资源共享课程——《建筑施工与组织》”开放课程的配套教材。因编者专业水平和行业认知的能力有限，书中有些内容还有待商讨，不足之处在所难免，敬请读者见谅并给予批评指正。

编　者

2022 年 7 月

目 录

第一章 土方工程施工

本单元学习目标

通过本单元学习，学生掌握土方分类和工程参数；
通过本单元学习，学生熟悉土方工程量的计算方法；
通过本单元学习，学生掌握土方开挖和回填施工过程；
通过本单元学习，学生了解土方验收的质量标准。

1.1 土方工程概述

破土动工是工程项目正式施工的开始。《建筑工程施工质量验收统一标准》(GB 50300－2013)的分部工程、分项工程划分中没有包含土方内容，而是由《土方与爆破工程施工及验收规范》(GB 50201－2012)对土方工程施工进行规范指引。建筑工程施工中的土方工程，具有工程量大，现场地质、土质、水文等施工条件复杂，工期要求短，施工强度大等特点。基坑开挖露天作业，面临雨水、地面水、地下水、边坡稳定等综合不利因素，场地平整面积大、地势起伏、水文地质多变，更是给整平压实带来难题。因此在组织土方工程施工前，既要做好施工准备和部署，制定合理施工方案，科学管理，保证土方施工的质量、进度、安全等目标实现的同时，也要有效控制土方施工成本，实现经济效益。

1.1.1 土的基本性质

工程中定义的土一般由土颗粒(固相)、水(液相)和空气(气相)这三部分组成，这称为土的三相。土的三相是混合分布的物质，三者的直接比例关系随着场地环境地质条件不同而不同。三相指标反映土物理状态的不同，是评价土工程性质并进行工程分类的常用指标，根据三相比例可判断土是干燥或潮湿、密实或松散等状态。

土的物理性质还包含土的可松性、土的天然含水量、土的密度、土的孔隙率和孔隙比、土的渗透系数等。

(1) 土的可松性和可松性系数。自然沉积的土壤经过开挖后，其体积因松散而增加，虽采取振动夯实等压实措施，仍然不能完全恢复原来体积，这种现象称为土的可松性。规范规定土的可松性用可松性系数表示。一般情况下，自然沉积年代越久远越密实的土，可松性系数越大。土的可松性系数有两个指标，即：

最初可松性系数：

$$K_s = \frac{V_2}{V_1} \tag{1-1}$$

最终可松性系数：

$$K'_s = \frac{V_3}{V_1} \tag{1-2}$$

式中：K_s——土的最初可松性系数；

K'_s——土的最终可松性系数；

V_1——土的自然体积(自然沉积土按开挖方案的尺寸计算的体积)；

V_2——土的松散体积(自然沉积土经开挖后松散堆放的体积)；

V_3——土的压实后体积(松散土按规范施工方式夯实后的体积)。

【例1-1】 某场地计划进行土方开挖，需得出现场翔实的体积指标系数，今试验方案决定，现场选取一长3米、宽2米、深2米测试坑($V_1 = 3\times2\times2 = 12\ m^3$)进行开挖，挖完后的土松散堆在地面上，测得的体积为14.4 m^3，接着将此松散土用夯实方法进行整压密实，压实后的体积测得为12.96 m^3，求此场地土的松散性系数。

【解】 此场地土松散性系数可取定的参考值为：

$$K_s = \frac{V_2}{V_1} = \frac{14.4}{12} = 1.2;\quad K'_s = \frac{V_3}{V_1} = \frac{12.96}{12} = 1.08$$

经过多年工程实践和试验数据整理收集，各种土的可松性系数一般不需要现场施工人员去计算，而是由相关规范手册直接给出。工程实际中，我们先根据施工开挖方案计算V_1，然后查相关应用手册(如建筑施工手册)，直接找到对应土的K_s，推算出开挖后松散土体积，用于计算外运土的车次；找到对应土的K'_s，计算现场存留的土量进行后期基坑的回填。

(2) 土的含水量。土的含水量决定土的干湿程度，进而影响土方施工方案，如是否要抽水或降水、开挖方式及土方机械的选择等。规范采用的是天然含水量指标，即土在未经扰动状态下，土中水的质量与固体颗粒质量之比，用ω表示。

土的含水量测定方法是：将一定体积的自然土(保证密封水分无散失蒸发)，立即称量出其质量，后用标准烘干法把其自由水蒸发，再称量出其质量。烘干后的试验块质量就是土颗粒的质量，损失的质量就代表水的质量。

(3) 土的密度。规范中土的密度一般用土的天然密度和土的干密度两个指标。土的天然密度因经常被引用，工作中"密度"指的就是天然密度。一般砂土的密度大约是1 800 kg/m^3，黏土的密度大约是1 900 kg/m^3，腐殖土的密度大约是1 600 kg/m^3。干密度指土中颗粒的质量与土总体积之比。土的天然密度反映土自然沉积状态下的密实情况，它的大小影响土方开挖方式和机械选择等。干密度对土方回填的质量检查验收起到重要作用。

(4) 孔隙率和孔隙比。土的孔隙率和孔隙比反映土的密实程度。土的孔隙体积与土总体积之比为孔隙率，土孔隙体积与土固体颗粒体积之比为孔隙比。

(5) 土的渗透系数。土中含有水分。施工阶段拟建范围的土方开挖时，不同含水量要采用不同降排水措施，施工中土方开挖范围内降排水后，理论上能保证基坑槽的正常开挖，但附近水也会源源不断渗流入基坑槽中，极大地干扰了土方作业，甚至会造成停工或周围环境的破坏。地下水渗流速度及渗流量大小与很多因素有关，一个重要因素就是土的渗透系数。渗透系数表示单位时间内水穿透土层的能力，规范中渗透系数用 K 表示，单位为 m/d，一般土的渗透系数见表 1-1。根据土渗透性系数不同，土可分为不透水性土（如黏土）和透水性土（如砂土）。因为土的渗透性系数会影响施工降水和排水速度，施工前必须研究场地地质勘察报告和设计说明，做好基坑基槽开挖阶段降排水施工方案和预案。

表 1-1　一般土的渗透系数参考值表

土的名称	渗透系数 K(m/d)	土的名称	渗透系数 K(m/d)	土的名称	渗透系数 K(m/d)
卵石	100～500	圆砾石	50～100	粗砂	20～50
中砂	5.00～20.00	细砂	1.00～5.00	粉砂	0.50～1.00
黄土	0.25～0.50	粉土	0.10～0.50	黏土	<0.005

1.1.2　土的工程分类

不同的研究领域根据自身专业技术特点，对土的分类依据不同而得出很多分类方法，有按土沉积年代分类的，有按土的颗粒级配和塑性指数分类的。在建筑工程的土方施工中，根据土的坚硬程度和开挖方法将土分为八类（见表 1-2 土的工程分类）。规范中对土的定义与生活中谈论的土不一样，从表中我们可以看出，在日常生活中说的岩石是属于土方工程中土的范畴（土在工程中是指岩石经过长期风化后形成的松散颗粒状堆积物）。

表 1-2　土的工程分类

土的分类	土的名称	可松性系数		开挖工具和方法
		K_s	K'_s	
一类土（松软土）	种植土；淤泥；砂；粉土；冲积砂土层等	1.08～1.17	1.01～1.03	土质松软，能用锄头、锹、锨等工具人工轻松开挖
二类土（普通土）	填筑土及混有碎石土；潮湿黄土；夹有碎石卵石的砂土；粉质黏土	1.14～1.28	1.02～1.05	少许用镐翻松，主要用锹、条锄人工挖掘
三类土（坚土）	压实的填筑土；粗砾石；中等密实黏土；干黄土及粉质黏土；重粉质黏土	1.24～1.30	1.04～1.07	少许用锹、条锄人工挖掘，主要用镐
四类土（砂砾坚土）	坚硬密实的黏性土及含碎石卵石的黏土；密实黄土；天然级配砂石；软泥灰岩及蛋白石	1.26～1.32	1.06～1.09	少许用棍棒撬动，主要用镐、条锄
五类土（软石）	软的石灰岩；硬质黏土；胶结不紧的砾岩；中等密实的页岩、白垩土；	1.30～1.45	1.10～1.20	用镐或撬棍、大锤挖掘，部分要用爆破方法进行
六类土（次坚石）	风化的花岗岩；密实的石灰岩；泥岩；砂岩；坚实的页岩；泥灰岩；片麻岩	1.30～1.45	1.10～1.20	用爆破方法开挖，部分用风镐

续表

土的分类	土的名称	可松性系数		开挖工具和方法
		K_s	K'_s	
七类土（坚石）	坚实的白云岩、砂岩、砾岩、微风化的安山岩、玄武岩；大理岩；中粒花岗岩；辉绿岩	1.30～1.45	1.10～1.20	用爆破法开挖
八类土（特坚石）	安山岩；玄武岩；花岗片麻岩、坚实的细粒花岗岩、石英岩、玢岩、辉绿岩、辉长岩	1.45～1.50	1.20～1.30	用爆破法开挖

将施工场地内的土进行分类定义，不仅仅是企业对成本造价控制的需要，也是合理选用土方机械、安排土方施工进度计划和控制土方工程质量的依据。所以工程技术人员务必尊重客观现状，按规范指引原则，在施工方案编制阶段科学、合理划定拟建场地土的工程类别。

1.2 土方工程量计算

土方工程量的计算采用拟合近似公式进行，将拟开挖的土方根据施工方案定出的基本尺寸得出开挖后的近似几何体的体积即土方的工程量，施工规范给出不同土方开挖情况下不同计算公式，计算原理和计算原则是相同的：就是将外形复杂且不规则的土方划分成一定的几何形状，采用既能满足精度需要又和实际情况近似的方法进行计算。

1.2.1 基坑与基槽土方量计算

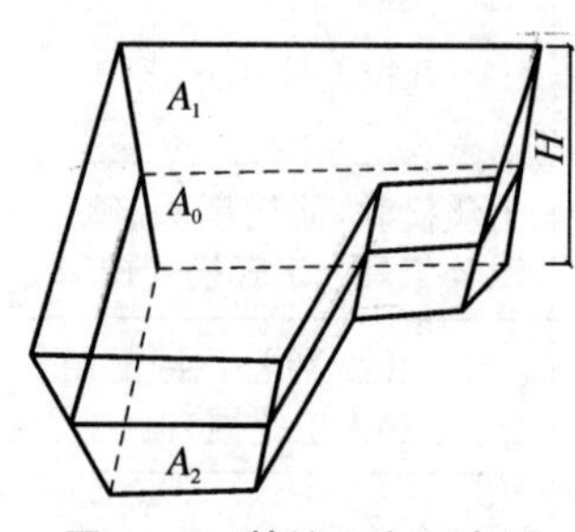

图 1-1 基坑土方示意图

现行施工规范中，基坑土方工程量按立体几何中的拟柱体体积公式计算，计算简图如图 1-1 所示，计算公式为：

$$V=\frac{H}{6}(A_1+4A_0+A_2) \quad (1-3)$$

式中：H——基坑深度(m)；

A_1——基坑上口水平面积(m^2)；

A_2——基坑底面水平面积(m^2)；

A_0——基坑深度一半高度处的水平面积(m^2)。

➢ **注意**：该公式中取定的三个代表性面积是水平面积，一般坑底面积 A_2 根据基础施工图结合施工方案需要每边扩大后的尺寸简单推算确定。而 A_0 和 A_1 根据施工方案中四周坑壁放坡情况（当坑壁做垂直支撑时不放坡），先推算出基坑深度一半高处的平面尺寸、坑上口平面尺寸，再得出 A_0 和 A_1 它们两个的面积数值。

【例 1-2】 某基坑底宽 40 米，长度 70 米，深度 4 米，四边放坡，边坡坡度 1∶0.5。测得该土的最初可松性系数 $K_s=1.2$，最终可松性系数 $K'_s=1.05$。请计算：

(1) 该基坑土方开挖的工程量是多少？

(2) 若该基坑内有地下室（含地下室底板基础部分）长 65 米，宽 35 米，高 4 米，则应留多少土回填(回填土以自然体积计入)?

(3) 若多余土方用斗容量 5 m^3 的汽车外运,需运多少车次?

【解】 由已知条件求该基坑底面积 A_1、坑上口面积 A_2 及坑中间面积 A_0。

$$A_1 = 40 \times 70 = 2\,800\ m^2$$
$$A_2 = (40 + 2 \times 0.5 \times 4) \times (70 + 2 \times 0.5 \times 4) = 4\,356\ m^2$$
$$A_0 = (40 + 2 \times 0.5 \times 2) \times (70 + 2 \times 0.5 \times 2) = 3\,024\ m^2$$

(1) 基坑土方开挖工程量为:

$$V_{总} = \frac{H}{6}(A_1 + 4A_0 + A_2)$$
$$= \frac{4}{6}(2\,800 + 4 \times 3\,024 + 4\,356) = 19\,252\ m^3$$

(2) 预留回填土体积(按自然体积计):

地下室体积 $V_{地下室} = 65 \times 35 \times 4 = 9\,500\ m^3$

基坑空余体积 $V_{空} = V_{总} - V_{地下室} = 19\,252 - 9\,500 = 9\,752\ m^3$

则预留土为:$V_{留土} = V_{空} / K'_s = 9\,752/1.05 = 9\,288\ m^3$

(3) 多余土需要外运车次 N:

$N = 1.2 \times (19\,252 - 9\,288)/5 \approx 1\,911$(取整数)

当遇到沟槽开挖或路堤、河坝等线形土方工程(如图1-2),工程量计算时根据工程长度方向的横截面变化情况,沿着长度方向进行分段后,代入公式(1-4)中进行计算

$$V_i = \frac{L_i}{6}(A_1 + 4A_0 + A_2) \tag{1-4}$$

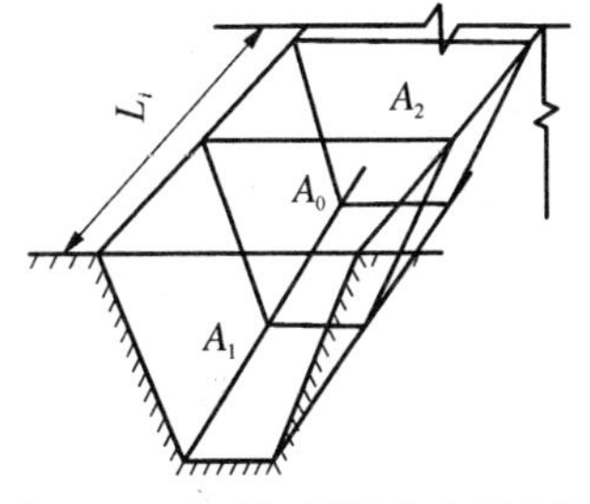

图1-2　沟槽、堤坝土方示意图

式中:V_i——第 i 段的土方量;

L_i——第 i 段的长度(m)。

最后将各段土方工程量相加即可得出总的土方工程量 $V_{总}$。

在这种线性(沟槽、路基等)沿着长度方向的数值远远大于横截面几何尺寸的土方工程量计算时,注意以下几方面:① 代入公式的横截面是垂直横截面积或近似垂直横截面积,这与基坑计算时取用水平向面积不同(建筑工程典型基坑都是长宽尺寸比值不会太大);② 如果有放坡要求,只考虑线形长度方向两侧的坡比,两端不再考虑;③ 当沟槽或路基沿着长度方向横截面尺寸变化很小时,取一个垂直横截面代入计算即可;④ 当沟槽或路基沿着长度方向横截面尺寸变化较大,并随着不同地质情况,形状都可能发生改变(如开挖超过千米的电缆沟槽时,会遇到不同的土),必须进行分段计算,分段的原则就是截面尺寸变化相近为一个计算段,最后汇总。

【例1-3】 某开发新区,有一市政公用综合沟槽开挖,总长 900 m,沟槽垫层宽 1.5 m,垫层底距离地面高度 2.0 m,沿线土质为填筑土和粉质黏土,计算该沟槽开挖时的土方工程量是多少?

【解】 根据条件得出,土质是二类土,粉质黏土不放坡临界深度为 1.25 米(原因见后续章节土方开挖边坡内容),现开挖深度 2.00 m 超出临界深度,沿着 900 m 长度两侧必须放

坡。坡比为1∶0.5(原因见后续章节土方开挖边坡内容)。

又根据已知土质,该沟槽横截面沿长度方向无变化,横截面是梯形,梯形下底尺寸为1.50 m;上底尺寸为3.5 m(1.50+2×0.5×2.00)m;高2.00 m。

横截面沿长度无变化,所以这个梯形横截面面积为:

$$A=\frac{(1.50+3.50)}{2}\times 2.00=5.00\ \mathrm{m}^2$$

代入公式(沿长度截面无变化,即 $A_1=A_0=A_2$,取一个截面数值带入即可)

$$V_i=\frac{L_i}{6}(A_1+4A_0+A_2)$$

$$V_{总}=\frac{900}{6}\times(5+4\times 5+5)=4\ 500\ \mathrm{m}^3$$

因本施工项目土质均匀横截面无变化,可以直接用几何体积公式直接计算,即

$$V=A\cdot L=5\times 900=4\ 500\ \mathrm{m}^3$$

通过例题,可以看出当拟施工的土方形状符合简单几何体时,可以直接套用几何公式,简化计算过程,提高计算效率,这在工程中是允许的。

1.2.2 场地平整土方量计算

场地平整是将现场整成施工需要的设计平面,对一个拟建项目而言,是建设单位对建筑工程项目开工前必须完成的现场任务之一。场地平整前,首先要确定场地设计标高,计算挖、填土方工程量,确定土方调配方案。为达到成本、质量与进度综合指标最优,要根据工程规模、土的性质、在规定的工期及现有的机械设备基础上,编制一份可行合理的场地平整施工专项方案。

1. 场地设计标高的确定

在符合城乡规划要求情况下,合理确定场地平整后的设计标高值对土方成本影响较大。确定场地设计标高时注意考虑的因素有:尽量利用原有地形地貌,减少挖填土方数量,力求场地内挖填土方平衡不外运;满足建筑规划和生产工艺的要求,地面要有一定的排水坡度。如果规划主管部门和设计文件对场地设计标高没有明确规定和其他特定要求,场地平整标高可按下述步骤进行:

(1) 初定场地设计标高。根据场地内挖填平衡原则初值,即场地内开挖总量等于回填总量;

(2) 调整场地设计标高。即考虑土的可松性、成本经济核算、挖填实际变化等因素对第一步确定出的理论标高进一步优化调整;

(3) 泄水坡度对控制角点标高的调整。即考虑场地非水平面对各部位的高度值控制,场地泄水坡度分单向泄水和双向泄水,计算稍有不同。

2. 场地土方量计算

场地标高确定好后,就进行场地平整范围内土方量计算,通常采用方格网法进行。方格网法即将需平整的场地根据地形图划分成纵横相交的若干个方格,近似棋盘形式,每个格子

的边长可取 $a=10\sim40$ m，在方格角点标出两个标高数值，一个是场地平整前的原始地面实际标高，另一个是确定的设计标高，把两个标高相减，就算出各方格角点土方的施工高度，即挖除或回填的高度，根据角点数值情况划分每一个方格内挖填区域，计算土方量，如果场地四周有边坡，一并计算出场地边坡的土方量。这样便可求得需要平整场地的填、挖土方总量。

3. 场地平整室内作业

场地平整室内作业一般步骤如下：确定设计标高→计算挖填施工高度→找“零点、零线”→计算各方格挖填土方量→挖填土方量汇总→土方调配。

(1) 确定设计标高。根据现场地形绘制场地方格网图，如图 1-3 所示，根据挖填平衡原则，场地设计标高 H_0 计算公式如式(1-5)所示。

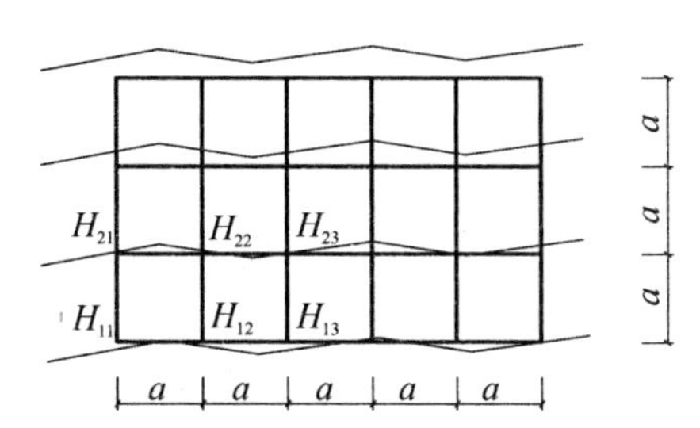

图 1-3　场地平整设计标高计算示意图

$$H_0Na^2=\sum\left(a^2\frac{H_{11}+H_{12}+H_{21}+H_{22}}{4}\right) \tag{1-5}$$

式中：N——方格数量；

a——每格边长；

H_{ij}——各角点标高。

一个场地被连续排列相连的方格组成，我们看出有的角点被一个方格利用，有的角点被四个方格共用，也有的角点被两个方格共用，还有的角点被三个方格共用。我们把只用一次的角点(只有一个方格用到的角点)标高标写为 H_1，被用二次的角点(有两个方格用到的角点)标高标写为 H_2，被用三次的角点(有三个方格用到的角点)标高标写为 H_3，被用四次的角点(有四个方格用到的角点)标高标写为 H_4，这样设计标高公式转换成：

$$H_0=\frac{\sum H_1+\sum H_2+\sum H_3+\sum H_4}{4N} \tag{1-6}$$

式中：H_1——一个方格独有的角点标高；

H_2——两个方格共有的角点标高；

H_3——三个方格共有的角点标高；

H_4——四个方格共有的角点标高。

这就是设计标高理论公式，按现场测得的各角点标高数值代入公式即可。得出理论设计标高 H_0 后，立即按泄水坡度进行各角点标高修正。单坡泄水和双坡泄水的计算公式如下公式(1-7)、(1-8)。

① 场地单向泄水时,以计算的设计标高 H_0 作为场地中心线标高,则场地内任意一处的设计标高为:

$$H_n = H_0 \pm li \tag{1-7}$$

式中:H_n——场地内任意一处的设计标高;

l——计算的任意一处至场地中心线的距离;

i——场地内泄水坡度(%)。

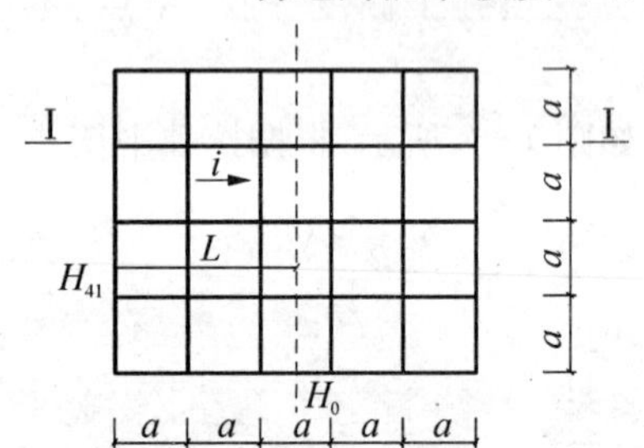

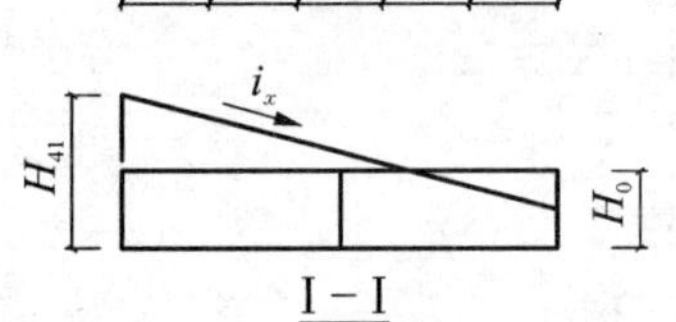

图 1-4　单坡泄水场地示意图

如在图 1-4 中 H_{41} 处的设计标高值为:

$$H_{41} = H_0 + 2.5ai$$

② 场地双向泄水时,以设计标高 H_0 作为场地中心点的标高,如图 1-5 所示,则场地内任意一点的设计标高为:

$$H_n = H_0 \pm l_x i_x \pm l_y i_y \tag{1-8}$$

式中:l_x——场地内任意一点距离中心线 $x-x$ 的水平投影距离;

l_y——场地内任意一点距离中心线 $y-y$ 的水平投影距离;

i_x、i_y——$x-x$、$y-y$ 方向的泄水坡度。

例如图 1-5 中场地内 H_{26} 点的标高设计值为:

$$\begin{aligned} H_{26} &= H_0 \pm l_x i_x \pm l_y i_y \\ &= H_0 - 2.5ai_x - 1.5ai_y \end{aligned}$$

图 1-5　双坡泄水场地示意图

场地内各方格网控制角点经上述计算步骤调整后的设计标高数字,就是场地平整后的实际数值,接着进行场地土方工程量计算了。

(2) 计算挖填施工高度。按前面划分好的现场方格网图重新复制一张,各方格角点标写出两个数字，即场地地面测定的原始自然实际标高数值 H（简称自然标高）和经调整后的设计标高 H_n。用设计标高数值减去原始标高数值就是各方格角点的施工高度：

$$h_n = H_n - H \tag{1-9}$$

式中：h_n——控制角点施工高度，结果必须是代数值。"－"为挖土，"＋"为填土；

H_n——角点的设计标高；

H——角点的原始自然实际地面标高。

把所有角点施工高度计算完毕后，将这些数值标写在对应的角点处，这时场地的方格网图每个角点都有三个数值：即自然标高、设计标高和带"±数值"的施工高度。

方格网图中如果某一个方格四个角点施工高度数值前都是"＋"号，表示这格都要填土。如果某方格四个角点施工高度数值前都是"－"号，表示这格都要挖土。整挖或整填方格的土方量计算比较容易，就是先算出四个角点平均施工高度值，把平均施工高度值乘以这个方格面积，得出的体积就是这一格的土方量（方格网图中每一个小方格面积都一样的）。

（3）找零线。方格中也会出现很多相邻角点的施工高度数值前的正负号是相反的，即一个数值是"＋"号，另一个数值前是"－"号，表示这个方格土方有填有挖，这时要找出方格中的"零线"，即理论上不填不挖的分界线，并将零线标绘在方格网图中。

得出零线的方法：第一步，在方格网图中找到数值异号角点间的线段（即各个方格的边长）；第二步，用比例计算方法或比例图解法找到这个网格边线上零点（就如中学学习中数轴上正负数字的分界点"0"）；第三步，将这些"零点"按相邻顺序相连形成的线即"零线"。

➢ **注意**：整个场地网格图中连好后的零线可能不止一条，比如场地范围内多处分散有高突低凹差值大的地形，就会出现多处挖填分界线（零线）；有的零线是闭合的，有的就是一条直线、曲线。

比如场地内有一处高出设计标高的小山丘，这个小山丘的山头必须全部削平挖除，那沿着这个小山丘区域的零线就是封闭的，如果一个很大面积的单向斜坡地段，政府规划给的只是一部分被包括在网格图中，这个斜坡中零线就是一段不封闭的直线或曲线。

（4）计算各个方格区挖填土方量。被零线分隔的每一个方格网，被零线分开的两侧挖、填区域投影面积会出现几种典型形状，如表 1-3 所示。

表 1-3　方格网计算土方常见形式和公式

项目特征分类	形式示意简图	计算公式
一点填方或挖方 （三角形）	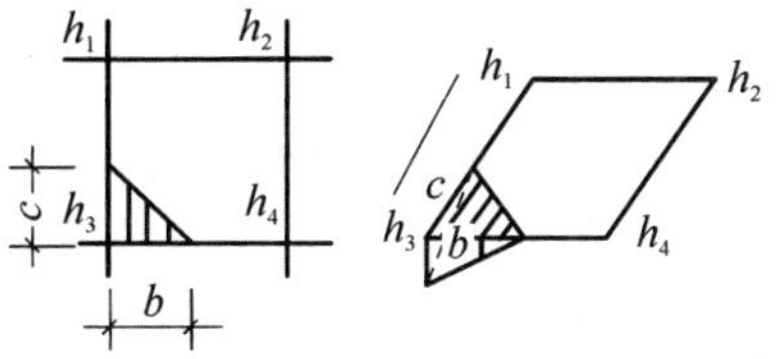	$V = \dfrac{bch_3}{6}$
二点填方或挖方 （梯形）	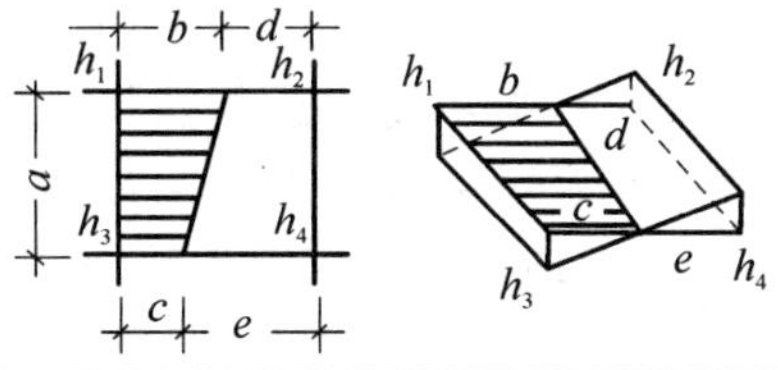	$V_+ = \dfrac{a}{8}(b+c)(h_1+h_3)$ $V_- = \dfrac{a}{8}(d+e)(h_2+h_4)$

续表

项目特征分类	形式示意简图	计算公式
三点填方或挖方（五角形）	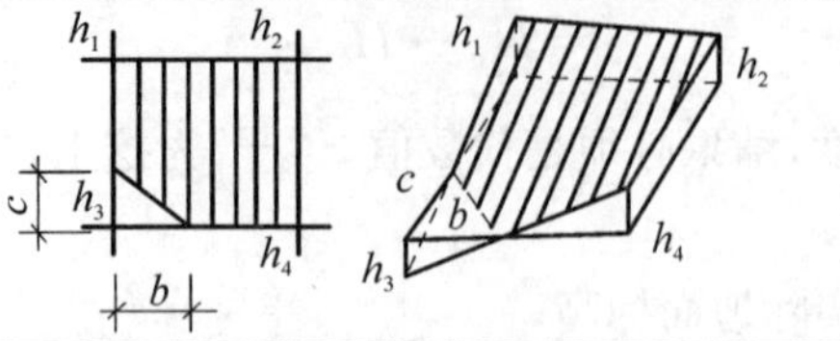	$V=\frac{h_1+h_2+h_4}{5}\left(a^2-\frac{bc}{2}\right)$
四点填方或挖方（正方形）	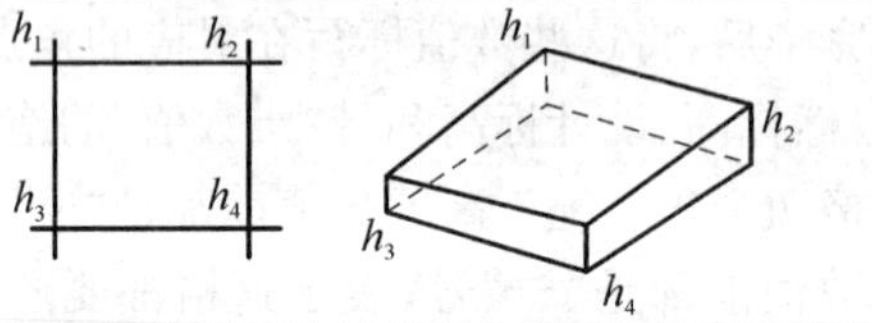	$V=\frac{a^2}{4}(h_1+h_2+h_3+h_4)$

(5) 汇总土方量。将所有填方区和挖方区的方格土方量汇总后，就是场地平整挖（填）方的工程量。为便于数值准确和不遗漏，建议计算过程中自制一个简易图表辅助进行，或直接在自己绘制的图表内进行数值计算汇总。

(6) 土方调配。土方量计算完成后，就要进行土方调配工作，土方调配就是将场地内挖填土从质量、成本、工期和场内外环境要求等因素综合考虑，力求场地平整范围内挖填、填土和堆弃协调综合处理，既方便了施工，又在合理工期内成本最低。

土方调配遵守的总原则是：力求达到挖方与填方基本平衡和就近调配原则，使得挖方量与运土距离的乘积总和尽可能地小。这样土方运输量小，即费用最省。无论是企业还是项目部，在保证质量合格、管理安全的框架下，追求经济效益最大化。土方调配还要考虑近期施工与后期利用相结合、局部区域与整个规划项目全场相结合，避免重复挖运回填，给场地施工管理带来麻烦，同时也要合理布置挖填方分区线，合理划定调配方向、运输线路，减少车辆往来路径和交叉，对回填质量标准高的区域优先利用土质好的挖方土进行回填，余土外运要按城市管理部门的规定在指定地点弃土，无论是场地内挖填自我消化利用，还是外运，要保证现场内施工文明安全、进出场安全文明、按各地方城市管理的标准进行现场标化，如车辆出门前的冲洗台设置和车辆冲洗干净、现场扬尘抑制的执行等。

场地土方调配要按土方调配图表进行，土方调配图如1－6所示。编制土方调配图表的步骤一般为：划分调配区→计算各调配区土方量→计算调配区之间平均运距→再次优化调配方案→绘制完整土方调配图和调配平衡表。

调配区的划分要与地面现有建筑和后期拟建建筑位置相协调，结合施工工序、近远期的工程安排；让土方机械和运输车辆尽量发挥效率；遇到场地土方量不平衡或运距太远，可以就近弃土或借土，这时每一个弃土区和借土区可看作一个独立的土方量调配施工段。图中不仅要写出挖填分区的挖填土方工程量，还有标出平均运土距离（挖土重心至填土重心的间距，采用简要近似法计算或估算即可）。完成基本调配图后，看看是否可以进一步优化方案，相关部门和成员结合现场实地环境依据线性规划理论，常用“表上作业法”确定最后调配方案。

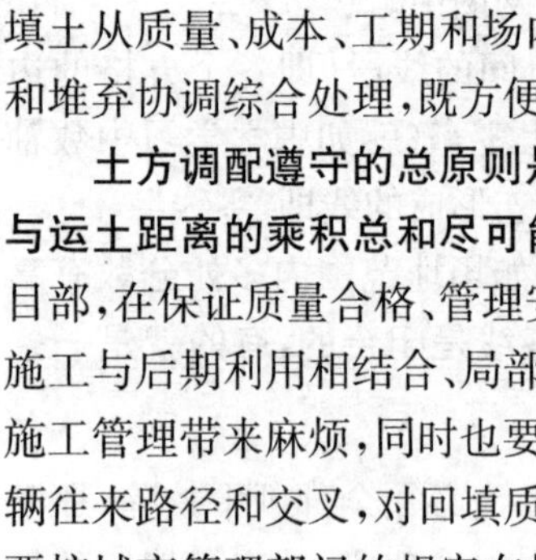

W-挖方　T-填方

图 1－6　土方调配示意图

1.3 土方开挖

土方开挖时，要提前进行施工准备，确定土方施工机械、遇到地下水如何处理等专项问题。

1.3.1 开挖前准备

1. 场地基本准备

土方开挖施工现场前期工作包括：(1) 对现场废弃遗留物按规划要求进行拆除、改建、迁移等，如房屋、水电通信线路、供水排水管道、地面植物、河塘等；(2) 地面积水排除，保证现场干燥；(3) 临时道路、水电通信、办公用房、生活用房、材料堆放区、工棚等临时设施修筑；(4) 进出场大门入口及大门入口一定范围内的标准设置。

2. 土方边坡稳定措施

为了防止塌方，保证施工安全，在基坑基槽管沟土方开挖超过一定深度时，四周土壁应设置支撑或将土壁做出斜坡，使得土壁在施工期间保持稳定。

(1) 土方边坡设置。 规范规定，一定土质在实际施工环境下，开挖不超过一定深度时，可以采用放坡形式保证坑壁稳定。土方边坡的坡度就是用土方开挖的深度 H 与边坡放宽尺寸 B 之比值表示。如图 1-7 所示。

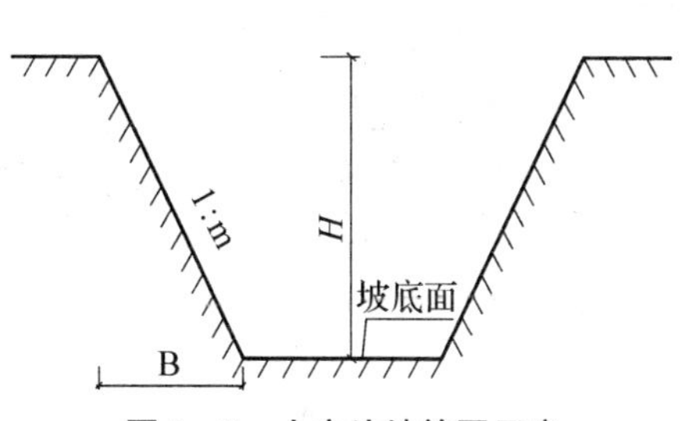

图 1-7　土方边坡简图示意

土方坡度在施工规范、示意图和开挖专项方案说明中通常写出 $1:m$，m 称为坡度系数，$m=B/H$。因为放坡增加了土方开挖量，就是会增加施工直接和间接成本，所以并不是土方只要开挖都要放坡。地质条件良好，土质均匀且地下水在开挖面以下，土方开挖可以做出直壁不加支撑。规范规定，不同土质超过以下临界深度后，才进行放坡：① 坚实的黏土临界深度 2.00 米；② 硬塑、可塑的黏土和碎石类土（填充物为黏性土）临界深度为 1.50 米；③ 硬塑、可塑的粉土和粉质黏土临界深度为 1.25 米；④ 密实、中密的砂土和碎石类土（填充物为砂土）的临界深度为 1.00 米。

当地质条件良好，土质均匀且地下水位低于基坑沟槽底面标高时，挖方深度在 5.00 米以内不加支撑的边坡最陡坡度应符合施工规范规定，具体见表 1-4。

表 1-4　深度 5 m 内的基坑(槽)管沟边坡的最陡坡度(不加支撑)

土的类别	边坡坡度(高:宽)		
	坡顶无荷载	坡顶有静载	坡顶有动载
中密的砂土	1∶1.00	1∶1.25	1∶1.50
中密的碎石类土(填充物为砂土)	1∶0.75	1∶1.00	1∶1.25

续表

土的类别	边坡坡度(高:宽)		
	坡顶无荷载	坡顶有静载	坡顶有动载
硬塑的粉土	1∶0.67	1∶0.75	1∶1.00
中密的碎石类土(填充物黏性土)	1∶0.50	1∶0.67	1∶0.75
硬塑的粉质黏土、黏土	1∶0.33	1∶0.50	1∶0.67
老黄土	1∶0.10	1∶0.25	1∶0.33
软土(经人工降水后)	1∶1.00		

注:1. 静载指堆土或材料等,动载指机械挖土或汽车运输作业等。静载和动载距离挖方边缘的应保证边坡稳定,堆土或材料不少于1.00米,高度不超过1.5米。

2. 当有成熟施工经验的,可不受本表限制。

土方边坡的大小不仅与土质、开挖深度、开挖方法有关,还和边坡留置时间的长短、边坡附近的各种荷载情况及地表、地下排水有关。永久性挖方边坡应按设计要求进行,临时性边坡可参考表1-4后,适当增加坡度。综合条件不允许放坡时,就要通过设置支撑保证施工安全。

(2)**支撑设置**。土方开挖支撑有简单式土壁支撑设置和专项方案的基坑支护设置,基坑沟槽开挖时,受到地面场地限制不能放坡,或为了减少土方开挖量,就得在坑壁四周设置支撑。当基坑沟槽断面尺寸小,深度浅,可采用简易式支撑,如图1-8所示,当遇到深基坑或设计要求时采用专项支撑方案支护,如图1-9所示。

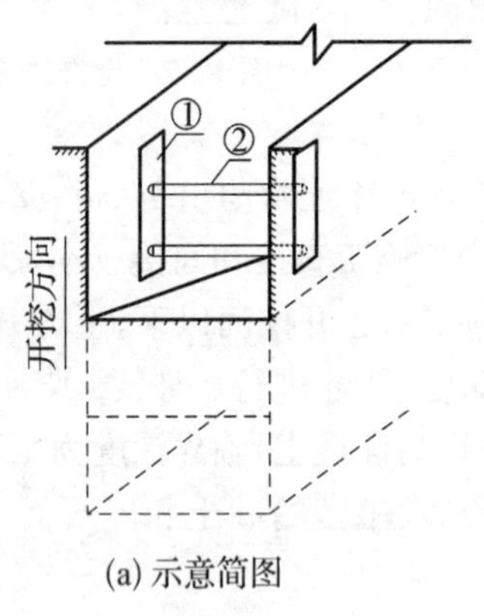

(a) 示意简图

(b) 现场照片

图1-8 简易式支撑

沿着沟槽水平方向设置用间断或连续的挡土板,并随着开挖深度进展垂直方向也跟着设置,这是常见的简易式支撑。该支撑方式材料易得,支撑设置与拆除速度快、成本低,不需要专业队伍和工作组,在开挖比较窄、含水量小的黏性土且深度不超过3米的沟槽,深度较浅的松散且湿度大的土也比较适用。施工时注意随挖随撑,支撑要牢固,经常检查支撑是否松动,拆除要按回填的顺序依次进行(从沟槽底向上拆除)。

专项方案支护由有资质的设计单位根据项目综合情况设置的土方开挖阶段专项支撑。目前软土地区很多建筑工程地下结构施工中都会出现专项方案支护。它造价高、工期长,需

图 1-9　专项方案支护

要专业队伍做好专项方法才能进行施工，具体方法有搅拌支护桩、重力式挡土墙、喷浆挂网护坡等。

1.3.2　土方施工机械

土方工程量大工期紧，露天作业，受到自然气候等因素影响极大，土方开挖和回填中人工只是零星辅助修边清铲，主要依靠土方机械进行施工。常用的土方施工机械有挖土机、推土机、铲运机、抓铲机、运土车、压土机等。

1. 挖土机

建筑工程中用的挖土机按开挖土方方式有正铲挖土机和反铲挖土机，两种土方机械各有自己的施工适用范围。

(1) 正铲挖土机施工。正铲挖土机如图 1-10 所示，很适合开挖干燥或含水量很少的大型基坑以及土丘作业，与运土车相互配合能顺利完成全部挖土运土工作。正铲挖土机能够开挖停机面(即一般地面)以上一～三类土，它的挖掘能力大，效率高，挖土特点就是“向前向上、强制切土”。正铲挖土机根据挖土机的开挖线路与运土车相对位置不同，有正向挖土侧向卸土和正向挖土后方卸土。挖土时的工作面要布置合理，工作面就是挖土机一次开行中进行挖土时的工作范围。工作面总布置原则：挖土生产效率最高、欠挖量最少。

图 1-10　正铲挖土机

图 1-11　反铲挖土机

(2) 反铲挖土机施工。反铲挖土机如图 1-11 所示，很适合开挖基坑、基槽管沟、有地下水的土和含水量大的土，停机面以下一～三类土。它的挖掘能力比正铲挖土机小，一次开挖深度取决于该机型的最大挖掘深度参数，挖土特点就是“后退向下、强制切土”。反铲挖土机施工时可以采用沟端开挖和沟侧开挖两种方式。

当需要开挖和铲除高于停机面以上的土时，要优先选用正铲挖土机；当需要开挖和铲除低凹于停机面以下的土时，要优先选用反铲挖土机。所以建筑工程中开挖排污管沟槽、预埋管线、化粪池等都采用反铲挖土机；当开挖场地内某一土丘或堆场的土、砂石等材料，优先选用正铲挖土机。但机械选择没有绝对的，如果开挖大型的基坑，根据综合效益指标平衡后，既可以选择正铲挖土机，也可以用反铲挖土机，只不过选用正铲挖土机时必须把机械开到每层开挖底面进行作业，选用反铲挖土机时机械停在每层开挖顶面进行作业。

2. 推土机

推土机是土方施工中主要的机械之一，常用是履带式推土机。它操纵灵活、运转方便，需要的工作面小，行驶速度快，能爬 30°左右的缓坡，能开挖深度 1.50 米内的基坑，因此应用较广，常用于一～三类土的场地清理平整和挖土填沟。如果后挂松土装置，可以破松硬土和冻土，后挂碾压设备就能场地压实。履带式推土机效率经济运距不超过 100 米为佳，当需要平整的场地较大，又只能选择推土机时，可预先划分施工区域分段进行施工，提高推土机工作效率、降低成本。推土机如图 1－12 所示。

图 1－12 履带式推土机

图 1－13 铲运机

3. 铲运机

铲运机由牵引动力车头和装载土斗组成，有自行式和拖挂式两种，如图 1－13 所示。铲运机能综合完成挖、运、平、填等全部土方施工工序，在运距远的大面积场地平整、超大基坑、沟槽等土方工程优先适用。当铲运三、四类较硬的土一般宜借助助铲或松土机将土翻松，以减少机械磨损和无效的动力消耗，对于砾石层和冻土地区沼泽地区也不太适用，但特别适用铲运含水量不太高(如含水量不大于 27%)的普通土。铲运机对道路要求较低，操作灵活、运作方便、生产效率高，拖挂式铲运机的运距以 600 米为宜，效率最高的运距在 300 米左右，自行式铲运机经济运距在 1 500 米为宜。

4. 抓铲机

抓铲机适用开挖停机面以下的一、二类土，它的特点是“直上直下、自重切土”，挖掘力较小。建筑工程中常用在软土地区的窄小面积的深孔、坑槽挖土，如淤泥质土桩孔掏土等。

5. 其他土方机械

土方施工中还用到装载机，有轮胎式和履带式两种行走类型，它操纵灵活方便、行动迅速，很适合装卸现场土方和散料，也能用于松软土表层松动剥离、地面平整和场地清理等工作。土方回填需要压实机械，根据压实原理不同，压实机械有碾压式、冲击式和振动式三大类，如重力式压路机、羊足碾属于碾压式，蛙式打夯机属于冲击式，手扶平板振动压实机属于振动式。根据现场土质和施工环境、工期、成本、质量等情况综合考量后选定合适的土方压实机械，保证回填后的土方质量达到规范验收标准和设计要求。

1.3.3　地下水处理

基坑、沟槽是土方开挖的常见形式，在开挖过程中，当基坑基槽底面低于地下水位时，由于含水层被切断，地下水会源源不断地渗入基坑基槽内，如果不采取正确降水措施及时将坑槽内的水排出，不仅影响坑槽范围内土方的开挖进度和施工质量，也会引发边坡塌方和坑槽底承载力下降，进而可能对坑槽周边一定范围产生安全隐患；雨水等形成的地面汇水流入坑槽内如不及时排除，也会对土方开挖造成同样影响。因此，在基坑基槽开挖施工阶段(开挖前和开挖过程中)，必须采取排水和降水措施，使坑槽在开挖阶段保证坑底干燥(土中含水量很低呈半干湿土状态，可以满足顺利开挖条件在工程中就可认为是干燥)。根据现场土质不同、坑槽内水情、基坑开挖质量等要求，地下水处理的方法有明排水法和人工降低地下水位法。

1. 明排水法

在基坑基槽管沟开挖中，先按施工方案向下挖土，当开挖到一定深度，遇到地下水时暂停向下挖土，采用截流、疏通和抽水的方式进行抽排水，坑底面干燥后，再向下开挖，一定深度后再暂停继续抽水，坑底干燥后再挖。就这样“挖—停挖—抽水—再挖—再停挖—再抽水”不停循环进行，直到挖至坑槽底设计的标高，抽水要一直持续进行，一般让水位恒定低于坑底面标高 0.5 米以下，确保施工质量安全和操作方便。明排水法如图 1 - 14 所示，沿着坑槽沟底面周围或中央开挖排水沟，再在排水沟一定距离设置集水井，集水井内放置抽水泵，让坑槽沟内水顺着排水沟集中汇入集水井，然后用水泵抽走。四周的排水沟及集水井一般应设置在基础垫层外侧，地下水流的上游，面积较大基坑可以在中间设盲沟排水，集水井的数量和间距根据地下水渗透量、水泵抽水能力等确定，一般可以 30 米左右设置一个。

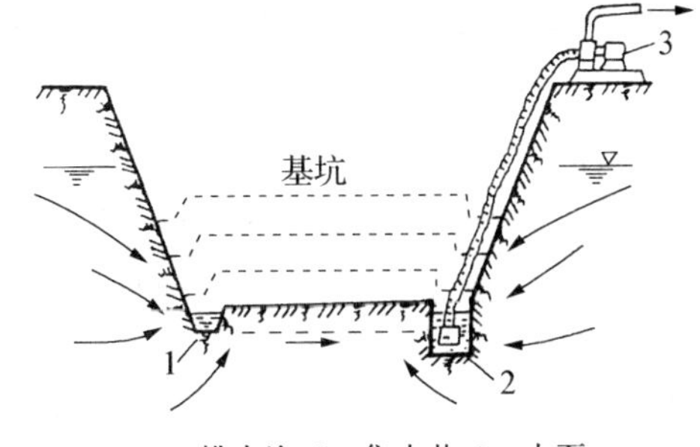

1—排水沟；2—集水井；3—水泵

图 1 - 14　基坑明排水示意

(1) 流砂现象。明排水法所需设备简单、排水施工方便、沟井设置灵活，不需要专项施工方案和专业队伍，对工期和造价影响小，因此采用比较普遍。但当遇到地下水位高、水量大的砂土或砂性土，采用明排水法可能会发生流砂现象。流砂现象指坑槽挖至地下水位以下的排水过程中，坑底和附近的土形成流动状态，随着地下水一起涌入坑槽内。流砂现象对工程危害极大，让土完全丧失承载力，坑槽难以达到开挖的设计深度，同时会造成边坡塌方以及附近一定范围内地面开裂、倾斜、下沉，进而导致地上建筑物、市政管线设施下沉、断裂和坍塌，造成工程本身以及其他民生基建不可估量的严重后果。

（2）流砂预防和处理。产生流砂现象的外力原因是流动水的水位有高差产生动水压力，使得土颗粒受到浮力作用，当动水压力数值超过土颗粒重力，使土颗粒处于浮动状态，土粒就随着渗流的水一起流动。大量工程经验和试验证明，当地下水位以下黏土含量少（如少于10%），土颗粒均匀（如不均匀系数小于5），土的天然孔隙比较大（如孔隙比大于0.75），土含水率高（如含水量大于30%），遇到动水压力时（如坑内抽水）就容易发生流砂现象。所以当基坑开挖范围的地质报告书，显示有较高地下水位，土质为细砂、粉砂和粉土时，就要当心流砂现象的发生。工程经验还表明：在可能发生流砂的土质处，当坑槽开挖深度超过地下水位线0.5 m左右，如果不做预防措施，就容易发生流砂现象。流砂现象可以采取的防止措施有抢挖法、打板桩法、地下连续墙法、人工降低地下水位法。发生流砂现场根本的外力就是因水流产生动水压力，消除动水压力，减小、平衡动水压力或改变渗流水压力方向，就能从根本上阻止流砂现象发生，让动土变成稳定土。因此工程界有俗语“治流砂必治水”。

2. 人工降低地下水位法

人工降低地下水位法就是在基坑槽开挖前，预先在基坑槽四周设置一定数量的抽排水管、水井，利用抽水设备将地下水抽出，使地下水位降低在坑槽底面以下（一般低于0.5米即可），这时才开始开挖基坑槽。土方开挖过程中抽水一直连续进行，直到基坑槽相关施工全部结束为止。人工降低地下水位法可以保证基坑槽开挖过程中坑槽内一直保持干燥（指土的潮湿程度能满足顺利开挖，不是真正意义的干燥），施工条件得到改善同时也让施工范围内地下水动水压力方向向下，从根本上解决水患，防止流砂现象的发生，也改善土的密实性、强度和抗剪性能，从这方面也看出人工降低地下水位法也是地基加固的一种方法。采用人工降低地下水位法，有以上有利因素，就可以适当让边坡陡一些，减少挖土工程量，但因为是提前抽水降水，基坑槽及附近一定范围的土壤地面会有一定沉降，施工时注意观测记录并做好预案。

与明排水方法相比，人工降低地下水位法需要专项施工方案、专业的施工设备和专业施工队伍，要占用一定的工期，同时抽水费用成本稍高。

人工降低地下水位方法有：轻型井点、管井井点及深井泵、喷射井点、电渗井点等。各种方法适用不同的土质条件，施工时根据工程特点、土的渗透系数、水位降低要求、经济指标等综合考虑。表1-5从施工技术角度，给出了选用参照。因为轻型井点、管井井点及深井泵是常用方法，本节重点介绍。

表1-5　各类人工降水方法适用范围参考

序号	人工降水方法	水位降低深度(m)	土层渗透系数(cm/s)
1	单层轻型井点	3～6	10^{-2}～10^{-5}
2	多层轻型井点	6～12(由井点层数决定)	10^{-2}～10^{-5}
3	管井井点及深井泵	>10	$\geqslant 10^{-5}$

续表

序号	人工降水方法	水位降低深度(m)	土层渗透系数(cm/s)
4	电渗井点	配合其他降水辅助作用	$<10^{-6}$
5	喷射井点	8～20	$10^{-3}\sim10^{-6}$

注:多层轻型井点指从地面向坑槽底顺着边坡深度向下,每隔一定高度设置一层

(1) 轻型井点降低地下水位。轻型井点系统在使用阶段如图 1－15 所示,由管路系统和抽水设备组成。抽水设备由真空泵、离心泵和集水箱(水气分离器)等组成,管路系统则包括滤管、井点管、弯联管和总管等。

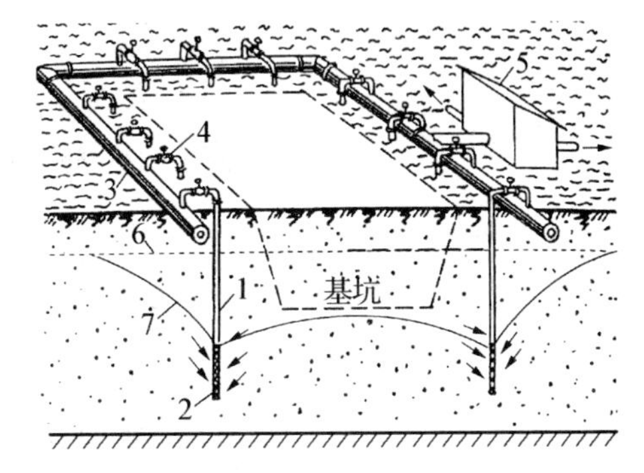

1—抽水井点管;2—进水滤管;3—集水总管;4—弯联管;5—抽水设备箱;6—原地下水位线;7—降低后地下水位线

图 1－15　轻型井点降水示意图

① 轻型井点管路组成。管路系统中的滤管连在井点管最下方,与井点管形成一根顺直整体,滤管作用是进水,通常选用 1.2 米左右,直径 38～51 mm 无缝钢管,管壁上间隔均布小孔(滤孔),外裹滤网隔离地下水中的砂土颗粒;井点管也是直径 38～51 mm 无缝钢管,长度一般 5～7 米,可一段整根也可分节组装,上部与弯联管连接;集水总管将每根井点管抽取水汇集进入抽水设备中,一般采用直径 100 mm 以上的无缝钢管,每段长度 4 米左右,沿着管身每隔 1.00 米左右有接头小管与弯联管连接;弯联管是把每根井点管与集水总管连接过渡部件,弯联管上可以设置开关,控制每根井点管抽水工作,弯联管可以使用透明材质管,方便观察井点管出水状态。滤管、井点管、弯联管、集水总管、抽水设备,它们之间的连接应严密不漏气。

② 轻型井点平面布置。根据基坑槽现场土质、平面尺寸大小、基坑槽深度、地下水位高低、降水深度、地下水流向等综合要求,井点布置平面形式有单排布置、双排布置、环形布置、U 形布置。当基坑槽宽度小于 6 米,地下水位降低不大于 5 米时,可采用单排布置,这时将一排井点管布置在基坑槽水位上流一侧;当基坑槽宽度大于 6 米,或土质不良时,可采用双排线状布置,双排布置如图 1－16 所示;对于面积较大的基坑可采用环形布置,如图 1－17 所示,环状井点布置在井点四个拐角要适当加密井点管数量(集水总管上接头小管间距更小,插入地下井点管布距与小管严格对应);U 形布置就是将环状布置留一边做开口,方便挖土运土继续车辆进场基坑。井点管与基坑槽上口边缘保证一定距离,以防漏气影响抽水效果,一般取 0.7～1.0 米,插入地下一根根井点管间距一般取 0.8～1.5 米,但先要经过计算确认再由经验调整,方便施工。

③ 轻型井点高程布置。轻型井点的每一级降水深度一般不超过 6 米深,一级井点管的埋设深度 H(不包括下端滤管长度)按下式计算:

$$H \geqslant H_1 + h + iL \tag{1-10}$$

式中:H——井点管插入地面下深度(m),如图 1－16 或 1－17 示意;

H_1——地面至基坑槽底面深度(m),如图 1－16 或 1－17 示意;

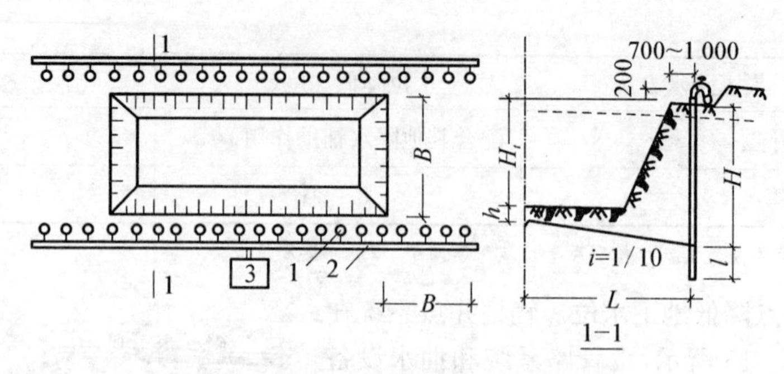

1—井点管；2—集水总管；3—抽水设备

图 1-16　轻型井点双排布置平面图及高程示意

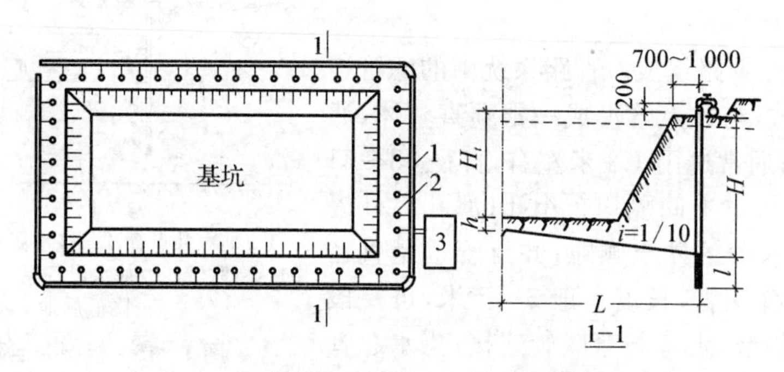

1—集水总管；2—井点管；3—抽水设备

图 1-17　轻型井点环形布置平面及高程示意

h——降水合格后最高水位线距离坑底安全距离，如图 1-16 或 1-17 示意，一般取用 0.5～1.0 m；

i——水力坡度，单排取 1/4，环形取 1/10，如图 1-16 或 1-17 示意；

L——基坑槽底面下降水合格后最高水位点与井点管的距离(m)，如图 1-16 或1-17 示意。

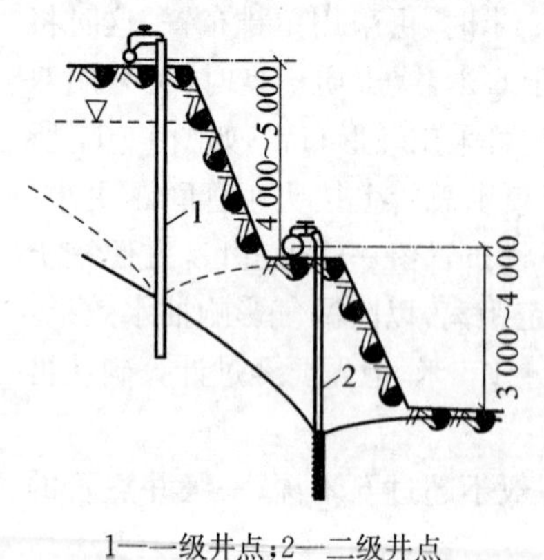

1—一级井点；2—二级井点

图 1-18　二级井点降水示意

井点管施工时为了安装需要，还要露出地面不小于0.2 米左右。这样就能确定出一级降水需要井点管的长度。当一级井点降水达不到基坑槽降水深度要求，可用其他降水方式，也可采用二级井点降水，如图 1-18 所示。

④ 轻型井点降水计算。轻型井点需要计算涌水量，再优化布置安装。计算内容包括基坑槽涌水量计算、井点管数量与井距离计算、抽水设备选择等。

井点系统涌水量的计算以水井理论为依据，根据地下水在土层中的分布情况，按地下水有无压力分无压井和承压井；根据井底是否达到不透水层，水井分为完整井和非完整井，再进行计算。如图 1-19 所示。

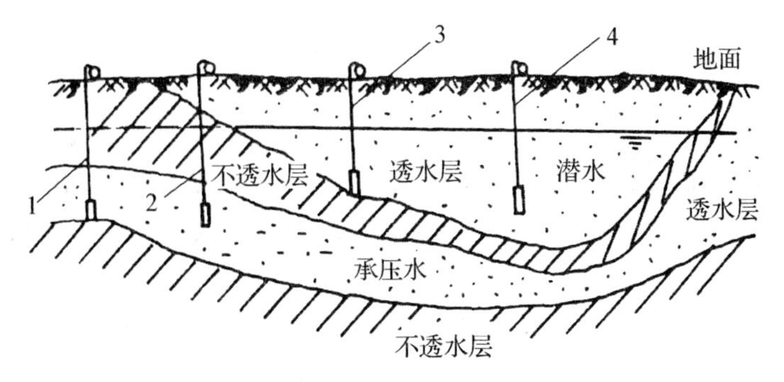

1—承压完整井；2—承压非完整井；3—无压完整井；4—无压非完整井

图 1-19 水井的分类示意图

不同井类型涌水量计算是不同的，无压完整井和无压非完整井计算示意如图 1-20 所示。

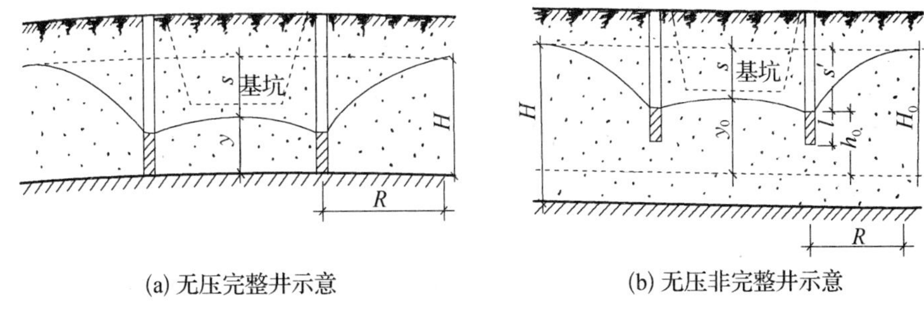

(a) 无压完整井示意　　(b) 无压非完整井示意

图 1-20 无压完整井与无压非完整井计算示意简图

承压完整井点(图 1-19 中的井点“1”)系统的涌水量计算公式为：

$$Q = 2.73\frac{KMs}{\lg R - \lg x_0} \tag{1-11}$$

式中：Q——井点系统的涌水量(m^3/d)；

K——土的渗透系数(m/d)，可以由现场抽水实验确定，也可参考施工手册；

M——承压含水层的厚度(m)；

s——水位降低高度(m)；

R——抽水的影响半径(m)，可用下式计算得出：

$$R = 1.95s\sqrt{HK} \tag{1-12}$$

x_0—环状井点系统的假想半径(m)对于平面形状为矩形基坑，其长度与宽度值之比不大于 5 时，环状半径可按下式计算确定：

$$x_0 = \sqrt{\frac{F}{\pi}} \tag{1-13}$$

式中：F——环状井点实际布置所围成的面积(m^2)。

对于无压完整井的环状井点系统(图 1-20(a))，施工规范给出的涌水量计算公式是：

$$Q = 1.366K\frac{(2H - s)s}{\lg R - \lg x_0} \tag{1-14}$$

式中：H——含水层的厚度(m)，

其他字母含义同公式1—11。

对于无压非完整井点系统(如图1-20(b))，地下水不仅能从井的侧面被抽入管中，还能从井点底端渗流进去，因此涌水量比完整井要大，在降水工程中是有利的。为了简化计算，仍然可以采用公式(1-14)计算，但结果是偏小偏保守，此时要把公式1-14中的H换成影响抽水有效深度H_0即可。施工规范推荐的H_0换算值按表1-6确定。如果换算出的H_0大于实际地层含水量厚度H时，就直接采用H值。

表1-6　影响抽水有效深度换算值 H_0

$s'/(s'+l)$	0.2	0.3	0.5	0.8
H_0	$1.3(s'+l)$	$1.5(s'+l)$	$1.7(s'+l)$	$1.85(s'+l)$

注：s'为井点管中水位降低值，l为滤管长度

涌水量计算完毕，就要计算井点管数量与井点间距。要得出井点管数量首先要计算出单根井点管的出水能力，单根井点管的出水量受到土的渗透系数、滤管构造及尺寸、管材质及内壁面粗糙度等影响。施工规范推荐按下式计算：

$$q=65\pi dlK^{\frac{1}{3}} \tag{1-15}$$

式中：d——滤管内径(m)；

l——滤管长度(m)；

K——土的渗透系数(m/d)，可以由现场抽水实验确定，也可参考施工手册。

井点管的最少根数按涌水抽水平衡原则计算，考虑实际施工单根井点管效率会降低，且有堵管现象，则井点管数量n按平衡计算式数量乘以1.1倍，预留些储备能力。

$$n=1.1\frac{Q}{q} \tag{1-16}$$

井点系统降排水专项施工前的施工方案中，一般是先确定井点系统平面布置形式和基坑图形基本范围尺寸，这样提前确定了集水总管的长度数值L，则井点管的平均间距D为：

$$D=\frac{L}{n} \tag{1-17}$$

实际采用的井点管间距应与总管上接头短管相适应，按工程习惯可在0.8 m、1.2 m、1.6 m、2.0 m这几个通用数值中选定。对于抽水设备的选择，按出水量和总管长度选用，为保证连续抽水，施工现场一套抽水系统应多存一台以上的备用水泵，常用的真空泵主要有W5、W6型。

轻型井点系统抽水效果与整个系统每一个管路接头、设备连接安装都有关系，大部分连接都在地面进行，安装质量容易保证，就是返工也方便。只有井点管埋设位于地下，完善返工比较麻烦，所以要重视井点管埋设的工序质量，井点管埋设是在预定好的点位钻孔或冲孔，清孔合格后立即放垫底滤水砂石，接着插入井点管(井点管竖立在孔中心位置和孔壁一圈保持距离)，继续放滤水砂石埋高超过滤管高约1.2米左右停放、再用黏性土密闭孔眼防止孔内抽水时漏气。轻型井点整个系统安装主要步骤是：排放总管→埋设井点管→弯联管连接总管及井点管→安装抽水设备→试抽检查→调整→投入使用。

（2）**管井井点法**。当水量大降水深时，用轻型井点降水效果无法满足施工要求，应考虑管井井点法降水。管井井点是沿着基坑外侧沿线，每隔一定距离设置一个管井，每一个管井内都放置一台抽水泵，在施工方案预定的时间内，连续抽水来降低地下水位，保证基坑槽开挖和基层工程顺利施工。拟施工区域地下水含量丰富、土的渗透系数大，如 $K=20\sim50$ m/d，宜优先采用管井井点降水，像江苏省很多地方是砂土或粉砂且地下水位高、水量丰富，拟建带有地下室建筑物或构筑物等项目时，地下施工阶段一般都首选管井井点法降水。管井井点法示意如图 1-21 所示。

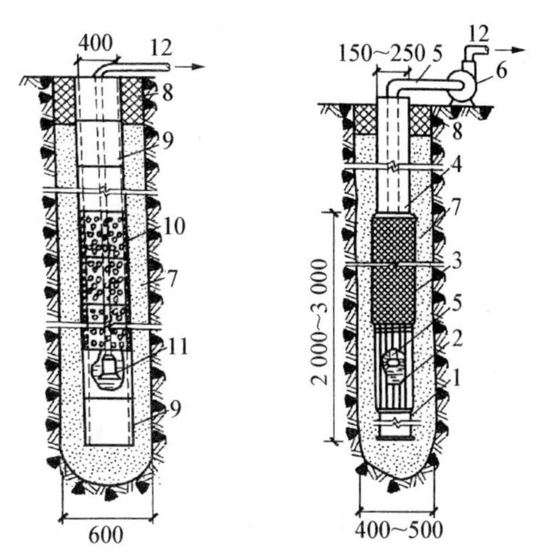

1—沉砂管；2—钢筋骨架；3—滤网；4—管身；
5—吸水管；6—离心泵；7—砾石过滤层；
8—封口土；9—外实壁管；10—内过滤管；
11—潜水泵；12—出水管

图 1-21　管井井点法示意

井点降水是基坑槽开挖前预先抽水，达到一定深度后再开挖基坑槽，一般用在出水量大的工程中，所以对基坑槽附近的地面、建筑物、构筑物、市政设施、军用光缆设施等造成一定的影响，甚至引起连带工程事故，因此要做好专项预案。原自然土被降水后，地基自重应力增加，土层被压缩，有的砂土颗粒流失，再有土层中土质分布一般是不均匀的，水位降低线为漏斗曲线，引起周围地面的沉降多为不均匀沉降，从而造成一定附近范围建筑和设施下沉、开裂、倾斜甚至倒塌等质量事故。因此工程中预防沉降措施可有：① 设置止水帷幕，在降水区域与需防护建筑和设施之间设置一道止水帷幕（如钢筋混凝土连续墙、专用连续止水钢板桩等），使基坑槽外地下水的渗流路径延长，维持外围需防护建筑和设施原有的地下水水位。② 回灌井点法，是在降水井点与需防护建筑设施之间设置一排井点即回灌井点，基坑槽内抽水期间通过回灌井点向土层内灌水，维持基坑槽外需防护建筑设施原有的地下水位。回灌井点法是一种简便、有效又经济的方法，为确保基坑槽施工安全和回灌效果，回灌井点与降水井点之间应保持不小于 6 米的距离。③ 减缓流速法，通过降低抽水渗流速度，让渗流水速缓慢，也防止土颗粒随水流出，做法是加深井点管、加大滤层厚度、调小泵阀、适时更换滤网，该方法让附近土层沉降变形延时，从工程质量安全看是有利的，但对工期有些影响，专项方案制定时应予以注意。

1.3.4　基坑槽开挖施工

选择合适的土方机械、确定合理的地下水降排方案（如果地下水影响施工），采取有效的坑壁稳定措施，完成其他室内作业和场地准备工作后，就可以进行土方开挖。基坑槽开挖土方，先定位放线，根据基础施工图，确定挖土操作空间，定出挖土边线并撒石灰予以明示。基坑槽土方开挖时，按施工规范要求，土方开挖应遵循“开槽支撑、先撑后挖、分层开挖、严禁超挖”的原则。大家必须牢记此原则，工作中认真研究体会和应用。深基坑挖土程序、顺序、方法必须严格执行基坑专项施工方案，并加强坑槽及周围情况的各种监测和观测，做好记录和报验。不仅要保证土方开挖期间的质量安全，也要保证基础与地下室施工期间的质量安全。

1.4 土方填筑

基坑槽内分部分项工程施工完毕，验收合格后就可以进行土方回填，项目后期场地部分区域，如区内道路、环境设施等根据设计也要进行土方平整回填。土方回填的施工质量极少引起结构质量安全事故，主要影响项目竣工后使用阶段的方便性、舒适性、美观性。在工程建设质量与管理讲究“精细化”的现在，必须重视土方回填施工。

1.4.1 土方填筑基本知识

1. 填筑前面层要求

土方填筑前，清除底层面上的杂草、垃圾等杂物，有积水、淤泥类等软质土也要清理干净；遇到不稳定斜坡，且坡度超过施工规范参考数值，或施工经验无法保证坡面稳定的，要对坡面进行放缓坡或做成台阶状；遇到滞水和地表水情况的，要设置排水措施，保证底层面干燥，保证填筑施工顺利进行。

2. 填筑土料与填筑方法

土方填筑时必须按施工规范和设计要求，选择填土种类和填筑方法。当设计没有明确选用何种土类时，应按下列情况控制选土质量：选用黏土回填时，要控制土的含水量是否在允许范围，含水量大的黏土不宜作为填土使用；不应选择含有机质多的土、淤泥、冻土、膨胀土等进行回填；碎石类土、砂土、石渣、破碎合格混凝土碎块，可以用作表层以下的填料，但碎石或石渣作填料时的最大粒径不得超过每层铺土厚度的 3/4，较大块不应集中在某一处，也不得填筑在分段接头或填方与坡面连接处；填土应分层进行，并尽量采用同一类土填筑，如果采用不同类土，应将透水性较大的土置于透水性小的土层以下，避免将各种土混杂一起回填使用，混杂回填土层内容易形成水囊隐患。

3. 填土压实方法

为保证土方填筑密实度、强度和稳定性，土方填筑不仅要分层进行，每层填土必须压实后才可以再次回填，填土压实的方法一般有碾压法、夯实法和振动压实法。

碾压法就是利用机械滚轮对回填土进行压实，达到设计密实度。如光面压路机、气胎碾、羊足碾就是常用碾压机械，不同土可选用对应的机械，如光面压路机对砂土、黏性土优先适用。碾压法施工时，机械行驶速度不宜过快，否则形成下松面硬的硬壳层，影响填土施工质量。夯实法就是利用夯硪等重物下落的冲击力使土壤密实，有人工夯和机械夯两种，夯实适用于小面积或空间受限的拐弯抹角处回填土压实。振动夯实法就是将振动压实机放置回填土每层表面，借助机械振动让土壤密实，此方法对非黏性土压实效果较好，振动碾压型机械密实效率高，大面积填方工程可以采用。

1.4.2　影响填土压实主要技术因素

影响工程质量的因素很多，比如人的因素、天气因素、地理环境因素、机械因素、方法是否得当的因素等等。土方回填质量也同样受到这些因素影响。本节从施工技术角度出发，介绍影响填土压实的三个主要因素：压实功、土的含水量以及每层铺土厚度。

1. 压实功

填土压实后的密实度与压实机械在土层上施加的功多少有一定关系，通俗理解填土压实功就是利用合适机械有效压实土层的遍数。一般情况下压实的遍数多密实度较高，但压实遍数与密实度不是简单呈现线性关系。当其他条件不变，在开始压实时，土的密实度急剧增加，随着压实遍数增加，土的密度变化越来越小，待接近土的最大密实度时，即使压实功继续增加，土几乎没有变化。所以只要达到设计要求或施工验收规范要求，压实功没必有再增加。实际施工中，对松土就要先轻碾慢压，后再重型碾压，否则土层产生起伏现象，无法达到验收标准。

2. 回填土的含水量

在同一条件下，回填土料中含水量多少直接影响压实质量，土太干燥，土颗粒间摩擦阻力大，不容易压实。而土含水量太多，压实机械的外力有一部分为孔隙水所承受，也不能达到压实效果，如果是含水量大的黏性土和黄土，回填压实不采取措施，还会形成橡皮土。所以施工中要让回填土保持最佳含水量。最佳含水量就是在使用同样的压实功进行压实的条件下，使填土压实获得最大密实度时土的含水量。最佳含水量不是一个数值点，而是一个范围，施工规范给出不同的土最佳含水量的对应范围，如表 1－7 所示。施工时可以现场做试验得到最佳含水量，没有试验数据提供时，可参考施工规范的最佳含水量。

表 1－7　土的最佳含水量和最大干密度参考表

序号	土的种类	变动范围	
		最佳含水量(质量比%)	最大干密度(g/cm^3)
1	黏土	19～23	1.58～1.70
2	粉质黏土	12～15	1.85～1.95
3	粉土	16～22	1.61～1.80
4	砂土	8～12	1.80～1.88

如果土料太干，按最佳含水量标准进行洒水拌合，如土料太湿（如雨后回填土），则进行翻松晾晒至最佳含水量再进行回填。最佳含水量人工粗略经验判别是“握手成团，落地开花”，即将土抓在手中稍为用力一握就成团状，土团自然落地，在地面自然炸散开。

3. 铺土厚度

土在压实机械作用下，其压实功的应力随深度逐渐减少，直至近似为零。影响深度与压实机械、土的类型和含水量等都有关系，在其他条件不变的情况下，铺土过厚，即使多遍滚压，机械压力亦不能均布达到土层下部，使得下层土达不到密实要求。土层过薄，工期效率和经济效益受到影响，也增加回填土压实总遍数，最优的每层铺土厚度就是让土既能被有效压实而压实功耗费最少，合理的铺土厚度与压实遍数的关系需要通过试验确定，施工规范给出了参考值，没有试验数据时可以采用参考表1-8。

表1-8　土方工程每层铺土厚度及压实遍数参考表

压实机械机具	分层铺土厚度（mm）	每层压实遍数
人工夯实	＜200	3～4
打夯机	200～250	3～4
振动压实机	250～350	3～4
碾压机	250～300	6～8

三个主要因素之间是相互影响相互作用的，实际施工中根据现场情况综合项目总目标和经济指标，调整回填方法，确保回填土施工质量。

1.5　土方工程质量验收与安全文明施工

建筑工程的每一道工序，每一个分部分项工程都要标准施工，按规范验收合格后方可进行下一道工作，验收有专职人员按照规定的流程，记录施工翔实数据资料、依据质量标准对施工质量进行合理的判定。

1.5.1　土方工程质量验收

土方开挖、土方回填分项工程检验批按土质、工艺、分层、分区段划分，由施工单位会同监理单位（建设单位）在施工前确定，资料整理步骤：检验批验收→分项工程验收→土方子分部施工质量验收。

（1）土方开挖阶段。原状土不得扰动、受水浸泡及受冻；边坡坡度坡脚符合设计要求；开挖区的标高允许偏差值按施工规范要求执行，当设计说明高于施工规范的，执行设计要求；允许偏差项目的检查内容和允许值必须按施工验收规范执行。

（2）土方回填阶段。填料符合设计要求，设计无具体明示的按施工验收规范执行；回填土每层压实系数应符合设计要求，采用环刀法取样时，基槽或管沟回填每层按长度20 m～50 m取样一组，每层不少于一组，柱基回填每层按10%柱基总数抽样，并不少于5组，基坑和室内、场地平整等具体可参考施工验收规范；采用灌砂（或灌水）法取样，取样数量可较环刀法适当减少，但每层不少于1组。回填土一般验收项目按施工验收规范内容、验收操作方法和允许偏差值验收。

分部分项工程检验批有专用验收表格，各地方质监部门针对本地区情况，也会在国标通用内容基础上制定符合本地区的验收表格，表格内对主控项目、一般项目详细列出并给出有关数值、方法提示。如表1-9所示的就是出自填土工程质量验收标准检验批记录表。

表 1-9　填土工程质量验收标准

项目	序号	检查名称	允许偏差或允许值(mm)					检验方法
			柱基、基坑、基槽	挖方场地平整		管沟	地(路)面基层	
				人工	机械			
主控项目	1	标高	-50	±30	±50	-50	-50	用水准仪检查
	2	分层压实系数	按设计要求					按规定方法
一般项目	1	表面平整度	20	20	30	20	20	用 2 m 靠尺和楔形塞尺检查
	2	回填土料	按设计要求					直观鉴别或取样检查
	3	分层厚度及含水量	按设计要求					水准仪及抽样检查

1.5.2　土方工程安全文明施工

安全文明施工贯穿项目整个建设过程，土方施工阶段注意的主要内容包括：平面控制点和水准点，采取可靠措施加以保护，定期检查和复测；临时排水降水时，应避免损坏附近建筑物或构筑物的地基与基础，并应避免污染环境和损害农田、植被和道路；基坑管沟边沿及边坡等危险地段施工时，应设置安全护栏和明显警示标志，夜间施工时，现场施工照明条件应满足施工需要。

基坑槽开挖由上而下，逐层进行，操作人员之间、机械之间、人与机械之间保持安全距离，随时关注土壁变动情况，挖土超过规范允许深度，使用吊土设备，吊运设备与坑槽边与人保持安全距离。基坑槽沟边 1 m 以内不得堆土、堆料和放置机具设备，1 m 以外堆土时，堆放高度不宜超过 1.5 m，基坑沟槽与附近建筑物构筑物的距离不得少于 1.5 m，达不到要求或有危险隐患时必须加固。

土方施工前按要求封闭管理，设置符合标准的围挡，场地内路面要硬化、保持畅通；抑制扬尘，做好废水污水泥浆排放管理；有绿化布置；办公区、生活区与施工区分开，管理设施落实到人到岗，公示标牌明显有序，并和社区保持联系沟通。

单元练习题

1. 建筑工程土方分类的依据是什么？土分为几类？前三类如何进行施工鉴别？

2. 基坑土方量计算公式是怎样给出的？场地平整计算过程是怎样的？

3. 常用的土方施工机械有哪几种，分别有何特点、适用何种情况的工程现场？

4. 遇到地下水如何处理，各种方法适用特点是怎样的？

5. 基坑沟槽开挖遵守的施工原则是什么？

6. 土方回填注意哪些问题，目前认为影响土方填实的主要因素是哪些？

7. 土方安全文明施工注意哪些方面？

习题库

土方工程施工

第二章
地基与基础工程施工

本单元学习目标

通过本单元学习，学生掌握条形基础施工过程和质控要点；

通过本单元学习，学生掌握静压预制桩施工过程和质控要点；

通过本单元学习，学生掌握泥浆护壁钻孔灌注桩和人工挖桩施工过程和质控要点，熟悉干钻孔桩、沉管桩基础施工工艺；

通过本单元学习，学生熟悉地基处理方法种类和质控要点；

通过本单元学习，学生熟悉基础验收的施工质量标准，了解检验批验收表格内容。

建筑物和构筑物所有荷载由自身的基础承担，并通过基础传给地基。基础是经过结构计算的人为主观产物，可满足拟建项目的承载力和变形需要。地基是承受房屋荷载的天然土层，设计和施工中，尽量利用原有的天然地基，施工方便且工期成本较低，但如果其力学性能等不满足工程强度和稳定性的需要，则必须对地基进行处理或加固。

2.1 浅基础施工

多层以及低层、单层房屋，规模小荷载小(与一般楼房比较)的构筑物及市政设施等优先选用浅基础。浅基础施工难度小、造价低、工期快、过程质量易于控制。常用的浅基础中，无筋扩展基础的形式有：砌体(砖、石)条形基础、砌体(砖、石)独立基础；钢筋混凝土扩展基础的形式有：条形基础、独立基础、筏板与箱型基础等。

2.1.1 无筋扩展基础

无筋扩展基础中砌体条形基础最为常见。砌体结构房屋、砌体围墙下常用砖、石等砌块材料砌筑条形基础。砌体条形基础中砖砌条形基础更常见且更有代表性。砖砌条基如图2－1所示，具体工艺步骤见3.2节。

2.1.2 钢筋混凝土扩展基础

钢筋混凝土扩展基础有强度高、变形协调好，施工方便的优点，很多房屋的浅基础都采用这种结构形式。按构造形状钢筋混凝土浅基础有条形基础、整板基础、梁板基础、独立基础和箱型基础等形式。但其施工步骤及要点都是相似的，本节以钢筋混凝土条形基础进行

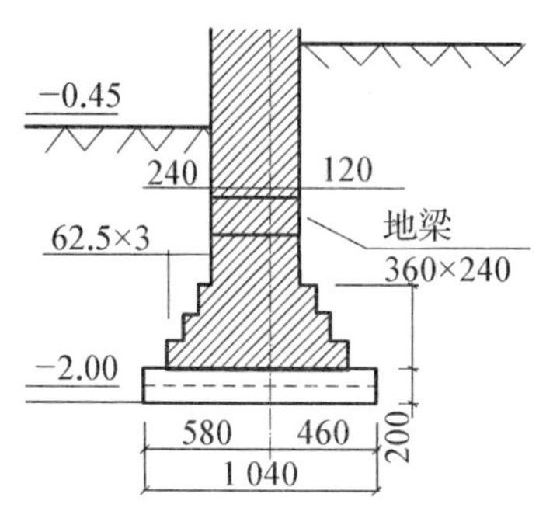

(a) 砖砌条基施工图示意

(b) 砖砌条基现场示意

图 2-1 砖砌条基示意图

学习,举一反三后,其他形式的钢筋混凝土基础的施工也就基本掌握了。钢筋混凝土基础典型形式如图 2-2 所示。

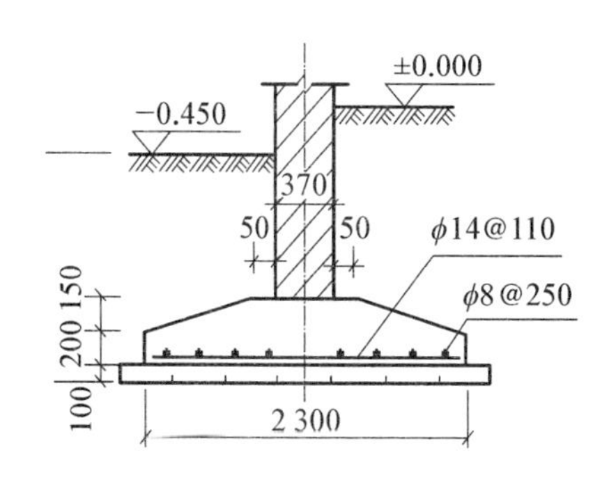

(a) 条基施工图示意

(b) 条基模板支设

(c) 完成后墙下条形基础

(d) 柱下独立基础

图 2-2 钢筋混凝土基础示意图

钢筋混凝土条形基础主要施工步骤有:基坑槽复核、垫层施工、定位弹线、布置钢筋、支设模板、浇筑混凝土、养护、拆模等待验收。

1. 基坑槽复核

对前期验收后的基坑槽,在基础施工前一般再复核一次,主要复核坑槽底标高,基础外侧边线附加需要尺寸,坑底土是否被扰动或浸泡等不利情况出现。

2. 垫层施工

按设计要求的材料及强度等级铺设垫层，保证垫层宽出基础外边部分的尺寸和垫层厚度，如常见素混凝土垫层厚度一般不小于 100 mm、宽出基础边 100 mm 左右，强度等级 C10～C20即可，无须更高强度等级混凝土（当施工现场供应商品混凝土只有 C20 以上的话，可以用）。垫层铺筑完毕，要满足基本的强度、刚度、密实性要求，并用水准仪测量垫层面标高，高程偏差值必须控制在质量验收允许范围内。

3. 定位放线

用经纬仪或全站仪将主轴线投测到垫层表面，并立即用墨线弹出，同时用卷尺量取配合弹出每个轴线上基础的边线，也用墨线弹出明示。尺寸小、结构安全等级低的房屋基础，可以拉通线从地面标准控制点挂线锤引测投设，同样轴线测设完毕，应立即校核纵横轴线相交角度是否与施工图一致，要求与上一段砖砌条基放线相同。

4. 布置钢筋

按设计要求对钢筋下料、布置、绑扎固定，钢筋强度等级、长度、间距、保护层符合设计要求，一般条形基础中短向钢筋是受力主筋、纵向钢筋是构造分部筋，放置时要将短向钢筋置于外侧，纵向筋放在内侧，纵横钢筋绑扎后形成固定的钢筋网格；对于带梁的条形基础，核心梁范围的受力钢筋则是梁内上下部纵向钢筋，箍筋套箍固定纵筋。钢筋其他详细要求见第 4 单元混凝土结构施工中的钢筋分项工程。

5. 支设模板

模板是形成基础形状的施工措施，保证模板支设的位置、截面尺寸，强度、刚度和稳定性，接缝严密不漏浆，施工装拆方便，并选材经济。条形基础截面和体积不是非常大，混凝土浇筑时侧压力也不大，木模板、钢模板都可以采用，但对板背面的支撑系统施工安装必须严格，避免混凝土浇筑时胀模变形和散架。模板的其他施工要求可见第 4 单元混凝土结构施工中的模板分项工程。

6. 混凝土浇筑

钢筋、模板合格，再次检查预埋件、预留孔等是否完成。炎热干燥天气，要浇水润湿模板及与混凝土接触的干燥面。进场混凝土需符合设计要求，混凝土拌合料外观无异常，在浇筑点立即做坍落度复核，并做标准强度试件。混凝土浇筑应连续进行，边浇筑边振捣密实，振捣密实合格的直观表象是：小气泡不再大量冒出或无气泡冒出，混凝土表面泥浆呈现亮晶晶状（目前市场供应商品混凝土振捣一般不超过 15 s）。密实后混凝土表面再进行压实搓毛。

7. 养护

浇筑振实后的混凝土必须养护达到 1.2 MPa 才可进行下一步工序，养护期间不得对基础踩踏或引起振动，常温下初凝后就要洒水养护或覆膜保水养护，洒水保持混凝土面层一直润湿，按规范要求养护时间不少于 7 d，太阳曝晒高温天气和低温冬期都要有防护措施，如覆盖遮阳或保暖。

8. 拆模等待验收

只要混凝土达到 1.2 MPa，正常拆模就不会缺棱掉角损坏基础。拆模时要保持人与人之间的工作距离，模板集中堆放，模板上固定用的大量钉子用羊角锤拔下来，难以拔除的将钉面向下，避免朝天钉伤人。模板表面清理干净集中堆放备用。验收按施工验收质量统一标准进行，做到数据真实，验收程序及检验批表格填写规范，资料及时归档。

2.2　桩基础施工

当浅基础不能满足建筑物结构承载力和变形时，只能利用深基础承担整个建筑物荷载。深基础包括桩基础、沉井、地下连续墙及墩基础等。建筑物、构筑物及市政工程中代表性的深基础就是桩基础。桩基础分类很多，从材料上分类有钢筋混凝土桩基础、钢管桩基础、木桩基础等；从外形分类有方桩、管桩；从结构受力上分类有摩擦桩、端承桩、摩擦端承桩、端承摩擦桩、抗拔桩等；从施工工艺角度区分有预制桩和现场灌注桩。我们就从施工工艺的分类出发，学习桩基础的施工过程和质量控制要点。

桩基础结构组成一般有桩身和桩顶承台（桩帽）两大部分，也有在桩顶直接设计压顶基础梁，把一条轴线上桩基础连成一个结构体。桩基础既有桩身和承台（桩帽、压顶基础梁）全部埋入地下的（如办公楼、住宅楼等建筑物下桩基础），也有将桩身上部一定高度及承台露出地面，架在空中（如市政工程中市区内立交桥、高架桥，交通工程中枢纽中心及软土地段桩基础），如图 2 - 3 所示。桩基础施工阶段只进行桩身部分的施工，承台（桩帽、压顶基础梁）由后面标段的中标施工单位进行施工。

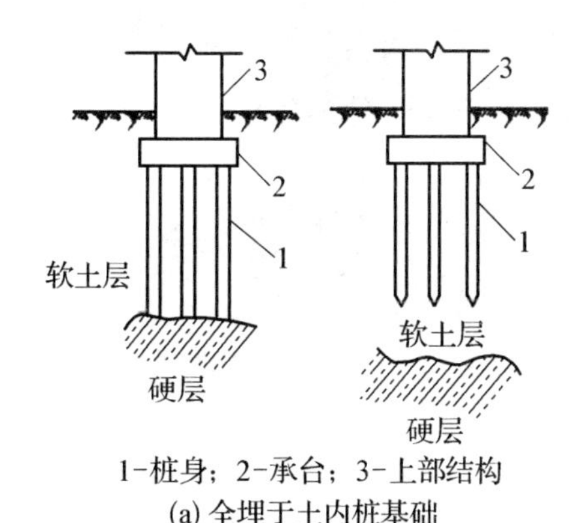

1-桩身；2-承台；3-上部结构

(a) 全埋于土内桩基础

(高架桥下桩基础)

(b) 桩身、承台出地面的桩基础

图 2 - 3　桩基础示意图

2.2.1　静压预制桩施工

工厂将一节节桩制作生产后达到规定强度，运到现场按选定的工艺将桩打（压）入土中，这就是预制桩。建筑工程中预制桩材料多采用钢筋混凝土,有方形实心截面预制桩、空心管桩等,目前工程较多采用的是空心管桩。预制桩入土沉桩方法有锤击沉桩法、振动沉桩法、静力压桩法,因前两种施工方法产生的噪音、振动对一定范围场地产生不良影响,柴油锤击桩机的排烟对空气也有污染,所以目前预制桩的沉桩方法多采用静力压桩方法。静力压桩机械有机械静力式和液压静力式两大类,自行轨道式液压静力机型号多、功率大,现场施工多选用液压式;静压具有速度快、无噪音、无振动、节约材料、单节桩身入土质量便于检查控制等优点,特别适用于市内及软土地区施工,液压式静力压桩机如图 2-4 所示。

(a) 静力压桩机

(b) 静压法施工现场

图 2-4 静压示意图

1. 静力压桩法工艺步骤

静力压桩主要施工工艺步骤是:桩进场验收并堆放→测量定位放线→桩机就位调整→吊桩→对中调直插桩→沉桩→接桩→再沉桩→(循环接桩→沉桩)→至设计要求终止压桩。

(a) 预制空心管桩焊接法接桩

(b) 切割桩头

图 2-5 接桩与截桩示意图

2. 质量控制要点

静力压桩施工质量控制要点有:① 桩进场应提供厂家的质量检测合格证明书,对桩身外观、型号等进行核对,对强度、桩端部预埋件、桩身完整性核查必须尤其仔细认真,吊装及堆放时不能出现额外附加弯矩(没有按设计吊点位置绑扎和支设垫块)导致桩身开裂,堆放场地平整坚实，便于后期压桩时吊取；② 定位放线保证和桩基础位置图一致，偏差数值必须控制在验收允许范围内，复测无误后，将每个桩中心在地面明显标出；③ 桩机就位，底盘水平、机身整体稳固，加持部初步对准桩中心位置；④ 桩的吊装应一点绑扎吊，开始起吊时缓慢吊直，防止速度过快产生附加弯矩对桩身造成开裂破坏，把桩垂直放入夹持部；⑤ 桩身中心与地面定位的桩中心对准后下放，空心管桩有时也会提前在桩位布置好桩头，将管桩压入桩头即可，调整垂直，初步夹持稳固，吊臂脱钩回转到侧后面；⑥ 桩在自重作用下无须压力会进入土中一定深度，再次核查桩垂直度，合格后静力压桩，压桩先重力慢压，正常后再常规速度下压沉桩，压桩过程中随时观察沉桩速度、垂直度；⑦ 因桩基础较深且工程桩长度较长，一根工程桩是由多根预制桩连接而成，第一节预制桩桩压入地下，露出地面一定高度，再吊第二节桩，吊运及对中要求同④、⑤，只不过这时将第二节桩与入土的第一节桩严格对中，将两根桩可靠连接在一起（如焊接法、浆锚法连接等），如图 2-5(a)所示，合格后继续沉压，按此循环依次连接沉压第三、四、五……节（如果一根工程桩需要多节预制桩接长而成），直至设计深度或设计说明表示可以终止压桩，一个点位的工程桩沉压完成，移机到下一个点位继续施工；⑧ 预制桩是挤入土中，土也会给桩一个很大的环向回压力和向上的挤压力（类似液体的浮力），每节桩压完要保持一点时间再停机，整根工程桩终止沉压前也应保持压力一点时间再停压。⑨部分教材在介绍静压桩施工时，会纳入“切割桩”（俗称割桩头）这一步骤。割桩头就是把高出设计部分的桩身切割掉，如图 2-5(b)所示，满足桩顶与承台、压顶基础梁插接（静压沉桩因各种因素影响，一般沉桩完成后的桩顶标高都高于设计值，有的甚至凸出于地面之上）。实际建筑工程中，割桩头一般是在基坑槽土方开挖完成后，承台（桩帽）或压顶基础梁施工前进行，这一工作是属于后期中标入场的建安公司实施，不在桩基础施工范围内。

压桩应连续进行，因特殊情况停歇时间不宜过长，否则土的回压力大幅度增长导致桩压不下去或桩被挤抬向上冒出。压桩的终压控制很重要，不同类型的桩终压标准不一样，一般对纯摩擦桩，终压时以设计桩长为控制条件；对端承桩和设计承载力较高的桩基础，终压值为控制条件；对端承摩擦桩以设计桩长控制为主，终压值对照；对土质较差、桩长较短（如长度不超过十几米的桩）宜复压并根据情况增加复压次数。静力压桩每一根单桩竖向承载力，可以通过沉桩的终止压力值初步判别，如判别的终止压力值不能满足设计要求，必须用送桩加深处理，或与设计方协商后由设计单位出具变更方案图，进行补桩，确保桩基础的工程质量。

2.2.2　现浇混凝土灌注桩

现浇混凝土灌注桩简称现浇桩或灌注桩，与预制桩的桩身是在工厂制作生产不同，现浇桩根本特点就是施工场地内现场成孔（钻孔、挖孔、沉管成孔等），成孔后立即在孔内放置钢筋笼（如桩身设计有钢筋），紧接着立即向孔内灌注混凝土，直至孔内灌满或达到设计标高。现浇混凝土灌注桩按成孔方法不同，有泥浆护壁钻孔灌注桩、人工挖孔桩、干作业钻孔灌注桩、沉管灌注桩等。

1. 泥浆护壁成孔灌注桩

泥浆护壁成孔灌注桩基础适用于地下水位较高的地质条件，黏性土、砂土、淤泥、淤泥质土、碎石土、风化岩石地基都可采用。泥浆护壁成孔灌注桩的设备有冲击回钻、冲抓和潜水钻成孔法,江苏地区多用潜水钻成孔法(施工俗称"水钻孔"),如图 2-6、2-7 所示。

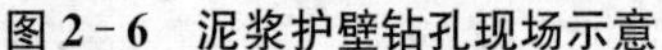

图 2-6　泥浆护壁钻孔现场示意

图 2-7　钻进中的桩孔

泥浆护壁钻孔灌注桩主要施工步骤有:定位放线→挖排浆沟集浆池→埋设护筒→移机就位→注浆开钻→清孔→放置钢筋笼→浇筑混凝土。

施工过程中注意事项有:① 定位放线的方法和测量设备选定,确保桩中心点位置偏差控制在允许值范围内,复核无误后在地面将桩中心点固定并标识明确。② 钻孔过程中,现场地质如是砂土类、淤泥类的,需要外运泥浆注入孔内进行护壁,现场土质如是黏性土、黄土类则可注水钻孔原土造浆,泥浆起到护壁、携渣、润滑钻头、降低钻孔发热、减少钻头阻力等作用。但施工过程都需要储备或产生大量泥浆,这些泥浆需要泥浆池贮存,每个桩钻孔过程中泥浆源源不断从孔内产生,要排入泥浆池,现场要挖泥浆池、排浆沟。泥浆池的数量、位置、体积根据施工开机数量、桩孔大小、泥浆转运量综合确定,排浆沟就是在被钻桩孔与集浆池之间挖一条小沟,钻孔过程中孔内多余泥浆顺着沟流入集浆池,集浆池可以一池多孔共用。③ 钻孔注浆前,桩位孔口要埋设护筒,如图 2-8,护筒的作用起到定位、保护孔口、贮存孔内泥浆等作用,护筒高度根据现场土质情况而定,一般不少于 1.00 m,护筒直径比桩孔大即可,可以现场用铁皮制作,筒上口边沿要切割出一个排浆缺口,护筒埋设时要高出地面 200 mm左右。④ 桩机就位要稳定、底座水平、钻架垂直,钻头对准桩中心,因为桩孔护筒内土被挖除,桩中心眼睛无法直观确定,用拉十字线保证桩头与桩中心对齐,如图 2-9 所示。⑤ 开机钻孔,孔内预先注入泥浆,如是黏土或黏性土注入清水原土造浆,钻孔过程中始终保持泥浆液面高于地下水位 1.0 m 以上。钻孔下沉速度根据土层类别、孔径大小、钻孔深度和供水量(供浆量)确定,对淤泥、淤泥质土不宜大于 1 m/min,其他土层以钻机不超过负荷为准,在硬质土层和风化岩石层以钻机不产生跳动为准,钻孔过程要观察是否有跳动钻不下或钻杆倾斜等不利情况,要立即停钻或其他措施,防止机器损坏、孔歪斜。⑥ 钻孔深度达到设计要求后,在孔底先停尺空转,保证孔底一圈护壁进一步得到加固,并立即进行清孔。原土造浆清孔就是把清水注入孔内从孔底上翻,不断稀释泥浆,让泥浆和浆中渣土粒块从孔内随浆水排出,排出泥浆密度降至 1.1 g/cm^3 左右(用手指碾触无颗粒感),清孔认为合格。外运浆注入的钻孔(如场地淤泥、淤泥质土层),可采用换浆法清孔,换出的泥浆密度小于 1.25 g/cm^3 即认为合格。⑦ 清孔合格后,立即吊钢筋笼入孔,如图 2-9 所示,钢筋笼吊放时要保证保护层厚度、查看保护层垫块或导向钢筋，也要有防止钢筋笼上浮的坠块，长桩内需要两节以上钢筋笼的，钢筋笼纵向钢筋接长焊接执行钢筋分项工程要求，钢筋笼下放过程必须垂直入孔，不得碰插、斜插到孔壁。⑧ 孔内混凝土灌入为水下浇筑，如图 2－10 所示。根据出管混凝土量保证把导管出口端埋在混凝土中，混凝土灌注一气呵成，混凝土灌筑量应考虑充盈系数，并保持孔内实际混凝土灌注高度超过桩顶设计标高。

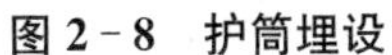

图 2－8　护筒埋设

图 2－9　钢筋笼吊放完毕

图 2－10　孔内灌注混凝土

泥浆护壁钻孔桩质量标准的主要项目：护筒中心要求与桩中心偏差不大于 50 mm，其埋设在砂土中深度不小于 1.50 m，埋设于黏土中深度不小于 1.00 m；场地土层为黏土和亚黏土时，孔内泥浆密度应控制在 1.1～1.2 g/cm^3，遇到土层是夹砂层时泥浆密度控制在 1.1～1.3 g/cm^3，当穿过砂夹卵石层或易于坍孔的土层，泥浆密度应控制在 1.3～1.5 g/cm^3；清孔时，孔底沉渣必须清除，对摩擦桩沉渣厚度不得大于 150 mm，端承桩沉渣厚度不得大于 50 mm；水下浇筑混凝土应连续进行，导管端部始终埋入混凝土中 0.8～1.3 m。

2. 干作业成孔灌注桩

当现浇桩成孔施工深度在地下水位以上的干土或含水量较小的黏性土、杂填土、淤泥质土等土层中，可用干作业成孔灌注桩工艺。干作业成孔常用成孔机械为螺旋钻机，螺旋钻机有履带式和导轨步履式。干作业成孔桩施工工艺步骤主要有：定位放线→孔口保护→桩机就位调整→钻孔→吊放钢筋笼→孔内浇筑混凝土。

钻机钻孔前，场地必须平整碾压结实，钻机就位后，调整机械保证底座水平机架垂直，钻头对准桩中心后落下钻杆让钻头触及地面；钻孔时先慢后快，避免钻杆摇晃，并全程旁站观察钻杆是否偏斜移位，有问题及时调整或停机处理，特别是穿过软硬土层交界，必须保持机身稳定、钻杆垂直、进尺缓慢；钻进含碎砖石块、混凝土块的杂填土层时，尽量减小钻杆的晃动，以免孔径扩大和孔底虚土增加，当遇到钻杆跳动、机架摇晃、钻不进等异常状况，立即停机检查，采取措施再施工；钻孔过程中派人在孔口旁（钻杆侧边）及时清理顺钻杆带到地面的堆积土，遇到塌孔、缩孔等影响桩身质量和工程结构性能的现象，应会同相关单位按规范流程研究处理；钻孔至设计深度后，钻机可停尺空钻原处清土后再停止回转，提杆卸土，清孔应保证孔底虚土厚度不超过质量验收允许值，当孔底虚土超过厚度可工具辅助掏土或二次回钻清理；成孔拔杆后立即吊放钢筋笼，钢筋笼吊放质控与泥浆护壁钻孔桩要求相同，钢筋笼安置完毕合格后就立即灌注混凝土；孔内桩身混凝土用导管灌注，与泥浆护壁孔内有泥水不同，干钻成孔孔中无水（即使个别情况下孔底有少许渗水积水），导管灌注时保证导管长度不能离孔底太高，以免混凝土出管后分层离析，混凝土灌注连续进行，分层捣实，每层灌注高度不大于 1.50 m。当灌注到桩顶设计标高后还应该超灌，保证后期凿除桩身多余高度的浮浆层后，桩顶标高和质量符合设计要求，混凝土灌入量还要考虑充盈系数，干作业钻孔其他步骤的质量控制与泥浆护壁成孔基本相似。

钻孔灌注桩施工中，常见的质量问题有：孔壁坍塌、钻孔偏斜、孔底虚土超标、桩身颈缩与断桩等。所以每一根桩的成孔过程全程观察记录，遇到问题，根据现场水文地质、土层土质、机械设备、动力供应等条件，结合前期预定施工方案，会同相关单位、责任部门制定处理措施，牵涉到桩结构性能改变的情况应与设计单位协商沟通，按程序由原设计单位重新补充出图设计并提出施工质量要求。

3. 人工挖孔现浇混凝土灌注桩

人工挖孔现浇混凝土灌注桩又称为人工挖孔桩，是现浇桩中桩身质量最有保证的施工工艺，就是桩孔采用人工挖掘方法成孔，从地面孔口至孔底做有人工护壁。当遇到地质较好，桩径较大(一般不小于 800 mm)的现场灌注桩，施工现场狭窄或市区地段，可优先采用人工挖孔桩工艺，人工挖孔桩如图 2－11、2－12 所示。人工挖孔桩施工时设备简单，无振动无噪音等环境污染隐患，对场地周围及附近范围建筑物、构筑物、市政设施等影响小，施工速度快，可同时开挖数个桩孔。开挖过程中地质土层及土层变化明确，可直接观察到地质土层实际状态是否与前期勘察设计相符，为积累场地范围地质资料提供有利帮助。孔径内土的挖除、孔内一圈砖砌体护壁或钢筋混凝土护壁、桩底沉渣清理等工序都是人工操作完成，整个挖孔所有步骤环节质量都直观可控，施工质量可靠。缺点就是人工消耗量大，单根桩开挖进度效率低，健康安全施工条件差等。

人工挖孔桩施工工艺步骤主要有：施工前准备→放线定位→地面桩孔口保护段施工→开挖桩孔→做桩孔护壁→继续开挖、做护壁直至设计深度→吊放钢筋笼入桩孔→桩孔内灌注混凝土。

图 2－11　人工挖孔现场示意图

图 2－12　孔内景象示意图

施工中质量控制要点包括：① 施工前的施工方案制定、设备机械工具准备。为确保挖孔操作人员及场地安全，防止坍塌、防地下水、防流砂现象等发生，应根据现场地质和项目部综合安排，预先拟定科学合理的措施方案并通过审批。现场挖孔需要的电动葫芦、轱辘架、装土提土的筐桶、通风照明设施、锹、锄、对讲机及电铃等都要准备好；② 人工挖孔桩地面孔口保护(也是桩孔开挖的第一段)在定位灰线内开挖，根据土层情况，开挖孔径大小包含护壁的厚度，开挖深度 1.00～1.50 m 左右停挖，按设计要求做一圈孔口护壁，护壁一般应高出地面一定高度，防止后期孔开挖过程中，地表水、地面雨水或地面石块、土块等垃圾块进入孔中，影响孔内挖土工人的人身安全，如图 2－13、2－14 所示，孔口护壁合格后再开始向深度方向下一段开挖；③ 正常向下开挖要等上一施工段护壁达到要求才可进行下一段孔内土开挖，每一施工段高度保证土壁直立垂直不坍塌，一段开挖完成应复核孔中心是否偏移，桩径是否变形或尺寸改变超过允许值，并及时记录该段土层实际情况；④ 一段土方开挖合格，进行该段孔内护壁施工，护壁是紧贴一圈土层的墙体，预防孔壁坍塌、渗流，保证施工安全质量的构造措施，并能有效保证成桩后的桩身尺寸。护壁可以是砖砌体、钢套管、型钢-板桩工具式、钢筋混凝土护壁等，砖砌体护壁砌筑执行砖砌体质量要求并结合项目部专项方案进行，钢筋混凝土护壁的支模、绑扎钢筋、浇筑护壁混凝土执行混凝土结构施工质量要求，同时结合按现场专项方案进行，护壁如图 2－15 所示，钢筋混凝土护壁上下相邻段要咬合一起；⑤ 桩孔挖至设计深度，检查孔底土质情况是否与勘察设计相符并记录，无问题再进行扩大头开挖，全部开挖完成后，将孔底沉渣浮土清理干净，如有积水用水泵排出；⑥ 按桩的设计施工图对孔内灌注一定高度混凝土，再吊放钢筋笼，再浇筑混凝土。如果设计图中桩身通长有钢筋，则先把钢筋吊放完毕从孔底连续浇筑混凝土直至设计标高。钢筋笼位置正确，确保保护层厚度，钢筋笼接长按钢筋分项工程执行，钢筋笼要有防止上浮措施，混凝土灌注用导管防止分层离析，并利用导管适当进行插捣密实。

人工挖孔桩在挖孔过程中，安全措施必须可靠且予以特别重视，井孔内操作人员严格按正确的安全操作规程施工。所有人员必须戴安全帽，孔下有人时孔口必须有专人值班监护，孔内应设置应急爬梯，使用的电动葫芦、吊篮等设备机械安全可靠并有自动卡紧保险装置，井孔开挖超过 10 m 应有专门向井孔送风设备，现场施工电源、电路的安装和拆除由持证电工操作，电器严格接地、接零和有漏电保护，各个井孔用电必须分闸，严禁一闸多用，设备机械使用的电缆不得拖放地面或埋入土中，必须架空 2.00 m 以上。电缆、电线有防止磨损、防潮、防止断裂的保护措施，孔内照明等用安全电压灯或矿灯；地面孔口设置护栏，挖出的土方及时运离孔口，不得堆放在孔口四周 1.00 m 范围内，现场进出车辆等不得对孔口孔壁造成质量安全隐患；地面孔口护壁要超出地面 150～200 mm 左右，并有一定强度；每日开工下井前要检测井下是否产生有害气体，并检查起吊设备装置是否牢靠安全。

图 2－13　地面孔口开挖示意图

图 2－14　地面孔口护壁施工示意图

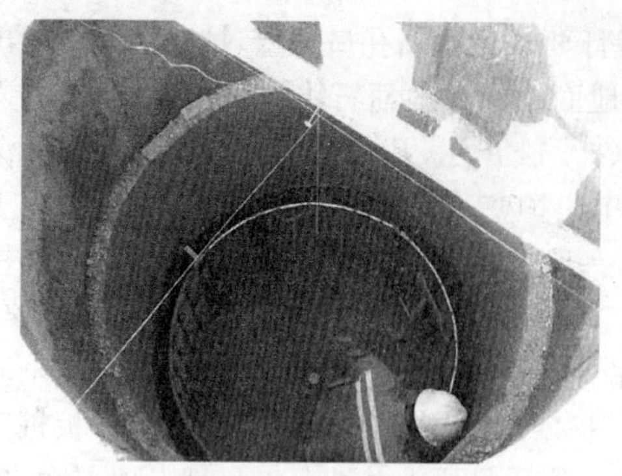
(a) 钢筋混凝土护壁

(b) 砖砌体护壁

图 2-15 护壁详图示意

人工挖孔桩质量标准主要有：桩孔中心线的平面位置偏差允许值不大于 20 mm，垂直度不大于桩长的1%，桩径不得小于设计尺寸；桩身里钢筋骨架保证不变形，纵向主筋与螺旋箍筋电焊，吊放入孔后保证竖向空间位置、与孔壁之间厚度距离；混凝土浇筑连续进行，坍落度按预定商品混凝土现场检测，并做好强度试件，用漏斗加导管灌注入孔，控制混凝土拌合料自由倾落高度，确保不出现分层离析，浇筑一定高度立即振捣密实。

4. 沉管灌注桩

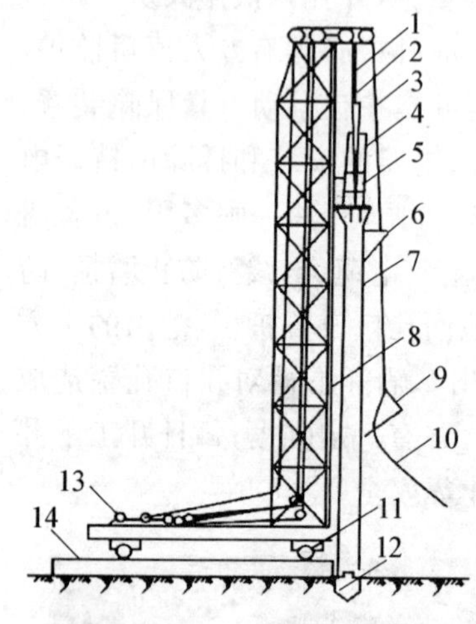

1—导向滑轮；2—滑轮组；3—吊斗索；4—激振器具；5—桩管头；6—混凝土漏斗；7—桩管；8—桩机架；9—混凝土吊斗；10—吊斗拉索；11—导轨；12—桩尖；13—卷扬机；14—枕木

图 2-16 沉管桩机示意图

用锤击或振动方式将带有预制桩头或活瓣式桩靴空心钢管沉入土中，在钢管中放置钢筋、边拔管边灌注混凝土的施工方法称为沉管灌注桩施工。下面以振动沉管灌注桩为例进行学习。振动沉管桩机如图 2-16 所示。

振动沉管灌注桩施工工艺步骤主要有：定位放线→移机就位→开机沉管→放入钢筋笼→浇筑混凝土振动拔管。

沉管灌注桩施工注意事项：① 定位放线与前面学习的其他几种桩基础要求相同，不重复说明；② 按施工方案定好的沉管顺序，施工时将桩机移到对应桩位置，调整桩机底盘水平，并保持稳定，桩管对准套入放置在桩位点的预制桩头（桩尖），钢沉管调整垂直，让管与桩头徐徐下沉入土并保持沉管垂直不偏斜；③ 开机振压沉管，观察和控制沉管速度，直至设计深度；④ 将混凝土从沉管端侧漏斗灌入，边灌边拔振钢管，钢筋笼塞入钢沉管中，继续灌注混凝土，边灌边振拔钢沉管，直到灌筑设计高度或地面，派专人在钢沉管边，将钢沉管拔出部分外侧粘附的土清除干净；⑤ 单振法沉管施工时，人土沉管内灌满混凝土，开机激振后拔管，边振边拔，每拔0.5～1.0 m左右停拔振动，如此拔、停拔振动循环直到将钢沉管全部拔出，根据混凝土用料计算或现场试桩结果，拔管过程可继续灌入混凝土；⑥ 反插法沉管施工时，在管内灌满混凝土后振动拔管，每次钢沉管拔出 0.5～1.0 m左右，再向下插入 0.3～0.5 m 左右，如此反复直至全部沉管拔出，拔管过程振动不停止，反插法可以扩大桩身截面，桩身质量和承载力更有保证，但混凝土耗量多些，在饱和软土中可以采用；⑦ 复振法施工，就是管内灌满混凝土，振动拔出钢沉管后，立即原位二次沉管至设计深度后，向钢沉管内放入钢筋笼，灌满混凝土后再次振拔钢管，直到结束。复振法常常应用在房屋拐角、伸缩缝两侧等重点部位或设计要求复振位置的沉管桩。第一次拔管一定有专人彻底清理干净钢沉管外侧的泥土，防止土被二次沉管时带入混凝土里影响桩身质量，桩身内设计有钢筋的，钢筋笼必须在第二次沉管后放置。两次沉管必须保证在同一个中心点。

沉管桩质量标准中，对混凝土强度等级和坍落度现场测试值必须符合设计要求；最后两分钟的沉管贯入度要严格控制，数值按设计要求或试桩结果执行；拔管时管内混凝土保持量不小于 2.0 m；桩与桩的中心距离不宜小于 4 倍桩管外直径，否则要跳隔沉管；桩位允许偏差控制在质量验收的允许值范围内。因为钢沉管是被压挤入土中，所以土的回压力很大，拔管时管内混凝土可能没及时落下，造成常见质量问题有断桩、瓶颈桩（桩身截面缩小）、吊脚桩、桩尖进水进泥，施工方案中要有针对性保证措施，并结合具体桩情况灵活科学处理。

2.3　地基处理与加固

地基处理和加固的方法很多，根据现场土质、拟建项目工程质量要求，结合经济综合指标优化后，决定采取哪种方法。按《建筑地基基础设计规范》(GB 50007－2011)的规定，当地基承载力和变形不能满足设计要求时，应采取地基处理措施，处理后的地基承载力应通过试验确定，目前地基处理成熟的工艺方法有：机械压实法、堆载预压法、换土垫层法和复合地基法。

2.3.1　机械压实法

机械压实法包括重锤夯实、强夯、振动压实等。重锤夯实地基的机具设备主要是起重机械和夯锤，施工前进行现场试夯，确定夯锤重量、底面面积和夯锤落距，比较科学有依据得到地基处理后的下沉量、夯击遍数等技术要点；对分层填土地基重锤夯实时，施工时分层铺土厚度应经试验确定，没有现场试验的，每层铺土厚可取与锤直径（边长）相等，基坑槽沟底夯实的范围要大于基础底面，设计无要求时，按规范建议应比设计宽度加大 300 mm 以上；大面积地基处理采用重锤夯实的，应在专项方案中确定夯实顺序，如按线路规律进行、先周边后中间进行、或先外后里跳打进行，遇到地基底面标高不同的，应先深后浅逐层夯实。

强夯法原理和重锤夯实法相同，只是夯锤更重，提举更高，下落冲击力更大，可以对更深处的下部土层产生作用，如图 2－17 所示。强夯机具设备包括起重机械、夯锤和脱钩装置三

图 2－17　强夯地基处理示意

部分,夯实前做好专项施工方案,现场勘察试夯、布点放线,夯实操作时应详细记录每一夯实点的夯击能力、夯击次数和每次夯沉量。强夯地基验收时应检查施工记录及各项技术参数,并在夯击过的地面选点做检验,可用标准贯入、静力触探或轻便触探等方法检验是否满足设计要求。机械压实法适用处理建筑垃圾和工业废料组成的杂填土地基,有效深度通过试验确定。

2.3.2 堆载预压法

堆载预压法可用于处理较厚淤泥或淤泥质地基,预压荷载宜大于设计荷载,预压时间应根据建筑物的要求及地基固结情况而定,并因考虑堆载大小和速率对堆载效果和周围建筑物的影响,采用塑料排水带和砂井进行堆载预压和真空预压时,应在塑料排水带和砂井顶部做排水砂垫层。施工步骤主要是:场地清表平整→铺设砂垫层→分层填筑土石方→堆载预压→卸载→检验验收,质量控制要点包括:塑料排水带性能指标符合设计要求,现场妥善保管塑料排水带防止被阳光曝晒;砂井的观察量应根据井孔的体积和砂干密度进行计算,其实际观察量不得小于计算量的 95%;灌入砂袋中的砂最好是干砂并应灌密实,塑料排水带和袋装砂井施工时,配置能够检测深度的设备;塑料排水带需要接长用滤膜内心的平搭长度一般不少于 20 mm;插入地基中的袋子保证不扭曲,袋装砂井套管内径应略大于砂井直径。

2.3.3 换土垫层法

换土垫层法(包括加筋垫层法)适用于软弱地基的浅层处理,垫层材料可采用中砂、粗砂、砾砂、碎石、砾石、矿渣、灰土、黏性土以及其他性能稳定、无腐蚀性的材料。加筋材料可采用高强度、低徐变、耐久性好的土工合成材料,如涤纶土工加筋格栅、玄武岩纤维土加筋土工格栅等。换土垫层施工前将基础下一定范围深度的软土层挖除,然后用施工方案选定的材料进行回填,分层夯密实。换土垫层法技术难度低,可以有效处理某些荷载不大的建筑物、构筑物地基问题,如多层房屋建筑、路堤、市政设施下的软土等。换土垫层按置换的材料不同有砂地基、砂石地基、灰土地基等,其所用的砂、石、灰土、矿渣等材料颗粒级配要良好,材料混合搭配,控制杂质含量和对含有碎石、砾石、卵石组成的换土材料要注意石子粒径。

灰土材料宜就地取材,挖出的黏性土及塑性指数大于 4 的粉土,土料、熟石灰应过筛,不得有未熟化生石灰块,不得水分过高。施工时质控要点有:地基换土铺垫前要验槽;深度不同应先深后浅,分层铺筑夯填密实,每层厚度不能超过施工规范规定或设计要求,如砂地基用夯实法每层铺筑厚度在 150~200 mm,最佳含水量 8%~12%;砂石地基采用平振法每层铺筑厚度 200~250 mm,最佳含水量 15%~20%;灰土地基采用轻型夯实机械每层铺筑厚度200~250 mm,最佳含水量可直观判别,握手成团、落地散碎为宜;冬期材料中不能有冰块并防止材料内水分冻结;砂石、灰土等混合材料要拌合均匀;地下水位以下换土施工,应采取降排水措施,并避免日晒雨淋。质量检验标准的主控项目都是地基承载力、配合比和压实系数三项,一般项目中不同换填材料的项目稍有差别,但粒径、有机质含量、含水量和分层厚度偏差都要检测。对砂和砂石地基现场测定其干密实度鉴定密实情况,灰土地基宜用环刀法或贯入法取样测定其干密度。

2.3.4 复合地基法

复合地基法是不挖除原天然土，通过一定工艺（如冲孔、钻孔、压）在土层加入设计确认的材料，形成一个个有一定深度的小柱体（小桩），这些小柱体和天然土层形成共同受力层。对于不排水抗剪强度小的黏性土、粉土、饱和黄土和杂填土，常采用振冲法工艺，如图 2-18 所示。对于填土、饱和和非饱和黏性土常用干钻工艺。

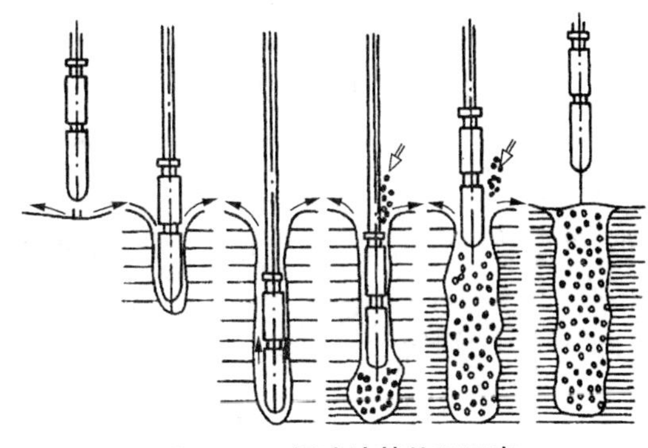
图 2-18 振冲地基处理示意

振冲法即通过振冲器产生高频振动，喷射高压水流在原土中形成井孔，然后根据设计要求填入砂、砂石骨料等形成一个个小桩体。水泥粉煤灰碎石桩简称"CFG 桩"，则是干钻孔后填入 CFG 复合料（碎石、石屑、水泥、粉煤灰）形成一个个小桩体。还有预制钢筋混凝土短桩，压入地基进行加固，这些小桩与原状土地基组成共同复合地基，满足设计要求，承受基础传来的全部荷载。

振冲地基加固速度快，经济有效，技术可靠，机具设备简单，施工机具包括振冲器、起重机械、水泵及供水管、加料设备和控制设备。振动地基施工质控要点有：施工前进行振动试验，确定成孔水压、水量、成孔速度、填料方法、填料量等技术数据；控制冲孔水压水量和下沉速度，往复清孔；填料和振密方式严格按专项方案中施工工序执行；振冲桩顶一段长度难以密实，要振动碾压予以保证施工质量，否则在完工合格后应挖除。振冲地基质量检验包括施工前检测振冲器性能、电流表、电压表及填料，施工中检测密实电流、水压水量、填料量、孔底留振时间、振冲点位和振冲器施工参数，施工结束后，应在代表性地段做地基强度或承载力试验。

CFG 桩可用螺旋钻孔成孔，施工主要步骤为：定位放线→钻机就位→钻进成孔→搅拌混合料→灌料拔管→成桩移机。施工质量控制要点有：根据不同土质选用正确方法和机械，减少对原状土的侵扰；采用正确的打桩顺序，严格控制拔管速率；控制好拌合料的坍落度；预留顶部的保护桩长；旁站时做好检测和反馈；对成品要有效保护。

2.3.5 地基处理其他工艺及局部处理

地基加固具体方法工艺比较多，如适用于挤密松散砂土、素填土和杂填土的砂桩地基加固法；适用于加固较深较厚淤泥、淤泥质土、粉土、含水量较高承载力较小黏性土的水泥土搅拌桩加固法；还有通过压力将化学溶液或胶结剂灌注和搅拌地基土的注浆地基加固法，它适用新建、已建建筑物基础、边坡稳定和防渗帷幕，也适用湿陷性黄土地基；还有高压喷射注浆地基法等，就不一一介绍，读者可参看专项的书籍资料。

有时现场会出现局部地基软弱，不需要对整个基础下的地基全面处理加固的情况，这种局部处理加固的总原则是：保证局部处理合格，并要保证被处理加固部分的地基与原天然未处理大部分地基保持一致性（如强度、刚度和压缩沉降量方面），这样才能让整个地基与基础在承载力和变形方面保持协调。比如在基坑槽范围内，遇到小面积的松土坑，可将松软土彻底挖除，回填与周围压缩性能相同或相近的材料（天然土是较密实黏土，可回填 3∶7 灰土；天然土是新沉积黏性土，可用 2∶8 灰土）。需要挖除软土面积较大时，基础可做深些并通过设置踏步过渡；如坑底在地下水位以下，可先回填粗砂与碎石，分层夯实，地下水位以上再用 3∶7 或 2∶8 灰土回填。城市建设的扩张让城市周边农田并入城市建设，这些农田经常有井，遇到这些面积很小但深度较大的砖井和土井，先用素土将井分层回填压实至基础下 1.5～2.0 m左右，将井壁附近土挖除，拆除一圈砖再回填夯实，如果井内填土不密实但挖除困难，可在井口稍微下挖一些深度，加钢筋混凝土封盖，再用素土或灰土分层回填、夯实至基坑槽底，也可用挑梁法直接架跨过井（注意将井口挖除一定深度，挖除的深度应大于地基与基础的计算总沉降量）。

2.4 地基与基础工程质量验收与安全文明施工

建筑工程施工中，每一个工序要验收合格才能进行下一道工序，每一个分部分项工程也执行同样验收程序和要求。

2.4.1 地基验收基本要求

地基工程的验收宜在施工完成并在间歇期后进行，间歇期应符合国家现行标准的有关规定和设计要求。平板静载试验采用的压板尺寸应按设计或有关标准确定，如灰土地基、砂石地基、预压地基等静载压板面积不宜小于 1.0 m^2，强夯地基静载试验的压板面积不宜小于 2.0 m^2；地基承载力检验时，静载试验最大加载量不应小于设计要求承载力特征值的 2 倍；灰土地基、砂石地基、强夯地基、注浆地基等承载力必须达到设计要求，地基承载力的检验数量每 300 m^2 不应少于 1 点，超过 3 000 m^2 部分每 500 m^2 不应少于 1 点，每单位工程不应少于 3 点；砂石桩、水泥土搅拌桩、土和灰土挤密桩、水泥粉煤灰碎石桩等复合地基的承载力必须达到设计要求，复合地基承载力的检验数量不应少于总桩数的 0.5%，且不应少于 3 点，有单桩承载力或桩身强度检验要求时，检验数量不用少于总桩数的 0.5%，且不应少于 3 根；承载力之外的其他项目可按检验批抽样，当采用一种检验方法检查结果存在不确定时，应结合其他检验方法进行综合判断。每一种地基处理验收项目按对应的检验批表格要求执行即可，检验批表格式样及验收项目参见各地方资料要求。

2.4.2 扩展基础验收

按《建筑工程施工质量验收统一标准》（GB 50300－2013）划分，基础子分部工程包含无筋扩展基础、钢筋混凝土预制桩基础、泥浆护壁成孔灌注桩基础、干作业成孔桩基础等十多个分项工程，砖基础属于无筋扩展基础的分项工程质量标准。

施工前应对放线尺寸进行验收，施工中对砌筑质量、砂浆强度、轴线和标高等进行检验，施工结束后，应对混凝土强度、轴线位置、基础定标高等进行检验，无筋扩展基础质量检验标准如表 2－1 所示，表中 L 是长度(m)，B 是宽度(m)。

表 2-1　无筋扩展基础质量验收标准

<table>
<tr><th rowspan="2">项</th><th rowspan="2">序</th><th rowspan="2" colspan="2">检查项目</th><th colspan="4">允许偏差</th><th rowspan="2">检查方法</th></tr>
<tr><th>单位</th><th colspan="3">数值</th></tr>
<tr><td rowspan="7">主控项目</td><td rowspan="5">1</td><td rowspan="5">轴线位置</td><td>砖基础</td><td>mm</td><td colspan="3">≤10</td><td rowspan="5">经纬仪或用钢尺量</td></tr>
<tr><td rowspan="3">毛石基础</td><td rowspan="3">mm</td><td rowspan="2">毛石砌体</td><td colspan="2">料石砌体</td></tr>
<tr><td>毛料石</td><td>粗料石</td></tr>
<tr><td>≤20</td><td>≤20</td><td>≤15</td></tr>
<tr><td>混凝土基础</td><td>mm</td><td colspan="3">≤15</td></tr>
<tr><td>2</td><td colspan="2">混凝土强度</td><td colspan="4">不小于设计值</td><td>28 d 试块强度</td></tr>
<tr><td>3</td><td colspan="2">砂浆强度</td><td colspan="4">不小于设计值</td><td>28 d 试块强度</td></tr>
<tr><td rowspan="11">一般项目</td><td rowspan="4">1</td><td colspan="2">L(或 B)≤30</td><td>mm</td><td colspan="3">±5</td><td rowspan="4">钢尺量</td></tr>
<tr><td colspan="2">30<L(或 B)≤60</td><td>mm</td><td colspan="3">±10</td></tr>
<tr><td colspan="2">60<L(或 B)≤90</td><td>mm</td><td colspan="3">±15</td></tr>
<tr><td colspan="2">L(或 B)≥90</td><td>mm</td><td colspan="3">±20</td></tr>
<tr><td rowspan="6">2</td><td rowspan="6">基础顶标高</td><td>砖基础</td><td>mm</td><td colspan="3">±15</td><td rowspan="6">水准测量</td></tr>
<tr><td rowspan="3">毛石基础</td><td rowspan="3">mm</td><td rowspan="2">毛石砌体</td><td colspan="2">料石砌体</td></tr>
<tr><td>毛料石</td><td>粗料石</td></tr>
<tr><td>±25</td><td>±25</td><td>±15</td></tr>
<tr><td>混凝土基础</td><td>mm</td><td colspan="3">±15</td></tr>
<tr><td colspan="5" style="display:none"></td></tr>
<tr><td>3</td><td colspan="2">毛石砌体厚度</td><td>mm</td><td>+30
0</td><td>+30
0</td><td>+15
0</td><td>用钢尺量</td></tr>
</table>

钢筋混凝土扩展基础的质量标准包括：施工前对应放线尺寸进行检验；施工中对应钢筋、模板、混凝土、轴线等进行检验；施工结束后应对混凝土强度、轴线位置、基础顶面标高进行检验，质量验收具体指标如表 2-2 所示，表中 L 是长度(m)，B 是宽度(m)。

表 2-2　钢筋混凝土扩展基础质量检验标准

<table>
<tr><th rowspan="2">项</th><th rowspan="2">序</th><th rowspan="2">检查项目</th><th colspan="2">允许偏差</th><th rowspan="2">检查方法</th></tr>
<tr><th>单位</th><th>数值</th></tr>
<tr><td rowspan="2">主控项目</td><td>1</td><td>混凝土强度</td><td colspan="2">不小于设计值</td><td>28 d 试块强度</td></tr>
<tr><td>2</td><td>轴线位置</td><td>mm</td><td>≤15</td><td>经纬仪或用钢尺量</td></tr>
<tr><td rowspan="5">一般项目</td><td rowspan="2">1</td><td>L(或 B)≤30</td><td>mm</td><td>±5</td><td rowspan="4">用钢尺量</td></tr>
<tr><td>30<L(或 B)≤60</td><td>mm</td><td>±10</td></tr>
<tr><td rowspan="3">2</td><td>60<L(或 B)≤90</td><td>mm</td><td>±15</td></tr>
<tr><td>L(或 B)≥90</td><td>mm</td><td>±20</td></tr>
<tr><td>基础顶标高</td><td>mm</td><td>±15</td><td>水准测量</td></tr>
</table>

2.4.3 桩基础的验收与检测

施工前应对轴线和桩位进行复核，预制桩施工前应检验成品桩构造尺寸及外观质量，施工中应检验接桩质量、锤击及静压技术指标、垂直度及桩顶标高等，施工结束后应对承载力及桩身完整性进行检验。群桩桩位的放样允许偏差应为 20 mm，单排桩桩位的放样允许偏差应为 10 mm。预制桩(钢桩)的桩位允许偏差见表 2－3。

表 2－3　预制桩的桩位允许偏差

<table>
<tr><th>序号</th><th colspan="2">检查项目</th><th>允许偏差(mm)</th></tr>
<tr><td rowspan="2">1</td><td rowspan="2">带有基础梁的桩</td><td>垂直基础梁中心线</td><td>≤100＋0.01H</td></tr>
<tr><td>沿基础梁中心线</td><td>≤150＋0.01H</td></tr>
<tr><td rowspan="2">2</td><td rowspan="2">承台桩</td><td>桩数为 1 根～3 根</td><td>≤100＋0.01H</td></tr>
<tr><td>桩数大于或等于 4 根桩基中的桩</td><td>≤1/2 桩径＋0.01H 或
1/2 边长＋0.01H</td></tr>
</table>

注：H 为桩基础施工面至设计桩顶的距离(mm)

灌注桩混凝土强度检验的试件应在施工现场随机抽取，来自同一搅拌站的混凝土，每浇筑 50 m^3 必须至少留置 1 组试件；当混凝土浇筑量不足 50 m^3 时，每连续浇筑 12 h 必须至少留置 1 组试件，对单柱单桩，每根桩应至少留置 1 组试件。灌注桩的桩径、垂直度及桩位允许偏差见表 2－4，表中 H 为桩基施工面至设计桩顶的距离(mm)，D 为设计桩径(mm)。

表 2－4　灌注桩的桩径、垂直度及桩位允许偏差

<table>
<tr><th>序</th><th colspan="2">成孔方法</th><th>桩径
允许偏差(mm)</th><th>垂直度
允许偏差</th><th>桩位允许偏差(mm)</th></tr>
<tr><td rowspan="2">1</td><td rowspan="2">泥浆护壁
钻孔桩</td><td>D＜1 000 mm</td><td rowspan="2">≥0</td><td rowspan="2">≤1/100</td><td>≤70＋0.01H</td></tr>
<tr><td>D≥1 000 mm</td><td>≤100＋0.01H</td></tr>
<tr><td rowspan="2">2</td><td rowspan="2">套管成孔
灌注桩</td><td>D＜500 mm</td><td rowspan="2">≥0</td><td rowspan="2">≤1/100</td><td>≤70＋0.01H</td></tr>
<tr><td>D≥500 mm</td><td>≤100＋0.01H</td></tr>
<tr><td>3</td><td colspan="2">干作业灌注桩</td><td>≥0</td><td>≤1/100</td><td>≤70＋0.01H</td></tr>
<tr><td>4</td><td colspan="2">人工挖孔桩</td><td>≥0</td><td>≤1/200</td><td>≤50＋0.005H</td></tr>
</table>

桩应进行承载力和桩身完整性检验。设计等级为甲级或地质条件复杂时，应采用静载试验的方法对桩基承载力进行检验，检验桩数不应少于总桩数的 1%，且不应少于 3 根，当总桩数少于 50 根时，不应少于 2 根。在有经验和对比资料的地区、设计等级为乙级、丙级的桩基可采用高应变法对桩基进行竖向抗压承载力检测，检测数量不应少于总桩数的 5%，且不应少于 10 根。工程桩的桩身完整性抽检数量不应少于总桩数的 20%，且不应少于 10 根，每个柱子承台下的桩抽检数量不应少于 1 根。静压预制桩质量检验标准主控项目指标有 2 个，即承载力和桩身完整性，一般项目包含指标 11 个，即成品桩质量、桩位、电焊条质量、接桩焊缝质量、电焊结束后停歇时间、上下节平面偏差、节点弯曲矢高、终压标准、桩顶标高、垂

直度及混凝土灌芯。泥浆护壁桩质量检验标准主控项目指标有5个，即承载力、孔深、桩身完整性、混凝土强度和嵌岩深度，一般项目包含指标有13个，即垂直度、孔径、桩位、泥浆指标、泥浆面标高(高于地下水位)、钢筋笼质量、沉渣厚度、混凝土坍落度、钢筋笼安装深度、混凝土充盈系数、桩顶标高、扩底尺寸及后注浆要求。

成桩质量检验除去静载试验法(又称破损试验)，还有动测法(又称无破损试验)。动测法可同时检测桩基承载力和桩身质量能作为静载试验的补充。对桩身质量检测时，广泛采用应力波反射法(低应变法、小应变法)检测桩体的完整性，单桩承载力动测方法较多，有动力参数法、共振法、锤击贯入法、波动方程法、水电效应法等。

2.4.4　地基与基础的安全文明施工

地基与基础施工阶段，应遵守《安全防范工程通用规范》(GB 50348－2018)、《建设工程施工管理规程》(T/CCIAT 0009－2019)、《建筑施工安全检查标准》(JGJ 59－2011)、《建筑工程绿色施工规范》(GB/T 50905－2014)等有关规范文件中关于施工现场或基础施工阶段总体要求。机具进场应注意沿途路桥情况，防止碰撞沿途和场地的房屋、电线杆等设施；施工机械开工前应全面检查，严禁带病作业，司机服从信号指挥，经常注意运行中的机械设备工作状态，不得随意离开岗位；落锤和振动锤应有防脱钩装置并带有保险钢丝绳，桩基工作时保证平稳防止倾倒和机具部件掉落；机械工作范围不准进人，起重臂下严禁站人，没填实的桩孔要有遮盖维护措施。

单元练习题

习题库

地基与基础工程施工

1. 静压预制桩施工工艺步骤和质控要点是哪些？
2. 泥浆护壁钻孔桩施工步骤有哪些，施工中注意哪些问题？
3. 泥浆护壁钻孔桩泥浆、护筒有什么作用，质量有什么要求？
4. 人工挖孔桩施工步骤是哪些，施工中注意哪些问题？
5. 地基处理方法有哪些，各有何特点？
6. 浅基础验收内容主要哪些方面？
7. 桩基础承载力验收有哪些要求，桩基础检测主要是哪几个方面？

第三章
砌体结构工程施工

本单元学习目标

通过本单元学习，学生掌握不同砌体施工工艺和施工方法；
通过本单元学习，学生掌握砌体工程的质量要求及安全要求。

3.1 砌体施工准备工作

砌体结构工程施工前应做好各项准备工作，有熟悉、会审施工图纸、编制施工方案等技术准备工作，也包括砌体结构材料等准备工作，还有准备施工机具、施工脚手架等施工器械。砌体结构所用材料应符合设计和规范要求，应依据其承载性能、节能环保要求，结合具体使用环境条件合理选用。

3.1.1 砂浆的制备

1. 砂浆的分类

砂浆按组成材料的不同可分为水泥砂浆、水泥混合砂浆。

(1) **水泥砂浆**：用水泥和砂拌合成的水泥砂浆具有较高的强度和耐久性，但和易性差，多用于高强度和潮湿环境的砌体中。

(2) **水泥混合砂浆**：在水泥砂浆中掺入一定数量的石灰膏的水泥混合砂浆具有一定的强度和耐久性，且和易性和保水性好，宜用于干燥环境砌体中。

2. 砂浆的制作

(1) 配制砌筑砂浆时，各组分材料应采用质量计量。在配合比计量过程中，水泥及各种外加剂配料的允许偏差为±2%；砂、粉煤灰、石灰膏配料的允许偏差为±5%。砂计量时，应扣除其含水量对配料的影响。

不同品种的水泥不得混合使用，并分批对其强度、安定性进行复验。砂浆用砂宜采用过筛中砂，不应混有草根、树叶、树枝、塑料、煤块、炉渣等杂物；砂中含泥量、泥块含量、石粉含量、云母、轻物质、有机物、硫化物、硫酸盐及氯盐含量等应符合规定；人工砂、山砂及特细砂，应经试配能满足砌筑砂浆技术条件要求。

建筑生石灰、建筑生石灰粉的品质指标应符合有关规定；建筑生石灰、建筑生石灰粉熟化为石灰膏，其熟化时间分别不得少于 7 d 和 2 d；沉淀池中储存的石灰膏，应防止干燥、冻结和污染，严禁采用脱水硬化的石灰膏；建筑生石灰粉、消石灰粉不得替代石灰膏配制水泥混合砂浆；石灰膏的用量，应按稠度 120 mm±5 mm 计量。

(2) 外加剂不得直接投入拌制的砂浆中。掺用外加剂时，应先将外加剂按规定浓度溶于水中，在拌和水时投入外加剂溶液。砌筑砂浆应采用砂浆搅拌机进行拌制。自投料完算起，搅拌时间应符合下列规定。水泥砂浆和混合砂浆不得小于 2 min；掺用外加剂的砂浆不得少于 3 min；掺用有机塑化剂的砂浆应为 3～5 min。

(3) 砌筑砂浆应进行配合比设计。当砌筑砂浆的组成材料有变更时，其配合比应重新确定。施工中当采用水泥砂浆代替水泥混合砂浆时，应重新确定砂浆强度等级。施工中不应采用强度等级小于 M5 水泥砂浆替代同强度等级水泥混合砂浆，如需替代，应将水泥砂浆提高一个强度等级。

(4) 砌筑砂浆应有较好的和易性，其稠度、分层度指标应根据规范满足不同砖砌体材料的要求。砌筑砂浆的稠度宜按表 3-1 的规定采用。

表 3-1　砌筑砂浆的稠度

砌体种类	砂浆稠度(mm)
烧结普通砖砌体 蒸压粉煤灰砖砌体	70～90
混凝土实心砖、混凝土多孔砖砌体 普通混凝土小型空心砌块砌体 蒸压灰砂砖砌体	50～70
烧结多孔砖、空心砖砌体 轻骨料小型空心砌块砌体 蒸压加气混凝土砌块砌体	60～80
石砌体	30～50

注：1. 采用薄灰砌筑法砌筑蒸压加气混凝土砌块砌体时，加气混凝土黏结砂浆的加水量按照其产品说明书控制；
2. 当砌筑其他块体时，其砌筑砂浆的稠度可根据块体吸水特性及气候条件确定。

3. 砂浆的要求

(1) 砂浆应随拌随用。水泥砂浆和水泥混合砂浆应分别在拌成后 3 h 和 4 h 内使用完毕；当施工期间最高气温超过 30℃时，应分别在拌成后 2 h 和 3 h 内使用完毕。对掺用缓凝剂的砂浆，其使用时间可根据具体情况延长。砂浆在储存过程中严禁随意加水。

(2) 工程中所用砌筑砂浆，应按设计要求对砌筑砂浆的种类、强度等级、性能及使用部位核对后使用，其中对设计有抗冻要求的砌筑砂浆，应进行冻融循环试验。砌筑砂浆拌制后在使用中不得随意掺入其他黏结剂、骨料、混合物。

(3) 严格按规定留置砂浆试块，做好标识砂浆评定。砌筑砂浆试块强度验收时其强度合格标准应符合下列规定：同一验收批砂浆试块强度平均值应大于或等于设计强度等级值的 1.10 倍；同一验收批砂浆试块抗压强度的最小一组平均值应大于或等于设计强度等级值的85%。砂浆强度应以标准养护条件下28 d龄期的试块抗压强度为准;制作砂浆试块的砂浆稠度应与配合比设计一致。每一检验批且不超过250 m^3 砌体的各类、各强度等级的普通砌筑砂浆,每台搅拌机应至少抽检一次。验收批的预拌砂浆、蒸压加气混凝土砌块专用砂浆,抽检可为3组。检验方法:在砂浆搅拌机出料口或在湿拌砂浆的储存容器出料口随机取样制作砂浆试块(现场拌制的砂浆,同盘砂浆只应作1组试块)。

(4) 为了保证砂浆质量的稳定性,提高工程质量,减少污染,保证绿色施工,应优先选用预拌砂浆。砌筑砂浆用水泥、预拌砂浆及其他专用砂浆,应考虑其储存期限对材料强度的影响。预拌砂浆应按规范要求检查和验收,使用时间应按厂方提供的说明书确定。干混砂浆及其他专用砂浆储存期不应超过3个月。

3.1.2 砌体的准备

砌体的种类较多,可大致分为砖砌体、砌块砌体、配筋砌体。以下以最常见的砌体所用材料砖为例,介绍砌体的准备。

1. 砖的种类

(1) 烧结普通砖

烧结普通砖是以页岩等为主要原料经烧制而成的实心砖,外形尺寸为240 mm×115 mm×53 mm。

(2) 烧结多孔砖

烧结多孔砖是以页岩等为主要原料烧制而成的多孔砖,常见外形尺寸为240 mm×115 mm×90 mm和190 mm×190 mm×90 mm。

(3) 蒸压灰砂砖

蒸压灰砂砖以石灰和砂为主要原料,经过坯料制备,压制成形,蒸压养护而成。

(4) 蒸压粉煤灰砖

蒸压粉煤灰砖以煤灰、石灰为主要原料,掺加适量石膏和集料经坯料制备,压制成形,高压蒸汽养护而成。

2. 砖的要求

(1) 砖的品种、强度等级必须符合设计要求,并应规格一致。用于清水墙、柱表面的砖,应边角整齐、色泽均匀,没有裂纹。对于砌体工程所使用的各类型砖,其强度分级有MU30、MU25、MU20、MU15和MU10五级。蒸压灰砂砖、蒸压粉煤灰砖的强度等级分为MU25、MU20、MU15、MU10四级。

砌体砌筑时,混凝土多孔砖、混凝土实心砖、蒸压灰砂砖、蒸压粉煤灰砖等块体的产品龄期不应小于28 d。不得采用非蒸压粉煤灰砖及未掺加水泥的各类非蒸压砖。小砌块应符合设计要求及现行国家标准的规定。不应采用非蒸压硅酸盐砖、非蒸压硅酸盐砌块及非蒸压加气混凝土制品。

(2) 砌筑前需要湿润的块材应对其进行适当浇(喷)水,不得采用干砖或吸水饱和状态的砖砌筑。在砌砖前应提前1~2 d将砖浇水湿润,以使砂浆和砖能很好地黏结。严禁砌筑前临时浇水,以免因砖表面存有水膜而影响砌体质量。烧结类砌块(或砖)的相对含水率

60%～70%，吸水率较大的轻骨料混凝土小型空心砌块(或砖)、蒸压加气混凝土砌块(或砖)的相对含水率40%～50%。检查烧结普通砖含水率的最简易方法是现场断砖，砖截面周围融水深度达15～20 mm即视为符合要求。

(3) 每一生产厂家的砖到场后按烧结砖15万块、多孔砖5万块、灰砂砖及粉煤灰砖10万块各为一验收批，在每一验收批中随机抽取15块进行抗压和抗折检验。

砌体结构工程中所使用的原材料、成品及半成品应进行进场验收，检查其合格证书、产品检验报告等，并应符合设计及国家现行有关标准要求。对涉及结构安全、使用功能的原材料、成品及半成品应按有关规定进行见证取样、送样复验；块材、水泥、钢筋、外加剂、预拌砂浆、预拌混凝土尚应有材料主要性能的进场复验报告，并应符合设计要求。应根据块材类别和性能，选用与其匹配的砌筑砂浆。

3.1.3　施工机具的准备

砌筑前一般应按照施工组织设计要求组织垂直和水平运输机械、砂浆搅拌机械进场、安装、调试等工作。垂直运输多采用升降机、人货两用施工电梯或塔式起重机，而水平运输多采用手推车或机动翻斗车。对多高层建筑，还可以用灰浆泵输送砂浆。同时，还要准备脚手架、砌筑工具(如皮数杆、托线板)等。

3.2　砖砌体施工

砌体除应采用符合质量要求的原材料外，还必须有良好的砌筑质量，为使砌体有良好的整体性、稳定性和良好的受力性能，一般要求灰缝横平竖直，砂浆饱满，厚薄均匀，砌体应上下错缝，内外搭砌，接槎牢固；要预防不均匀沉降引起开裂；要注意施工中墙、柱的稳定性；冬期施工时还要采取相应的措施。

3.2.1　砖基础砌筑

砖基础是无筋扩展基础的一种，2.1.1节大致介绍了无筋扩展基础的分类，本节将具体介绍砖基础及砖基础最常见形式砖砌条形基础的施工工序。砖基础下部通常扩大，称为大放脚。大放脚有等高式和不等高式两种(图3-1)。等高式大放脚是两皮一收，即每砌两皮砖，两边各收进1/4砖长；不等高式大放脚是两皮一收与一皮一收间隔，即砌两皮砖，收进1/4砖长，再砌进一皮砖，收进1/4砖长。

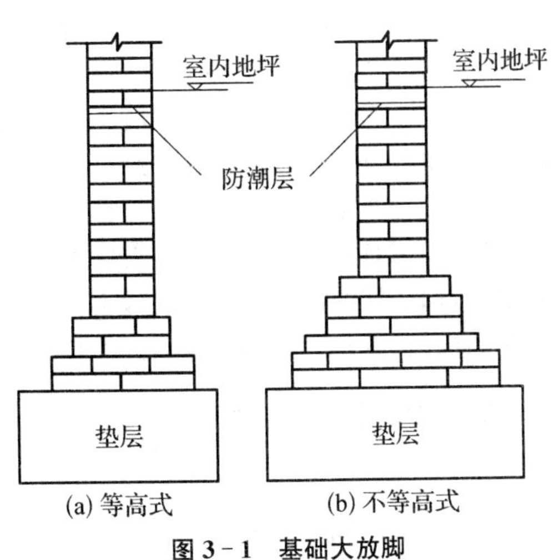

(a) 等高式　　(b) 不等高式

图3-1　基础大放脚

1. 砖砌条形基础施工工序

每一种材料和形式的分部分项工程施工都有对应的要求，依据施工手册和施工验收规范原则要求，砖基础的主要施工步骤有：基坑槽抄平复核、垫层施工、定位放线、条基砌筑（含大放脚和基础墙）、防潮层、地圈梁及构造柱施工铺设。砌筑砖砌条形基础时施工要点如下。

（1）基坑槽抄平复核。验槽合格的基坑槽在条基砌筑前，现场班组一般再次复核基坑槽底标高、基础边线位置、附加操作空间尺寸等是否满足设计要求和施工操作的安全方便。抄平用水准仪，平面控制线用经纬仪加钢卷尺。

（2）垫层施工。基坑槽复核合格后，按基础施工图要求铺筑垫层，垫层材料选择按施工图说明，有素混凝土垫层、灰土垫层、砂石垫层等。垫层的宽度和厚度严格按施工图尺寸执行。当设计无要求的，垫层厚度一般不小于 100 mm，且垫层比基础每边宽出不少于 100 mm。垫层施工完毕，必须用水准仪对垫层面标高抄平，确保高程偏差在施工验收允许范围。

（3）定位放线。这次是基础的定位放线，要先用经纬仪或全站仪测定出主轴线，后卷尺配合测定出其他次要轴线及最底一阶大放脚边线，用墨线弹在垫层上，边线上可以撒石灰以醒目，便于砌筑工人操作时一眼看到。对于平面尺寸比较小的基础，因纵横主轴线基槽开挖前已经在地面用定位桩标出，可拉通线结合吊锤，直接将主轴线引测到垫层上，在利用卷尺测定其他次要轴线和基础边线。这种方法也很便捷，不像仪器测设一般要通视。纵横主轴线弹设完毕，注意校核轴线相交角度与施工图标注相同（大部分房屋综合纵横轴线都是 90°直角相交，也有圆弧、异角度相交的）。

（4）条基砌筑。以大放脚为例，在基础边线内砌筑大放脚，提前确定好组砌方式，天热干燥对砖提前浇水润湿，砌体的水平灰缝和竖向灰缝厚度一般控制在 10 mm，错缝搭接。拐角、丁字墙、十字墙处设置的构造柱，先把钢筋笼立好，砌筑时砌体与构造柱结合处留大马牙槎，先退后进，并沿高度方向不超过 500 mm 留一道拉结筋。大放脚每一阶高度按施工图要求组砌，砌筑前注意大放脚有等高式和不等高式的区别，大放脚上一阶比下一阶收起尺寸按图操作，一般 1/4 砖长，尺寸不能超过规定，这牵涉到刚性基础的力学性能。基础墙与大放脚同步砌筑，注意基础墙根部宽度与大放脚最顶一阶大放脚宽度之间收起尺寸控制。

（5）防潮层、地圈梁及构造柱。基础墙内都设置防潮层，一般防潮层做完基础砌筑工作也结束了，后面砌筑属于上部常规墙体。防潮层厚度、材料按设计要求，无设计说明的可以铺设一层防水砂浆（水平灰缝），干燥高温天气防潮层固化后要洒水润湿。为了增强房屋的整体刚度、减小变形，很多房屋在基础墙内设置圈梁，称为地圈梁，地圈梁按施工图标高位置和截面尺寸，支模、布筋、浇筑混凝土，具体质量控制见第 4 单元混凝土结构工程里的钢筋分项工程、模板分项工程、混凝土分项工程。基础（基础墙）中构造柱的核心净尺寸必须满足设计要求，柱身与砌体之间的大马牙槎起到咬合作用，混凝土浇筑必须保证其整体密实性，振捣器避免碰到钢筋，模板与墙体夹持牢固，模板面与墙面之间可以填塞柔性材料进行密封防止漏浆，构造柱的模板、钢筋、混凝土分项的施工质量要求具体参见第 4 单元混凝土结构工程中的模板分项工程、钢筋分项工程和混凝土分项工程。

2. 砖基础的一般要求

砖基础用砖的强度等级应不低于 MU10，砂浆强度等级应不低于 M5 水泥砂浆。在大放脚下面为基础垫层，垫层一般用灰土、碎砖三合土或混凝土等，砌筑前，应将地基表面的浮土及垃圾清理干净。在墙基顶面应设防潮层，防潮层宜用 1∶2.5（质量比）水泥砂浆加适量的防水剂铺设，其厚度一般为 20 mm，位置在底层室内地面以下一皮砖处，即离底层室内地面下 60 mm。

主要轴线部位设置引桩，以控制基础、墙身的轴线位置，并从中引出墙身轴线，而后向两边放出大放脚的底边线。在基础转角、交接及高低踏步处预先立好基础皮数杆。砌筑时，可依皮数杆先在转角及交接处砌几皮砖，然后在其间拉准线砌中间部分。内外墙砖基础应同时砌，如不能同时砌筑时应留置斜槎，斜槎长度不应小于斜槎高度。基础底标高不同时，应从低处砌起，并由高处向低处搭接。如设计无要求，搭接长度不应小于基础底的高差，搭接长度范围内下层基础应扩大砌筑。大放脚部分一般采用一顺一丁砌筑形式。水平灰缝及竖向灰缝的宽度应控制在 10 mm 左右，水平灰缝的砂浆饱满度不得小于 80%，竖缝要错开。要注意丁字及十字接头处砖块的搭接，在这些交接处，纵横墙要隔皮砌通。大放脚的最下一皮及每层的最上一皮应以丁砌为主。基础砌完验收合格后，应及时回填。回填土要在基础两侧同时进行，并分层夯实。

3.2.2　砖墙砌筑

一块砖有三对两两相同的面，最大的面称为大面，长的一面称为条面，短的一面称丁面。砖砌入墙体后，条面朝向操作者的称为顺砖，丁面朝向操作者的称为丁砖。普通砖墙厚度有半砖、一砖、一砖半和二砖等。用普通砖砌筑的砖墙，依其墙面组砌形式不同，有一顺一丁、三顺一丁、梅花丁等。

砖砌的砌筑方法，常见的为“三一”砌砖法和铺浆法等。“三一”砌砖法即一铲灰、一块砖、一揉压，并随手将挤出的砂浆刮去的砌筑方法。铺浆法即先铺设砂浆，然后将砖挤压砂浆层，并推挤黏结的一种砌筑方法。每次的铺设长度不得超过 750 mm，如果温度超过 30℃，铺设长度不得超过 500 mm。

1. 砖墙施工工序

砖墙施工前除应完成对材料进行相应的检测准备，还应做好技术交底，做到样板引路。砖墙的施工过程一般有抄平、放线、摆砖样、立皮数杆、盘角、挂线、砌筑、清理、勾缝、楼层轴线引测和楼层标高控制等工作。

（1）**抄平、放线**。砌墙前先在基础防潮层或楼面上定出各层标高，并用水泥砂浆或 C10 细石混凝土找平，然后根据轴线延长桩上的标志，弹出墙身轴线、边线及门窗洞口位置。二楼以上墙的轴线可以用经纬仪或垂球等将轴线引测上去。

（2）**摆砖样**。摆砖样是指在放线的基面上按选定的组砌形式进行砖试摆。一般在房屋外纵墙方向摆顺砖，在山墙方向摆丁砖，摆砖由一个大角摆到另一个大角，砖与砖留 10 mm 缝隙。摆砖的目的是为了校对放出的墨线在门窗洞口、附墙垛等处是否符合砖的模数，以尽可能减少砍砖，并使砌体灰缝均匀，组砌得当。

（3）**立皮数杆**。皮数杆是指划有每皮砖和灰缝厚度以及门窗洞口、过梁、楼板、梁底、预埋件等标高位置的一种标杆。它在砌筑时控制每皮砖的竖向尺寸，并使铺灰、砌砖的厚度均匀，洞口及构件位置留设正确，同时还可以保证砌体的垂直度。皮数杆一般立于房屋的四大角、内外墙交接处、楼梯间及洞口多的地方。一般可每隔 10～15 m 立一根。皮数杆的设立应由两个方向斜撑或锚钉加以固定，以保证其固定和垂直。一般每次开始砌砖前应用水准仪校正标高，并检查一遍皮数杆的垂直度和牢固程度。

(4) **盘角、挂线**。砌筑时应先盘角，盘角是确定墙身两面横平竖直的主要依据，盘角时主要大角不宜超过5皮砖，且应随砌随盘，做到"三皮一吊，五皮一靠"，对照皮数杆检查无误后，才能挂线砌筑中间墙体。为了保证灰缝平直，要挂线砌筑。一般一砖墙单面挂线，一砖半以上砖墙则宜双面挂线。砌砖一定要跟线，"上跟线，下跟棱，左右相邻要对平"。

(5) **砌筑、清理、勾缝**。砖砌体的砌筑方法有"三一"砌砖法、铺浆法等，"三一"砌砖法的优点是灰缝容易饱满、黏结力好、墙面整洁。所以，砌筑实心砖砌体宜采用"三一"砌砖法。

当每一施工面墙体砌筑完成后，应及时对墙面和落地灰进行清理。

勾缝是砌清水墙的最后一道工序，可以用砂浆随砌随勾缝，叫作原浆勾缝；也可砌完墙后再用1∶1.5水泥砂浆或加色砂浆勾缝，称为加浆勾缝。勾缝具有保护墙面和增加墙面美观的作用，为了确保勾缝质量，勾缝前应清除墙面黏结的砂浆和杂物，并洒水润湿，在砌完墙后，应画出10 mm的灰槽，灰缝可勾成凹、平、斜或凸形状。勾缝完后尚应清扫墙面。

(6) **楼层轴线引测**。为了保证各层墙身轴线的重合和施工方便，在弹墙身线时，应将轴线引测到房屋的外墙基上，两层以上各层墙的轴线可用经纬仪或垂球引测到楼层上去，同时还应根据图上轴线尺寸用钢尺进行校核。

(7) **楼层标高控制**。各层标高除立皮数杆控制外，还可弹出室内水平线进行控制。底层砌到一定高度后，在各层的里墙身，用水准仪根据±0.000标高，引出统一标高的测量点(一般比室内地坪高500 mm)，然后在墙角两点弹出水平线，控制底层过梁、圈梁和楼板底标高。当楼层墙身砌到一定高度后，先从底层水平线用钢尺往上量各层水平控制线的第一个标志，然后以此标志为准，用水准仪引测再定出各层墙面的水平控制线，以此控制各层标高。

控制好主要施工要点基本能保证砌筑质量。全部砖墙应平行砌起，砖层必须水平，砖层正确位置用皮数杆控制，基础和每楼层砌完后必须校对一次水平、轴线和标高，在允许偏差范围内，其偏差值应在基础或楼板顶面调整。砖墙的水平灰缝和竖向灰缝宽度一般为10 mm，但不小于8 mm，也不应大于12 mm。砌体灰缝砂浆应密实饱满，砖墙水平灰缝的砂浆饱满度不得低于80%；砖柱水平灰缝和竖向灰缝饱满度不得低于90%。抽检数量：每检验批抽查不应少于5处。检验方法：用百格网检查砖底面与砂浆的黏结痕迹面积，每处检测3块砖，取其平均值。竖向灰缝不应出现瞎缝、透明缝和假缝。严禁用水冲浆灌缝。砖墙的转角处和交接处应同时砌筑。对不能同时砌筑而又必须留槎时，应砌成斜槎，斜槎长度不应小于高度的2/3，如图3-2所示。多孔砖砌体的斜槎长高比不应小于1/2，斜槎高度不得超过一步脚手架高。非抗震设防及抗震设防烈度为6度、7度地区的临时间断处，当不能留斜槎时，除转角处外，可留直槎，但必须做成凸槎，并加设拉结筋，如图3-3所示。拉结钢筋应符合下列规定：每120 mm墙厚放置1ϕ6拉结钢筋(240 mm厚墙应放置2ϕ6拉结钢筋)；间距沿墙高不应超过500 mm，且竖向间距偏差不应超过100 mm；埋入长度从留槎处算起每边均不应小于500 mm，对抗震设防烈度6度、7度的地区，不应小于1 000 mm；末端应有90°弯钩。抗震设防地区不得留直槎。

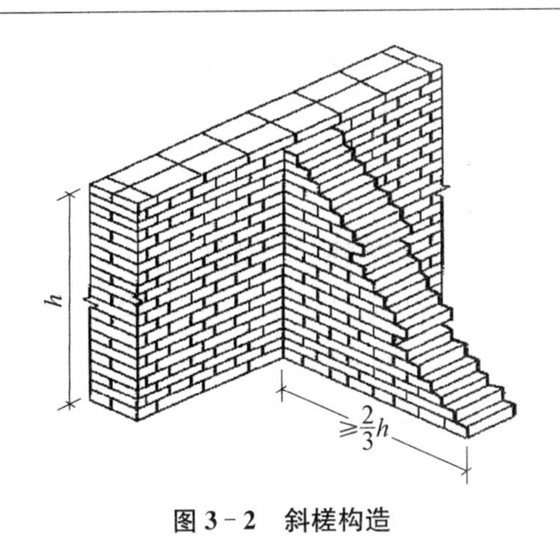

图 3-2　斜槎构造

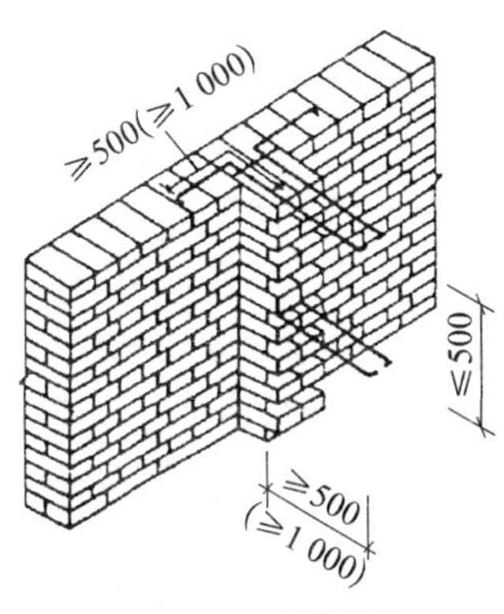

图 3-3　直槎构造

隔墙与承重墙如不同时砌起而又不留成斜槎时，可于承重墙中引出凸槎，并在其灰缝中预埋拉结筋，构造与上述相同，但每道不少于 2 根。抗震设防地区的隔墙，除应留凸槎外，还应设置拉结筋。砖墙接槎时，必须将接槎处的表面清理干净，浇水润湿，并应填实砂浆，保持灰缝平直。每层承重墙的最上一皮砖、梁或梁垫的下面及挑檐、腰线等处，应是整砖丁砌。砖墙相邻工作段的高度差，不得超过一个楼层的高度，也不宜大于 4 m。工作段的分段位置应设在伸缩缝、沉降缝、抗震缝或门窗洞口处。砖墙临时间断处的高度差，不得超过一步脚手架的高度。砖墙每天砌筑高度以不超过 1.5 m 为宜。砖墙中留置临时施工洞口时，其侧边离交接处的墙面不应小于 500 mm，洞口净宽度不应超过 1 m。砖墙砌筑时，墙体转角处和纵横交接处应同时咬槎砌筑；砖柱不得采用包心砌法；带壁柱墙的壁柱应与墙身同时咬槎砌筑；临时间断处应留槎砌筑；块材应内外搭砌、上下错缝砌筑。砖墙与构造柱的连接处以及砌体抗震墙与框架柱的连接处均应采用先砌墙后浇柱的施工顺序，并应按要求设置拉结钢筋；砖砌体与构造柱的连接处应砌成马牙槎。承重墙体使用的砖应完整、无破损、无裂缝。采用小砌块砌筑时，应将小砌块生产时的底面朝上反砌于墙上。施工洞口预留直槎时，应对直槎上下搭砌的小砌块孔洞采用混凝土灌实。砌体结构的芯柱混凝土应分段浇筑并振捣密实。并应对芯柱混凝土浇灌的密实程度进行检测，检测结果应满足设计要求。

砌砖操作要点概括为：**横平竖直，注意选砖，灰缝均匀，砂浆饱满，上下错缝，咬槎严密，上跟线，下跟棱，不游丁，不走缝**。在操作工程中，要认真进行检查，如出现偏差，应随时纠正，严禁事后砸墙。

2. 构造柱、圈梁的一般要求

构造柱截面尺寸及钢筋按照构造要求进行设置，对提高砌体结构的整体性、刚度及抗震性能具有重要的作用。构造柱不单独承重，因此不用设独立基础，其布置的位置和数量应遵循设计和规范的要求。构造柱下端在施工时应锚固于钢筋混凝土基础或基础梁内。在构造柱施工前必须先砌墙，为使构造柱与砖墙紧密结合，墙体砌成马牙槎的形式。为保证柱脚截面，从每层柱脚开始，先退后进，退进不小于 60 mm，每一马牙槎沿高度方向的尺寸不宜超过 300 mm。沿墙高每 500 mm，设 2ϕ6 拉结钢筋。每边伸入墙内不宜小于 1 m。预留伸出的拉结钢筋，不得在施工中任意弯折，如有歪斜、弯曲，钢筋在浇筑混凝土之前，应校正到正确位置并绑扎牢固。

现浇圈梁的位置一般位于楼面处，其上表面平齐于楼板表面。圈梁设置依据砌体结构的层数和场地抗震设防烈度，由结构设计方确定，钢筋配置依据构造要求确定。

在施工中，为保证圈梁的整体性，节点处的钢筋处理通常可以分为以下两种情况：① 无构造柱节点的，应将圈梁的纵筋锚入相邻圈梁内，分为L形、T形和十字形三种节点，锚固长度满足受拉锚固长度；② 有构造柱节点的，将圈梁的纵筋锚固构造柱内，锚固长度满足受拉锚固长度。过梁可尽量考虑与圈梁结合在一起，以简化构造。安装过梁、梁垫时，其标高、位置及型号必须准确，坐灰饱满。当坐灰厚度超过20 mm时，要用豆石混凝土铺垫。过梁安装时，两端支撑点的长度应一致。

3.2.3 砖墙的一般质量缺陷与预防

砖墙体砌筑完成后，经常会有裂缝产生，造成裂缝主要因素有：材料因素、环境因素、设计因素、施工因素。墙体材料自身有收缩、干缩等情况会引起裂缝，墙体与混凝土结构相接处，两种材料对温度变化的反应有较大的差异，也会产生裂缝；砌体常年环境温度、湿度的反复变化引起裂缝；有时设计疏忽，未做专门的防裂措施；还有施工工艺不规范，灰缝不密实，搭接处理不当。

墙体裂缝属于常见病、多发病，原因很多，涉及环境、材料、构造、施工工艺等多方面，要综合治理，预防为主，补救为辅：① 要使用28天足龄期的砌块；② 砌块间的灰缝尤其是头缝要饱满；③ 砌体周边与混凝土梁柱相接处要砌筑紧密并加拉接钢筋在两种材料相连接容易开裂处的墙面上加挂钢丝网或玻纤网后再抹灰；④ 加混凝土构造柱、圈梁，把大块的墙体划分为小块，加强对墙体变形的约束。这属于设计措施。按照设计要求来做；应先砌墙，埋入钢筋，后浇构造柱；⑤ 对空心小砌块墙体，还可以利用其上下贯通的芯孔，先插入钢筋，后用混凝土将孔洞灌实，成为“芯柱”，结合水平圈梁或水平灰缝内加拉结钢筋，加强对墙体变形的约束。

砂浆强度不稳定的预防措施有：① 建立材料的计量制度和计量工具校验、维修、保管制度；② 减少计量误差；③ 砂浆尽量采用机械搅拌，保证搅拌均匀；④ 砂浆应按需要搅拌，在当班用完。

砖缝砂浆不饱满，出现瞎缝现象的预防措施：① 改善砂浆和易性可以大幅提高灰缝的饱满程度也可以提高其黏结强度；② 若砌筑砖厚度大于90 mm时最好使用“挂、填、砌”法，先铺设水平灰砖块挂竖灰后进行挤压，对于有空隙的竖缝用抹子再进行勾填；③ 砌筑前要对砖块进行润湿，禁止使用干砖砌筑。

3.3 填充墙砌体施工

填充墙主要是在框架、框剪结构或钢结构中，用于围护或分隔空间的墙体，除了要求有一定的强度以外，还要满足墙体的其他功能性要求，常用轻质、隔音、保温性能好的烧结空心砖、混凝土小型空心砌块和加气混凝土砌块等，其施工方法与施工工艺与一般的砌体施工有所不同。

实际施工时应参照相应设计及施工质量验收规范等要求。块体材料的品种、规格、强度等级等必须符合图纸设计要求，规格尺寸应一致，质量等级必须符合标准要求，并应有出厂合格证明、检验报告单。蒸压加气混凝土砌块和轻骨料混凝土小型砌块砌筑时的产品龄期应超过 28 d，且应符合《建筑材料放射性核素限量》(GB 6566－2010)的规定。

3.3.1 填充墙砌体构造要求

1. 墙两端与结构的连接

(1) 填充墙与两端混凝土柱或剪力墙的连接用拉结钢筋。一般采用在混凝土构件上预埋件加焊拉结钢筋或后置植筋的方法。

(2) 墙体拉结钢筋在砌筑过程中非常重要，影响砌体结构本身的安全及稳定性。拉结钢筋的设置：填充墙应沿框架柱全高每隔 500 mm 设 $2\phi6$ 拉筋，当抗震设防 6、7 度时，拉筋伸入墙内的长度不应小于墙长的 1/5 且不小于 700 mm，当为 8、9 度时，宜沿墙全长贯通。

(3) 填充墙与框架柱或剪力墙之间的缝隙应用砂浆填密实。砌体灰缝应保持横平竖直，竖向灰缝和水平灰缝均应铺填饱满的砂浆。砂浆饱满度要求为：水平灰缝不得小于 90%，竖缝不得小于 80%。严禁用水冲浆浇灌灰缝，也不能用石子垫灰缝。

2. 填充墙上下部与楼板或梁的连接

填充墙体底部宜砌筑 2～3 皮强度不低于 MU10 的实心砖或现浇 C20 混凝土坎台，高度不小于 200 mm，作用是承重、防撞击和防潮。

为保证墙体的整体性，填充墙顶部通常采用侧砖、立砖、砌块斜砌(倾斜度宜为 60°)挤紧或在梁底做塞缝处理。无论采用哪种连接方式，墙体向上砌至接近梁底时，应留一定静置时间，并至少间隔 7 d，待下部砌块墙体变形稳定后再砌筑。最上一皮采用侧砖斜砌时，应保证砖挤紧，砂浆饱满。

3.3.2 填充墙砌体施工的一般规定

填充墙的砌筑方法与所用块材(砖、砌块)砌体的施工方法基本相同，其施工顺序最好自顶层向下层进行，防止因结构变形量向下传递而造成早期下层先砌筑的墙体产生裂缝。如因工期紧等原因必须由底层向顶层砌筑时，则墙顶的连接处理需待全部砌体完成后，再自上层向下层施工，目的是给每一层结构一个完成变形的时间和空间。应注意以下几方面的构造要求。

1. 门窗、洞口和阳角处的处理

通常采用在洞口两侧和阳角处做构造柱或镶砌专用砖或预制块的方法，空心砌块填充墙阳角处可设芯柱。空心砌块墙在窗台顶面应做成混凝土压顶，以保证窗框与砌体的可靠连接。

2. 填充外墙防潮防水

空心砌块填充外墙面在施工中还应考虑防渗漏问题。渗漏现象主要发生在灰缝处。因此，在砌筑中应注意保证灰缝饱满，尤其是竖缝。另外，可采取在外墙抹灰层中加 3%～5% 的防水粉、面砖勾缝或表面刷防水剂等措施，保证防渗效果。

3. 单片面积较大填充墙的施工

大空间的框架结构填充墙，应根据墙体长度、高度情况，按设计或规范要求设置构造柱和水平拉结件，以提高墙体稳定性。一般填充墙高度超过 4 m 时，应在墙体高度中部设置与柱连接且沿墙全长贯通的 2～3 道焊接钢筋网片或 3ϕ6 的通长水平钢筋或加设水平墙梁（腰梁）。当墙长大于 5 m 时，墙顶与梁宜有拉结；当墙长超过层高 2 倍时，宜设置钢筋混凝土构造柱，当大面积的墙体有转角时，应在转角处设芯柱。

4. 填充墙的构造柱施工

填充墙的构造柱设置在各层上下水平梁、板之间，构造柱本身不连续。构造柱的一般做法是：主体结构施工完毕后，进行填充墙及其构造柱的放线，先装钢筋后砌墙，再浇筑混凝土。钢筋的施工有两种方式：预留钢筋和植筋（如图 3－4 所示）。植筋的施工是用电钻在构造柱纵筋位置进行打孔，将钢筋植入孔中，用植筋专用胶黏结，实现构造柱与上下部梁或板的拉结。植筋钻孔前，应认真进行孔位的放样和定位，经核对无误后方可进行钻孔作业；锚孔可采用压缩空气、吸尘器、手动气筒及专用毛刷等工具，清除孔内粉尘，清孔完成后，若未立即植筋，应暂时封闭孔口；注胶应从孔底向外均匀、缓慢地进行，应注意排除孔内的空气，注胶量应以植入锚栓后略有胶液被挤出为宜；植筋钢筋清除表面的浮锈和污渍后从单一方向旋入锚孔，达到规定的深度，并立即校正方向，保证植入的锚栓处于孔洞中心位置，严禁将螺杆从胶桶中粘胶直接塞进孔洞。填充墙与承重墙、柱、梁的连接钢筋，当采用化学植筋的连接方式时，应进行实体检测。锚固钢筋拉拔试验的轴向受拉非破坏承载力检验值应为 6.0 kN。抽检钢筋在检验值作用下基材无裂缝、钢筋无滑移宏观裂损现象；持荷 2 min 期间荷载值降低不大于 5%。

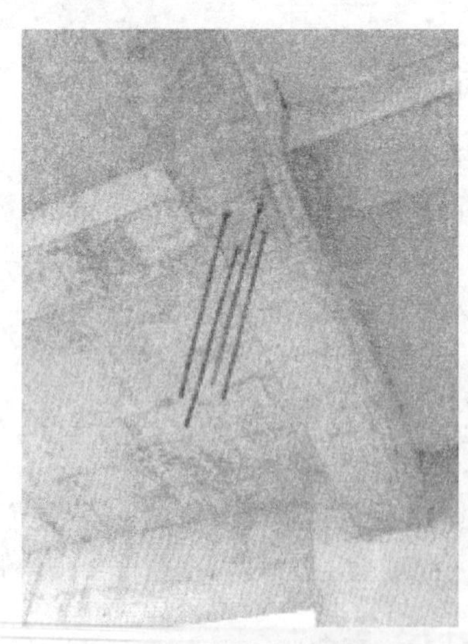

(a) 梁下的植筋(用于构造柱)

(b) 柱侧的植筋(墙体拉结筋)

图 3－4　植筋示意

填充墙砌体应与主体结构可靠连接，其连接构造应符合设计要求，未经设计同意，不得随意改变连接构造方法。每一填充墙与柱的拉结筋的位置超过一皮块体高度的数量不得多于一处。

砌体与构造柱的连接处以及砌体抗震墙与框架柱的连接处均应采用先砌墙后浇柱的施工顺序，并应按要求设置拉结钢筋；砖砌体与构造柱的连接处应砌成马牙槎，马牙槎应先退后进，对称砌筑；马牙槎尺寸偏差每一构造柱不应超过 2 处；每个马牙槎沿高度方向的尺寸不宜超过 300 mm，凹凸尺寸宜为 60 mm。砌筑时，砌体与构造柱间应沿墙高每 500 mm 设拉结钢筋，钢筋数量及伸入墙内长度应满足设计要求。

预留拉结钢筋的规格、尺寸、数量及位置应正确，拉结钢筋应沿墙高每隔 500 mm 设 2ϕ6，伸入墙内不宜小于 600 mm，钢筋的竖向移位不应超过 100 mm，且竖向移位每一构造柱不得超过 2 处；施工中不得任意弯折拉结钢筋。抽检数量：每检验批抽查不应少于 5 处。检验方法：观察检查和尺量检查。

构造柱设置应符合以下规定。构造柱的最小截面可为 180 mm×240 mm(墙厚 190 mm 时为 180 mm×190 mm)；构造柱纵向钢筋宜采用 4ϕ12，箍筋直径可采用 6 mm，间距不宜大于 250 mm，且在柱上、下端适当加密；当抗震设防烈度为 6、7 度且超过六层、设防烈度为 8 度且超过五层和设防烈度为 9 度时，构造柱纵向钢筋宜采用 4ϕ14，箍筋间距不应大于 200 mm；房屋四角的构造柱应适当加大截面及配筋。构造柱与墙连接处应砌成马牙槎，沿墙高每隔 500 mm 设 2ϕ6 水平钢筋和 ϕ4 分布短筋平面内点焊组成的拉结网片或 ϕ4 点焊钢筋网片，每边伸入墙内不宜小于 1 m。设防烈度为 6、7 度时，底部 1/3 楼层，设防烈度为 8 度时底部 1/2 楼层，设防烈度为 9 度时全部楼层，上述拉结钢筋网片应沿墙体水平通长设置。

构造柱与圈梁连接处，构造柱的纵筋应在圈梁纵筋内侧穿过，保证构造柱纵筋上下贯通；构造柱可不单独设置基础，但应伸入室外地面下 500 mm，或与埋深小于 500 mm 的基础圈梁相连。钢筋混凝土结构中的砌体填充墙，尚应符合下列要求：① 填充墙在平面和竖向的布置，宜均匀对称，宜避免形成薄弱层或短柱；② 砌体的砂浆强度等级不应低于 M5；实心块体的强度等级不宜低于 MU2.5，空心块体的强度等级不宜低于 MU3.5；墙顶应与框架梁密切结合；③ 填充墙应沿框架柱全高每隔 500 mm～600 mm 设 2ϕ6 拉筋，拉筋伸入墙内的长度，设防烈度为 6、7 度时宜沿墙全长贯通，设防烈度为 8、9 度时应全长贯通；④ 墙长大于 5 m 时，墙顶与梁宜有拉结；墙长超过 8 m 或层高 2 倍时，宜设置钢筋混凝土构造柱；墙高超过 4 m 时，墙体半高宜设置与柱连接且沿墙全长贯通的钢筋混凝土水平系梁；⑤ 楼梯间和人流通道的填充墙，尚应采用钢丝网砂浆面层加强。

在建筑物的温度和变形集中敏感区域，应采取增强抵抗温度应力或释放温度应变的构造措施；非烧结块材砌体房屋的墙体应根据块体材料类型采取下列措施：应根据所用块体材料，在窗肚墙水平灰缝内设置一定量钢筋；在承重外墙底层窗台板下，应配置通长水平钢筋或设置现浇混凝土配筋带；混凝土小型空心砌块房屋的门窗洞口，其两侧不少于一个孔洞中应配置钢筋并用灌孔混凝土灌芯，钢筋应在基础梁或楼层圈梁中锚固；墙长大于 8 m 的非烧结块材框架填充墙，应设置控制缝或增设钢筋混凝土构造柱，其间距不应大于 4 m。

砌筑填充墙时应错缝搭砌，不得出现假缝、瞎缝、透明缝，砌体与构造柱的连接处以及砌体抗震墙与框架柱的连接处均应采用先砌墙后浇柱的施工顺序，并应按要求设置拉结钢筋；

砖砌体与构造柱的连接处应砌成马牙槎。填充墙留置的拉结钢筋或网片的位置应与块体皮数相符合。拉结钢筋或网片应置于灰缝中，埋置长度应符合设计要求，竖向位置偏差不应超过一皮高度。在厨房、卫生间、浴室等处采用轻骨料混凝土小型空心砌块、蒸压加气混凝土砌块砌筑墙体时，墙体底部宜现浇混凝土坎台，其高度宜为 150 mm。砌体与构造柱的连接处以及砌体抗震墙与框架柱的连接处均应采用先砌墙后浇柱的施工顺序，并应按要求设置拉结钢筋；砖砌体与构造柱的连接处应砌成马牙槎。砌体结构房屋中的构造柱、芯柱、圈梁及其他各类构件的混凝土强度等级不应低于 C25。

3.3.3 蒸压加气混凝土砌块施工

蒸压加气混凝土砌块(俗称加气砖)，是以粉煤灰、水泥、石灰、石膏为原材料，以铝粉等为发气剂，经原材料处理、配料搅拌、浇筑发泡、静停切割、蒸压养护而制成的一种新型墙体材料。特性为多孔轻质、保温隔热性能好、加工性能好，但干缩较大，若使用不当，墙体会产生裂纹。加气砖按尺寸偏差与外观质量、体积密度和抗压强度分为：优等品(A)、一等品(B)、合格品(C)三个等级。加气砖的尺寸允许偏差和外观应符合规定，强度级别应符合表 3 - 3的规定。

表 3 - 3　加气砖的强度等级

体积密度级别		B03	B04	B05	B06	B07	B08
强度等级	优等品	A1.0	A2.0	A3.5	A5.0	A7.5	A10.0
	一等品			A3.5	A5.0	A7.5	A10.0
	合格品			A2.5	A3.5	A5.0	A7.5

加气砖的气孔率高达 70%～80%，因而具有“吸水导湿缓慢”的特性，这个特性的含义是：因其吸水少而慢，表面上看起来浇水不少，而实则吸水不多，结果当砌块与砌块或饰面材料相接触时，这些材料内的水分被加气砖表面强夺，易造成墙面抹灰开裂、饰面脱落等问题，施工中应注意这一特点。

加气砖的立面砌筑形式只有全顺一种，砌筑时，上下皮竖缝应相互错开，搭接长度不宜小于砌块长度的 1/3，且不应小于 150 mm，如不满足时，应在水平灰缝中设置 2ϕ6 的钢筋网片，加筋长度不小于 700 mm。

1. 施工技术要点

(1) 工艺流程

基层处理→测量墙中线→弹墙边线→砌底部实心砖→立皮数杆→拉准线、铺灰、依准线砌筑→埋墙拉筋→梁下、墙顶斜砖砌筑。

(2) 基层处理

将砌筑加气砖墙体根部的混凝土梁、柱的表面清扫干净，用砂浆找平，拉线，用水平尺检查其平整度。

(3) 砌底部实心砖

在墙体底部，砌第一皮加气砖前，应用实心砖砌筑，高度宜不小于 200 mm。

(4) 拉准线、铺灰、依准线砌筑

为保证墙体垂直度、水平度，采取分段拉准线砌筑，铺浆要厚薄均匀，每一块砖全长上铺满砂浆，浆面平整，保证灰缝厚度，灰缝厚度宜为 15 mm，灰缝要求横平竖直，水平灰缝应饱满，竖缝采用挤浆和加浆方法，不得出现透明缝，严禁用水冲洗灌缝。铺浆后立即放置砌块，要求一次摆正找平。若铺浆后不立即放置砌块，砂浆凝固，则应铲去砂浆，重新砌筑。

(5) 埋墙拉筋

与钢筋混凝土柱(墙)的连接，采取在混凝土柱(墙)上打入 2ϕ6@500 的膨胀螺栓，然后在膨胀螺栓上焊接 ϕ6 的钢筋，可埋入加气砖墙体内 1 000 mm。

(6) 梁下、墙顶斜砖砌筑

与梁的接触处待加气砖砌完 7 d 后采用灰砂砖斜砌顶紧。

2. 技术要求

(1) 加气砖在砌筑之前，其产品龄期应超过 28 d，砌筑前一天必须将第二天需用的加气砖洒水湿润，砌筑时应在砌筑面上适量洒水。严格控制好加气混凝土砌块上墙砌筑时的含水率，控制在 10%～15%比较适宜，即砌块含水深度以渗入表层 8～10 mm 为宜，可通过刀刮或敲个小边观察规律。禁止直接使用饱含雨水或浇水过量的砌块。

(2) 为减少施工现场切割砌块工作，砌块砌筑前均应进行砌块排列设计。

(3) 砌筑过程中应做好预留、预埋工作，不得事后凿打。

对预埋在墙内的线管、线盒、留孔等，要求水电专业在砌墙前预留，并向砌筑人员说明(切锯砌块时应使用专用工具)。当管线较密，砌筑困难时，留出位置不砌，待水电施工结束后，支模浇筑 C20 细石混凝土。

(4) 构造柱与墙连接处砌成马牙槎，先砌墙后浇柱，沿墙高每隔 500 mm 设 2ϕ6 mm 钢筋，埋入墙体内 1 000 mm。

(5) 当墙长大于 5 m 时，顶部应有 ϕ6 mm 膨胀螺栓焊 ϕ6 mm 钢筋与墙体拉接；当墙体净高大于 4 m 时，中间设拉梁；当墙长大于 4 m 时，墙中间需设构造柱。

(6) 砖墙的转角处和交接处应同时砌起，对不能同时砌起而必须留槎时，应砌成斜槎，斜槎长度不小于斜槎高度的 2/3。

(7) 由于不同干密度和强度等级的加气混凝土砌块的性能指标不同，所以不同干密度和强度等级的加气混凝土不应混砌，但在墙底、墙顶局部采用的小块实心砖和多孔砖砌筑不视为混砌。

(8) 为减少砂浆在砌筑后收缩变形和由于顶部振动引起的下部砌体松动，严格控制砌筑高度，每工作日只许砌筑 1/2 层高，且不大于 1.8 m。雨天不宜砌筑，并对砌块和砌体采取遮盖措施。

(9) 穿越墙体的水管要严防渗漏。穿墙、附墙或埋入墙内的铁件应做防腐处理。

(10) 切锯砌块应使用专用工具，不得用斧或瓦刀任意砍劈。

3. 加气砌块砌体施工

加气混凝土砌块可砌成单层墙或双层墙，双层墙间每隔 600 mm 墙高在水平灰缝中放置ϕ4～6的钢筋扒钉，扒钉间距为 600 mm，空气层厚度 70～80 mm。

(1) 加气混凝土砌块砌体所用砌块强度和砂浆强度应满足设计要求。

(2) 加气混凝土砌块砌筑前,应绘制砌块排列图,设置皮数杆、拉准线依线砌筑。

(3) 加气混凝土砌块出厂后经充分干燥才准上墙,砌筑时要适量洒水,同一砌筑单元的墙体应连续砌完,不留接槎、不得留设脚手眼。

(4) 加气混凝土砌块墙的上下皮砌块的灰缝应相互错开,错开长度宜为 300 mm、不小于 150 mm。不能满足时应在水平灰缝设置 2ϕ6 的拉结钢筋或 ϕ4 钢筋网片,拉结钢筋或网片的长度不小于 700 mm。

(5) 加气混凝土砌块墙的灰缝应横平竖直,砂浆饱满。水平灰缝厚度宜为 15 mm,竖向灰缝宽度宜为 20 mm。

(6) 墙的转角处,应使纵横墙的砌块相互搭砌,隔皮砌块露端面;丁字交接处,应使横墙砌块隔皮露端面,并坐中于纵墙砌块。

4. 加气混凝土砌体构造柱施工要求

当无混凝土墙(柱)分隔的直段长度,120(或 100)厚墙超过 3.6 m,180(或 190)厚墙超过 5 m 时,在该区间加混凝土构造柱分隔;200(或 100)厚墙,当墙高小于等于 3 米时,开洞宽度小于等于 2.4 m,若不满足时应加构造柱或钢筋混凝土水平系梁;180(或 190)厚墙,当墙高小于等于 4 m,开洞宽度小于等于 3.5 m,若不满足时应加构造柱或钢筋混凝土水平系梁,墙体转角处无框架柱时、不同厚度墙体交接处,应设置构造柱;当墙长大于 8 m(或墙长超过层高 2 倍)时,应该在墙长中部(遇有洞口在洞口边)设置构造柱;较大洞口两侧、无约束墙端部应设置构造柱,构造柱与墙体拉结筋为 2ϕ6@500,沿墙体全高布置。

3.4 砌体结构工程质量验收与安全文明施工

3.4.1 砖砌体工程的质量要求

砌体质量的好坏取决于组成砌体的原材料质量和砌筑方法,故砌筑应掌握正确操作方法。砖砌体的质量要求是:横平竖直、砂浆饱满、组砌得当、接槎可靠。

(1) 横平竖直。即要求每一皮砖应在同一水平面上,每块砖应摆平,且竖向灰缝垂直对齐,因而在砌筑过程中要随时用线锤和托线板进行检查,做到"三皮一吊、五皮一靠",以保证砌筑质量,不得出现游丁走缝。

(2) 砂浆饱满。砂浆的饱满程度对砌体强度影响较大,砂浆不饱满,一方面造成砖块间黏结不紧密,使砌体整体性差,另一方面使砖块不能均匀传力,水平灰缝不饱满会引起砖块局部受弯、受剪而致断裂,所以为保证砌体的抗压强度,要求水平灰缝的砂浆饱满度不得低于 80%。竖向灰缝的饱满度对一般以承压为主的砌体的强度影响不大,但对砌体抗剪强度有明显影响,因而对于受水平荷载或偏心荷载的砌体,饱满的竖向灰缝可提高砌体的抗横向能力。况且竖缝砂浆饱满可避免砌体透风、漏水,且保温性能好。施工时竖缝宜采用挤浆或加浆方法,不得出现透明缝,严禁用水冲浆灌缝。砖砌体水平灰缝厚度和竖向灰缝宽度宜为 10 mm,不得小于 8 mm,也不应大于 12 mm。

(3) 组砌得当。为保证墙体的强度和稳定性,各种砌体均应按一定的组砌形式砌筑。基本原则是上下错缝、内外搭砌,错缝长度一般不应小于 60 mm,并避免墙面和内墙中出现连续的竖向通缝,同时还应考虑砌筑方便和少砍砖。

(4) 接槎可靠。接槎是指先砌筑的砌体与后砌筑的砌体之间的结合。接槎方式合理与否对砌筑的整体性影响很大,特别在地震区,接槎质量将直接影响房屋的抗震能力,故应予以足够的重视。

砖墙的转角处和交接处应同时砌起,严禁无可靠措施的内外墙分砌施工。对不能同时砌起而必须留置的临时间断处,应砌成斜槎,斜槎的长度不应小于斜槎高度的 2/3,如图3-8所示。非抗震设防及抗震设防裂度为 6 度、7 度地区的临时间断处,当不能留斜槎时,除转角处外可留直槎,但直槎必须做成凸槎。留直槎处应加设拉结钢筋。

拉结钢筋的数量为每 120 mm 墙厚放置 1ϕ6 mm 拉结钢筋(240 mm 厚墙放置 2ϕ6 mm 拉结钢筋),间距沿墙高不应超过 500 mm;埋入长度从留槎处算起每边均不应小于 500 mm,对抗震设防裂度 6 度、7 度的地区,不应小于 1 000 mm;末端应有 90°弯钩。

隔墙与承重墙不能同时砌筑而又不留成斜槎时,可从承重墙中引出凸槎。对抗震设防的工程,还应在承重墙的水平灰缝中预埋拉结钢筋,其构造与上述直槎相同,且每道墙不得少于两根。砖砌体接槎时,必须将接槎处的表面清理干净,浇水湿润,并应填实砂浆,保持灰缝平直。

3.4.2　砖砌体验收

砖和砂浆的强度等级必须符合设计要求。检查砖和砂浆试块试验报告。每一生产厂家,烧结普通砖、混凝土实心砖每 15 万块,烧结多孔砖、混凝土多孔砖、蒸压灰砂砖及蒸压粉煤灰砖每 10 万块各为一验收批,不足上述数量时按 1 批计,抽检数量为 1 组。砂浆试块的抽检数量执行规范的有关规定。

一般砖砌体质量验收项目组砌方法、灰缝厚度、允许偏差项目(基础顶面和楼面标高、表面平整度、门窗洞口高和宽、外墙上下窗口偏移、水平灰缝平直度、清水墙游丁走缝)。砖砌体尺寸、位置的允许偏差及检验应符合表 3-4 的规定:

表 3-4　砖砌体尺寸、位置的允许偏差及检验

<table>
<tr><th>项</th><th colspan="3">项目</th><th>允许偏差(mm)</th><th>检验方法</th><th>抽检数量</th></tr>
<tr><td>1</td><td colspan="3">轴线位移</td><td>10</td><td>用经纬仪和尺或用其他测量仪器检查</td><td>承重墙、柱全数检查</td></tr>
<tr><td>2</td><td colspan="3">基础、墙、柱顶面标高</td><td>±15</td><td>用水准仪和尺检查</td><td>不应小于 5 处</td></tr>
<tr><td rowspan="3">3</td><td rowspan="3">墙面垂直度</td><td colspan="2">每层</td><td>5</td><td>用 2 m 托线板检查</td><td>不应小于 5 处</td></tr>
<tr><td rowspan="2">全高</td><td>10 m</td><td>10</td><td rowspan="2">用经纬仪、吊线和尺或其他测量仪器检查</td><td rowspan="2">外墙全部阳角</td></tr>
<tr><td>10 m</td><td>20</td></tr>
<tr><td rowspan="2">4</td><td rowspan="2">表面平整度</td><td colspan="2">清水墙、柱</td><td>5</td><td rowspan="2">用 2 m 靠尺和楔形塞尺检查</td><td rowspan="2">不应小于 5 处</td></tr>
<tr><td colspan="2">混水墙、柱</td><td>8</td></tr>
</table>

续表

<table>
<tr><th>项</th><th colspan="2">项目</th><th>允许偏差(mm)</th><th>检验方法</th><th>抽检数量</th></tr>
<tr><td rowspan="2">5</td><td rowspan="2">水平灰缝平直度</td><td>清水墙</td><td>7</td><td rowspan="2">拉 5 m 线和尺检查</td><td rowspan="2">不应小于 5 处</td></tr>
<tr><td>混水墙</td><td>10</td></tr>
<tr><td>6</td><td colspan="2">门窗洞口高、宽(后塞口)</td><td>±10</td><td>用尺检查</td><td>不应小于 5 处</td></tr>
<tr><td>7</td><td colspan="2">外墙下窗口偏移</td><td>20</td><td>以底层窗口为准,用经纬仪或吊线检查</td><td>不应小于 5 处</td></tr>
<tr><td>8</td><td colspan="2">清水墙游丁走缝</td><td>20</td><td>以每层第一皮砖为准,用吊线和尺检查</td><td>不应小于 5 处</td></tr>
</table>

3.4.3 填充墙砌体的质量要求

1. 主控项目

(1) 砖、砌块和砌筑砂浆的强度等级应符合设计要求。

抽检数量:烧结空心砖每 10 万块为一验收批,小砌块每 1 万块为一验收批,不足上述数量时按一批计,抽检数量为一组。

检验方法:检查砖或砌块的产品合格证书、产品性能检测报告和砂浆试块试验报告。

(2) 填充墙砌体应与主体结构可靠连接,其连接构造应符合设计要求,未经设计同意,不得随意改变连接构造方法。每一填充墙与柱的拉结筋的位置超过一皮块体高度的数量不得多于一处。

抽检数量:每检验批抽查不应少于 5 处。

检验方法:观察检查。

(3) 填充墙与承重墙、柱、梁的连接钢筋,当采用化学植筋的连接方式时,应进行实体检测。锚固钢筋拉拔试验的轴向受拉非破坏承载力检验值应为 6.0 kN。抽检钢筋在检验值作用下基材应无裂缝、钢筋无滑移和宏观裂损现象;持荷 2 min 期间荷载值降低不大于 5%。

抽检数量:按规范执行确定。

检验方法:原位试验检查。

2. 一般项目

(1) 填充墙砌体尺寸、位置允许偏差及检验方法应符合规范的规定。

抽检数量:每检验批抽查不应少于 5 处。

(2) 填充墙砌体的砂浆饱满度及检验方法应符合规范的规定。

抽检数量:每检验批抽查不应少于 5 处。

(3) 填充墙留置的拉结钢筋或网片的位置应与块体皮数相符合。拉结钢筋或网片应置于灰缝中,埋置长度应符合设计要求,竖向位置偏差不应超过一皮高度。

抽检数量:每检验批抽查不应少于 5 处。

检验方法：观察和用尺量检查。

(4) 砌筑填充墙时应错缝搭砌，蒸压加气混凝土砌块搭砌长度不应小于砌块长度的1/3；轻骨料混凝土小型空心砌块搭砌长度不应小于90 mm；竖向通缝不应大于2皮。

抽检数量：每检验批抽检不应少于5处。

检查方法：观察和用尺检查。

(5) 填充墙的水平灰缝厚度和竖向灰缝宽度应正确。烧结空心砖、轻骨料混凝土小型空心砌块砌体的灰缝应为8～12 mm。蒸压加气混凝土砌块砌体当采用水泥砂浆、水泥混合砂浆，水平灰缝厚度及竖向灰缝宽度不应超过15 mm；当蒸压加气混凝土砌块砌体黏结砂浆时，水平灰缝厚度和竖向灰缝宽度宜为3～4 mm。

抽检数量：每检验批抽查不应少于5处。

检查方法：水平灰缝厚度用尺量5皮小砌块的高度折算；竖向灰缝宽度用尺量2 m砌体长度折算。

填充墙砌体尺寸、位置的允许偏差及检验方法应符合表3－5的规定。

抽检数量：每检验批抽查不应少于5处。

表3－5　填充墙砌体尺寸、位置的允许偏差及检验方法

序	项目		允许偏差(mm)	检验方法
1	轴线位移		10	用尺检查
2	垂直度（每层）	≤3 m	5	用2 m托线板或吊线、尺检查
		＞3 m	10	
3	表面平整度		8	用2 m靠尺和楔形尺检查
4	门窗洞口高、宽(后塞口)		±10	用尺检查
5	外墙上、下窗口偏移		20	用经纬仪或吊线检查

填充墙砌体的砂浆饱满度及检验方法应符合表3－6的规定。

表3－6　填充墙砌体的砂浆饱满度及检验方法

砌体分类	灰缝	饱满度及要求	检验方法
空心砖砌体	水平	≥80%	采用百格网检查块体底面或侧面砂浆的粘结痕迹面积
	垂直	填满砂浆、不得有透明缝、瞎缝、假缝	
蒸压加气混凝土砌块、轻骨料混凝土小型空心砌块砌体	水平	≥80%	
	垂直	≥80%	

3.4.4　砌体工程的安全文明施工

在砌筑操作前，必须检查施工现场各项准备工作是否符合安全要求，如道路是否畅通，机具是否完好牢固，安全设施和防护用品是否齐全，经检查符合要求后才可施工。施工人员进入现场必须戴好安全帽，高空作业时应系好安全带。采用内脚手架施工时，在二层楼面以上，应在房屋外墙四周设安全网，并随施工高度逐层提升，屋面工程未完不得拆除。砌基础时，应检查和注意基坑土质的变化情况。堆放砖石材料应离开坑边 1 m 以上。砌墙高度超过地坪 1.2 m 以上时，应搭设脚手架。架上堆放材料不得超过规定荷载值，堆砖高度不得超过三皮侧砖，同一块脚手板上的操作人员不应超过二人，按规定搭设安全网，不准用不稳固的工具或物体在脚手板上垫高操作。正在砌筑的墙上不准走人，不准站在墙上做划线、刮缝、吊线等工作。雨天或每日下班时，应做好防雨准备，以防雨水冲走砂浆，致使砌体倒塌。冬期施工时，脚手板上如有冰霜、积雪，应先清除后才能上架进行操作。起吊砌块时，严禁将砌块停留在操作人员的上空，砌块吊装时，不得在下一层楼面上进行其他任何工作，卸下砌块时应避免冲击，砌块堆放应尽量靠近楼板两端，不得超过楼板的承载能力。砌块吊装就位时，应待砌块放稳后，方可松开夹具。脚手架，井架、门架等搭设好后，须经专人验收合格后方准使用。需要砍砖时应面向墙面进行，砍完后应即时清理碎块，防止掉落伤人。不同砌体每天限砌高度不得超过施工规范要求。脚手架应经检查合格后方能使用，砌筑时不准随意拆改和移动脚手架，楼层屋面上的盖板、防护栏杆和连墙件不得随意挪动拆除。采用砖笼吊砖时，砖在架子上或模板上要均匀分布，不应集中堆放。灰桶、灰斗应放置有序，使架子上保持畅通。起吊砖笼和砂浆料斗时，砖和砂浆不能装得过满，吊运工作范围内不得有人停留。

单元练习题

1. 砖砌体施工前应进行哪些准备工作？砖为什么需要提前浇水湿润，湿润的标准是多少？

2. 砌体工程施工工艺是怎样的？皮数杆有何作用，如何布置？

3. 砖砌体的质量要求是什么？影响其质量的因素有哪些？

4. 框架填充墙施工有哪些技术要求？

习题库

砌体结构工程施工

第四章 混凝土结构工程施工

本单元学习目标

通过本单元学习,学生能够掌握钢筋分项工程施工与验收;
通过本单元学习,学生能够掌握模板分项工程施工与验收;
通过本单元学习,学生能够掌握混凝土分项工程施工与验收;
通过本单元学习,学生能够熟悉混凝土结构工程安全文明施工要求。

建筑工程、市政工程或其他基建项目中都普遍应用混凝土结构,无论是基础还是主体,甚至在装饰装修阶段都会遇到混凝土结构构件,按《建筑工程施工质量验收统一标准》(GB 50300 - 2013),混凝土结构工程施工验收包括:钢筋分项工程、模板分项工程、混凝土分项工程、预应力分项工程、现浇混凝土结构分项工程、装配式混凝土结构分项工程。本单元学习以现浇混凝土结构施工为典型,包含钢筋分项、模板分项及混凝土分项内容。

4.1 钢筋分项工程施工

4.1.1 钢筋材料

混凝土结构工程施工中会用到各种钢材,因钢筋和混凝土固结后所具有的良好性能,混凝土结构中采用的钢材一般都是钢筋,所以混凝土结构俗称钢筋混凝土结构。施工常用的是热轧钢筋,热轧钢筋按其表面形状分为光圆钢筋和带肋钢筋,光圆钢筋主要是 HPB300 级,带肋钢筋主要是 HRB335、HRB400、HRB500 级。HPB300 级钢筋俗称Ⅰ级钢筋,标识符号为"ϕ";HRB335 级钢筋俗称Ⅱ级钢筋,标识符号为"Φ";HRB400 级钢筋俗称Ⅲ级钢筋,标识符号为"Φ";HRB500 级俗称Ⅳ级,标识符号为"Φ"。用细晶粒热轧制钢筋在牌号中加入字母"F",如 HRBF335、HRBF400、HRBF500;对于设计抗震专用要求的钢筋,在牌号后面加字母"E",如 HRBF335E、HRBF400E。钢筋的强度等级、专用标识等出厂时都有标牌附在每批次钢筋捆(盘)上。为便于运输,细钢筋(如 ϕ6、ϕ8)出厂常卷成圆盘,直径大于 12 mm的钢筋则轧成 6～12 m 的长直条。

按施工图计算出项目所需钢筋的种类及其各自用量,依据项目施工组织安排,项目部按计划安排钢筋进场,钢筋进场应有产品合格证、出厂检验报告,每捆(盘)钢筋均应有标牌,钢筋进场应按规范进行外观检查,钢筋应平直、无损伤,表面不得有裂纹、油污、颗粒状或片状老锈，进场钢筋按批次和产品检验方案进行力学性能和重量偏差检验(钢筋的截面面积与理论重量见表4－1)，检验结果合格后方可投入使用。如果在加工过程中出现焊接不良、脆断或力学性能有显著偏差时，还应进行化学成分检验和其他专项检验。

表4－1　钢筋的截面面积与理论重量表

公称直径(mm)	截面面积(mm^2)	单根理论重(kg/m)	公称直径(mm)	截面面积(mm^2)	单根理论重(kg/m)
6	28.3	0.222	22	280.1	2.98
8	50.3	0.395	25	490.9	3.85
10	78.5	0.617	28	615.8	4.83
12	113.1	0.888	32	804.2	6.31
14	153.9	1,21	36	1017.9	7.99
16	201.1	1.58	40	1256.6	9.87
18	254.5	2.00	50	1963.5	15.42
20	314.2	2.47			

钢筋在出厂、运输、进场和堆放时，钢筋捆或盘上必须保留标牌，出厂检验报告原件或复印件跟批保存，进场按批次分别堆放整齐，每种钢筋堆放区挂标识牌便于后期抽取使用，堆放场地要使钢筋避免锈蚀和污染。钢筋可以在厂区加工后运至现场安装，也可现场加工。

4.1.2　钢筋配料

进场后钢筋必须进行配料，配料就是按施工图进行现场下料计算，确定钢筋形状、尺寸和数量，并完成配料单，后面就可以对钢筋进行加工下料、布置。

结构施工图给出的钢筋配置只是表示出柱、梁、板的钢筋基本要求，施工现场需要对这些标识的钢筋做现场配料计算，才能进行下料切断、安装、绑扎固定。

1. 结构施工图中梁的标识

梁中钢筋一般有上部纵向钢筋、下部纵向钢筋、箍筋、纵向构造筋、拉筋等。配料需要对每一种钢筋都要进行下料计算，梁结构施工图及钢筋标识截图如4－1所示。

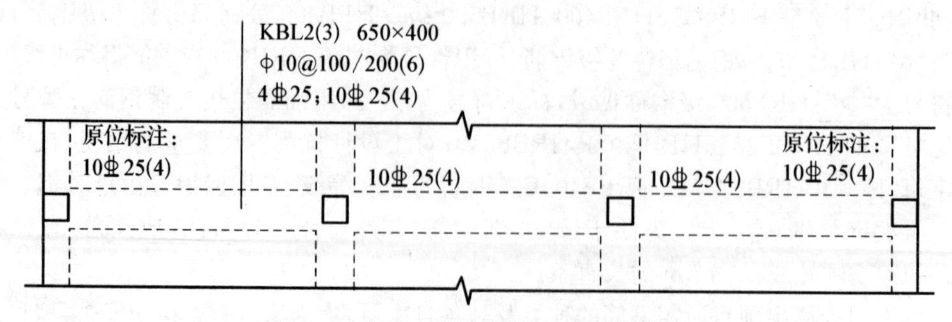

图4－1　混凝土结构梁的施工图标识示意

图4－1中的梁同时有集中标注和原位标注，集中标注第一排“KBL2(3)　650×400”表

示这是一根框架结构钢筋混凝土扁梁(KBL),梁编号为2,共3跨,梁的横截面宽650毫米,高400毫米;集中标注第二排标识表示梁中箍筋采用强度等级为HPB300级,直径10毫米,6肢箍(每处三个箍筋框并列);箍筋布置有加密区,加密区箍筋间距100毫米,非加密区200毫米;第三排标注表示梁上部通长纵向钢筋为4根直径25 mm,强度等级为HRB400级钢筋,梁下部通长纵向钢筋为10根直径25 mm,强度等级为HRB400级钢筋。在四个支座处的原位标注补充显示:在支座处梁上部纵向钢筋为10根直径25 mm,强度等级为HRB400级钢筋。

2. 梁中钢筋的下料计算

依据《混凝土结构施工图平面整体表示方法制图规则和构造详图(现浇混凝土框架、剪力墙、梁、板)》(22G101-1),结合混凝土设计规范、施工验收规范,混凝土梁中,某种钢筋单根下料计算快速简便公式如下:

梁中单根纵向通长钢筋下料长度(mm)

$$L=\text{梁的净长}+\text{钢筋锚固长度(及端部构造)}-\text{量度差值} \tag{4-1}$$

梁中单根纵向构造钢筋下料长度(mm)

$$L=\text{梁长}-\text{保护层}+\text{端部构造} \tag{4-2}$$

梁中单根箍筋下料长长度(mm)

$$L=2(\text{梁高}-\text{保护层})+2(\text{梁宽}-\text{保护层})+\text{端部弯钩}-\text{量度差值} \tag{4-3}$$

箍筋数量

$$n=\frac{\text{梁净长}-100}{\text{箍筋间距}}+1 \tag{4-4}$$

上面四个计算公式中,梁的净长由结构施工图标注的轴线尺寸减去支座占用的尺寸部分得出,钢筋锚固长度直接查表得出(按结构抗震等级、混凝土强度等级、钢筋强度等级和直径)。量度差值是钢筋加工弯曲过程增加的长度,按外包线法计算钢筋下料时,必须减去。如钢筋加工弯曲:45°时量度差值取0.5 d(d为钢筋直径,下同)、90°时量度差值取2 d。端部弯钩按设计说明查对应规范取用即可,如HPB300级直条钢筋端部有90°或180°弯钩,180°弯钩增加长度为6.25 d;箍筋两个端部一般是135°弯钩,两个弯钩增加长度为24 d(非抗震时14 d),钢筋加工典型弯曲形式如图4-2所示意。

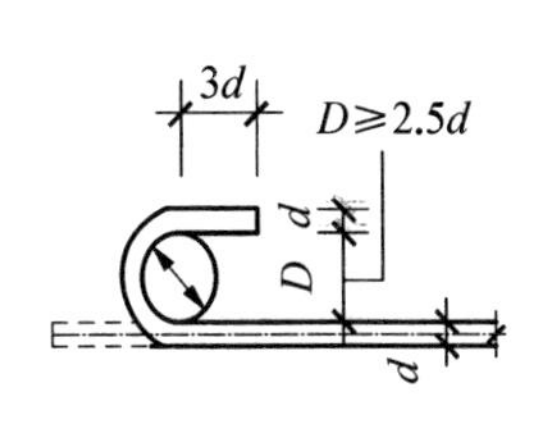

(a) 180°端部弯钩示意

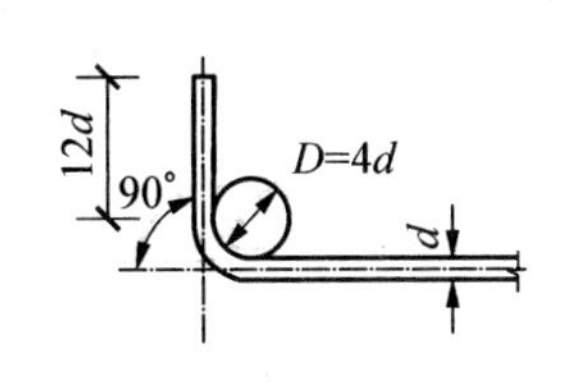

(b) 90°弯曲示意

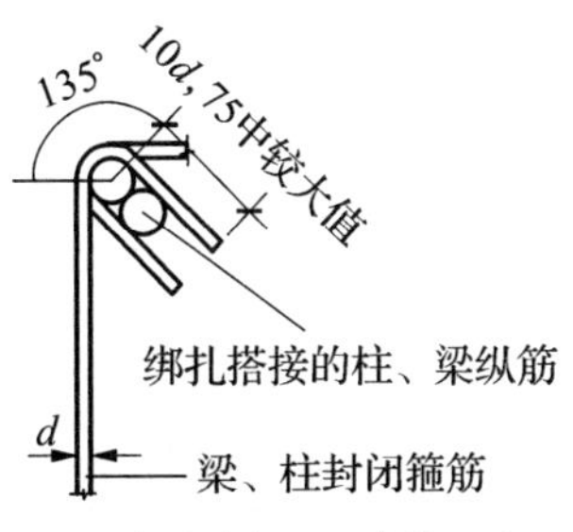

(c) 箍筋端部135°弯钩示意

图4-2 钢筋加工端部弯钩示意图

【例 4－1】 某结构施工图截图的梁如下图 4－3 所示，施工图说明该结构抗震等级三级，混凝土强度等级为 C30，试计算该梁中钢筋下料长度。

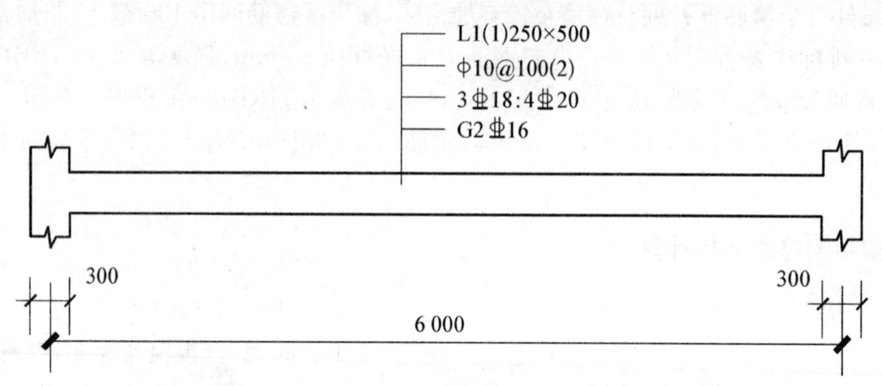

图 4－3 梁结构图

【解】 该梁为 1 跨的单梁，跨度轴线间距 6 米，支座宽 300 mm，梁横截面宽 250 mm，高 500 mm，共有四种钢筋：上部纵筋、下部纵筋、纵向构造筋（腰筋）和箍筋，现将上部 3⏀18 编为①号筋，下部 4⏀20 编为②号筋，腰筋 2⏀16 编为③号筋，ф10 箍筋编为④号筋。

①号、②号、③号筋单根下料长度计算，查规范和设计说明该筋保护层取 25 mm，锚固长度 37 d，按快速简便计算公式则有：

① 号筋下料长度＝(6 000－300)＋2×37×18－2×2×18＝6 960 mm

② 号筋下料长度＝(6 000－300)＋2×37×20－2×2×20＝7 100 mm

③ 号筋下料长度＝6 000－2×25＝5 950 mm

箍筋保护层取 20 mm，两端 135°弯钩增加长度近似取 24 d，则：

④ 号箍筋单根下料长＝2×(210＋460)＋24×10－3×2×10＝1 520 mm

箍筋根数 $n=\dfrac{6\ 000}{100}+1=61$

（注：该梁为单梁，施工正常要求箍筋沿梁长布置至少从一端轴线到另一端轴线，而公式 4－4 是以框架连续梁为计算假设）

计算结果汇总见表 4－2。

表 4－2 钢筋配料单

梁	钢筋编号	直径级别	钢筋简图	数量(根)	总长度(m)	重量(kg)
L1	①	⏀18	391 6 250	3	20.88	41.76
	②	⏀20	465 6 250	4	28.4	70.15
	③	⏀16	6 250	2	12.5	19.75
	④	ф10	460 210	61	92.72	57.21

混凝土结构柱、结构板中钢筋下料计算，依据上述梁筋的计算原则为引导，课后读者查

阅有关书籍资料，进行自学（有疑问可上网搜索相关资料或咨询辅导老师）。

4.1.3　钢筋连接

实际工程中，钢筋需要连接才能满足工程和施工需要，如梁中纵向钢筋的接长、板中双向钢筋网在交接点处的连接固定，钢筋连接常用的方法有机械连接、焊接和绑扎连接。

1. 机械连接

机械连接常用的工艺包括套筒挤压连接、直螺纹套筒连接等，机械连接适用现场大直径钢筋的纵向连接，对于结构重要部位的主要构件中主筋，抗震性能有特别要求的钢筋连接也是首选，所以目前房屋结构工程中地下室与底层柱纵筋、主梁纵筋等都要求机械连接。

（1）钢筋套筒挤压连接。将需要连接的带肋钢筋插入特制钢套筒内，利用液压驱动挤压机让套筒产生塑性变形，使套筒与带肋钢筋紧密咬合在一起达到连接效果，如图 4－4 所示。套筒挤压连接的接头强度高，质量稳定可靠，连接速度快，不受钢筋可焊性影响，不受施工天气影响，现场无明火作业，是目前钢筋连接中性能最好、质量最稳定的接头形式，适用于垂直、水平、倾斜、高空及水下各方位的现场作业。钢筋及套筒压接前，要清除钢筋压接部位的铁锈、油污、泥沙灰土等，钢筋端部必须平直，并在端部标出能够准确判别钢筋伸入套筒内长度的位置标记。套筒必须有明显的压痕位置标记，按说明书规定调整压接设备，调整油缸压力，根据钢筋的直径选择相应的压模。

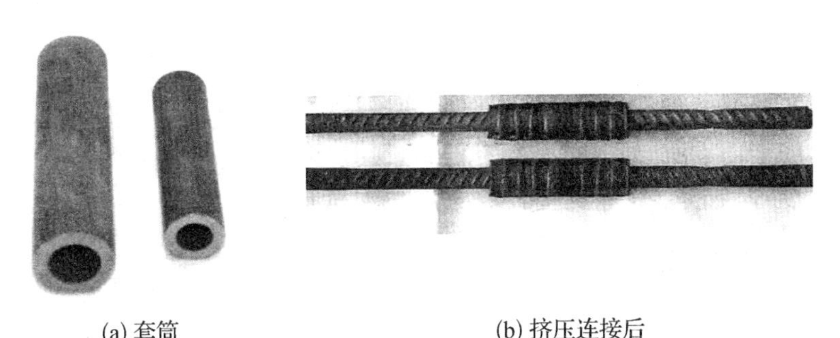

(a) 套筒　　　　(b) 挤压连接后

图 4－4　钢筋套筒挤压连接示意

（2）钢筋套筒直螺纹连接。将待连接钢筋端部滚轧成规整的直螺纹，再用配套的直螺纹套筒套入拧紧实现接头连接。直螺纹连接质量好，强度高，现场操作方便，速度快，不用电、气，无明火，可全天候操作，对水平、垂直等各位置钢筋均可连接。套筒直螺纹如图 4－5 所示。

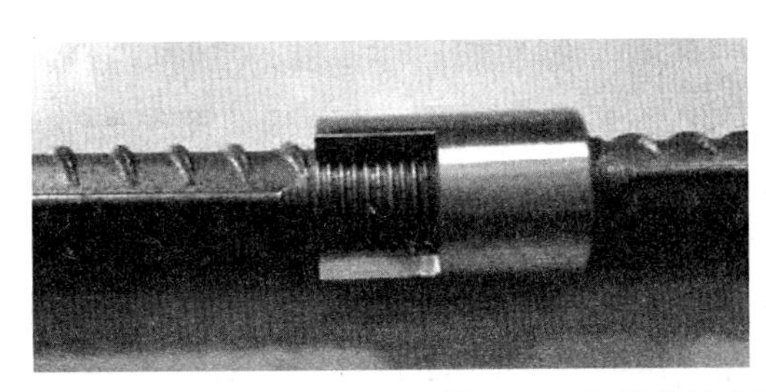

图 4－5　钢筋套筒直螺纹连接示意

2. 焊接

相对于钢筋的绑扎连接，焊接可改善结构受力性能，提高工效，节约钢筋，焊接常用工艺有闪光对焊、电渣压力焊、电弧焊、电阻电焊和气压焊等。

（1）闪光对焊。闪光对焊广泛用于钢筋接长中，热轧钢筋接长如果焊接宜优先采用闪光对焊，针对不同直径钢筋可采用不同的操作方法（连续闪光焊、预热闪光焊、闪光-预热-闪光焊），如施工现场一般钢筋接长多采用闪光-预热-闪光焊以达到钢筋端部平整预热均匀。

（2）电渣压力焊。现浇混凝土结构柱的纵向主筋接长如焊接宜优先选用电渣压力焊，电渣压力焊与电弧焊相比工效高、节约钢材、成本低，有自动和手工两种操作方式，电渣压力焊的接头，应按规范规定的方法检查外观质量和进行力学试验。

（3）电弧焊。电弧焊是传统焊接工艺，利用弧焊机使焊条和焊件之间产生高温电弧，使焊条和电弧范围的焊件熔化形成接头，钢筋的电弧焊常用形式有搭接焊、帮条焊、破口焊。搭接焊操作方便，搭接长度按规范取用，如对于 HPB300 级钢筋搭接焊缝长度不小于 $8d$、HRB335 钢筋搭接焊缝长度不小于 $10d$（d 为钢筋直径），搭接焊时需要对钢筋端部搭接长度范围进行小角度弯折，以避免或减弱附加偏心力出现。帮条焊的帮条长度按搭接焊长度原则取用。人工电弧焊操作简便，速度快，施工现场构件中的一般钢筋连接可采用电弧焊。

3. 绑扎连接

目前绑扎连接仍然是钢筋连接的主要手段之一，绑扎连接不需要专业设备，可以人海战术抢工期，特别是楼层板、墙板中纵横钢筋网的连接，柱、梁中纵筋与箍筋连接多是铁丝绑扎，部分柱、梁中较细纵筋连接也采用绑扎连接，绑扎连接缺点是钢筋搭接较长（接头钢筋搭接消耗较大）且力学性能差。钢筋接长绑扎连接注意搭接长度、搭接区绑扎点数和绑扎位置；楼板和墙板中钢筋网交叉点处的绑扎按规范要求执行全绑扎、交叉绑扎，钢筋绑扎后要保证受力钢筋整体牢固稳定，不产生偏移、错动，搭接长度和接头位置要符合《混凝土结构工程施工质量验收规范》（GB 50204－2015）的规定。

4.1.4 钢筋加工与布置

钢筋加工包括调直、除锈、切断、接长和弯曲等，对钢筋的切断和弯曲，都是钢筋进场，按配料单下料后进行加工，在下料单给出的单根长度数值基础上，先试加工几根，加工成型后的尺寸与现场构件具体施工相吻合，尺寸误差在质量验收允许偏差范围内，再批量生产，特别对于箍筋加工要尤其仔细。

加工好的钢筋就可以调运到施工点进行布置。钢筋绑扎、安装前，先熟悉设计施工图，核对钢筋配料单和加工牌，协调与相关工种的配合后确定布置方法。基础板、楼层板钢筋网先按数量吊运到对应位置，按模板内划出粉笔线准确摆放钢筋位置，对单向板应将分布构造筋放置受力筋内侧绑扎固定；对于双向板，将短向钢筋放置外侧绑扎固定；对于双层钢筋网，绑扎后用支撑马凳将上层钢筋网顶起到规定高度，浇筑混凝土时确保上层钢筋网不被踩踏下沉。对于柱、梁钢筋，可以在加工棚先绑扎成钢筋笼，吊运至设计位置后与相邻钢筋进行连接固定，也可在楼层测量放线位置处直接进行穿筋绑扎固定。

钢筋的接长、钢筋骨架和钢筋网预制成型优先采用焊接和机械连接，如因施工安排不能焊接或骨架太大太重吊运不方便，可采用钢丝绑扎的方法。绑扎时注意钢筋位置是否准确，绑扎是否牢固，搭接长度和绑扎点是否符合施工质量规范要求。楼层板和墙板钢筋网，除去靠近外围两行交叉点全部绑扎外，中间部分交叉点可以错位间隔绑扎，但要保证钢筋不错动移位；梁与柱的箍筋，除去特殊要求，应与纵筋垂直设置，箍筋弯钩叠合处，应沿受力纵筋方向错开放置；柱中纵筋搭接和收头时，角部钢筋弯钩应与模板成45°，遇到特殊情况弯钩与模板最小角度不得小于15°。

设置在同一构件内钢筋的接头不应在一个横断线处，应错开一定距离，错开短于规范要求的视为在同一连接区段，如绑扎连接接头的连接区段长度范围为$1.3l_i$（l_i为搭接长度），绑扎搭接接头率按钢筋受力不同需查规范和设计说明，不能超过规定的百分率，在柱、梁类构件中钢筋搭接长度范围内箍筋要加密，无箍筋的要增设箍筋。在任何情况下，受拉钢筋的搭接长度不应小于300 mm，受压钢筋搭接长度不应小于200 mm。钢筋的布置绑扎要与模板安装相配合，柱钢筋一般先绑扎后安装模板，梁钢筋一般先模板安装后在进行钢筋绑扎固定，断面高大、跨度较大或钢筋较密的大梁，可留一面侧模，待梁中钢筋绑扎完毕再封侧模。楼板钢筋在楼层模板安装后进行。钢筋保护层必须按设计或规范要求确定，可以在钢筋外侧与模板之间放置砂浆垫块、专用卡等，以控制保护层厚度。

4.1.5　钢筋工程施工质量验收

混凝土构件是建筑结构的骨架支撑，而钢筋则是混凝土构件的骨架支撑，钢筋工程属于隐蔽工程，在浇筑混凝土前应进行分项工程检验批质量验收和隐蔽验收，并按规定验收表格做好验收记录。验收内容包括：纵向受力钢筋的品种、规格、数量、位置是否正确，特别是负筋的位置；钢筋的连接方式、接头位置、接头数量、接头面积百分率是否符合规定；箍筋、横向钢筋的品种、规格、数量、间距；预埋件的规格、数量、位置等；钢筋绑扎是否牢固，有无松动变形，松脱和开焊。验收批表格按主控项目和一般项目进行检验，主控项目验收有7条（抽样检查力学性能和重量偏差检验、抗震要求性能检验、调直后力学性能和重量偏差检验、受力钢筋弯钩和弯折规定、受力钢筋连接方式要求、机械和焊接接头力学性能检验、受力钢筋安装要求），一般项目验收有8条（钢筋外观验收、调直冷拉时要求、加工形状尺寸要求、接头设置要求、机械与焊接接头外观要求、接头错开要求、纵向受力筋搭接范围箍筋要求和安装位置偏差要求），按质量验收规定得检查数量和检验方法一一进行验收填写，经相关人员签字确认后存档，供后期核查。

4.2　模板分项工程施工

模板是使混凝土结构和构件成型的模型板，模板系统包括模板面板和板后支架两大部分，此外还有其他紧固连接件。在现浇混凝土结构中，对模板的总要求为：保证工程结构各部分形状尺寸和相互位置的正确性；具有足够的承载强度、刚度和稳定性；接缝严密不漏浆；构造简单、装拆方便；经济。

4.2.1 模板种类及支设

模板按结构构件可分为承台模板、板模板、梁模板、柱模板等，按材料可分为木模板、组合钢模板、塑料模板、竹模板等；从施工特点可分为大模板系统、早拆模体系等，以下介绍常见的不同材料的模板和极有施工特点的模板体系。

1. 木模板

木模板一般用多层胶合板作为面板，木方（楞木）或钢管做支撑系统，胶合板厚度一般选用 12～20 mm。支设阶梯形独立基础时，侧模内侧用定尺方木做内撑，中间用双股铁丝拉结或外侧附加支撑防止混凝土浇筑时胀模；柱模板支设时，胶合面板按设计尺寸加工好，现场组装，板外侧用方木或钢管顺着柱高方向布置，作为第一道内背楞，内背楞间距不能过大，确保混凝土侧压下模板不变形，用柱箍箍紧内背楞，柱箍的间距要保证内背楞的刚度和稳定性，由于柱底部混凝土侧压力较大，越向柱根部柱箍布置越密；梁模板由底模板和侧模板组成构件形状，模板外侧加支撑，梁的垂直荷载大，梁底模下用木方或钢管做支架支撑，支架自身要有足够的强度、刚度和稳定性，且高度便于调整，支架间根据施工方案相互支架拉结水平、垂直支撑系统，保证整体稳定性；楼层模板主要承受竖向荷载，模板面板下分布一定间距的木方或钢管搁栅，跨度大的楼层模板搁栅中间加设支撑系统。当梁、板模板跨度不小于 4 m时底模应起拱，如设计无要求，起拱高度为跨度的 1/1 000～3/1 000。

2. 组合钢模板

组合钢模板有钢模板和配件两大部分组成，它可以拼接成不同尺寸、形状，以适应基础、柱、梁、板等结构需要，钢模板有通用模板和专业模板两类，通用模板有平面模板、阴角模板、阳角模板和连接角模，专业模板有可调模板、倒楞模板、嵌补模板等。钢模板配模要不同规格组合使用，因此有多种组合方案配板，配板原则如下：① 优先采用通用规格及大规格模板，减少装拆，整体性也好；② 合理排列模板，如长边宜沿着梁、板、墙长度方向进行，以方便长度规格大的钢模被利用，并扩大钢模的支撑跨度；③ 合理使用角模，如无特殊要求的阳角可用连接角模，柱头、梁口可用方木嵌补；④ 便于模板支撑件的布置，每块钢模板几何尺寸比木模板小很多，需要较多专用连接卡件和支撑件，支撑钢楞间距布置要考虑接缝位置。合理的钢模配板方案应满足钢模块数少，木模嵌补量少，并能使支撑件布置简单，受力合理的要求。

3. 大模板系统

大模板是一种将面板和背面支撑体系固定成一体的大尺寸工具式定型模板体系，一般一面混凝土墙体用一、二块大模板，因其平面尺寸大重量大，需要起重机配合施工装拆。一块大模板由面板、加劲肋、竖楞、支撑桁架、稳定机构及附件组成，对于标准层结构部分采用大模板体系可以加快模板安装速度，直接加快整个工程工期。

4. 早拆模体系

安装常规的支模方法，现浇楼板施工的模板配置量，一次需要 3～4 层施工段的模板投入才能实现有效周转，一次投入量大。早拆模体系模板就是对混凝土结构梁、板设置合理的支撑点，将较大跨度的楼盖通过增设的支撑点，变成跨度较小的结构构件，从而达到“早拆板模后拆柱模”的目的，实现楼盖模板和支撑龙骨提前周转使用，模板一次配用量可减少 1/3 左右。早拆模板一般由模板块、支撑系统、拉杆体系、附件和辅助零件组成。安拆时按规定顺序，尤其对支撑体系的安拆必须保证局部和整体稳定性。

5. 其他形式模板

工程中还有滑升模板、台模、隧道模、永久性模板等模板形式。如现浇高耸的烟囱、筒仓、竖井等构造物和高层建筑物剪力墙一般都是圆形、矩形、筒壁结构，最适合选用滑升模板。其他专用形式模板读者按自己岗位需要，查阅相关专业施工手册拓展自学，这里不再一一介绍。

4.2.2　模板的设计

模板及其支架应根据工程结构形式、荷载大小、材料、施工设备机具、底座支撑面情况进行设计，模板系统应具有足够的强度、刚度和稳定性，能有效承受混凝土浇筑时各种荷载。模板系统设计应遵循规定包括：① 模板及支架的结构设计宜采用分项系数表达的机械状态设计方法；② 模板及其支架的结构分析中所采用的计算假定和分析模型，应有理论或试验依据，或工程验证可行；③ 模板及其支架应根据施工过程中各种受力工况进行结构分析，并确定其最不利的作用效应组合；④ 承载力计算应采用荷载基本组合，变形验算可采用永久荷载标准值。作用在模板及支架上的荷载有八种：模板及支架自重、新浇筑混凝土自重、钢筋自重、新浇筑混凝土侧压力、施工人员及施工设备产生的荷载、混凝土下料产生的水平荷载、泵送混凝土或不均匀摊铺附件荷载、风荷载。不同设计状态根据需要进行不同荷载的计算组合，分别验算：① 模板和支架的承重力验算；②模板及支架的变形验算；③ 支架抗倾覆验算。

采用钢管和扣件搭设的支架设计时，钢管和扣件搭设的支架宜采用中心传力方式；单根立杆的轴力标准值不宜大于 12 kN，高大模板支架单根立杆的轴力标准值不宜大于 10 kN；立杆顶部承受水平杆扣件传递的竖向荷载时，立杆应按不小于 50 mm 的偏心距进行承载力验算，高大模板按不小于 100 mm 的偏心距进行验算；扣件抗滑移承载力验算执行《施工脚手架通用规范》(GB 55023－2022)、《建筑施工扣件式钢管脚手架安全技术规范》(JGJ 130－2011)的有关规定执行。采用门式、碗扣式、盘扣式或盘销式等钢管架搭设的支架，应采用支架立杆端插入可调托座的中心传力方式其承载力及刚度按对于规范要求进行验算。

4.2.3　模板拆除

现浇混凝土结构构件达到设计或规范要求，模板能拆尽拆，加快材料周转使用，降低成本投入，也为后续工作留出工作面创造条件。混凝土结构模板的拆除取决于结构的性质、模板的用途和混凝土硬化的速度，过早拆除模板又使得混凝土构件过早承受荷载产生过大变形或裂缝，甚至造成重大质量安全事故。所以规范对模板拆除规定：① 非承重模板(如梁、柱侧面模)，应在混凝土强度能保证其表面及棱角不因拆模而损坏，方可拆除；② 承重模板应与结构同条件养护的试件达到表 4－6 规定的强度，方可拆除；③ 在拆除过程中，如发现有影响结构安全的质量问题时，应暂停拆除，经过处理后方可继续拆除；④ 已拆模板及其支架的结构，应在混凝土强度达到设计强度后才允许承受全面计算荷载，当承受的荷载大于计算荷载时,必须经过核算加设临时支撑。

4.2.4 模板工程施工质量验收

模板属于措施项目,只在施工过程中出现,竣工后是无法查核真实状态(不像柱、墙、板构件及构件内钢筋一直与项目保持同寿命周期),所以应做好过程验收。在浇筑混凝土之前,应对模板系统进行验收,模板及其支架能可靠承受施工时产生的全部荷载,保证具有足够的强度、刚度和稳定性。模板安装和浇筑混凝土时,应对模板及其支架进行观察维护,发生异常及时处理。

模板分项工程的施工质量检验按"主控项目"和"一般项目"进行,检验批合格质量应符合下列规范:主控项目的质量经抽样检验合格;一般项目的质量经抽样检验合格;当采用计数检验时,除有专门要求外,一般项目的合格点数率应在80%以上,且不得有严重缺陷;具有完整施工操作依据和质量验收记录。检验批表格中模板工程质量验收主控项目有4个方面:① 模板支架的位置及要求;② 涂刷隔离剂要求;③ 底模拆除要求;④ 后浇带模板拆除及支顶要求。一般项目有6个方面:① 模板安装时接缝、面层及清理情况;② 地坪、胎膜用作模板时要求;③ 跨度不小于4 m时起拱要求;④ 模板上预留情况要求;⑤ 模板安装允许偏差;⑥ 模板拆除要求。

4.3 混凝土分项工程施工

混凝土分项工程包括混凝土的制备、运输、浇筑振捣和养护等施工过程,混凝土工程施工质量除受到原材料影响外,上述的几个施工环节操作不当都会直接影响混凝土工程最终质量。

4.3.1 混凝土的制备与运输

1. 混凝土的制备

目前施工现场多采用商品混凝土,即预拌混凝土,混凝土的原材料及制备质量由厂家负责。原材料中的水泥、砂、石子、水,必须符合规范对材料的各项要求,如水泥的检验应符合现行国家标准《通用硅酸盐水泥》(GB 175－2007)的相关规定。材料入筒每搅拌班次严格执行实验室给出的配合比质量,如有外加剂,按外加剂使用说明和配比单质量比加入。配比单给出的砂、石质量是实验室干燥后的配比量,厂家拌制前按场地堆放砂、石的实际含水量,进行砂、石、水量的换算,即按实际材料含水量相应增加砂、石质量,并对应减少拌合水的质量。混凝土的投料拌制各厂家按自己搅拌设备执行搅拌制度,搅拌前设备检查,投料顺序、搅拌时间、开盘鉴定等均由商品混凝土厂家进行,确保出机后的混凝土拌合料符合设计要求,装车运输。

2. 混凝土运输

混凝土运输包括场外运输和施工场内运输。场外运输(预拌厂家至施工现场)混凝土拌合物由专业混凝土运输车进行，对这一环节运输要求是：混凝土运至浇筑地点，应保持混凝土拌合物的均匀性，避免产生分层离析；中转次数最少时间最短不超过规范规定，时间如表4-3所示；保证混凝土从搅拌机卸料后到运至现场时的坍落度符合浇筑要求，如表4-4所示；混凝土运输应不干扰浇筑连续进行；运输容器应严密，其内壁应光滑干净、不吸水、不漏浆，黏附的混凝土残留物必须清理干净；在运输途中或等候卸料时，应保持运输车罐体正常运作。

表4-3　混凝土运输、入模及间歇总时间限值(min)

条件	气温(℃)	
	≤25	＞25
不掺外加剂	180	150
掺外加剂	240	210

表4-4　混凝土浇筑时的坍落度

项次	结构种类	坍落度(mm)
1	基础或底地面等的垫层、无配筋的厚大结构或配筋稀疏的结构	10～30
2	板、梁和大型及中型截面的柱子等	30～50
3	配筋密集的结构	50～70
4	配筋特密集的结构	70～90

注：需要配大坍落度的混凝土时，需要加外加剂；自密实混凝土的坍落度另行规定。

场外运输车至场内卸料点，搅拌运输车罐体宜快速旋转搅拌20秒后再卸料，混凝土的场内运输宜采用泵送方式，混凝土泵可以同时完成水平和垂直运输，将混凝土直接运送至浇筑点，泵送混凝土时做好三个事项：① 混凝土输送泵的选择及布置；② 混凝土输送泵管与支架设置；③ 混凝土输送布料设备的设置。输送前应进行泵水检查，湿润输送泵的料斗、活塞等直接与混凝土接触的部位，泵水检查后清除泵内积水，第一泵是输送砂浆进行管道全面润滑，然后才正式输送混凝土；输送混凝土先慢后快、逐步加速，在系统运转顺利后再按正常速度输送。采用机动翻斗车运输混凝土，道路应畅通，路面平整坚实，临时坡道或支架应牢固、铺板接头平顺。

4.3.2　混凝土结构的施工

1. 混凝土浇筑

浇筑混凝土前，对模板内进行清理，表面干燥的模板、垫层等要洒水润湿，洒水后不得有积水，注意查看钢筋、水电等预埋管线部件的位置，并确保保护层厚度和负筋不被踩踏下沉。

墙、柱混凝土的浇筑为不出现离析现象，当倾落高度超过规范规定数值，要加串筒、溜管或溜槽等工具设备：① 粗骨料粒径大于25 mm，浇筑倾倒高度应不小于3 m；② 粗骨料粒径小于等于25 mm，浇筑倾倒高度应不小于6 m。为避免混凝土浇筑后表面产生塑性收缩裂缝，在初凝、终凝前进行抹面处理非常关键，抹面可用铁板抹平压光两遍或用木抹子搓毛两遍，对于梁板结构及容易产生裂缝的结构部位应适当增加抹压次数。

对于超长结构混凝土的浇筑，应留设施工缝分仓浇筑，分仓浇筑间隔时间不应少于 7 d，当设计留出后浇带时，后浇带的封闭时间按设计要求执行，并通过现场监测沉降差异稳定后进行。

基础大体积混凝土浇筑要制度浇筑方案，当采用多点浇筑同步进行时，合理布置输送管间距，宜由远到近浇筑；深坑部分先浇筑再进行大面积部分浇筑，分层浇筑时可以斜面分层，也可以全面分层、分块分层进行，层与层之间混凝土浇筑的时间间歇应保证浇筑连续进行，分层浇筑采用自然流淌形成的斜坡，沿高度均匀上升，分层厚度不宜大于 500 mm。基础大体积混凝土浇筑无论时采用斜面分层，还是全面分层、分块分层，都要提前编写好详细浇筑方案和质量控制要点，操作时严格执行。大体积混凝土因上、下层浇筑时间间隔较长，各层层面容易产生泌水，表面的泌水会引起混凝土强度降低、酥软、脱皮起砂等质量隐患，可以采用自流、抽吸方法排除泌水，也可以采用不同坍落度的混凝土或在混凝土拌合物中掺减水剂。温度裂缝是大体积混凝土另一个质量通病，厚大混凝土结构由于体积大，水泥水化热聚集在内部不易散发，内部温度显著升高，而外表与空气接触散热快，使得大体积混凝土结构形成较大的内外温差，结构表面产生拉应力，如内外温差过大(25℃以上)则混凝土表面将产生裂缝。当内部热量逐步散失冷却，结构构件产生收缩，而基底和硬化的混凝土对其又有约束，这时又产生拉应力，在这些拉应力作用下大体积基础极易产生贯穿裂缝。防止混凝土早期产生温度裂缝，就要减小混凝土的温度应力，控制混凝土内外温差，预防方法主要有：① 优先采用水化热低的水泥；② 掺入适量的粉煤灰或浇筑时投入适量的毛石；③ 放慢浇筑速度和减少浇筑厚度；④ 采用人工降温措施(拌制用低温水、养护用循环冷却水)；⑤ 浇筑后及时覆盖控制内外温差减缓降温速度；⑥ 必要时，征得设计单位同意，设置后浇带分块浇筑。

整体式混凝土结构浇筑时，不可避免遇到后浇带和施工缝。后浇带是防止不均匀沉降或温度伸缩引起结构开裂而设置的措施，是将整体混凝土结构分成数个自由区段，每个区段混凝土独立浇筑。后浇带的位置、宽度等由设计单位在结构施工图中明确给出，后浇带补浇时间、混凝土强度等级按设计说明要求执行，并符合规范规定。如设计对强度无具体规定，后浇带混凝土强度等级宜比两侧混凝土提高一级，并采用减少收缩的技术措施，施工现场楼层板后浇带如图 4-6 所示。

(a) 后浇带混凝土浇筑前

(b) 后浇带混凝土浇筑后

图 4-6 后浇带示例

施工缝是混凝土浇筑时因技术或组织的原因，不能连续浇筑，且停顿时间超过混凝土初凝时间，而留下的浇筑断头或断面。施工缝是先后混凝土浇筑的接头，而不是一条缝。与后浇带不同（后浇带两侧就是施工缝），后浇带位置由设计单位在施工图明确给出，施工缝除去特殊结构由设计要求规定，一般都是由项目部依据施工规范原则，结合施工现场具体情况于混凝土浇筑前在施工方案中确定的。由于混凝土的抗拉强度较低，施工缝是结构的薄弱环节，宜留在剪力较小且方便施工的部位。柱子的施工缝宜留在基础顶面、梁下面，无梁楼盖柱帽下面；有梁板的大梁水平施工缝宜留在板底面下 20～30 mm 处；单向板的施工缝留在平行短边的任一位置；有主次梁的楼盖或框架结构，施工缝应留在次梁跨度中间 1/3 长度范围内。柱子施工缝如图 4－7 所示，有梁楼盖施工缝如图 4－8 所示。

施工缝处的混凝土再次浇筑时，应待前次浇筑的混凝土强度达到 1.2 MPa 以上，并将断面上硬化的浮浆、松动石子、软弱混凝土部分等凿除干净，露出坚硬整齐的粗糙混凝土端面；结合处提前洒水充分润湿，但不能有积水。铺垫与混凝土同配比的砂浆后再进行接头处混凝土浇筑，加强振捣使其充分密实，并做好后期的养护。

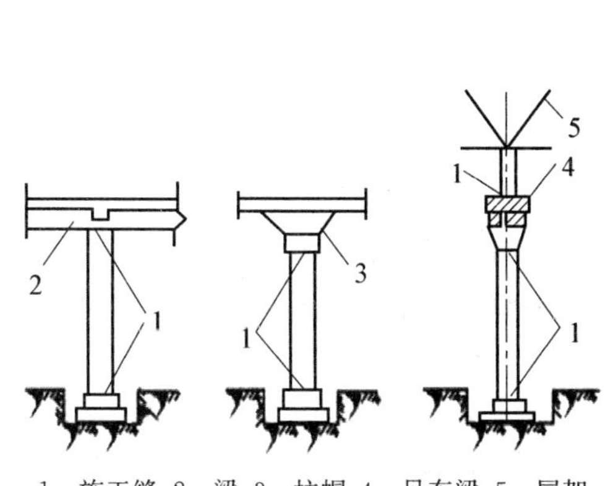

1—施工缝；2—梁；3—柱帽；4—吊车梁；5—屋架

图 4－7　柱施工缝示意图

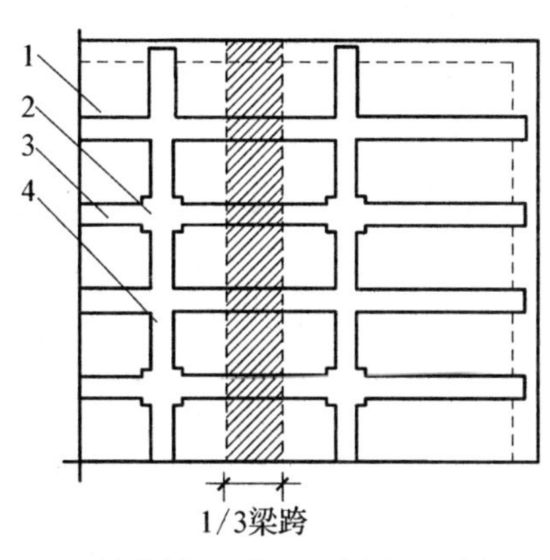

1—楼盖板；2—柱；3—次梁；4—主梁

图 4－8　有主次梁楼盖施工缝示意图

2. 混凝土密实成型

混凝土混合料浇入模板内是比较疏松的，里面含有空气与气泡，而混凝土的强度、抗渗性、抗冻性及耐久性都与混凝土密实程度有关。混凝土密实方式有人工捣实和机械振捣。人工捣实质量较差，只有在缺乏机械、工程量不大或机械操作不便的部位采用。机械振捣常用为插入式振动棒、平板振动器或附着振动器，必要时人工辅助。

振动棒振捣应分层进行，振捣棒前端应插入前一层混凝土深度不小于 50 mm，垂直于混凝土表面快插慢拔，振捣点间距不宜太大；平板振动器振捣时覆盖平面边角，遇到倾斜面应由低向高处振捣；附着振动器应与模板紧密连接，根据混凝土浇筑高度和速度依次从下往上振捣，模板上同时使用多台附着振动器时，应使各振动器频率一致，并交错设置在相对的模板上。特殊部位的混凝土应采取措施加强振动并延长振捣时间：① 预留洞口底部和侧边；② 后浇带与施工缝边角处；③ 钢筋密集区域或型钢与钢筋结合区域；④ 大体积混凝土流淌形成的坡脚。

3. 混凝土养护与拆模

混凝土浇筑后应及时保湿养护，保湿养护可采用洒水、覆盖、喷涂养护剂等方式，具体养护方式根据现场条件、环境温度湿度、构件特点、技术要求、施工操作等因素确定。

养护有人工养护和自然养护。人工养护就是人为控制混凝土的养护温度和湿度，包括蒸汽养护、热水养护、太阳能养护等，主要用在构件厂预制构件养护。现浇构件大多自然养护。

自然养护就是利用自然条件，用保湿材料对混凝土覆盖后适当浇水，使混凝土在一定时间内在湿润条件下硬化达到规定强度。当最高气温低于25℃时，混凝土浇筑完成12小时内开始养护；当最高气温高于25℃时，应在6小时内开始养护。混凝土养护时间也各不相同，采用硅酸盐水泥、普通硅酸盐水泥或矿渣硅酸盐水泥拌制的混凝土，养护时间不应少于7 d；采用缓凝外加剂、大掺量矿物掺合料配制的混凝土，养护时间不应少于14 d；后浇带混凝土养护时间不应少于14 d；地下室底层墙、柱和上部结构首层墙、柱，宜适当增加养护时间；大体积混凝土养护时间根据施工方案确定。

洒水养护保证混凝土表面处于湿润状态，可以用麻袋草帘覆盖后进行，也可直接洒水、蓄水养护，当日最低温度低于5℃时，不应洒水养护。喷涂养护剂养护时，养护剂使用方法应符合产品使用说明书要求，养护剂应均匀喷涂在结构构件表面，不得漏喷，养护剂保湿效果可通过试验检验。

混凝土强度达到1.2 MPa前，不得在其上踩踏、堆放物料、安装模板及支架等施工作业，同条件养护试件的养护条件应与实体结构部位养护条件相同，并妥善保管，现场应设置标准试件养护室或养护箱，标准试件养护应符合国家现行有关标准的规定。

混凝土的拆模就是模板拆模，具体内容见模板拆除中混凝土强度的要求，这里不再重复。拆模后发现混凝土外观有质量缺陷（如蜂窝、麻面、孔洞、露筋、疏松、夹渣、裂缝等），要按质量通病防治方法结合现场进行处理。

4.3.3 混凝土工程施工质量验收与评定

混凝土分项工程施工质量应按“主控项目”和“一般项目”进行检验，检验批的合格质量要求是主控项目抽样检验合格，一般项目的质量抽样检验合格。检验批验收的主控项目9条，一般项目5条，现场验收按规定的检验方法和检查数量执行，验收条目具体要求可参见检验批验收表。

混凝土工程必须进行强度的评定，评定混凝土强度的试块，必须按《混凝土强度检验评定标准》(GB/T 50107－2010)的规定取样、制作、养护和试验，现场结构构件试件取样的强度必须达到评定标准给出的判别数值要求，《混凝土强度检验评定标准》中给出混凝土强度评定方法有两种：统计方法评定和非统计方法评定，其强度必须符合下列规定：

（1）用统计方法评定混凝土强度时，其强度应同时满足两个公式

$$m_{fcu} - \lambda s_{fcu} \geqslant 0.9 f_{cuk}$$

$$f_{cu,\min} \geqslant \lambda_2 f_{cuk}$$

（2）用非统计方法评定混凝土强度时，其强度应同时满足两个公式

$$m_{fcu} \geqslant 1.15 f_{cuk}$$
$$f_{cu.\min} \geqslant 0.95 f_{cuk}$$

式中，m_{fcu}——同一验收批混凝土立方体抗压强度平均值(N/mm²)；

s_{fcu}——同一验收批混凝土抗压强度的标准差(N/mm²)；

f_{cuk}——设计的混凝土抗压强度的标准值(N/mm²)；

$f_{cu.\min}$——同一验收批混凝土立方体抗压强度的最小值(N/mm²)；

λ_1、λ_2——合格判定系数，按表 4-5 取用。

表 4-5　合格判定系数

合格判定系数	试块组数		
	10～14	15～24	≥25
λ_1	1.70	1.65	1.60
λ_2	0.90	0.85	0.85

注：混凝土强度按单位工程内强度等级，零期相同及生产工艺条件、配合比基本相同的混凝土为同一验收批评定，但单位工程中仅有一组试块时，其强度不应低于 $1.15f_{cuk}$。

两种方法各自的两组公式进行计算判别，施工现场根据自己情况选用任何一种评定方法。

表 4-6　整体式混凝土结构拆模时混凝土达到的强度

项次	结构类型	结构跨度(m)	按设计混凝土强度的标准值百分率
1	板	<2 ≥2,≤8 >8	50 75 100
2	梁、拱、壳	≤8 >8	75 100
3	悬臂构件		100

4.4　混凝土结构工程安全文明施工

混凝土结构在目前建筑工程中，工程量大、工期长，需要的设备、机械、人力、材料等资源多。混凝土结构构件是建筑物的受荷骨架，除去保证施工质量之外，必须做好现场的安全施工、文明施工工作。

钢筋的堆放、钢筋加工设备及加工、成品堆放场地等，布置在施工组织设计平面布置图规划的区域，钢筋焊接等有高温、明火作业要有挡板，工作范围内严禁堆放易燃物品；模板加工区严禁烟火，加工机械设备挂有操作规程牌，检查模板安装人员是否有身体不适合高空作业，模板及支架支设二人以上协作时统一指挥信号和口号，并遵守高空作业安全要求，模板拆除从外向内、先支后拆、后支先拆，拆下的模板与支架材料有序堆放，当天拆卸当天清理干净。及时拔除木板、木方上的铁钉，无法拔除的应将钉头敲弯入木，防止朝天钉伤人。泵送混凝土时要考虑混凝土浇筑产生的附加力，必须对模板及支撑进行强度、刚度和稳定性验算。混凝土运输通道或现场拌制区域宜采取有效扬尘控制措施，设备油液用容器收集，废弃油品、更换零部件等废物不得随意丢弃，施工中的塑料制品、轮胎等分类回收，依据相关规定处理，设备在居民区施工作业时，应采取降噪措施，搅拌、泵送、振捣等作业允许的噪声，符合噪音控制标准，泵送混凝土的输送管的清洗，应采用有利于节水节能、减少排污量的清洗方法，产生的废弃混凝土和清洗残余物，应按预先确定的处理方法和场地，及时进行妥善处理，不得将其用于还未浇筑的结构部位中。参照《建筑施工安全检查标准》(JGJ 59－2011)、《建筑工程绿色施工规范》(GB/T 50905－2014)、《建筑施工安全技术统一规范》(GB 50870－2013)、《混凝土结构工程施工规范》(GB 50666－2011)等等规范标准，切实做好混凝土结构施工现场安全文明及环境保护工作。

习题库

混凝土结构工程施工

单元练习题

1. 钢筋进场验收的要求有哪些?

2. 钢筋下料计算的简明公式是如何规定的?（必须熟练写出常用钢筋下料简便计算公式）

3. 钢筋工程施工验收内容有哪些?

4. 混凝土工程中模板要满足哪些基本要求? 模板系统设计要考虑哪些荷载? 拆模基本要求是什么?

5. 混凝土的运输注意哪些方面? 混凝土养护是怎样的?

6. 什么是施工缝? 什么是后浇带? 施工时有什么要求?

7. 混凝土分项工程检验批验收内容有哪些? 混凝土强度评定的方法是什么?

8. 课后实践:阅读图集 22G101－1,复习梁的平法标注，并选取一跨或两跨混凝土结构框架梁进行钢筋下料计算。

第五章
脚手架工程施工

学习目标

通过本单元学习，学生能了解脚手架分类；
通过本单元学习，学生能够掌握落地式钢管脚手架、悬挑脚手架搭设要求；
通过本单元学习，学生能够熟悉脚手架工程的验收标准。

建筑工程施工过程中，脚手架是重要的组成部分，也是成本分析中措施项目组成部分。为保证施工过程顺利进行和施工过程中的安全文明，拟建项目周围需要搭设脚手架并附着安全网。脚手架按材料分有竹木脚手架、金属（如无缝钢管）脚手架；按构造分有多立杆式、门式、碗扣式、悬挑式、吊挂式脚手架等；金属多立杆脚手架按节点固定形式有传统扣件脚手架、碗扣式脚手架、盘扣式脚手架等；按用途分有操作脚手架、防护脚手架、承重和支撑脚手架等；按脚手架底部支撑形式，施工现场习惯又分为落地式脚手架、悬挑脚手架等。建筑施工脚手架的基本要求是：坚固稳定，安全可靠；搭拆简单、搬移方便；尽量节约材料，能多次周转使用，满足工人操作、材料堆放和运输要求。

5.1 落地式脚手架施工

落地式脚手架有单排和双排两种形式，单排脚手架搭设高度不应超过 24 m；双排脚手架搭设高度不宜超过 50 m，高度超过50 m的双排脚手架，应采用分段搭设等措施。落地式脚手架各部件及搭设如图 5－1 所示。脚手架现场搭设由班组配合进行，各地区各公司有自己的施工方法，行业规范不做统一规定，本节只介绍脚手架部件的要求。

5.1.1 落地式脚手架的部件

1. 立杆

每根立杆底部宜设置底座或垫板。

脚手架必须设置纵、横向扫地杆。纵向扫地杆应采用直角扣件固定在距钢管底端不大于200 mm 处的立杆上。横向扫地杆应采用直角扣件固定在紧靠纵向扫地杆下方的立杆上。

脚手架立杆基础不在同一高度上时，必须将高处的纵向扫地杆向低处延长两跨与立杆固定，高低差不应大于 1 m。靠边坡上方的立杆轴线到边坡的距离不应小于 500 mm。如图 5－2。

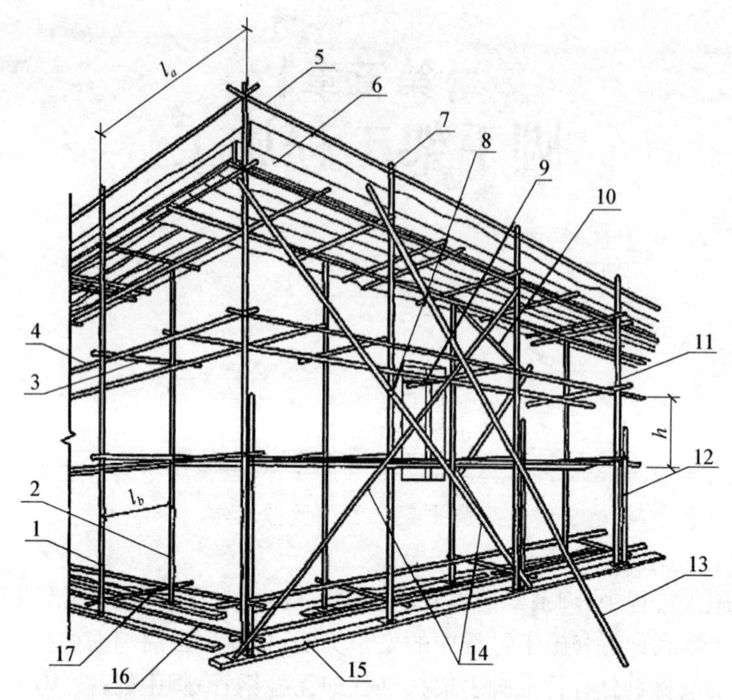

1—外立杆；2—内立杆；3—横向水平杆；4—纵向水平杆；5—栏杆；6—挡脚板；7—直角扣件；8—旋转扣件；9—连墙杆；10—横向斜撑；11—主立杆；12—副立杆；13—抛撑；14—剪刀撑；15—垫板；16—纵向扫地杆；17—横向扫地杆

图 5-1　双排扣件式钢管脚手架各杆件位置

步距 h——上下水平杆轴线间的距离。

立杆纵距 l_a——脚手架纵向相邻立杆之间的轴线距离。

立杆横距 l_b——脚手架横向相邻立杆之间的轴线距离。

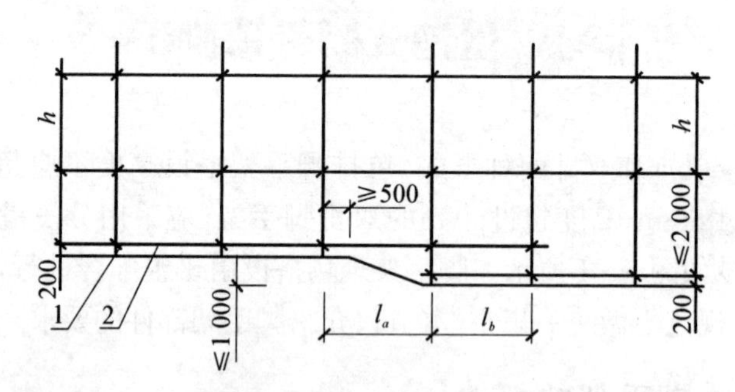

1—横向扫地杆；2—纵向扫地杆

图 5-2　扫地杆与立杆关系

落地式脚手架的立杆与地面接触面积太小，为保证脚手架整体稳定性，必须对脚手架落地一定范围内的地面进行硬化处理，即脚手架基础施工。基础外侧应同时做好排水措施，如图 5-3 所示。

单、双排脚手架底层步距均不应大于 2 m。

单排、双排与满堂脚手架立杆接长除顶层顶步外，其余各层各步接头必须采用对接扣件连接，常用的钢管扣件如图 5-4 所示。

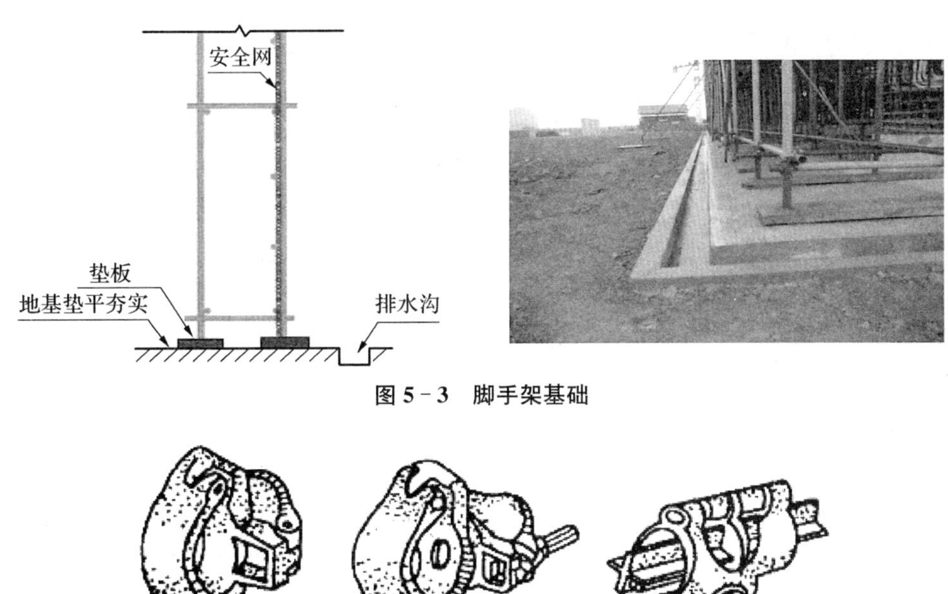

图 5-3　脚手架基础

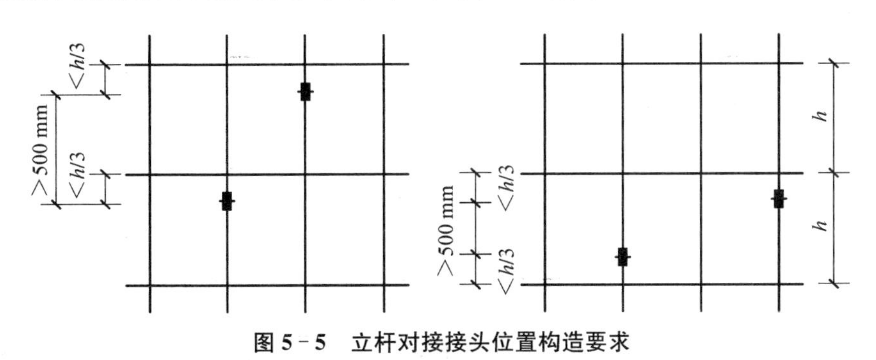

(a) 直角扣件　(b) 旋转扣件　(c) 对接扣件

图 5-4　钢管扣件

脚手架立杆的对接、搭接应符合下列规定：

当立杆采用对接接长时，立杆的对接扣件应交错布置，两根相邻立杆的接头不应设置在同步内，同步内隔一根立杆的两个相隔接头在高度方向错开的距离不宜小于 500 mm；各接头中心至主节点的距离不宜大于步距的 1/3，如图 5-5 所示。

图 5-5　立杆对接接头位置构造要求

当立杆采用搭接接长时，搭接长度不应小于 1 m，并应采用不少于 2 个旋转扣件固定。端部扣件盖板的边缘至杆端距离不应小于 100 mm，如图 5-6 所示。

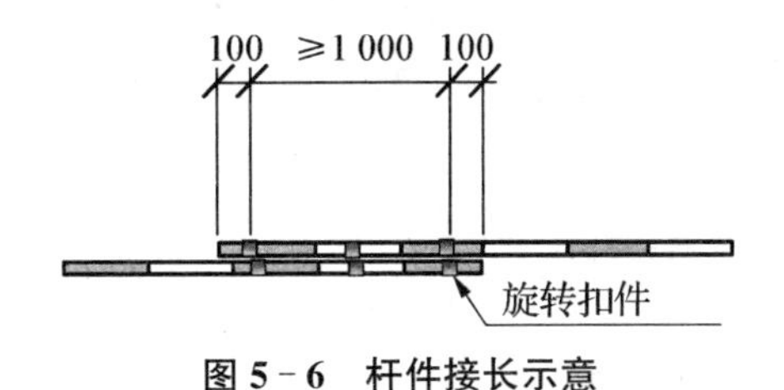

图 5-6　杆件接长示意

脚手架立杆顶端栏杆宜高出女儿墙上端 1 m,宜高出檐口上端 1.5 m。

2. 纵向水平杆

纵向水平杆的构造应符合下列规定:纵向水平杆应设置在立杆内侧,单根杆长度不应小于 3 跨;纵向水平杆接长应采用对接扣件连接或搭接,并应符合下列规定:① 两根相邻纵向水平杆的接头不应设置在同步或同跨内;不同步或不同跨两个相邻接头在水平方向错开的距离不应小于 500 mm;各接头中心至最近主节点的距离不应大于纵距的 1/3。② 搭接长度不应小于 1 m,应等间距设置 3 个旋转扣件固定;端部扣件盖板边缘至搭接纵向水平杆杆端的距离不应小于 100 mm。

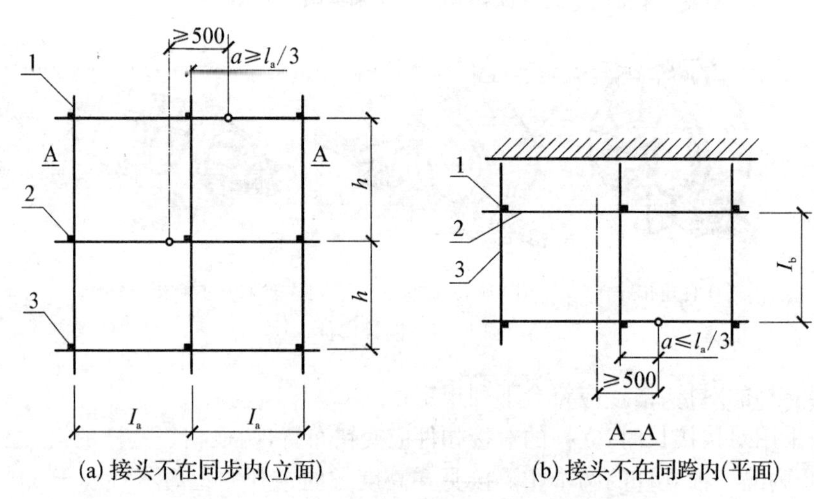

1—立杆;2—纵向水平杆;3—横向水平杆

图 5-7　纵向水平杆对接接头布置

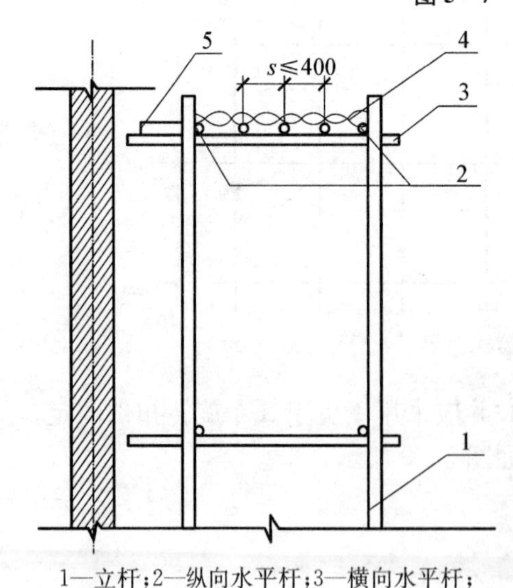

1—立杆;2—纵向水平杆;3—横向水平杆;
4—竹笆脚手板;5—其他脚手板

图 5-8　铺竹笆脚手板时纵向水平杆的构造

当使用木脚手板、竹串片脚手板时,纵向水平杆应作为横向水平杆的支座,用直角扣件固定在立杆上;当使用竹笆脚手板时,纵向水平杆应采用直角扣件固定在横向水平杆上,并应等间距设置,间距不应大于 400 mm,如图 5-8 所示。

3. 横向水平杆

横向水平杆的构造应符合下列规定:作业层上非主节点处的横向水平杆,宜根据支承脚手板的需要等间距设置,最大间距不应大于纵距的 1/2;当使用冲压钢脚手板、木脚手板、竹串片脚手板时,双排脚手架的横向水平杆两端均应采用直角扣件固定在纵向水平杆上;单排脚手架的横向水平杆的一端应用直角扣件固定在纵向水平杆上,另一端应插入墙内,插入长度不应小于 180 mm;当使用竹笆脚手板时,双排脚手架的横向水平杆的两端,应用直角扣件固定在立杆上;单排脚手架的横向水平杆的一端，应用直角扣件固定在立杆上，另一端插入墙内，插入长度不应小于 180 mm；主节点处必须设置一根横向水平杆，用直角扣件扣接且严禁拆除，横向水平杆如图 5－9 所示。

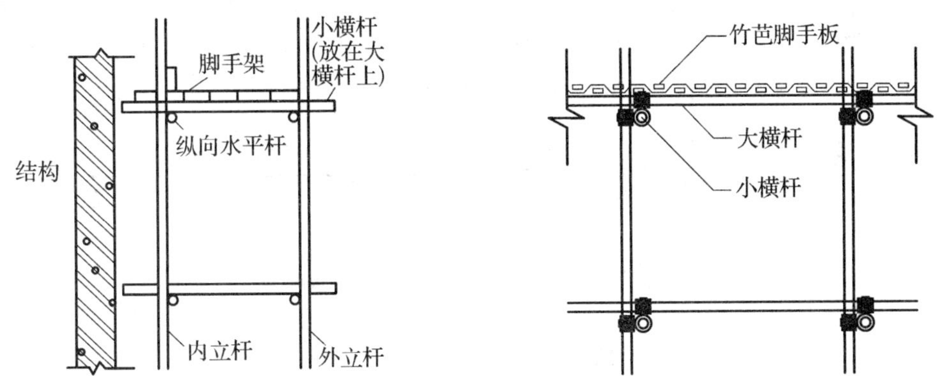

图 5－9　横向水平杆示意

4. 脚手板

常用脚手板如图 5－10 所示，脚手板的设置应符合下列规定：作业层脚手板应铺满、铺稳、铺实；冲压钢脚手板、木脚手板、竹串片脚手板等，应设置在三根横向水平杆上。当脚手

(a) 木脚手板　　(b) 冲压钢脚手板

(c) 竹芭脚手板　　(d) 钢笆脚手板

图 5－10　常用脚手板

板长度小于 2 m 时，可采用两根横向水平杆支承，但应将脚手板两端与横向水平杆可靠固定，严防倾翻。脚手板的铺设应采用对接平铺或搭接铺设。脚手板对接平铺时，接头处应设两根横向水平杆，脚手板外伸长度应取 130 mm～150 mm，两块脚手板外伸长度的和不应大于 300 mm；脚手板搭接铺设时，接头应支在横向水平杆上，搭接长度不应小于 200 mm，其伸出横向水平杆的长度不应小于 100 mm，如图 5 - 11 所示。

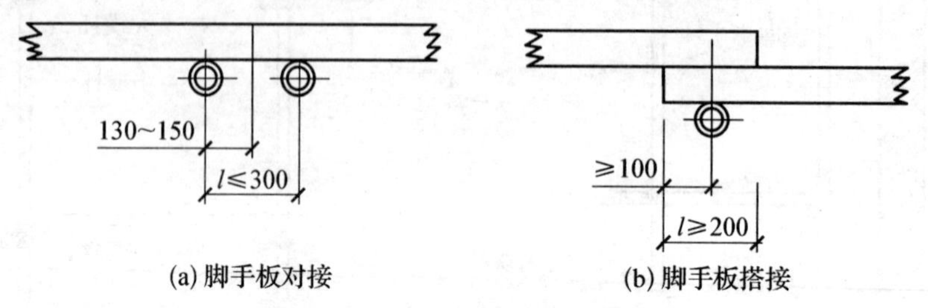

图 5 - 11　脚手板对接、搭接构造

竹笆脚手板应按其主竹筋垂直于纵向水平杆方向铺设，且应对接平铺，四个角应用直径不小于 1.2 mm 的镀锌钢丝固定在纵向水平杆上；作业层端部脚手板探头长度应取 150 mm，其板的两端均应固定于支承杆件上。

5. 连墙件

脚手架连墙件设置的位置、数量应按专项施工方案确定。

连墙件中的连墙杆应呈水平设置，当不能水平设置时，应向脚手架一端下斜连接。

连墙件必须采用可承受拉力和压力的构造。对高度 24 m 以上的双排脚手架，应采用刚性连墙件与建筑物连接。

当脚手架下部暂不能设连墙件时应采取防倾覆措施。当搭设抛撑时，抛撑应采用通长杆件，并用旋转扣件固定在脚手架上，与地面的倾角应在 45°～60°之间；连接点中心至主节点的距离不应大于 300 mm。抛撑应在连墙件搭设后方可拆除。

连墙件安装应符合下列规定：连墙件的安装应随作业脚手架搭设同步进行；当作业脚手架操作层高出相邻连墙件 2 个步距及以上时，在上层连墙件安装完毕前，应采取临时拉结措施；应靠近主节点设置，偏离主节点的距离不应大于 300 mm；应从底层第一步纵向水平杆处开始设置，当该处设置有困难时，应采用其他可靠措施固定；应优先采用菱形布置，或采用方形、矩形布置，连墙杆尺寸布置如表 5 - 1 所示，连墙杆现场示意如图 5 - 12 所示。

表 5 - 1　连墙件布置最大距离

搭设方法	高度	竖向间距 (h)	水平间距 (l_a)	每根连墙件覆盖面积(m^2)
双排落地	≤50 m	$3h$	$3l_a$	≤40
双排悬挑	>50 m	$2h$	$3l_a$	≤27
单排	≤24 m	$3h$	$3l_a$	≤40

注：h—步距；l_a—纵距。

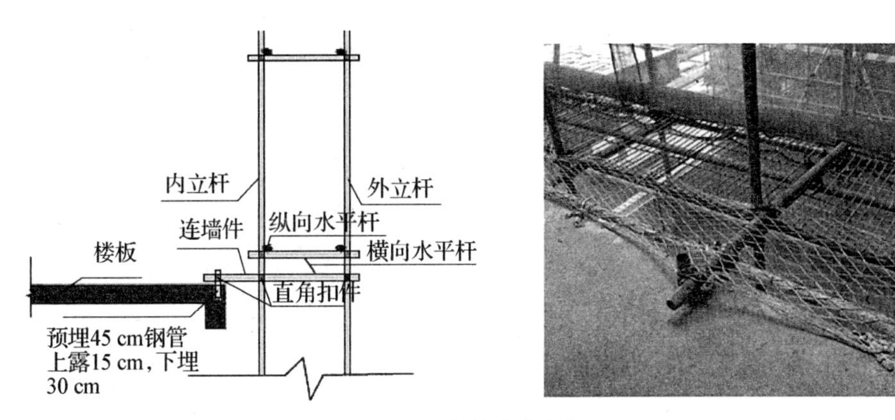

(a) 钢管式连墙件

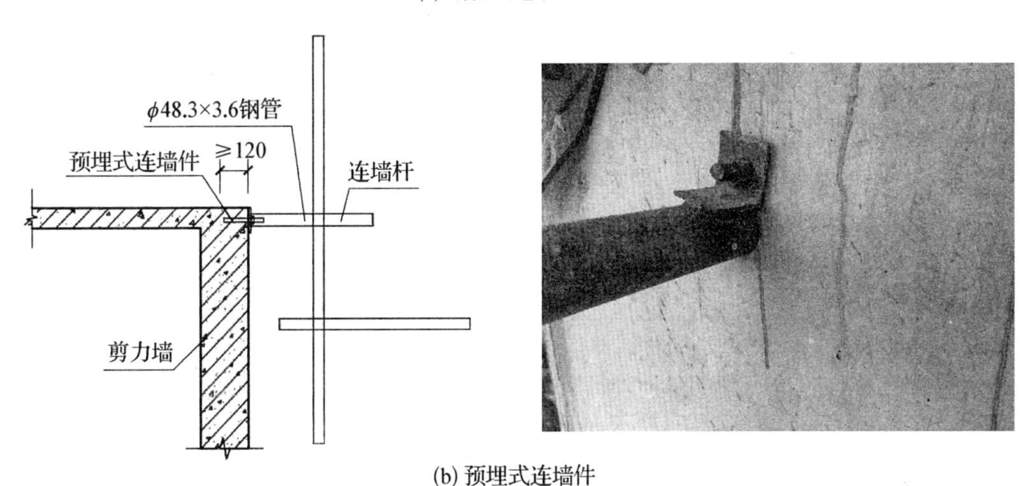

(b) 预埋式连墙件

图 5-12　连墙杆现场示意

6. 剪刀撑与横向斜撑

双排脚手架应设置剪刀撑与横向斜撑，单排脚手架应设置剪刀撑。

单、双排脚手架剪刀撑的设置应符合下列规定：每道剪刀撑跨越立杆的根数应按表 5-2 的规定确定。每道剪刀撑宽度不应小于 4 跨，且不应小于 6 m，斜杆与地面的倾角应在 45°～60°之间。

表 5-2　剪刀撑跨越立杆的最多根数

剪刀撑斜杆与地面的倾角	45°	50°	60°
剪刀撑跨越立杆的最多根数	7	6	5

剪刀撑斜杆的接长应采用搭接或对接，搭接应符合规范的规定；剪刀撑斜杆应用旋转扣件固定在与之相交的横向水平杆的伸出端或立杆上，旋转扣件中心线至主节点的距离不应大于 150 mm，接长如图 5-13 所示。

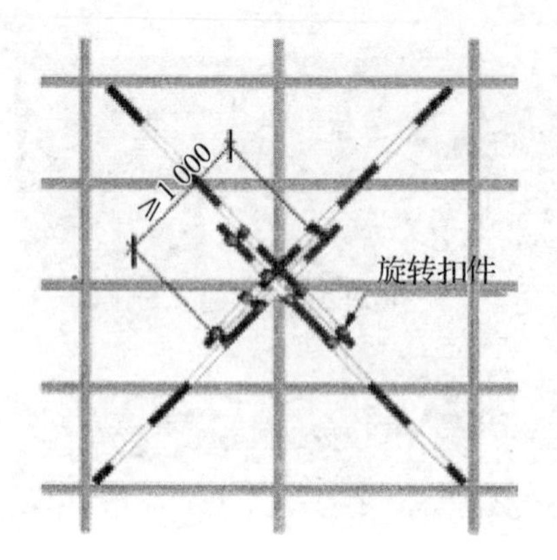

图 5-13 剪刀撑搭接示意

高度不小于 24 m 的双排脚手架应在外侧全立面连续设置剪刀撑；高度在 24 m 以下的单、双排脚手架，均必须在外侧两端、转角及中间间隔不超过 15 m 的立面上，各设置一道剪刀撑，并应由底至顶连续设置，如图 5-14、图 5-15 所示。

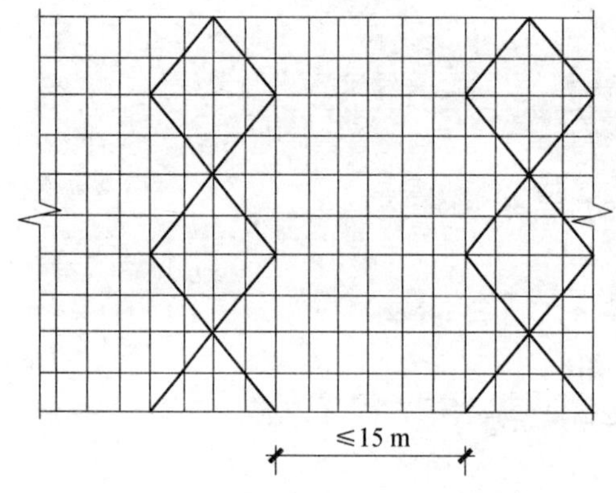

图 5-14 高度 24 m 以下剪刀撑布置

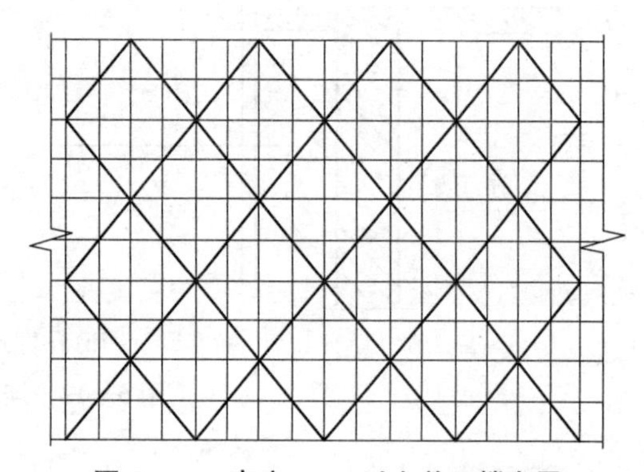

图 5-15 高度 24 m 以上剪刀撑布置

双排脚手架横向斜撑的设置应符合下列规定：横向斜撑应在同一节间，由底至顶层呈之字形连续布置；高度在 24 m 以下的封闭型双排脚手架可不设横向斜撑，高度在 24 m 以上的封闭型脚手架，除拐角应设置横向斜撑外，中间应每隔 6 跨距设置一道。开口型双排脚手架的两端均必须设置横向斜撑。如图 5-16 所示。

5.1.2 落地式脚手架搭设要求

脚手架搭设顺序：铺设垫板→摆放纵向扫地杆→逐根立立杆，随即与纵向扫地杆扣紧→搭设横向扫地杆，并在紧靠纵向扫地杆下方与立杆扣紧→搭设第 1 步纵向水平杆，并与立杆扣紧→搭设第 1 步横向水平杆，并与纵向水平杆扣紧→搭设第 2 步纵向水平杆→搭设第 2 步横向水平杆→搭设临时抛撑→搭设第 3 步、第 4 步的纵向水平杆和横向水平杆→连墙件固定→接长立杆→搭设剪刀撑→铺脚手板→搭设防护栏杆→挂安全网。

脚手架应按顺序搭设，并应符合下列规定：落地作业脚手架、悬挑脚手架的搭设应与主体结构工程施工同步，一次搭设高度不应超过最上层连墙件 2 步，且自由高度不应大于 4 m；

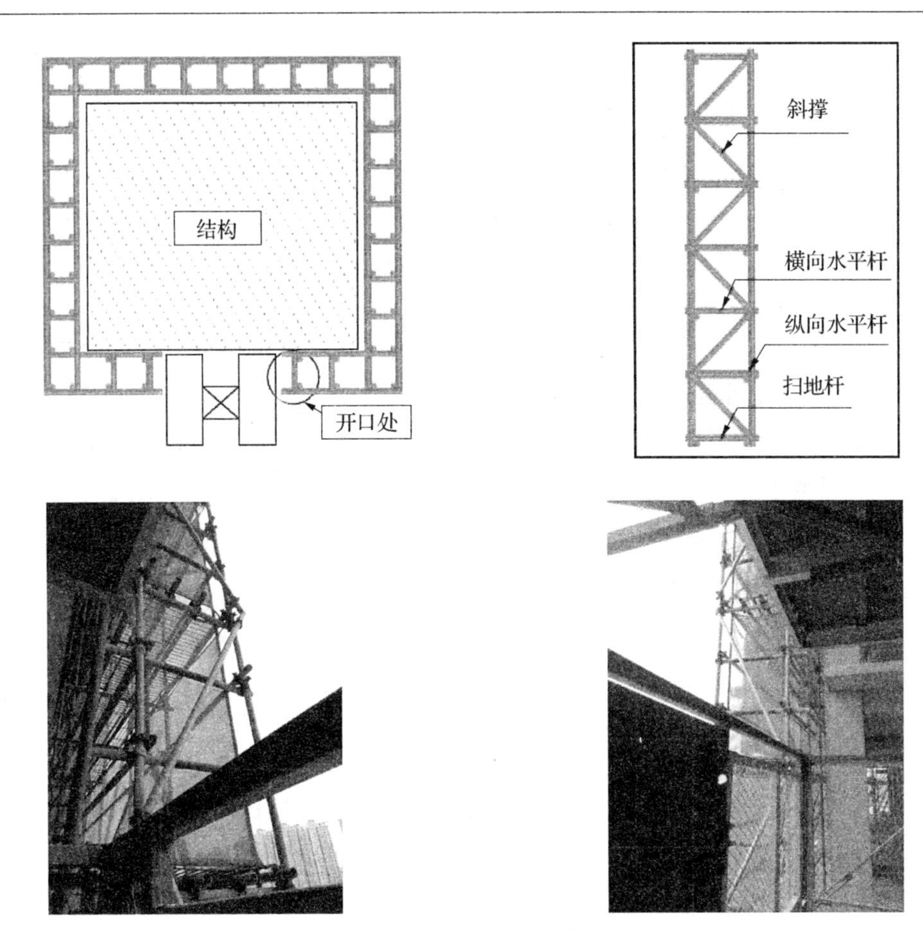

图5-16　横向斜撑示意图

剪刀撑、斜撑杆等加固杆件应随架体同步搭设；构件组装类脚手架的搭设应自一端向另一端延伸，应自下而上按步逐层搭设；并应逐层改变搭设方向；每搭设完一步距架体后，应及时校正立杆间距、步距、垂直度及水平杆的水平度；脚手架安全防护网和防护栏杆等防护设施应随架体搭设同步安装到位。

5.2　悬挑式钢管脚手架施工

悬挑式钢管脚手架是指悬挑于主体结构的荷载承力钢梁支承的钢管脚手架，包含底部的悬挑承力架和上部的钢管脚手架两部分。悬挑承力架设置在钢管脚手架底部并将荷载传递给建(构)筑物主体结构的悬挑刚构件。悬挑承力架根据构造不同，主要分为上拉式、下撑式等基本形式。

5.2.1　上拉式悬挑承力架

(1) 当钢梁锚固于建筑物主体结构外侧时，钢梁应采用锚固螺栓和钢垫板与主体结构连接。

(2) 钢筋拉杆直径应按计算确定，且不小于 16 mm。钢筋拉杆两端和钢梁吊拉位置应焊接耳板，耳板厚度应不小于 8 mm。钢梁上的耳板应设置在集中力作用位置附近。钢筋拉杆上端与建筑物主体结构连接位置应设置吊挂支座，吊挂支座应采用锚固螺栓与建筑物主体结构连接。钢筋拉杆与钢梁耳板以及吊挂支座宜采用高强螺栓连接。

(3) 锚固螺栓应预埋或穿越建筑物主体结构，其数量应不少于 2 个，直径应由设计确定；螺栓应设置双螺母，螺杆露出螺母应不少于 3 扣和 10 mm。锚固螺栓穿越主体结构设置时应增设钢垫板，钢垫板尺寸应不小于 100 mm×100 mm×8 mm。

(4) 钢梁悬挑长度小于等于 1 800 mm 时，宜设置 1 根钢筋拉杆，如图 5－17 所示；悬挑长度大于 1 800 mm 且小于等于 3 000 mm 时，宜设置内外 2 根钢筋拉杆，如图 5－18 所示。钢筋拉杆的水平夹角应不小于 45°。

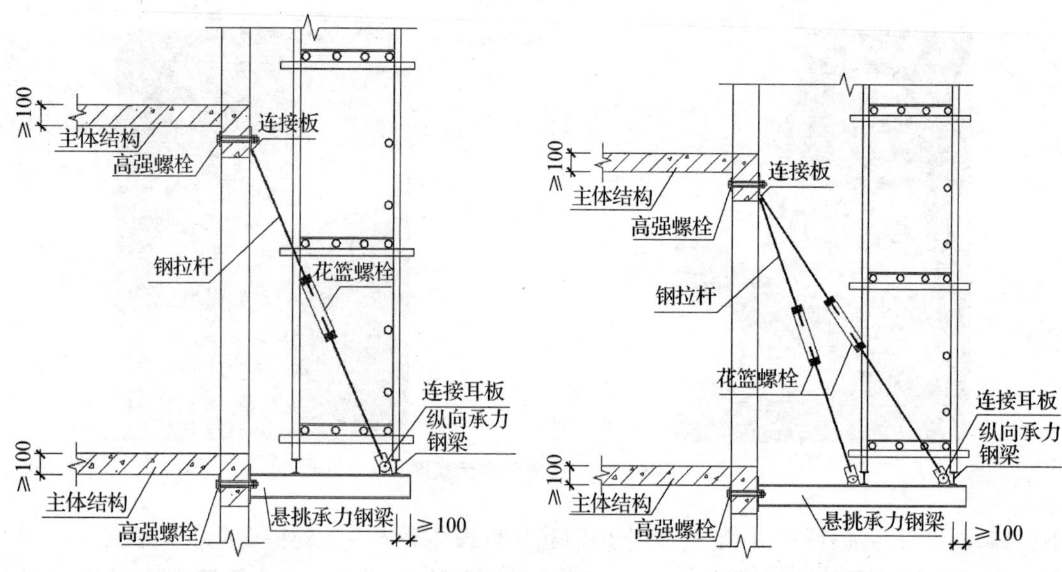

图 5－17　钢梁悬挑长度≤1 800 mm 的悬挑脚手架示意　**图 5－18　1 800 mm<钢梁悬挑长度≤3 000 mm 的悬挑脚手架示意**

(5) 其他特殊部分如图 5－19 所示。

(a) 阳角部位

(b) 楼梯间部位构造

图 5－19　悬挑脚手架特殊部分搭设示意

5.2.2　下撑式悬挑承力架

(1) 悬挑承力架与主体结构宜采用工具式连接。

(2) 斜撑杆应具有保证平面内和平面外稳定的构造措施，水平夹角不应小于 45°。

(3) 脚手架立杆应支承于悬挑承力架或纵向承力钢梁上。

(4) 悬挑承力架及纵向承力钢梁应设置脚手架的立杆定位件，其位置应符合设计要求。立杆定位件宜采用直径 36 mm、壁厚不小于 3 mm 的钢管制作，高度宜不小于 100 mm，并宜有排水措施，搭设构造如图 5－20 所示。

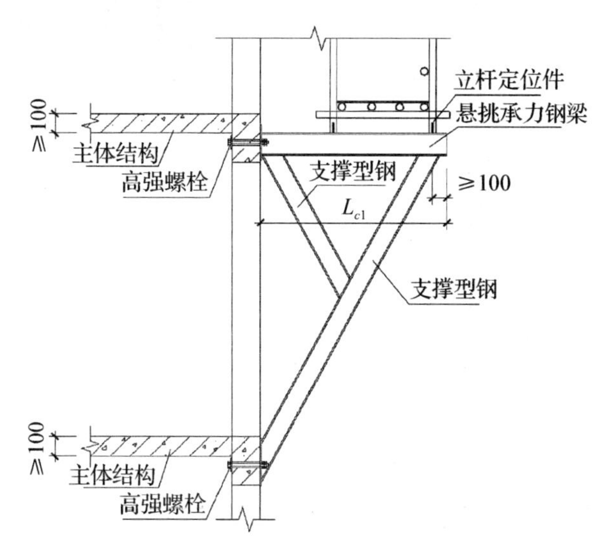

图 5－20　下撑式悬挑承力架构造图

5.2.3　悬挑式钢管脚手架的一般构造

(1) 一次悬挑脚手架高度不宜超过 20 m。

(2) 型钢悬挑梁宜采用双轴对称截面的型钢，如图 5－21 所示。悬挑钢梁型号及锚固件应按设计确定，钢梁截面高度不应小于 160 mm。悬挑梁尾端应在两处及以上固定于钢筋混凝土梁板结构上。锚固型钢悬挑梁的 U 形钢筋拉环或锚固螺栓直径不宜小于 16 mm。

(3) 用于锚固的 U 形钢筋拉环或螺栓应采用冷弯成型。U 形钢筋拉环、锚固螺栓与型钢间隙应用钢楔或硬木楔楔紧。

(4) 每个型钢悬挑梁外端宜设置钢丝绳或钢拉杆与上一层建筑结构斜拉结。钢丝绳、钢拉杆不参与悬挑钢梁受力计算；钢丝绳与建筑结构拉结的吊环应使用 HPB300 级钢筋，其直径不宜小于 20 mm，吊环预埋锚固长度应符合现行国家标准《混凝土结构设计规范(2015 年版)》(GB 50010－2010)中钢筋锚固的规定。悬挑钢梁穿墙构造如图 5－22。

(5) 悬挑钢梁悬挑长度应按设计确定，固定段长度不应小于悬挑段长度的 1.25 倍。

(6) 型钢悬挑梁固定端应采用 2 个(对)及以上 U 形钢筋拉环或锚固螺栓与建筑结构梁板固定，U 形钢筋拉环或锚固螺栓应预埋至混凝土梁、板底层钢筋位置，并应与混凝土梁、板底层钢筋焊接或绑扎牢固，其锚固长度应符合现行国家标准《混凝土结构设计规范(2015 年版)》中钢筋锚固的规定，如图 5－23 所示。

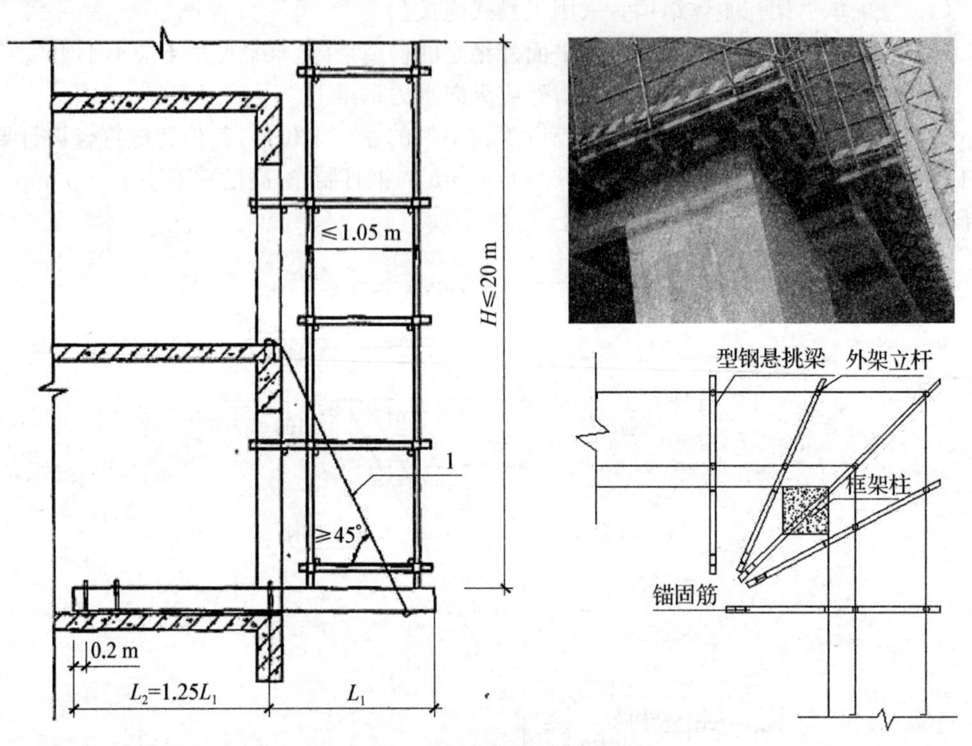

图 5－21　型钢悬挑脚手架构造图

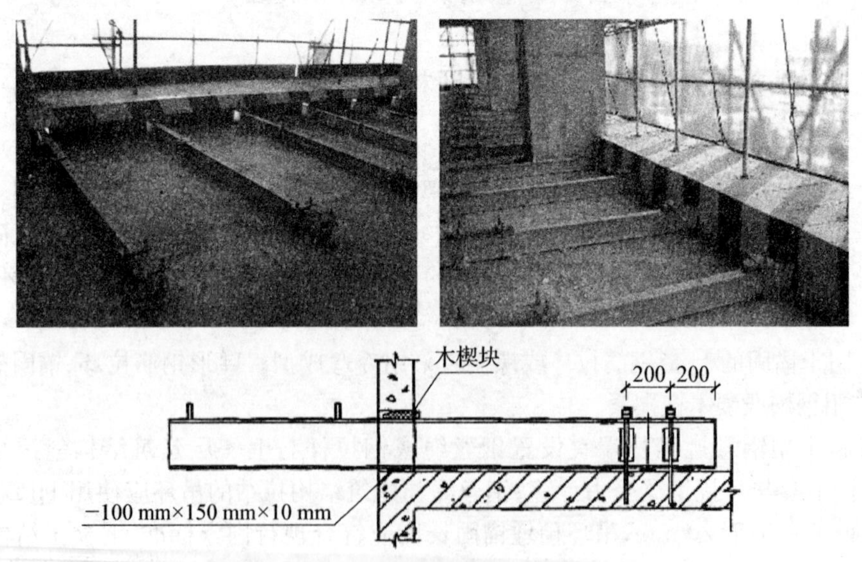

图 5－22　悬挑钢梁穿墙构造

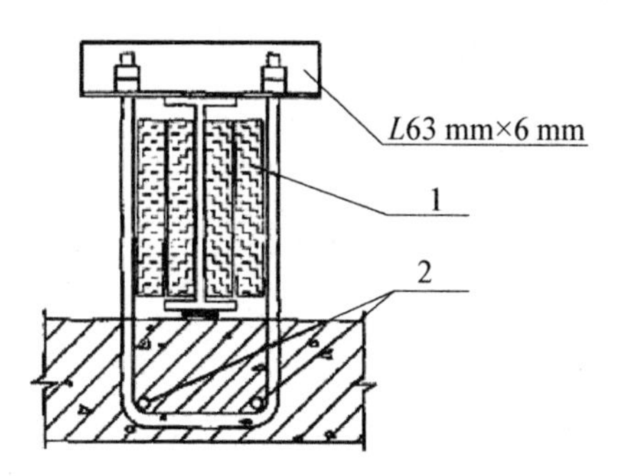

1—木楔侧向楔紧；2—两根 1.5 m 长直径 18 mm 的 HRB335 钢筋

图 5-23　悬挑钢梁 U 型螺栓固定构造

(7) 当型钢悬挑梁与建筑结构采用螺栓钢压板连接固定时，钢压板尺寸不应小于 100 mm×10 mm(宽×厚)；当采用螺栓角钢压板连接时，角钢的规格不应小于 63 mm×63 mm×6 mm。

(8) 型钢悬挑梁悬挑端应设置能使脚手架立杆与钢梁可靠固定的定位点，定位点离悬挑梁端部不应小于 100 mm。如图 5-24 所示。

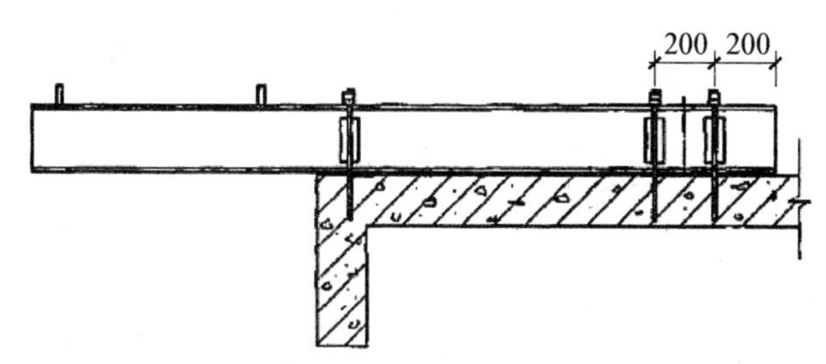

图 5-24　悬挑钢梁上脚手架立杆定位构造

(9) 锚固位置设置在楼板上时，楼板的厚度不宜小于 120 mm。如果楼板的厚度小于 120 mm 应采取加固措施。

(10) 悬挑梁间距应按悬挑架架体立杆纵距设置，每一纵距设置一根。

(11) 悬挑架的外立面剪刀撑应自下而上连续设置。

(12) 锚固型钢的主体结构混凝土强度等级不得低于 C20。

5.3　其他形式的脚手架施工

房屋建筑与市政工程等施工中常用到的钢管双排脚手架和模板支撑架，还有碗扣式脚手架和盘扣式脚手架等。它们杆件组成、搭设构造等基本与传统扣接式相似，只是连接处节点构造不同。本节主要介绍这两种形式的施工要求。

5.3.1　碗扣式钢管脚手架

碗扣式脚手架就是节点采用碗扣方式连接的钢管脚手架，节点如图 5-25 所示。实际工程施工中主要可分为双排脚手架和模板支撑架两类。

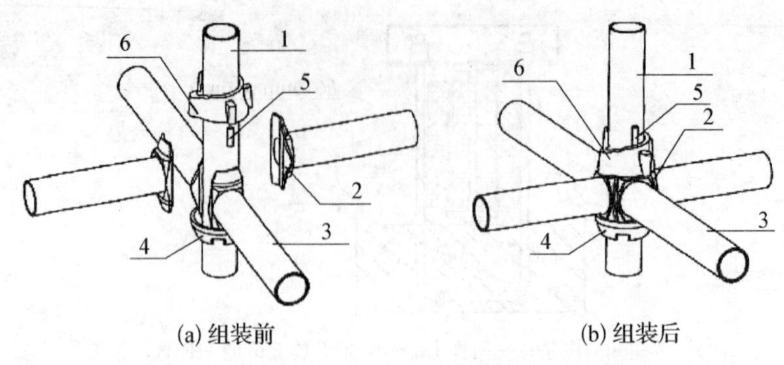

(a) 组装前　　(b) 组装后

1—立杆；2—水平杆接头；3—水平杆；4—下碗扣；5—限位销；6—上碗扣

图 5－25　碗扣节点示意图

1. 构造要求

碗扣式脚手架的构造要求从三大方面进行规范，即一般构造规定、双排搭设构造和模板支撑架的构造。

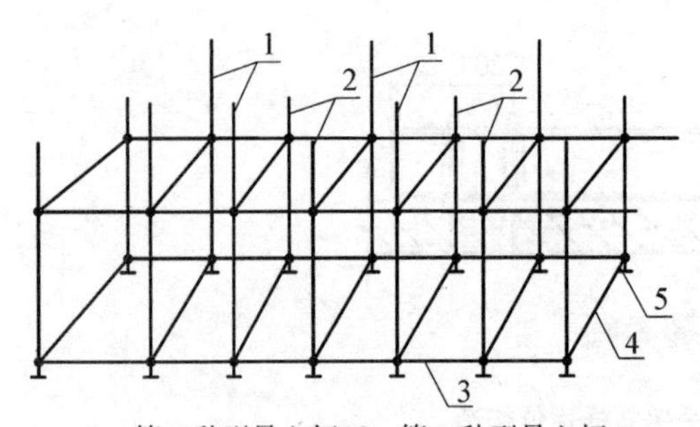

1—第一种型号立杆；2—第二种型号立杆；
3—纵向扫地杆；4—横向扫地杆；5—立杆底座

图 5－26　碗扣脚手架错位搭设示意

(1) 一般规定。碗扣式脚手架构造一般规定中要求：脚手架地基应坚实、平整，场地有排水措施，不应有积水；立杆底部接触地基土和混凝土结构层应符合设置要求；基础有高差的调整要求。双排脚手架起步立杆应采用不同型号杆件交错布置，相邻接头应错开，如图 5－26 所示。纵横杆应连续设置，扫地杆距离底面高度不应超过 400 mm；扣件剪刀撑设置的位置、搭接、倾角符合要求；作业层的脚手板铺满、铺稳、铺实外，对安全栏杆、兜底安全网、外侧安全网设置符合规定；人员上下专业梯道或坡道坡度、宽度符合安全规定。

(2) 双排搭设构造。设置二层装修作业层、二层作业脚手板、外挂密目安全网封闭时的设计尺寸和允许搭设高度符合要求(如不同连墙件设置的步距和纵横距)；搭设高度超过 50 m应分段搭设；平面布置遇到直角和非直角的转角、曲线布置组架按规范执行；立杆顶端防护栏杆宜高出作业层 1.5 m；向斜撑杆设置应注意连接点、间隔、用钢管扣件剪刀撑代替竖向斜撑杆遵守安全技术规范；连墙件的设置、拉结与固定，与建筑物距离要求及遇到门洞处搭设按规范推荐要求进行。

(3) 模板支撑架规定。碗扣式脚手架经过计算用作模板支撑架时，搭设高度不宜超过 30 m，顶端可调托撑设置符合安全技术规范具体规定；水平杆步距、立杆间距应按设计计算确定数值进行布置；模板支撑架应与既有建筑结构可靠连接，并设置竖向斜撑杆、水平斜撑杆；当采用钢管扣件剪刀撑代替水平斜撑杆注意执行安全技术规范中要求；遇到支撑架高宽比大于 3 时，应采取加强措施；支撑架设置门洞时，门洞附近一定范围的支撑件按规范要求专门选择和布置。

2. 碗扣式脚手架施工

（1）施工前的准备。施工前准备包括编制专项施工方案，并通过审核批准；作业前对作业人员的安全技术交底；进场材料的质量复检、分类堆放、标识清晰；地基处理与连墙件预期要求。

（2）地基与基础。与其他脚手架要求相同，具体见前面内容介绍。

（3）施工搭设。脚手架立杆垫板、底座准确放置在定位线上，垫板应完整、平整、无翘曲；搭设顺序符合规定，如双排脚手架应按立杆、水平杆、斜杆、连墙件顺序配合逐层搭设，一次搭设高度不超过上层连墙件两步，且自由长度不应大于 4 m，斜撑杆、剪刀撑等加固件随架体搭设同步进行；碗扣节点组装时，应通过限位销将上碗扣锁紧水平杆；每搭完一步架体后，校正水平度，模板支撑架应在架体验收合格后，方可浇筑混凝土。

（4）拆除。脚手架拆除按施工方案规定顺序，架体必须自上而下逐层进行，严禁上下层同时拆除；连墙件应随脚手架逐层拆除，严禁先将连墙件整层或数层拆除后再拆除架体；拆除作业过程中，当架体的自由端高度大于两步时，必须增设临时拉结件；模板支撑架拆除前填写拆模申请单，并按专项方法规定进行，梁下架体的拆除，宜从跨中开始，对称向两端拆除，悬臂构件下架体的拆除，宜从悬臂端向固定端拆除。

5.3.2　承插型盘扣式脚手架

近些年新投入的承插型盘扣式脚手架，节点用盘扣固定连接，如图 5－27、5－28 所示。其搭设构件与稳定性要求与碗扣式基本相同，读者可以课后查阅相关规范资料，自行拓展学习，这里不再具体介绍。

图 5－27　承插盘扣式脚手架全景示意

(a) 斜杆布置局部

(b) 盘扣连接固定点示意

图 5－28　盘扣式脚手架节点

5.4 脚手架工程质量验收与安全文明施工

5.4.1 脚手架现场检查与验收

(1) 对搭设脚手架的材料、构配件质量,应按进场批次分品种、规格进行检验,检验合格后方可使用。

(2) 脚手架材料、构配件质量现场检验应采用随机抽样的方法进行外观质量、实测实量检验。

(3) 脚手架搭设过程中,应在下列阶段进行检查,检查合格后方可使用;不合格应进行整改,整改合格后方可使用:基础完工后及脚手架搭设前;首层水平杆搭设后;作业脚手架每搭设一个楼层高度;搭设支撑脚手架,高度每 2～4 步或不大于 6 m。

(4) 脚手架搭设达到设计高度或安装就位后,应进行验收,验收不合格的,不得使用。脚手架的验收应包括下列内容:材料与构配件质量;搭设场地、支撑结构件的固定;架体搭设质量;专项施工方案、产品合格证、使用说明书及检测报告、检测记录、测试记录等技术资料。

(5) 脚手架在使用过程中,应定期进行检查并形成记录,脚手架工作状态应符合下列规定:主要受力杆件、剪刀撑等加固件和连墙件应无缺失、无松动,架体应无明显变形;场地应无积水,立杆底端应无松动、无悬空;安全防护设施应齐全、有效,应无损坏缺失。

(6) 当遇到下列情况之一时,应对脚手架进行检查并应形成记录,确认安全后方可继续使用:承受偶然荷载后;遇有 6 级及以上强风后;大雨及以上降水后;冻结的地基土解冻后;停用超过 1 个月;架体部分拆除;其他特殊情况。

5.4.2 脚手架工程安全文明施工

(1) 搭设和拆除脚手架作业应有相应的安全措施,操作人员应佩戴个人防护用品,应穿防滑鞋。

(2) 在搭设和拆除脚手架作业时,应设置安全警戒线、警戒线标志,并应由专人监护,严禁非作业人员入内。

(3) 当在脚手架上架设临时施工用电线路时,应有绝缘措施,操作人员应穿绝缘防滑鞋;脚手架与架空输电线路之间应设有安全距离,并应设置接地、防雷措施。

(4) 当在狭小空间或空气不流通空间进行搭设、使用和拆除脚手架作业时,应采取保证足够的氧气供应措施,并应防止有毒有害、易燃易爆物质积聚。

(5) 脚手架作业层上的荷载不得超过荷载设计值。

(6) 雷雨天气、6 级及以上大风天气应停止架上作业;雨、雪、雾天气应停止脚手架的搭设和拆除作业,雨、雪、霜后上架作业应采取有效的防滑措施,雪天应清除积雪。

(7) 严禁将支持脚手架、缆风绳、混凝土输送泵管、卸料平台及大型设备的支承件等固定在作业脚手架上。严禁在作业脚手架上悬挂起重设备。

(8) 支撑脚手架在浇筑混凝土、工程结构件安装等施加荷载的过程中,架体下严禁有人。

(9) 在脚手架内进行电焊、气焊和其他动火作业时，应在动火申请批准后进行作业，并应采取设置接火斗、配置灭火器、移开易燃物质等防火措施，同时应设专人监护。

(10) 脚手架使用期间，严禁在脚手架立杆基础下方及附近实施挖掘作业。

(11) 脚手架拆除前，应清理作业层上堆放物。

(12) 脚手架的拆除作业应符合下列规定：架体拆除应按自上而下的顺序按步逐层进行，不应上下同时作业；同层杆件和构配件应按先外后内的顺序拆除；剪刀撑、斜撑杆等加固杆件应在拆卸至该部位杆件时拆除；作业脚手架连墙件应随架体逐层、同步拆除，不应先将连墙件整层或数层拆除后再拆除架体。

(13) 作业脚手架拆除作业过程中，当架体悬臂段高度超过 2 步时，应加设临时拉结。

(14) 作业脚手架分段拆除时，应先对未拆除部分采取加固处理措施后再进行架体拆除。

(15) 架体拆除作业应统一组织，应并设专人指挥，不得交叉作业。

(16) 严禁高空抛掷拆除后的脚手架材料与构配件。

(17) 脚手架在使用过程中出现安全隐患时，应及时排除；当出现下列状态之一时，应立即撤离作业人员，并及时组织检查处置：杆件、连接件因超过材料强度破坏，或因连接点产生滑移，或因过度变形而不适于继续承载；脚手架部分结构失去平衡；脚手架结构杆件发生失稳；脚手架发生整体倾斜；脚手架地基部分失去继续承载的能力。

单元练习题

1. 脚手架是如何分类的？
2. 多立杆式钢管脚手架杆件有哪些？
3. 悬挑脚手架对悬挑钢梁有什么要求，悬挑脚手架搭设有什么要求？
4. 脚手架施工验收是如何规定的？施工现场注意哪些安全文明事项？

第六章
装配式结构工程施工

本单元学习目标

通过本单元学习，学生掌握装配式混凝土结构施工步骤和要点；
通过本单元学习，学生熟悉钢结构吊装施工时主要注意事项；
通过本单元学习，学生了解装配式结构质量标准和安全事项。

装配式建筑指结构系统、外维护系统、设备与管线系统、内装系统的主要部分采用预制部品、部件集成的建筑，如装配式混凝土建筑、装配式钢结构建筑、装配式木结构建筑、模块建筑。从结构组成分类看有装配式混凝土结构、装配整体式混凝土结构、装配式木结构、装配式混凝土、木混合结构、装配式钢结构等。装配式结构指的是以预制构件或部件为主要受力单元，经装配连接而成的建筑结构系统。本单元介绍装配式混凝土结构、钢结构的施工。

6.1 装配式混凝土结构工程施工

6.1.1 装配式混凝土结构概述

由预制混凝土构件或部件装配、连接而成的混凝土结构，称为装配式混凝土结构。

预制混凝土构件——在工厂或现场预先制作的混凝土构件，简称预制构件，如预制柱、预制剪力墙板、预制叠合板、预制楼梯等，如图 6－1 所示。

(a) 预制柱

(b) 预制剪力墙板

(c) 预制叠合板

(d) 预制楼梯

图 6-1　装配式混凝土结构预制构件示意

预制构件的质量应符合《混凝土结构工程施工质量验收规范》(GB 50204-2015)以及国家其他现行相关标准的规定和设计的要求：预制构件的外观质量不应有严重缺陷，且不应有影响结构性能和安装、使用功能的尺寸偏差；预制构件应有标识；预制构件的外观质量不应有一般缺陷；预制构件的粗糙面的质量及键槽的数量应符合设计要求，预制构件尺寸质量要求见表 6-1。

表 6-1　预制构件尺寸的允许偏差及检验方法

项　　目			允许偏差(mm)	检验方法
长度	楼板、梁、柱	＜12 m	±5	尺量
		≥12 m 且＜18 m	±10	
		≥18 m	±20	
宽度、高(厚)度	墙板		±4	尺量一端及中部，取其中偏差绝对值较大处
	楼板、梁、柱、桁架		±5	
	墙板		±4	
表面平整度	楼板、梁、柱、墙板内表面		5	2 m 靠尺和塞尺量测
	墙板外表面		3	
侧向弯曲	楼板、梁、柱		$L/750$ 且≤20	拉线、直尺量测最大侧向弯曲处
	墙板、桁架		$L/1\,000$ 且≤20	
翘曲	楼板		$L/750$	调平尺在两端量测
	墙板		$L/1\,000$	
对角线	楼板		10	尺量两个对角线
	墙板		5	
预留孔	中心线位置		5	尺量
	孔尺寸		±5	
预留洞	中心线位置		10	尺量
	洞口尺寸、深度		±10	

续表

项目		允许偏差(mm)	检验方法
预埋件	预埋板中心线位置	5	尺量
	预埋板与混凝土平面高差	0,−5	
	预埋螺栓孔中心线位置	2	
	预埋螺栓外露长度	+10,−5	
	预埋套筒、螺母中心线位置	2	
	预埋套筒、螺母与混凝土平面高差	±5	
预留插筋	中心线位置	5	尺量
	外露长度	+10,−5	
键槽	中心线位置	5	尺量
	长度、宽度	±5	
	深度	±10	

注:1. L 为构件长度,单位为 mm;
2. 检查中心线、螺栓和孔道位置偏差时,沿纵、横两个方向量测,并取其中偏差较大值。

装配式预制构件进场要进行检查验收,结构标准构件或标准部件、模块(单元房)等有出厂质量合格证明文件及性能检验报告,并应对标准构件或标准部件的规格、型号、外观质量、预埋件、预留孔洞、出厂日期等进行检查,对构件的几何尺寸、材料强度、钢筋配置进行现场抽样检测,图 6-2 示意的就是现场检查。

(a) 预制梁进场验收检查

(b) 叠合板进场验收检查

图 6-2　预制构件现场检查

6.1.2　普通装配式民用建筑施工

1. 普通装配式民用建筑标准层施工

(1) 施工工序

弹线定位、标高测设→预制剪力墙板吊装(加固、注浆)→剪力墙钢筋绑扎、配模→支撑体系搭设、现浇模板铺设→叠合板(预制飘窗、阳台)吊装→预制楼梯吊装→叠合层预埋线管、钢筋绑扎(剪力墙模板封闭、加固)→浇筑楼层混凝土。

（2）工艺流程分解

① 弹线定位、标高测设。用经纬仪或全站仪定主轴线，校核无误后弹出墨线，后用钢卷尺测出次要构件及轴线，如图 6－3 所示。

图 6－3　定位弹线

图 6－4　安装剪力墙板示意

② 预制剪力墙板吊装（加固、注浆）。按墙板的安装位置定位线吊放墙板，校正墙板的垂直度，安装可调斜撑并锁定，墙底边用座浆料封缝达到规定强度，如图 6－4 所示。

③ 剪力墙钢筋绑扎、配模。目前剪力墙拐角等重要拼板连接处常为现浇，钢筋按施工图要求验收合格后进行封模，此处配模板面小，保证模板接缝严密同时保证整体的强度、刚度和稳定性，封模后如图 6－5 所示。

图 6－5　剪力墙拼板处封模示意

④ 支撑体系搭设、现浇模板铺设。预制楼层板自身强度和刚度不能满足施工要求，安装时板下部必须设置支撑系统，以保证整个叠合板顺利施工。楼层现浇混凝土结构部分，也需要搭设模板与支撑脚手架。

(a) 楼层板支撑示意

(b) 预制飘窗吊装

(c) 阳台吊装示意

图 6-6　楼层板支撑与板件吊装示意

⑤ 叠合板(含预制飘窗、阳台)吊装。板件在堆场绑扎如固定好,试吊无误后匀速起吊,将预制板块放置在楼层相应位置,保证板块端部在梁、墙上的搁置长度,如图 6-6 所示。

⑥ 预制楼梯吊装。预制楼梯两种形式,第一种带伸出筋的形式需在钢筋绑扎前吊装,第二种不带伸出筋的形式在楼梯休息平台板浇筑完成后吊装,如图 6-7 所示。

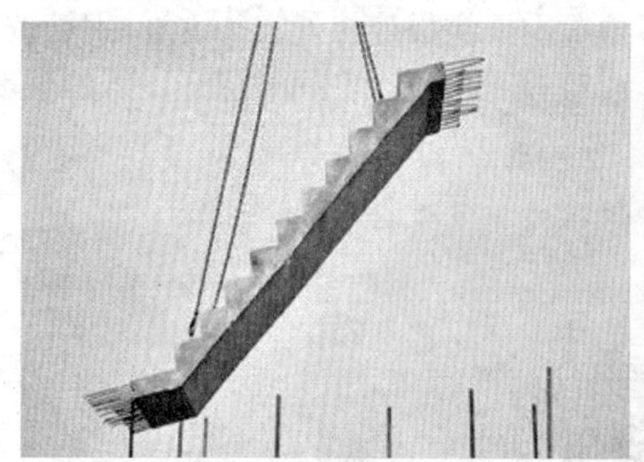

图 6-7　楼梯吊装示意

⑦ 叠合层预埋线管、钢筋绑扎(剪力墙模板封闭、加固)。目前装配式楼层板依据结构施工图,综合考虑水电安装等事项后从厚度上分 2 层,底层厂家预制进行吊装,面层为现浇钢筋混凝土,所以整个楼层板称为叠合板。现浇部分钢筋与管线布置如图 6-8 所示。

图 6-8　楼层板叠合层管线与钢筋布置示意

⑧ 浇筑楼层混凝土。叠合层混凝土浇筑按常规混凝土分项工程执行即可，如图 6－9 所示。

图 6－9　楼层叠合板面层混凝土浇筑

2. 隐蔽工程验收

装配式结构连接节点及叠合构件浇筑混凝土之前，应进行隐蔽工程验收。隐蔽工程验收应包括下列主要内容：混凝土粗糙面的质量，键槽的尺寸、数量、位置；钢筋的牌号、规格、数量、位置、间距，箍筋弯钩的弯折角度及平直段长度；钢筋的连接方式、接头位置、接头数量、接头面积百分率、搭接长度、锚固方式及锚固长度；预埋件、预留管线的规格、数量、位置。装配式楼层板部分隐蔽内容验收状态如图 6－10 所示。

(a) 预制板吊装完成后验收状态

(b) 现浇层筋绑扎完成后验收状

图 6－10　楼层叠合板隐蔽验收内容示意

3. 预制墙板吊装流程及要点

(1) 施工流程：预制填充墙、PCF 板（即预制装配式外挂墙板）、隔墙板进场、验收→按图放线→预制墙起吊→预制墙就位微调→设置墙体斜向支撑→接头连接。

预制填充墙、隔墙板、PCF 板吊装，每段用时约 15～20 min，预制构件安装应该按下列顺序进行：吊点安装→吊车吊运→支撑体系搭设→手扶平稳下降→就位。

(2) 主要施工工艺

① 定位放线

用水平仪测量并修正墙顶与墙底标高，确保标高一致，然后在楼面上弹出墙边控制线。

预制墙板安装前应复核墙板钢筋与结构钢筋位置、尺寸，对墙板钢筋与现浇钢筋安装有冲突的，应按经设计确认的技术方案调整。

② 预制墙板吊装

预制墙板一般用两点吊，预制墙板两个吊点分别位于梁顶两端 0.2 倍墙长位置，具体根据预制梁深化图纸，吊点位置根据预制构件深化图。由于部分预制墙板一侧存在预留洞口，因此，在进行吊装就位前，应根据预制构件构件图纸及对应梁端的标记，确认墙板的就位方向，应在吊装前在墙端相应的下方楼板及墙轴线侧做好对应方向标注点，避免方向错误。

③ 预制墙板微调定位

当预制墙板初步就位后，两侧借助楼板上的墙定位线将墙板精确校正。墙的标高通过预先测定的楼板面标高，在墙板底部采用支垫调节薄钢片来调整标高，调平后，临时斜支撑固定并调节后方可松去吊钩，然后进行墙板垂直度微调。钢垫片调整标高：预制墙安装施工前，通过激光扫平仪和钢尺检查楼板面的平整度，用铁制垫片使楼层平整度控制在允许偏差范围内。吊装之前由测量员使用水准仪及塔尺在就位的位置根据控制标高配合使用钢螺帽及钢垫片垫好标高 4 个点，4 个标高点分别位于柱角部位。钢螺帽规格为厚度 15 mm、12 mm，钢垫片规格为厚度 2 mm、1 mm，调整好的标高允许偏差为 0～2 mm。

④ 接头连接

混凝土浇筑前应将预制墙板两端键槽内的杂物清理干净，并提前进行浇水湿润；预制墙两端键槽锚固钢筋绑扎时，应确保钢筋位置的准确与现浇墙钢筋连接可靠。

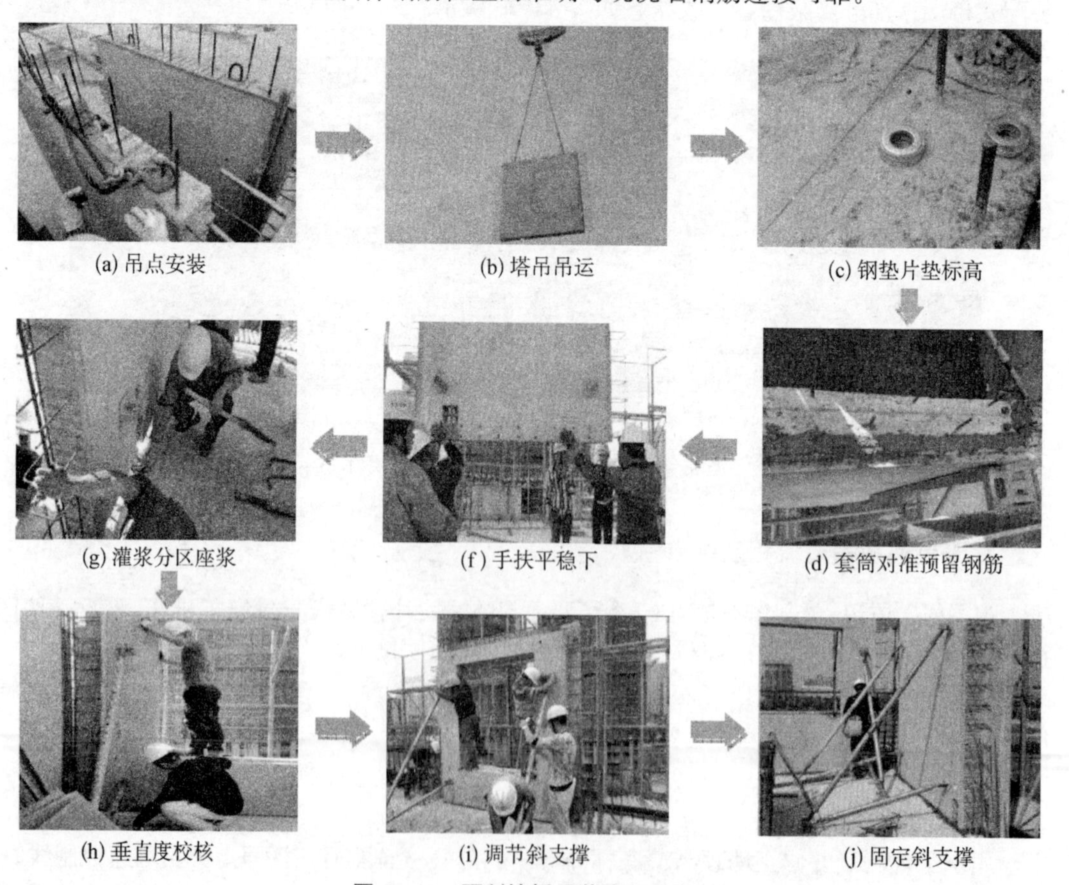

图 6-11　预制墙板吊装流程示意

4. 预制叠合板的吊装

叠合板吊装工艺步骤可分为：预制板进场、验收→放线→搭设板底独立支撑→预制板吊装→预制板就位→预制板校正定位。现场施工要点如下。

（1）预制板的支撑架

根据图纸确定支架位置后进行支架组装。水平支撑龙骨采用 90 mm×90 mm 木方，放置方向与 PC 叠合楼板桁架筋垂直排布，如图 6-12 所示。

图 6-12　支撑架示意

（2）放线

根据楼板分割图的尺寸，用线锤把控制线吊到梁顶面，再根据控制线划出楼板的边线，如图 6-13 所示。

图 6-13　边线控制示意

（3）预制叠合板的吊装就位

安装预制叠合板时应使用专用的板吊具，采用滑轮组多点起吊，预制叠合板吊离装载面（车面）300 mm 后停顿 3 秒，再慢慢匀速起吊 3 m，检查无刮碰，且稳定后方可快速吊运到指定位置。信号工使用无线对讲机及手势暗号等方法指挥塔吊司机将楼板安装到指定位置。吊装时，先将吊装顺序图发给吊装人员，做到吊装信号一致，安装顺序一致。

为了避免预制楼板吊装时受集中应力而造成叠合板开裂，预制楼板吊装宜采用专用吊架，长向吊点根据楼板面吊点，调节钢扁担梁上的活动吊耳板，使其上下一线，宽度方向吊点通过加长钢丝绳，以增大钢丝绳与吊点的水平夹角，确保吊点钢丝绳与水平角度不小于60°。

(4) 预制板校正

根据控制线用撬杠微调楼板，使得叠合板四周搁置在墙、梁上10 mm，叠合板与叠合板之间空隙间距严格按照图中的要求控制。通过撬棍(撬棍配合垫木使用，避免损坏板边)调节叠合板水平位移，确保叠合板满足设计图纸水平分布要求。同时调整支架标高，确保叠合板底标高符合设计要求。

(5) 预制叠合楼板安装应符合下列要求

① 构件安装前应编制支撑方案，支撑架体宜采用可调工具式支撑系统，架体必须有足够的强度、刚度和稳定性。

② 板底支撑间距不应大于1.7 m，每根支撑之间高差不应大于2 mm，标高偏差不应大于3 mm，悬挑板外端比内端支撑宜调高2 mm。

③ 预制楼板安装前，应复核预制板构件端部和侧边的控制线以及支撑搭设情况是否满足要求。

④ 预制楼板安装应通过微调垂直支撑来控制水平标高。

⑤ 预制楼板安装时，应保证水电预埋管(孔)位置准确，因此，在吊装时，应根据轴线和图纸的安装方向进行预制板就位。

⑥ 预制板吊至梁上方300～500 mm后，应调整板位置，使板锚固筋与梁箍筋错开，根据柱上已经放出的板边和板端控制线，准确就位，偏差不得大于2 mm，累计误差不得大于5 mm。

⑦ 预制叠合板吊装顺序依次铺开，不宜间隔吊装。在混凝土浇筑前，应校正预制构件的外露钢筋，外伸预留钢筋介入支座时，预留钢筋不得弯折。

⑧ 相邻叠合楼板间拼缝设计有现浇板带，现浇板带在预制板吊装完成后施工。

5. 预制楼梯吊装

(1) 吊装前准备要点

① 楼梯构件吊装前必须整理吊具，并根据构件不同形式和大小安装好吊具，这样既节省吊装时间又可保证吊装质量和安全。

② 楼梯构件进场后根据构件标号和吊装计划的吊装序号在构件上标出序号，并在图纸上标出序号位置，这样可直观表示出构件位置，便于吊装工和指挥操作，降低误吊概率。

③ 吊装前必须在相关楼梯构件上将各个截面的控制线提前放好，可节省吊装时间，调整时间并利于质量控制。

④ 楼梯构件吊装前下部支撑体系必须完成，吊装前必须测量并修正柱顶标高，确保与梁底标高一致，便于楼梯就位。

(2) 楼梯构件吊装要点

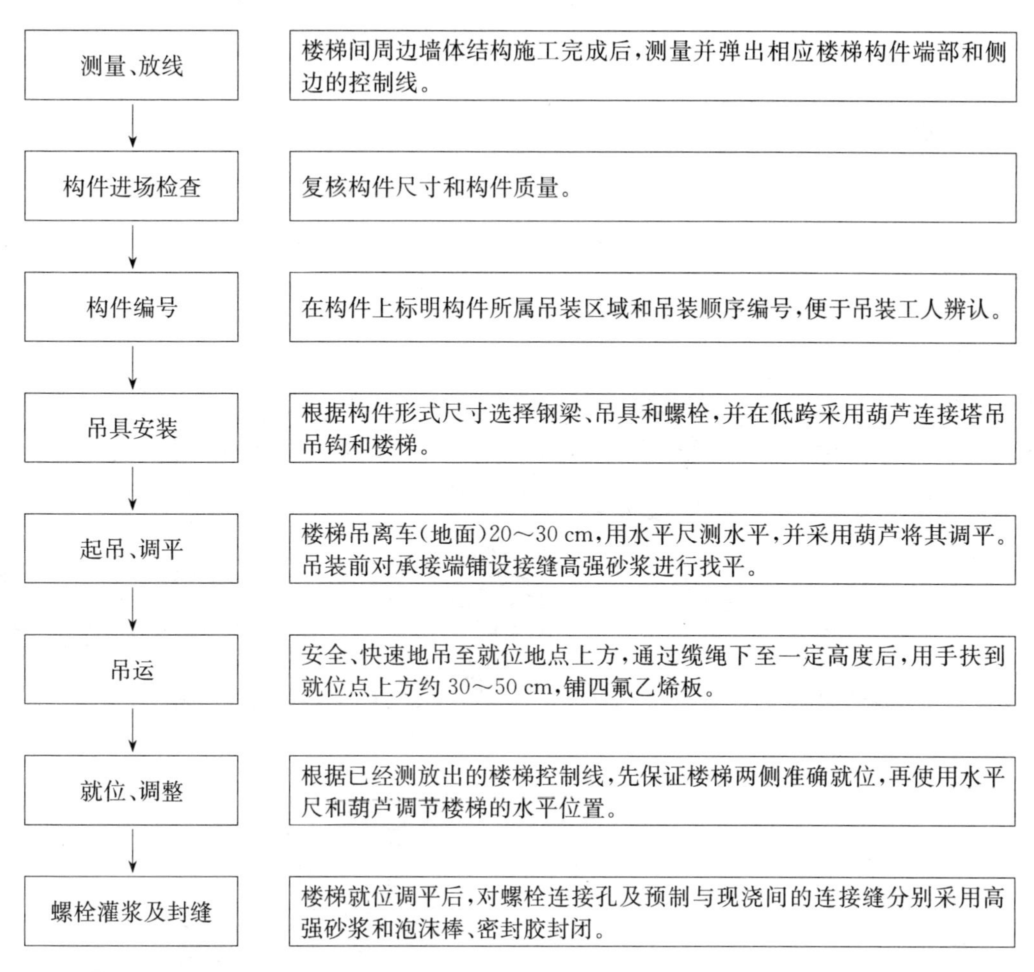

① 吊具安装

构件起吊前，作业人员应认真检验楼梯专用吊具各部件，吊扣荷重满足构件自重。预制楼梯吊装采用专用吊架，吊架由工字钢焊接而成尺寸 2 m×1 m，吊架四角设置专用吊耳，吊耳下对称布置 2 根长吊索和 2 根短吊索，其中 2 根短吊索与手动吊葫芦连接。

每段楼梯内置 4 个 M20 螺母均匀对称分布在踏步水平面上，吊装配置与螺母匹配的专用吊扣，然后吊扣与吊具吊钩连接。

② 起吊、调平

楼梯吊至离地面 20～30 cm 作业人员调节手动葫芦使楼梯呈“之”字形放置，配合使用水平尺调整踏步水平。

③ 塔吊吊运

起吊时，堆场区及起吊区的信号指挥与塔吊司机的联络通讯应使用标准、规范的普通话。塔吊提升速度 0.5 m/s，保证预制楼梯匀速、安全地吊至就位地点上方，用时 1～3 分钟。

④ 就位、调整

预制楼梯就位前标高用钢垫片调整好，同时连接部位采用专用高强座浆料铺平。当吊距楼梯安装面 1 m 时停止降落，作业人员稳住预制楼梯并避免与周围现浇结构碰撞，根据水平控制线缓慢下降楼梯，微调手动葫芦使预制楼梯端部水平段的圆柱体空腔对准预留钢筋安装至设计位置。利用之前放出的楼梯间控制线放置楼梯精确就位，摘钩。起吊与下降的全过程应始终由当班信号工统一指挥，严禁他人干扰。

6. 套筒灌浆

装配式混凝土结构的节点连接，不仅依靠足够长度的插筋，灌浆更是建筑物整个结构质量的重要保证，目前节点灌浆仍然是施工过程的重点和难点。灌浆工艺流程：连接部位检查→构件吊装固定→接缝封堵→灌浆料制备→灌浆料检验→灌浆连接→灌浆后节点保护。流程如图 6－14 所示。

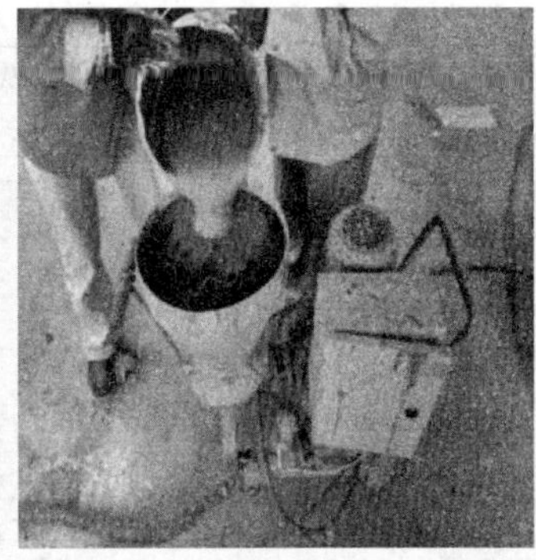

(a) 称重、拌料

(b) 测灌浆料流动度

(c) 灌浆

(d) 封孔

图 6－14　灌浆示意

套筒灌浆的质量控制的主要事项：预制构件底部封闭前，楼面需清扫干净，洒水润湿，封堵时的填塞厚度深约 15～20 mm，灌浆材料的水灰比严格按照灌浆料出厂检验报告要求进行计量，必须使用标定过的刻度量杯计量水的用量，并称重校核，如水灰比 0.12，则每包 25 kg 灌浆料计算用水量为 3 kg，用电子秤复核量杯无误后，加入 3 L 水进行灌浆料搅拌；搅拌时先将水放入桶中，然后加入 70％的料进行搅拌 1～2 min 大致均匀后再把剩余料加入，继续搅拌 3～4 min 彻底均匀，静置 2～3 min，使浆内气泡自然排出；每工作班检查拌合物初始流动度不少于 1 次，30 min 后再测取一次流动度；灌浆料强度试块三联一组，分别测出 1 天、3 天和 28 天的试块强度并达到设计值要求；对于竖向预制构件底部套筒灌浆，选择一个出浆口或排气孔安装补浆管兼观察锥斗，灌浆枪嘴插入进浆口压力注浆，注浆要连续，当出浆孔流出圆柱状灌浆料时，按出浆先后顺序用木塞或硬质胶塞封堵出浆孔。灌浆过程要填写作业记录表，同步影像记录仪记录灌浆过程。

6.2　单层工业厂房吊装施工

单层工业厂房是层数为一的厂房，有高大的使用空间。单层厂房的传统做法为现浇混凝土，装配式单层厂房有构件质量有保障、施工快等优点，现已广泛采用。

6.2.1　结构吊装的起重机械

装配式混凝土结构单层厂房吊装用的起重机械，一般有自行式起重机及塔式起重机。

1. 自行式起重机

自行式起重机主要有履带式起重机、汽车式起重机和轮胎式起重机等。履带式起重机操作灵活，行走方便，能负重行驶，可以360°全回转，不足之处就是稳定性较差，行走慢并对路面面层有破坏，较长路线转移需要拖车进行运输。起重能力的三个重要参数是：起重量(Q)、起重高度(H)和起重半径(R)，三个工作参数存在着相互制约的关系，数值大小决定于起重臂长度及其仰角，当起重臂长度一定时，随着仰角增大，其重量和起重高度增大，起重半径减小；当起重臂的仰角不变，随着起重臂长度的增加，起重半径和起重高度增大，起重量减小。

汽车式起重机是将起重机构安装在汽车地盘上，它行驶速度快，对路面影响与货车一样，缺点是起吊重物时必须放下支腿，不能负荷行走。

2. 塔式起重机

塔式起重机俗称“塔吊”，按构造性能分为附着式、爬升式、固定式和轨道式。附着式塔式起重机式根部固定在专用钢筋混凝土基础上，随着建筑物建设的升高，利用液压自升系统逐步将塔机、塔身接高，为提高稳定性每隔一定高度（一般20 m左右）将塔身与建筑物牢牢连接固定，附着式塔式起重机是施工现场最常用的大型起吊设备。爬升式塔式起重机又称为内爬式塔式起重机，主要安装在建筑物内部框架或电梯间结构上，每隔1～2层楼爬升一次，它由底座、塔身、塔顶、行走式起重臂、平衡臂等组成，特点式机身体积小，安装简单，适用于现场狭窄的高层或超高层建筑结构安装。

6.2.2　装配式混凝土结构单层厂房吊装

1. 工艺流程

梁钢筋绑扎→预制梁预留孔位置定位→预留孔固定埋设→隐蔽验收→合模→梁混凝土浇筑→起梁→安装支撑件及方管→吊装→安装PK板（预应力钢管桁架叠合板）→调平支撑→梁板钢筋绑扎→验收浇筑。

2. 施工要点

(1) 预制梁制作。根据装配式结构图纸作为深化主体，PK 板搁置在次框梁和次梁上，针对次框梁和次梁在结构深化过程增加 PVC 穿梁套管，套管距离梁底高度为 600 mm，在梁钢筋施工过程中和箍筋进行绑扎，确保混凝土浇筑过程套管不上浮，如图 6-15 所示。

(a) 预制梁牛腿套管预埋　　(b) 加工件牛腿

图 6-15　厂房构件制作部分示意

(2) 预制梁在钢筋绑扎阶段需要对次梁留置对拉螺栓孔，同时控制好对拉螺栓孔之间的间距和到梁上部的尺寸。安装高强对拉螺栓和牛腿，在安装之前需要对牛腿支撑系统计算，确保施工使用安全，两个穿梁孔间距 190 mm，相邻牛腿之间的间距为 1 900 mm，每块板下存在 4 个牛腿支撑件，主要节点如图 6-16 所示。

(a) 螺杆穿梁

(b) 搁置顶丝

(c) 成型效果

图 6-16　预制件重要节点示意

(3) 安装钢管支撑。钢管支撑在次梁吊运后再搁置，吊运次梁采用履带吊吊装，吊运梁之前首先确认梁两头梁垫的强度(达到混凝土设计强度 75%以上)，梁垫与柱身同时浇筑，保证梁垫强度也就保证了柱身的强度，梁的支撑钢管及吊装如图 6-17 所示。

(4) 吊运 PK 板。PK 板吊运由塔吊负责，楼面安排两名施工人员(做好安全措施)，地面另设两名人员通过绳索控制 PK 板的位置。PK 板在吊运之间检查每块板是否存在垂直钢绞线放线的裂缝，做好预制构件的成品保护措施，在生产之前对 PK 板图纸进行深化确认好

图 6-17　预制梁及预制梁吊装

放线孔及泵管洞、塔吊预留口位置，如图 6-18 所示。

(a) PK 板吊装准备　　(b) PK 板吊装

(c) PK 板吊装就位　　(d) 整体吊装完成后

图 6-18　板吊装示意

（5）梁侧和柱帽区域封模。主梁和 PK 板之间存在高低差 150 mm，侧边模板加固，以及柱帽部位的加固同样采用木模封模，设置两道对拉螺栓即可满足受力要求，如图 6-19 所示。

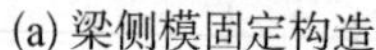

(a) 梁侧模固定构造　　(b) 封模整体效果

图 6 - 19　封模及固定构造示意

6.3　钢结构工程施工

与混凝土结构相比，钢结构强度高，抗震性能好，材料均匀自重小（尽管材料密度大，但钢构件几何尺寸比混凝土构件尺寸小很多），干作业操作，施工速度快、工期短，构件、部件或节点块采用信息化模块生产，预制精度高、装配方便，但其造价高，耐火性能和耐腐蚀性能较差，同时钢结构因构件截面小，生产、运输、安装及使用中要防止发生局部失稳和整体失稳情况（尤其在施工安装阶段）。目前钢结构广泛被应用于重型厂房结构，受动力作用厂房结构，大跨度结构，多层、高层和超高层（与混凝土结构组合）结构以及大型构筑物。常见的大型钢结构有各城市的高铁站、展览馆、体育馆、大剧院等，我国钢结构典型代表很多，如“鸟巢”（国家体育场）、北京大兴国际机场、无锡大剧院、南京国际会展中心等等。小型钢结构如地铁出入口围护、雨棚，单层厂房，构筑物如高压线塔等。

6.3.1　钢结构构件制作

一直以来，钢结构工程都是典型的装配式施工，部件、构件等一般在工厂或现场专用加工场地制作，加工前先了解设计意图，熟悉施工图后，再进行加工详图设计，按详图编制工艺流程，准备材料，确保构件制作质量。

钢结构加工制作的主要流程步骤为：加工详图绘制→样板制作→号料→划线→切割→边缘加工和端部加工→制孔→组装与矫正→连接→摩擦面处理→涂装与编号。

（1）加工详图绘制。钢结构的结构施工图表达的是整体结构与定位、构件定位及尺寸信息。就是节点详图，也主要表达轴线与零部件的尺寸关系。钢结构构件、部件下料必须依据结构施工图进一步深化，使得厂内局部拼装和现场整体拼装顺利进行，如不进行加工详图细致分解绘制，后期部件组装时容易出现细部尺寸不吻合或空间不够的碰撞现象，俗称“打架”。

（2）样板制作。钢材价格高，加工费时，一旦部件下料偏差大可能无法拼装，造成较大的经济损失，所以钢结构构件和部件下料前，用样板、样杆进行预制作，它也是弯制、铣、刨、制孔等加工的依据。样板、样杆是按 1∶1 的比例制作大样，当大样尺寸过大时，可分段弹出。对一些三角形的构件，如果只对节点有要求，可以缩小比例弹出样子，但要注意其精度。放样弹出的十字基准线，必须垂直。样板一般用 0.50～0.75 mm 薄钢板或塑料板，样杆一般用薄钢板、扁铁制作，当长度较短时可用木尺杆。用作计量长度依据的钢盘尺，特别注意应经授权计量单位计量后，且附有偏差卡片，使用时按偏差卡片的记录数值校对其误差数。钢结构制作、安装、验收及土建施工用的量具，必须用同一标准进行鉴定，应具有相同的精度等级。样板、样杆要注明工号、图号、零件号、弯折线和弯折方向、数量及加工边、坡口位置、孔径和滚圆半径等。样板一般有四种类型：号孔样板、卡型样板、成型样板及号料样板。制好的样板、样杆要妥善保存，直到项目竣工结束后方可销毁。放样用的石笔线条粗细不得超过 0.5 mm，粉线在画线时的粗细不得超过 1 mm。剪切后的样板不应有锐口，直线与圆弧剪切时应保持平直和圆顺光滑。

（3）号料。钢结构部件形状多样，要充分利用规格定型的钢材在切割划线前号料。号料就是利用样板、样杆、号料草图放样得出的数据，在样板或钢材上画出配件真实的轮廓和孔口的真实形状，以及与之连接构件的位置线、加工线等，并注出加工符合。号料方法有集中号料法、套料法、统计及算法、余料同一号料法，号料前应先核对钢材规范、材质、批号，钢材表面有污染的要进行清理。

（4）划线。可以利用加工制作图、样板、样杆及钢卷尺进行人工划线，也可以采用程控自动划线机，条件允许优先采用划线机，精确、省料、效率高。

（5）切割。划线后的钢材有序进入切割流程，有火焰切割、水切割、等离子切割等方法，也可采用砂轮、铡刀剪、圆盘剪等机械方法。选择切割方式注意根据切割精度、剖切面的质量、切割能力及经济可行、操作方便快捷等方面来综合选择。

（6）边角加工和端部加工。部件切割后的边角毛刺粗糙，不仅影响外观质量，使用也不方便甚至会割伤操作人员，要加工圆顺光滑。加工方法有：刨边、铣边、铲边、坡口机加工及碳弧气刨等。

（7）制孔。制孔就是用孔加工机械或机具在实体材料（如钢板、型钢等）上加工孔的作业，制孔在钢结构制造中占用一定的比重，通常有气割开孔、锪孔、铣孔、铰孔等，可选用手动机具，也可选用数控机床，操作时可划线钻孔、钻模钻孔、数控钻，注意制孔的质量标准和允许偏差。制孔的时机也要安排好，在焊接结构中，不可避免产生焊接收缩和变形，因此什么时候开孔在很大程度上影响产品精度，特别是对于柱及梁的工程现场连接部位孔群的尺寸精度直接影响钢结构安装的精度。一般制孔时间有四种情况：① 在构件加工时预先划上孔位，待拼装、焊接及变形矫正完成后，再划线确认进行打孔加工；② 在构件一端先进行打孔加工，待拼装、焊接及变形矫正完成后，再对另一端进行打孔加工；③ 待构件焊接及变形矫正后，对端面进行精加工，然后以精加工面为基准，划线、打孔；④ 在划线时，考虑了焊接收缩量、变形的余量、允许公差等，直接进行打孔。构件制孔，如图 6－20 所示。

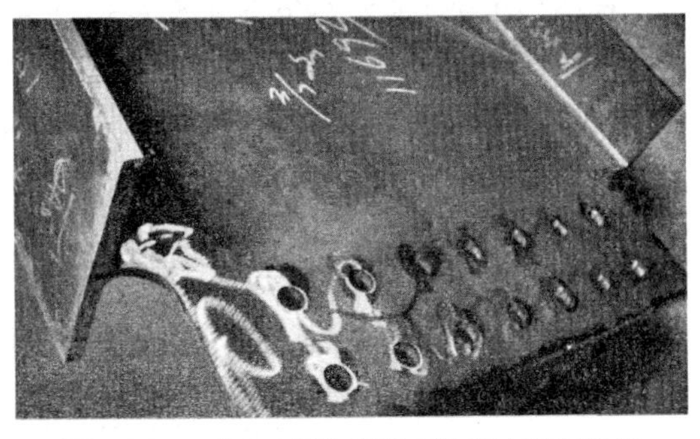

图 6－20　某 H 型钢端部高强螺栓群制孔后

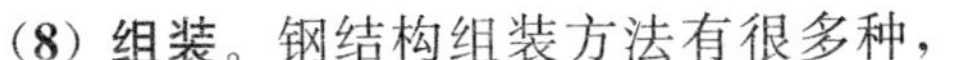

（8）组装。钢结构组装方法有很多种，

在施工过程中按照实际情况进行,钢结构的组装方法主要包括:① 地样法,即用1∶1比例在装配平台上根据零件在实样的位置,分别组成为构件,适用桁架、框架等少批量结构组装;② 仿形复制装配法,即先用地样法组装成单片结构,点焊定位,然后翻身作为复制胎模,在上装配另外一个单面的结构,往返2次组装,适用范围为横断面对称的桁架结构;③ 立装法,即根据结构特点及其零件稳定位置,选择自上而下或自下而上的装配,适用装配平稳,高度不大的结构或大直径圆筒;④ 卧装法,即构件放置卧的位置进行装配,适用断面不大,但长度较大的细长构件;⑤ 胎模装配法,即把构件的部件用胎模定位在其装配位置上的组装,适用范围批量大精度高的构件,在布置拼装胎模时必须注意各种加工余量。拼装必须按工艺要求的次序进行,尽量采用小件组焊矫正后再组装大件以减小变形,当有隐蔽焊缝时,施焊完成必须检验合格方可覆盖。不同构件的组装偏差值必须控制在对应验收规范的允许数值之内。

(9) 焊接。焊接是钢结构加工制作中的关键步骤,应按操作规程进行,部件和构件焊接后会产生较大弯曲、头部弯曲和局部变形,要及时进行变形矫正,根据具体情况矫正可以选择手工矫正、机械设备矫正、加热矫正(如火焰矫正)等。

(11) 摩擦面处理。高强螺栓连接面进行摩擦处理,以达到设计的抗滑移系数要求,摩擦面的处理可采用喷砂、喷丸、酸洗、砂轮打磨等方法,一般按设计要求进行,当设计无要求时操作方根据情况自己选择方法进行施工。

(12) 涂装和编号。钢构件防腐一般采用涂料面层,涂装前应对钢构件表面进行除锈处理,除锈的方法和除锈等级应与设计要求的涂料相适应,并符合规范要求。涂料的种类、涂装遍数、涂层厚度也应符合设计要求。施涂前构件表面没有结露和油污脏物,环境相对湿度不大于85%,温度在5~38℃之间,掌握好底涂、中涂和面涂时间间隔,施涂完成后有维护隔离,防止损伤涂层,4 h之内遇到大风大雨要遮盖保护。施工图中注明不涂装的部位、安装焊缝处的30~50 mm宽范围以及高强螺栓连接摩擦面不得涂装。

构件涂装后,按设计图纸进行编号,钢构件编号是施工基础工作,使得构件有序流转,在计划、预算、加工、运输、安装、结算中口径统一不混乱,编号中一般包含工程名称、楼层、轴线号、顺序号。编号的位置应便于堆放、安装和检查。对于重要的和大型的构件还应标注重量、吊装位置和定位标记,编号的汇总资料与运输文件,施工组织设计文件,质检文件等统一起来,编号可在竣工验收后加以复涂。

6.3.2 钢结构单层厂房的安装

钢结构单层工业厂房安装主要包括钢构件堆放、钢结构吊装准备、钢结构吊装等内容。现场施工注意事项有以下几点。

(1) 钢构件堆放。施工现在需要专门场地,钢结构构件在工厂预制好,运输至现场经检查验收后分类堆放,预制节点块现场堆垛高度一般不超过2 m、堆垛之间留出通道宽度。柱子应放在木垫板上,分层堆放,木垫板的位置和间距以保证不产生过大变形为原则;屋架等桁架构件斜立堆放,并按要求放置垫木,可靠依附于构架和立柱上。

(2) 钢结构吊装准备。准备工作包括选择吊装机械、确定流水程序及吊装顺序、基础准备和钢构件检验、桁架构件稳定性验算与加固。① 吊装机械起吊各参数性能满足吊装要求,并保证工期,面积较大的工业厂房可选择移动式起重机,重型结构厂房可选择履带式起重机;② 确定吊装流水程序主要考虑每台吊机的工作内容和各吊机之间的配合,符合施工工艺程序要求,保证吊装方法与机械协调一致,满足施工组织、质量、安全要求,充分考虑气候条件与自然环境;③ 基础准备包括轴线复核与定位线量测、基础支撑面准备、基础尺寸、标高与预埋件件检验;④ 桁架平面外刚度较弱且吊装时受力与设计不同,需要对吊装状态进行验算,强度和刚度不足时必须做好加固措施,加固方法可以将原木或加固杆件绑于弦杆上,使其与弦杆共同受力,代入规范给定的公式进行稳定性校核。

(3) 钢构件吊装。单层钢结构厂房结构部分主要由柱、吊车梁、桁架、天窗架、檩条、支撑及墙架构成。① 钢柱的吊装可采用滑行法或旋转法,根据柱子重量情况,可选择单机吊或双机抬吊。钢柱经过初校,待垂直度不超过 20 mm 方可让起重机脱钩,用经纬仪进行垂直度校正,有偏差用千斤顶纠偏,柱校正过程中,随时观察柱底部和标高控制块之间是否脱空,为防止钢柱校正后的位移,需要将柱四边的定位钢板及时电焊固定,待钢柱复核无误后,再紧固锚固螺栓;② 吊车梁搁置在柱牛腿上,梁与牛腿用螺栓连接,梁与制动架之间用高强螺栓连接,吊车梁的校正主要包括轴线、标高、垂直度和跨距等,轴线用通线法,校正用撬棍、钢楔、千斤顶等进行,标高的校正可在屋盖吊装前进行,吊车梁的标高校正可用千斤顶或起重机,跨距一般用钢皮尺量测,跨度大的弹簧秤拉测,以防止下垂。③ 屋面桁架、梁和檩条吊装时,为保持吊装过程中的稳定性和避免在空中碰撞,需要在这些构件适当点绑扎拦风绳,随吊随放松。桁架、梁和檩条临时固定用螺栓或冲钉,桁架等构件主要校正垂直度和弦杆平直度,校核完毕采用焊接连接或高强螺栓连接,连接固定要对称进行。单层厂房安装时柱脚如图 6－21 所示,柱吊装如图 6－22 所示。

图 6－21　厂房钢结构柱脚

图 6－22　单层厂房钢结构柱吊装

6.3.3　多高层钢结构安装

很多民用建筑采用全钢结构或钢混结构,多高层钢结构安装要先做好准备工作,准备工作主要有:编制施工方案,拟定技术措施,检查构件,安排施工设备、工具、材料,组织安装劳动力等。

多高层钢结构安装步骤与各自项目施工方案有关,各有不同,对施工步骤不做统一规定介绍,本节只对安装通用的质控要点进行介绍。

钢结构安装平面流水划分应考虑钢结构在安装过程中的对称性和整体稳定性,其安装顺序一般应由中央向四周扩展,以减少和消除连接的误差,立面流水以一节钢柱为单元,每个单元以主梁和钢支撑、桁架安装成框架为原则，再是次梁、楼板及非结构构件安装。钢结构构件数量多，制作精度要求高，进入现场或出库应进行质量复检，复检主要是构件的尺寸与外观、构件加工精度、焊缝的外观检查和无损探伤检查。

钢结构安装前对建筑物的定位轴线、基础中心线和标高、柱脚螺栓位置进行检查验收，定位轴线以控制柱为基准，待基础混凝土浇筑完毕后根据控制桩将定位轴线引测到柱基础顶面上，随后初校定位线是否与原定位线重合、封闭，纵横定位轴线是否垂直、平行或按施工图中的交互角度。独立柱基中心线应与定位轴线完全重复，并以此为依据查核预埋件位置，在柱基中心表面和钢柱底面之间，有安装孔隙作为标高调整的余量。

在钢柱吊装之前，应根据钢柱预检(柱实际高度、牛腿高度、底部平整度等)结果，在基础表面浇筑标高块，以精确控制钢结构的结构标高，标高块采用无收缩砂浆立模浇筑，浇筑之前将基础表面凿毛，清扫干净并充分润湿，砂浆强度不宜小于 30 MPa，标高块表面须埋设厚度 16～20 mm 厚的钢面板。

图 6 - 23　某高层钢结构柱、梁安装

钢结构安装时，先安装楼层的一节柱，随即安装主梁，形成基本的结构空间单元，并逐步扩大拼装单元。柱与柱、主梁与柱的接头处用临时螺栓连接，连接螺栓数量应根据安装过程所承受的荷载确定，并要求每个节点上临时螺栓不应不少于 2 个且不少于安装孔总数的 1/3，待校正结束后，再按设计要求连接方式进行最后连接固定。图 6 - 23 为柱、梁安装过程示意。

(1) 钢构件起吊。多高层钢结构柱，多以 2～4 层为一节，节与节之间用剖口焊连接，钢柱的吊点在吊耳处，根据钢柱的重量和起重机的起重量，钢柱的吊装可采用单机吊或双机抬吊。钢梁吊装时，一般在钢梁上翼缘处开孔作为吊点，对于重量轻的次梁和小梁，可采用多头吊索一次吊装若干根，有时为了减少高空作业，加快吊装速度，采用柱梁地面组装成排架后整体吊装。

(2) 钢结构柱的校正。钢柱校正是先调整标高，再调整轴线位移，最后调整垂直度，标准柱的垂直度偏差应当为零，当上下节柱发生扭转错位时，可在连接上下柱的耳板处加垫板予以调整。采用相对标高安装时，不考虑焊缝收缩变形和荷载对柱的压缩变形，只考虑柱全长的累计偏差，不大于分段制作允许偏差加上荷载对柱的压缩变形值和焊接收缩值的总和；用设计标高控制安装时，每节柱的调整都要以地面第一节柱的柱底标高基准点进行柱标高调整，预留焊接收缩量、荷载对柱的压缩量。同层柱顶标高偏差不超过 5 mm，如偏差过大不宜一次调整到位，可分步调整，避免一次调整过大影响支撑的安装和钢梁的上表面标高。高层每节柱的定位轴线必须从地面控制轴线直接引测，标注在柱顶，作为下节柱的实际中心线。垂直度直接影响到结构安装质量和安全，通常先确定标准柱(即控制框架平面总形状轮廓的少数柱子，多选择在建筑主轴线的拐角或变向处)，取标准柱的柱基中心为基准点，用激光经纬仪以基准点为依据对标准柱进行垂直度观测。为了纠正钢结构振动引起的误差和仪器安置误差、机械误差等，激光仪每测一次转动 90°，在目标上测 4 个激光点，相对两个点连线交汇点为准量测安装误差。其他柱误差量测可以不用激光经纬仪，用拉通线法钢卷尺量测距离，超过允许偏差值进行调整。

(3) 钢梁的校正。安装框架主梁时，要根据焊缝收缩预留焊接变形量，主梁安装时对柱子垂直度的监测，除监测被安装那个主梁两端柱子变化外，还要监测相邻各根柱的变化情况。框架梁注意调整梁面标高的校正，对于梁两端标高误差超过允许偏差值的，可通过扩大端部连接孔方法予以校正。

多高层钢结构安装时，构件或部件连接也是质控要点和难点。现场连接方式主要是焊接和螺栓连接。

(1) 焊接施工。现场焊接先做好焊接准备工作，包括：检验焊条、垫板和引弧板，准备焊接工具、设备、电源预热，焊条准备，检查焊缝剖口，确认现场气象条件和操作环境适合施工。焊接顺序对焊接质量影响重大，一般情况下应从中心向四周扩展，采用结构对称、节点对称的焊接顺序，如对于典型一节(三层高)柱的竖向焊接顺序为：上层梁及支托——下层梁及支托——中层梁及支托——上下柱焊接；焊接点做好预热环节，预热可以减缓焊接区局部的激热速冷，避免产生裂纹，对约束力大的接头，预热后可以减少收缩应力，预热还能排出焊接区的水分和湿气；柱与柱的焊接接头，应有两名焊工在相对两面匀速对称施焊。加引弧板时要制定好焊接顺序和焊层，梁与柱的接头焊接，可以先焊梁下翼缘板，再焊接上翼缘板，一端焊完冷却至常温后再焊另一端，梁柱接头焊接必须在焊缝两端加引弧板；焊接完成要对焊缝进行质量检查验收，钢结构焊缝质量检验分 3 个等级，Ⅰ级检验要求是全部焊缝进行外观检查和超声波检查，焊缝长度的 2%进行 X 射线检查，并至少有一张底片；Ⅱ级检验的要求是全部焊缝进行外观检查并有 50%的焊缝进行超声波检查；Ⅲ级检验要求是全部焊缝进行外观检查。钢结构高层建筑的焊接应按Ⅱ级焊缝质量标准进行检查验收。

(2) 高强螺栓连接施工。高强螺栓与普通螺栓不仅受力形式不同，制作也不一样，带有连接副，连接副有扭矩型和扭剪型两类，扭矩型用扭矩扳手进行初拧和终拧，扭剪型用扭矩扳手初拧、扭剪扳手终拧。高强螺栓使用前，按规定对其各项性能进行检验，现场放置在干燥通风地方，并不得有污损，安装当天按需所取，没用完的螺栓必须收回妥善保管，接头摩擦面应干燥无结露、毛刺、铁屑、油污等。使用定型扳手紧固高强螺栓时，应对扳手进行校核。高强螺栓的安装顺序一般遵守：一个接头上的螺栓群，应从螺栓群中部开始安装，逐个拧紧，大型节点拧紧分初拧、复拧和终拧，初拧和复拧扭矩为施工扭矩的 50%左右，终拧等于施工扭矩。高强螺栓应自由穿入螺栓孔内，如孔径加工不满足或因板层错孔不能自由穿入，用铰刀扩孔修正，严禁用气割进行扩孔修正。一个接头多颗螺栓应一个方向穿入，垫圈有倒角的一侧应朝向螺母，在槽钢、角钢和工字钢翼缘上安装高强螺栓时，应放置专用的斜垫圈。常用的大六角头高强螺栓紧固一般用扭矩法和转角法拧紧：扭矩法分初拧和终拧两次拧紧，初拧使接头各层钢板充分密贴，初拧扭矩可取终拧扭矩的 60%～80%；转角法初拧扭矩按终拧扭矩 30%～50%的取用，使接头各面充分密贴，再在螺母和螺杆上通过圆心画一条直线，然后用扭矩扳手转动螺母一个角度，达到终拧要求，转动的角度在施工前由现场试验确定，其施工质量离散性较大。扭剪型高强螺栓按要求进行初拧后，再用电动扭剪扳手扭转把梅花头拧掉即达到设计要求。当接头既有焊接又有高强螺栓连接时，按设计要求顺序进行，设计无要求时，按先紧固螺栓后焊接的施工顺序。

钢网架结构安装根据结构形式和施工条件的不同，可以采用高空散装法、分条或分块安装法、高空滑移法、整体吊装法、整体提升法、整体顶升法等。高空散装法是将小拼单元或散件(单根构件或节点模块)直接在设计位置进行总拼装,通常有全支架或悬挑支撑措施;分条或分块安装法是将网架分成条状或块状单元,分别由起重机吊装至高空设计位置就位搁置,然后再拼装成整体的安装方法;高空滑移法是分条的网架单元在事先设置的滑轨上单条滑移到设计位置拼接成整体的安装方法;整体安装法是先将网架在地面上拼装成整体,然后用起重设备将其整体提升到设计标高位置搁置并固定。

6.4 装配式结构工程质量验收与安全文明施工

6.4.1 装配式混凝土结构质量要求

预制混凝土构件的进场验收是在工厂检查合格的基础上进行的,外观质量应全数检查,尺寸偏差按批次抽样进行:预制构件的外观不应有影响构件的结构性能和安装使用功能的严重缺陷,对出现的一般缺陷,应按技术方案进行处理并重新检验;尺寸允许偏差按现行规范允许数值和检验方法进行。混凝土强度达到设计强度的75%以上,方可进行构件吊装。

构件安装前,对构件进行弹线编号,并对平面位置、标高、垂直度等检查校正;构件吊装就位后,进行临时固定,保证构件的稳定性;构件安装力求准确,确保偏差值在施工验收规范的允许范围内。装配式混凝土结构安装质量检验批也是按主控项目和一般项目进行验收,6个主控项目必须全部合格(连接点部分后浇混凝土强度、钢筋套筒灌浆连接及浆锚搭接连接的灌浆应密实饱满、灌浆料强度、剪力墙底部接缝坐浆强度、钢筋焊接质量、钢筋接头质量),一般项目中的尺寸允许偏差按规范要求划分检验批进行验收填表,外墙板接缝的防水性能要符合设计要求,检查数量和检验方法按规范执行。

6.4.2 钢结构安装质量要求

钢结构基础施工时,应保证基础顶面标高和预埋螺栓位置的准确,形成空间稳定单元后,立即对柱底板和基础顶面的孔隙进行二次浇筑;安装按施工组织设计进行,安装程序必须保证结构的稳定性且不产生不利的永久变形;安装前根据构件明细表核对进场构件部件,查验产品合格证和设计文件,工厂预拼装过的构件在现场拼装时,应根据预拼装记录进行;安装偏差的检测,应在结构形成空间稳定单元并固定且临时支撑结构拆除前进行,其偏差值控制在规范验收允许范围内。结构安装测量校正、高强度螺栓连接副及摩擦面抗滑移系数、冬雨期施工及焊接等,应在实施前制定相应的施工工艺或方案;多节柱安装时,每节柱的定位轴线应从基准面控制轴线直接引上,不得从下层柱的轴线引上。钢结构安装检验批应在原材料及构件进场和紧固件连接、焊接连接、防腐等验收合格基础上进行。

6.4.3 安全文明施工

现场吊装选用的钢丝绳,事先必须认真检查,表面磨损腐蚀达到钢丝绳直径10%不得使用;起重机负重开行时,应缓慢行进,且构件离地高度不得超过0.5 m,起重机接近满荷时,不得同时进行两种操作动作;机器设备工作时,严禁触碰电线,起重臂、钢丝绳、起吊物与高压线、架空线路保持安全距离；起吊构件时保持平稳避免紧急制动和冲击，起重机停止工作时，装置关闭上锁切断电源，吊钩升空固定防止摆动伤人。操作人员体检合格，进入现场时，必须戴好安全帽、手套，高空作业系好安全带，所带的工具要放入工具包并有防掉落措施；结构安装时，哨声、手势、信号旗等指挥说明要统一，所有作业人员必须熟悉各种信号；吊装现场的周围，应设置临时栏杆，禁止非工作人员入内，地面操作人员避免在高空作业面的下方停留或通过，也不得在起重机的起重臂或吊件下停留通过；空中构件固定成空间结构可以行走的，要在其上设置安全栏杆，配备轻便爬梯供人上下，冬雨期必须采取防滑措施。

对高层钢结构安装时，应按规定在建筑物外侧搭设脚手架和安全网，第一层水平安全网离地面 5～10 m 左右，挑出网宽 6 m，先用粗绳大网眼做支撑，上铺细绳小网眼。在钢结构安装工作面下设第二层水平安全网，挑出网宽 3 m，一、二层水平安全网随钢结构安装进度向上移动，即两者高度相差一节柱的距离，下层安装好的结构外侧，设置垂直安全网，并沿建筑物外侧封闭严密。同时在楼梯口、各种洞口、临边均应设置防护网、防护栏杆和栏板；凡是附着在柱、梁上的爬梯、走道、操作平台、作业吊篮、临时脚手架等，应与钢结构可靠连接；操作人员在水平钢梁上行走或操作，必须佩戴安全带，安全带挂在钢梁设置的安全绳上，安全绳的立杆钢管必须与钢梁牢固连接；随着安装高度的增加，各类消防、人身救助设施及时上移，一般不得超过两个楼层；各种用电设备要有接地装置，地线和电力用具的电阻符合用电安全规定（目前规范规定不得大于 4 Ω），各种用电设备和电缆要经常检查，保证绝缘性；进行电焊、气焊、柱钉焊等明火作业，应事前申请通过并配备专职人员值班；风力大于 5 级、雨雪和构件有积雪、积水、结冰时，应停止高空钢结构的安装作业。

习题库

装配式结构
工程施工

单元练习题

1. 装配式混凝土结构剪力墙安装步骤是怎样的？
2. 装配式混凝土结构楼层叠合板的安装步骤和要点有哪些？
3. 装配式混凝土结构节点与灌浆要求有哪些？
4. 装配式钢结构部件制作步骤有哪些？多高层钢结构安装有哪些重要环节？
5. 装配式结构安装时应注意哪些安全主要事项？

第七章 预应力混凝土结构工程施工

本单元学习目标

通过本单元学习，学生能熟悉预应力混凝土结构工程的特点及典型工艺；
通过本单元学习，学生能熟悉先张法施工工艺步骤和要求；
通过本单元学习，学生能够掌握后张法施工工艺步骤和要求；
通过本单元学习，学生能熟悉无粘结预应力施工步骤和要求。

普通的混凝土结构有时不能满足某些特殊建(构)筑物功能需要，如某些存贮液体的钢筋混凝土结构箱、池不能产生渗漏液体的裂缝，还有一些大跨度的梁板不能出现超过正常使用性能的挠度和影响结构性能的裂缝。在施工时就需要采取特殊方法。素混凝土材料抗裂性能很差，如果为满足混凝土材料抗裂需求来控制荷载应力，会造成钢筋性能不能充分发挥而造成过度保守和浪费，也违背了钢筋和混凝土结合成混凝土结构的初衷。因此采用预应力方式能有效解决这种矛盾。预应力混凝土结构(构件)是指在结构(构件)受拉区预先施加压力产生预应力，从而使结构(构件)在使用阶段产生的拉应力首先抵消预压应力，从而推迟裂缝的出现和限制裂缝的开展，提高了结构(构件)的抗裂度和刚度，这种混凝土结构称为预应力混凝土。预应力不仅用在建筑工程的梁、板、柱构件或结构中，也应用于桩基础工程。因为预应力混凝土不仅提高构件的抗裂度和刚度，还减轻结构和构件的自重，提高了结构和构件的耐久性，降低综合成本。

预应力混凝土结构按预应力筋与混凝土浇筑先后次序分为先张法施工、后张法施工；按预应力筋与混凝土是否直接粘结分为无粘结预应力混凝土结构和有粘结预应力混凝土结构；从结构构件角度分为预应力框架、门架、预应力混凝土板柱、预应力桩、预应力装配式混凝土框架结构；还有因预应力筋外置于构件体外称为体外预应力结构(大多数预应力筋都是置于构件体内)。

本单元从典型的施工工艺角度，介绍预应力混凝土结构的先张法施工、后张法施工、无粘结施工和施工验收和安全文明施工内容。

7.1 先张法预应力混凝土结构工程施工

先张法就是利用专用的场地，先张拉预应力钢筋，并将张拉后的预应力钢筋临时固定在场地两端的台座或钢模上(同时布置非预应力钢筋)，进行混凝土浇筑，待混凝土达到一定强度后(一般不低于混凝土设计强度标准值的75%),混凝土与预应力筋具有一定的粘结力时,放张预应力筋,在预应力筋回缩反弹作用下,使得构件受拉区的混凝土获得预压应力。在构件生产中,先张法可以采用台座法或机具流水法:在专用场地,利用端部设置的固定台座完成对预应力钢筋张拉、固定,浇筑混凝土、养护,放松预应力筋工序即台座法;利用钢模板作为固定预应力筋的承力架,拉筋、浇筑混凝土、养护等,构件和模架形成整体按流水放松完成生产过程即机组流水法。

先张法中的预应力筋常用有肋纹的钢筋、光面钢丝和钢绞线(三股线、七股线);夹固预应力筋由固定锚固夹具和张拉夹具;张拉设备常用有油压千斤顶、卷扬机、电动螺杆张拉机等;承力结构是固定台座或流水机组钢框模。

7.1.1　先张法施工工艺

先张法适合生产定型的中小型构件,如空心板、肋型板、槽型板、预应力薄板、吊车梁、预应力桩。先张法施工工艺流程主要步骤是:台座准备→涂刷隔离剂→铺放预应力筋→张拉预应力筋→支设模板布置横向钢筋→浇筑混凝土(同步做试件)→养护(适时压试件)→放张预应力筋→脱模→出槽堆放。

(1) 构件的预应力由预应力筋产生。预应力筋的铺设、张拉阶段要注意:① 生产场地台面要预先做好隔离措施,可选用非油脂类隔离剂,隔离剂不能污染到预应力筋表面,以免影响预应力筋与混凝土的粘结。碳素钢丝强度高、表面光滑,为提高钢丝与混凝土的粘结力,可以在钢丝表面采用刻痕和压波,钢丝接长要用钢丝拼接器辅助铁丝密密绑扎;② 严格计算预应力筋的张拉力。预应力筋张拉力P按规范计算公式进行;③ 确定好预应力的张拉应力。预应力筋的张拉控制应力值应符合设计要求,施工时如采用超张拉,可以比设计要求值提高5%。按《预应力混凝土结构设计规范》(JGJ 369－2016)规定,张拉控制应力设计值如表7－1规定。依据表7－1设计值,实际操作如采用超张拉,对于预应力螺纹钢筋最大控制应力值可取$0.90f_{pyk}$(比设计值提高5%)。

表7－1　张拉应力设计值

预应力筋种类	张拉控制应力值σ_{con}	预应力筋种类	张拉控制应力值σ_{con}
预应力螺纹钢筋	$\leqslant 0.85f_{pyk}$	刻痕钢丝、中强度预应力钢丝	$\leqslant 0.70f_{ptk}$
消应钢丝、钢绞线	$\leqslant 0.75f_{ptk}$		

注:σ_{con}—预应力筋张拉控制应力;f_{pyk}　预应力筋屈服强度标准值;f_{ptk}—预应力筋极限强度标准值

④ 确定张拉程序。预应力的张拉程序可以按下列方法选择之一进行:

$$0 \longrightarrow 105\%\sigma_{con} \xrightarrow{\text{持荷 2 min}} \sigma_{con}$$

或

$$0 \longrightarrow 103\%\sigma_{con}$$

第一种张拉程序中,超张拉5%并持荷2分钟的目的是减少预应力筋的松弛损失,钢筋的松弛数值与控制应力和持续时间有关,控制应力越高,松弛也就越大,随着时间的持续,松弛总量不断增加,一般在第一分钟内松弛量达到损失总值的50%左右,24小时内可以达到80%,采用超张拉持荷2分钟,可以减少50%以上的松弛损失。第二种张拉程序中,超张拉3%是为了弥补预应力筋的松弛损失,施工生产阶段这种张拉程序比第一种简便,一般较多采用。

严格测定预应力的伸长值与应力。预应力筋张拉后，要校核预应力筋的伸长值，如实际伸长值与计算伸长值的偏差超过±6%时，应暂停张拉，查明原因并采取有效措施调整后，再进行继续张拉，预应力筋的伸长 ΔL 按规范公式计算。预应力筋的实际伸长值，宜在张拉初应力约为控制应力的 10%时开始测量，测量数值应考虑初应力产生的推算伸长数值。

预应力筋的空间位置保证正确，偏差不得大于 5 mm，也不得大于构件截面最短边长的 4%，对于预应力钢丝，不做伸长值校核，但应在钢丝锚固后，用钢丝测力计或频率计数测力计测定钢丝应力，数值偏差控制在一个构件预应力总值±5%以内。多根钢丝同时张拉时，必须先调整初应力使其相互之间的应力一致，一束钢丝中只允许有一根断丝，断丝和滑脱丝数量不得大于钢丝总数的 3%，在浇筑混凝土前对断丝或滑脱的预应力钢丝必须进行更换。

(2) 混凝土浇筑与养护。在设计预应力混凝土的拌合料配合比时，应考虑减少产生收缩和徐变，可采用低水灰比、控制水泥用量、良好的骨料级配，搅拌充分、摊铺动作紧凑并立即振捣密实。振捣混凝土时，振动器不要碰撞预应力筋，混凝土未达到一定强度前也不得碰撞、踩踏或扰动整个预应力构件及框模，保证预应力筋与混凝土有效黏结，让两种材料之间产生良好的黏结力。

预应力混凝土浇筑振捣密实后，按要求进行养护，利用硬化地面做大场地台座式成批制作构件的，可采用自然养护，保证保湿养护时间。采用湿热养护时要有可靠的养护制度，减少因温差引起的预应力损失，特别对台座式生产的，因预应力筋遇热膨胀伸长而台座不变，会造成预应力减小，所以应在混凝土达到一定强度(如 10.0 MPa)前，将温度升高限制在不超过 20℃左右。对于机组流水钢框模预制构件，因钢框模与预应力同步变形，材质间弹性模量等物理力学性能不同引起的差异极小，温差的损失忽略不计，施工中认为温差引起预应力损失不存在。

(3) 预应力筋的放张。当混凝土强度达到设计(按同条件养护试件强度)要求后，即可放张预应力筋，如设计无要求，现场混凝土不得低于设计强度等级的 75%。同时做好两个方向要点：① 预应力放张顺序，应按设计要求进行，如设计无要求宜采取缓慢放张逐根或整体放张。对轴心预压构件(桩、压杆等)所有预应力筋宜同时放张。对偏心预压构件(如梁、肋板等)先同时放张预压力较小区域的预应力筋，再同时放张预应力较大区域的预应力筋。无论何种情况预应力筋放张要分阶段、对称、相互交错进行，以防止放张过程中构件发生翘曲、裂纹及预应力筋断裂等现象，放张后切断预应力筋时宜从张拉端开始依次切向另外一端；② 放张方法根据构件和现场不同，合理决定，对于配筋多的钢筋混凝土构件(如梁、柱、桩等)，预应力筋应同时放张，避免采用逐根放张方法，因为逐根放张到最后几根钢丝由于承受过大的拉力会产生突然断裂，造成构件端部开裂等损坏。对钢丝、热处理钢筋不得使用电弧切割，宜采用机械(如砂轮锯、切断机)进行切断，预应力筋较多时，可用楔块、千斤顶、砂箱等缓冲设施同时放张。

7.1.2 先张法台座与设备

先张法是预制构件厂生产预制构件常见方法，宽阔的生产场地要有承力的台座，台座端部要有锚具、夹具及张拉设备。

1. 台座

台座是先张法的支撑结构，它承受预应力筋的全部张拉力，因此台座要有足够的强度、刚度和稳定性，预制厂先张法常用的台座按构造分为墩式台座和槽式台座。

墩式台座由承力台墩、台面和横梁组成。如图7-1所示。台座的尺寸和大小根据预制构件类型和产量，一般长度不超过150米，宽度不超过4米，这样既能利用钢丝长度特点，张拉一次可以减少因钢丝滑动或台座横梁变形引起的预应力损失，同时可生产多块构件。先张法的台座承受预应力张拉时所有荷载，台座稍有变形、滑移或倾角，都会引起较大的应力损失，端部台墩特别不能出现局部破坏和倾翻，所有台座必须进行强度、刚度和稳定性验算，并对台墩局部强度、刚度进行验算。稳定性验算包括台座的抗倾覆验算和抗滑移验算，抗倾覆验算的计算模型简图及荷载布置要全面正确，代入抗倾覆公式计算得出的台座抗倾覆安全系数$K \geqslant 1.50$。抗滑移验算得出的抗滑移安全系数$K \geqslant 1.30$。台座强度验算时，支撑横梁的台墩牛腿，按厂房结构柱牛腿的计算方法进行计算配筋，墩式台座与台面接触的外伸部分，按偏心受压构件计算，台面按轴心受压杆件计算；横梁按承受均布荷载的简支梁进行验算，控制最大挠度变形不大于2 mm，两端不得产生翘曲；预应力筋的定位板必须安装准确，并确保控制其变形挠度不大于1 mm；台面一般采用原土夯压密实后铺碎石（或砂石）垫层，最后浇筑素混凝土面层，厚度不小于100 mm。因为流水生产需要台面较长，所以台面根据当地气候环境和生产经验，一般6 m～10 m左右设置一道伸缩缝。

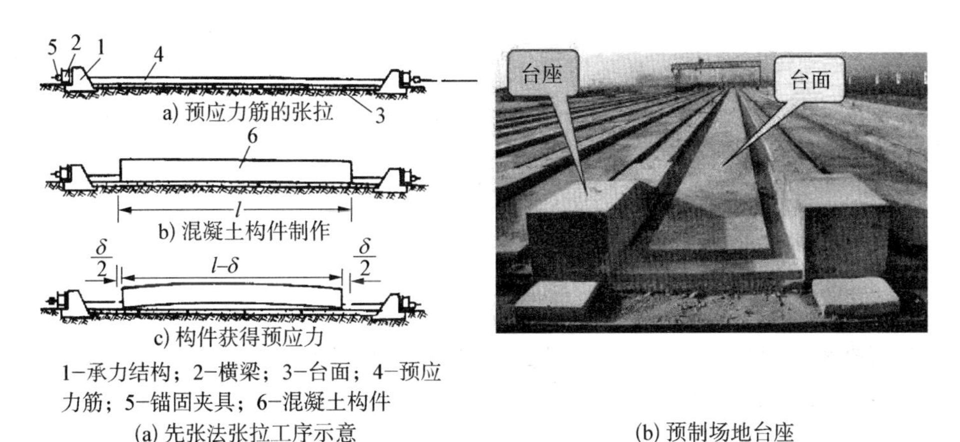

(a) 先张法张拉工序示意　　(b) 预制场地台座

图7-1　先张法生产示意图

槽式台座是在地面向下挖沟槽状浅坑，台座台面都在沟槽内，槽式台座由端柱、传力柱和上下横梁及侧墙组成。端柱和传力柱是槽式台座的主要受力结构，一般采用钢筋混凝土结构，侧墙一般为砖砌体墙，一砖厚，表面用水泥砂浆抹平，砖侧墙用来挡土让槽形成完整围护，蒸汽养护时又可用于保温。

2. 夹具

夹具也称工具锚，是预应力筋张拉和临时固定的锚固装置，先张法施工按其用途不同，分为锚固夹具和张拉夹具。夹具的静载锚固性能按规范公式进行验算，保证静载效率系数$\eta_s \geqslant 0.95$，同时保证预应力夹具组装件达到实际极限拉力时，全部零部件不应出现肉眼可见的裂缝和破坏；具备良好的自锚性能、松锚性能，使用过程中应能保证操作人员的安全，并能多次重复使用。

锚固夹具分为钢质锥形夹具和墩头夹具，钢质锥形夹具主要用来锚固直径3～5 mm的单根预应力钢丝；墩头夹具适用于锚固预应力钢丝固定端。

张拉夹具常用的是月牙形夹具、偏心式夹具和楔形夹具等，张拉夹具是将预应力筋与张拉机械设备连接起来进行预应力张拉的工具。

3. 张拉设备

预应力筋由张拉设备进行张拉，先张法中常用的张拉设备有卷扬机、千斤顶、电动螺杆张拉机等。张拉设备要求其工作可靠、应力控制准确，能以稳定的速率加大拉力：① 卷扬机适用于小直径钢筋，用杠杆或弹簧测力，当选择用弹簧测力时宜设置行程开关，在张拉到规定应力时自动停机；② 油压千斤顶适用单根或多根成组成束预应力筋张拉，可直接从油压表的读数求得张拉应力值，先张法中遇到成组张拉时因需要较大的拉力，优先采用油压千斤顶张拉；③ 电动螺杆张拉机由螺杆、电动机、变速箱、测力计及顶杆组成，电动螺杆运行稳定，螺杆有自锁功能，故张拉机恒载加持性能好、速度快、张拉行程大。可张拉单根预应力钢丝或钢筋，张拉时，顶杆支于台座横梁上，用张拉夹具夹紧预应力筋后，开动电动机即可进行张拉。

7.2 后张法预应力混凝土结构工程施工

后张法是先制作结构构件，在结构构件体内预留孔道，待结构构件混凝土达到设计规定的数值后，在孔道内穿入预应力筋，一端固定一端张拉（或两端按次序先后轮换固定和张拉），合格后两端用锚具固定好预应力筋，最后进行孔道内灌浆封闭。预应力筋的张拉力主要靠结构构件端部的锚具传递给混凝土，使混凝土产生预压应力。

7.2.1 后张法施工工艺

现浇混凝土结构建（构）筑物构件（如框架结构转换层主梁板）设计为预应力时，多采用后张法，所以在建项目的施工现场多能见到此方法。后张法施工工艺可分成孔道留设、预应力筋张拉和孔道灌浆和封锚三大部分，具体主要步骤为：底模安装→骨架钢筋安装、侧模支设→孔道预留管埋设→混凝土浇筑振捣并制作强度试件→（如钢管抽芯法钢管转到抽出）→养护、拆模→清孔、锚具和预应力制作→穿预应力筋→张拉预应力筋（当试件强度达到设计要求）→孔道灌浆端部封闭→结构构件端部外侧处理（如果是预制厂地面生产则起吊运输堆放到专用区域）。

先张法构件生产的质量控制要点如下：

1. 底模安装、骨架钢筋安装与侧模支设

这几道工序同现浇混凝土结构工程中的模板安装与钢筋安装的步骤，安装与质量控制要点参见第四章“混凝土结构工程”中相应的模板分项工程和钢筋分项工程部分。

2. 孔道留设

后张法预应力结构构件中的孔道留设是关键的施工工序，必须确保孔道的位置、形状、尺寸正确无误，直孔道应平直，曲线孔道整个峰谷弧线圆润，折线变角处应圆润，端部的预埋钢板应垂直孔端中心线，孔道直径一般应比预应力筋的接头外径或需要穿入锚具外径大

10～15 mm。孔道留设的方法有钢管抽芯法、胶管抽芯法、预埋管法。孔道典型形状有直线、曲线和折线三种，胶管抽芯法和预埋管法可适用三种孔道形状，钢管抽芯只能应用于直线管道。

(1) 预埋管法。预埋管法是在结构构件施工时，随着普通钢筋骨架布置固定，将与孔道直径相同的波纹管按设计的位置和形状(尤其测定峰、谷标高)埋设在构件内。固定可以采用自焊的钢筋井字架按一定距离(如 0.8 m 左右一个，曲线孔数量增加)用钢丝牢牢固定在骨架钢筋上。需要接长管子时，用大一号的波纹管套住两个接头即可，接头管长度应大于200 mm。因预埋波纹管省去抽管工序，且位置、形状宜于把控，故目前应用较多。而金属波纹管重量轻、刚度好、方便弯折，与混凝土粘结性能也比较优越，可根据现场需要进行接长、弯曲制作，使用前应检查管子是否有渗漏。

(2) 钢管抽芯法。将钢管预先埋设在结构构件设计的正确位置，在混凝土浇筑和养护过程中，每隔一定时间缓慢转动钢管一次，防止混凝土与钢管粘结，在混凝土初凝后终凝前抽出钢管，预留孔道就形成了。因为转动钢管和抽钢管阶段，混凝土没有强度和硬度，工序操作中应注意：钢管表面要光滑、平直、位置严格按设计要求放置，混凝土浇筑过程进行密实振捣时，振动器不要触碰到钢管。遇到预留孔道(构件)较长情况的，用两根钢管顶头接长，埋入结构构件中。两根钢管顶头处用 300～400 mm 长套管连接，套管与钢管表面结合紧密放置漏浆堵塞预留孔道，转动和抽管时间与单根管要求一致，只不过这时是在预制构件两端同时转动两根钢管。

抽管时间非常关键，太早会塌孔或孔道变形大，太迟管子抽取困难或与混凝土牢固粘结根本抽不出来，抽管要依据混凝土拌合物水泥品种、生产浇筑时气候和现场养护情况综合决定，必要时先试验。总的原则是抽管在混凝土初凝后终凝前进行，普通水泥拌制混凝土常温浇筑后 5 h 左右，如果用手指摁压混凝土表面，有半软半硬潮湿的感觉，但混凝土表面不会留指纹。预制构件内多管存在，抽管的顺序宜先上后下，抽管速度要均匀，边抽边转，并保持管与孔道在一条直线上，抽管后及时检查孔道，并及时做好孔道清理工作，以免孔内落下的砂浆、石子或砂给后期穿筋带来困难。察看构件留设的灌浆孔和排气孔是否正常封堵，方向上与预留孔道保持垂直。

(3) 胶管抽芯法。预应力筋孔道留设，用夹布管(常用有五层或七层)或专用钢丝网胶皮管，固定埋设在构件内，留设位置、形状、尺寸按设计进行，与钢管一样。但常用的夹布管与钢丝胶皮管不同，质地较软，必须在管内充气或充水后才能使用，采用夹布管还要注意：① 夹布管在构件内的固定间距一般不大于 500 mm，与骨架钢筋绑扎牢固，接着将管内满充气或水；② 夹布管必须封闭良好，不能出现漏水漏气情况，管子端部必须专门处理并附加密封小部件如阀门等；③ 夹布管抽管时间比钢管略微有点迟，综合现场实际情况按施工手册推荐计算数值进行，也可现场试验确定。因为夹布管充满水或气时直径增大，待混凝土初凝后终凝前，放出压缩空气或压力水，胶管直径立即变小，自动与混凝土产生脱离形成孔道，将胶管拉出，抽管很方便；④ 遇到多孔抽管，按照先曲后直、先上后下的顺序抽取。

3. 预应力筋张拉

后张法张拉预应力筋，必须等到结构构件混凝土强度符合设计要求才能进行，以现场留置的同条件养护试件结果为准(标准养护试件应按规范留置，它是评判混凝土强度是否合格的依据)，所以当自我数据不多和施工经验不足时，在混凝土浇筑时多留置几组同条件养护试件，防止因只有一组试件提前试压强度不满足张拉条件，给后面确定预应力筋张拉时间带来困难。如果设计没规定预应力筋张拉时混凝土的强度要求，规范建议不应低于设计强度等级的75%后再进行张拉。

（1）**张拉顺序**。为保证张拉预应筋时结构构件不产生过大的偏心力，不产生构件扭转与侧向弯曲、翘曲等不利现象，张拉应对称进行。遇到多根预应力筋情况时，应分批、分阶段进行，不得同时进行张拉。在分批张拉时，因为后批次张拉筋压力的作用，使得混凝土产生弹性压缩，导致先批次预应力压力损失而下降，为了补损这些压力，分批次张拉中的先批次预应力筋可采取逐根复位补足方法处理。先批次张拉钢筋应增加的应力，按预应力混凝土结构设计规范公式进行计算后确定。

（2）**张拉控制应力**。预应力筋控制应力小，达不到结构构件设计采用预应力的效果目标。控制应力越高，建立的预应力压力值越大，抗裂抗正向变形能力效果就越好，但控制应力过高，构件长时间处于高应力状态，混凝土徐变应力损失增加，且结构或构件裂缝出现荷载与构件破坏荷载接近，最后导致极限破坏前没有明显预兆，无征兆突然破坏也违背结构设计基本原则思想，因此张拉预应力筋的控制应力必须符合设计规定，需要超张拉的，可比设计要求提高5%，但最大张拉控制应力按表7-1的规定进行。为了减少预应力筋的松弛损失，张拉程序也可选择下面方式之一：

$$0 \longrightarrow 105\%\sigma_{con} \xrightarrow{\text{持荷 2 min}} \sigma_{con};$$

或

$$0 \longrightarrow 103\%\sigma_{con}$$

（3）**张拉端的设置要求**。后张法中为了减少预应力筋与预留孔壁之间摩擦引起的预应力损失，后张法预应力筋应根据设计和专项施工方案的要求，可采用一端张拉或两端同时张拉工序，当两端张拉不同时进行的，先张拉锚固后，另一端则是补张拉。如果设计没有具体规定，一般按以下原则进行：粘结预应力筋长度不大于20 m，可一端张拉；粘结预应力筋长度大于20 m时，宜两端张拉；当预应力筋为直线形，一端张拉的长度可延长至35 m；无粘结预应力筋一端张拉的长度可达40 m，超过40 m的宜两端张拉。

（4）**预应力伸长值的测定**。预应力筋不仅要控制应力，还要测定预应力筋的伸长值，先建立10%σ_{con}初应力开始测量，但测量时须加上这个初应力的推算伸长值，推算值按弹性变形直线变化规律取用，也要同时对于张拉过程中混凝土弹性压缩量进行扣除。通过校核预应力的伸长值，可以综合反映张拉应力是否满足要求，孔道摩擦损失是否偏大，以及预应力筋是否出现异常情况等，如果实际伸长值与按规范公式计算值的偏差超过±6%，应暂停张拉，立即分析原因，修改完善或变更操作方法，重新制定措施后再进行张拉。

（5）**预应力值的校核**。预应力值才是预应力结构构件张拉时主要控制指标，为了建立可靠的预应力值，需要对预应力筋的应力及损失进行检验和测定，以便补足和调整张拉时的预应力数值，检验应力损失常用方法是，在预应力钢筋张拉24 h后孔道灌浆前重拉一次，测读前后两次应力值差额，即为预应力筋部分损失。预应力筋张拉锚固后，实际预应力值与工程设计规定的检验值的相对运行偏差控制在±5%之内。

4. 孔道灌浆和封锚

为了防止钢筋锈蚀，并增强结构的耐久性和整体性，提高结构整体抗裂性能和承载力，后张法有粘结预应力筋张拉完毕并验收合格后，要尽早(一般构件控制在 48 h 内)孔道灌浆。采用专用压浆料和专用压浆配置的浆液，压浆材料进场应进行检验。孔道压浆机可采用活塞式可连续作业的压浆泵，不得采用风压式压力泵。

压浆前可用高压水枪冲洗清洁孔道，冲洗后，应使用不含油的压缩空气将孔道内的所有积水吹出，同时检查灌浆孔、排气孔是否畅通。浆体的水胶比严格按材料说明结合现场变化来控制(根据经验一般在 0.26～0.28 之间)，浆体稠度宜控制在 14 s～18 s 之间，强度不应低于构件设计强度，宜采用活塞式压浆泵保证水泥浆使用前始终处于搅动状态，防止沉淀。制浆机的转速应不低于 1 000 r/min，搅拌叶的形状应与转速相匹配，叶片的速度范围宜在 10 m/s～20 m/s，并能满足在规定的时间搅拌均匀的要求。

压浆时浆液温度应在 5℃～30℃之间，压浆过程中及压浆后 48 h 内，结构构件及环境温度不得低于 5℃，否则应采取保温措施，并按冬期施工的要求处理，浆液中可适量掺用引气剂，但不得掺用防冻剂，在环境温度高于 35℃时，压浆宜在夜间进行。

压浆顺序为先下孔道、后上孔道，集中一处的孔道一次压完，避免串浆。压浆过程应缓慢均匀进行，不得中断，如果孔道无法一次压完，应将相邻未压浆的孔道用压力水冲洗，确保后续压浆的畅通。压浆过程应对施工具体情况进行如实记录，同时宜采用孔道压浆施工记录仪对施工参数进行监测和记录。压浆后应检查压浆的密封情况，如有不实，应及时补压浆处理。压浆过程中，每一工作班组应制作留取规定组数(一般不少于 3 组)的立方标准试件，标准养护 28 d 后进行抗压强度试验，作为质量评定的依据。

封锚混凝土浇筑前，应进行构件端部凿毛，将两端锚具周围冲洗干净并凿出预埋钢筋，焊接端头钢筋网后浇筑封锚混凝土，封锚应采用与结构同强度的混凝土并严格控制封锚后的构件整体长度。

7.2.2　张拉设备、锚具及预应力筋制作

选用合理的张拉设备、锚具，正确制作预应力筋才能达到施工工作效率和设计预期，本节介绍目前后张法施工中常用的张拉设备及锚具，并介绍预应力筋的制作过程和要求。

1. 张拉设备

后张法施工中选用的张拉设备主要是高压油泵和千斤顶。

(1) **高压油泵**。高压油泵的作用是向液压千斤顶各个油缸供油，使其活塞按照一定速度伸出或回缩，高压油泵分手动驱动和电动驱动两种。电动油泵行程精度好便于控制，施工中的被优先选用，高压油泵选用时注意油泵的定额压力要不小于千斤顶的额定压力。

(2) **千斤顶**。后张法中常用穿心式千斤顶(YC 型)、拉杆式千斤顶(YL 型)和锥锚式千斤顶(YZ 型)三种。

穿心式千斤顶适用性强，特点是千斤顶中心有穿通的孔道，以便预应力筋或拉杆穿过后用工具锚临时固定在千斤顶的顶部进行张拉，可以与多种形式的锚具(如 QM 型、XM 型等)配合进行张拉预应力钢丝束、钢筋束、钢绞线束。配置撑脚和拉杆等专用附件后，就作为拉杆式千斤顶使用，在千斤顶前端装上分束顶压器，同时在千斤顶和撑套之间用钢管接长可作为 YZ 型千斤顶使用。

拉杆式千斤顶主要用于张拉带有螺丝端杆锚具的粗钢筋、锥形螺杆锚具钢丝束和墩头

锚具钢丝束。

锥锚式千斤顶主要用于张拉KT－Z型锚具锚固的钢筋束、钢绞线束，以及使用锥形锚具的预应力钢丝束，工作时它的顶压油缸顶住锥塞，张拉油缸张拉预应力筋，所以又被称为双作用千斤顶。

2. 锚具

后张法中的锚具是预应力筋张拉和永久固定在预应力结构构件中的传递预应力的配件工具，按锚固性能分为：Ⅰ类锚具和Ⅱ类锚具。Ⅰ类锚具既可以用于承受静载的预应力混凝土结构，也能用于承受动载的预应力混凝土结构；而Ⅱ类锚具只能用于有粘结预应力混凝土结构，且锚具只能处于预应力筋应力变化不大的部位。施工中选用锚具的静载锚固性能（锚具效率系数和总应变）符合规范值要求；预应力筋锚具组装件达到实测极限拉力时，除锚具设计允许的现象外，全部零件均不得出现肉眼可见的裂纹或破坏；满足分级张拉和补张拉工艺外，具备能放张预应力筋的性能；锚具及其附件上宜设置灌浆孔道，孔道的横截面应能保证浆液畅通。

后张法中的锚具根据构造形式和锚固原理不同，有夹片锚具、墩头锚具、螺杆锚具和锥销式锚具四种体系；根据张拉预应力筋锚具所在构件位置不同，分为张拉端锚具和固定端锚具；按锚具锚固钢筋或钢丝数量，分为单根粗钢筋锚具、钢丝锚具和钢筋束、钢绞线束锚具。

3. 预应力筋制作

预应力筋有单根筋、钢丝束、钢筋束和钢绞线束三大类。

单根预应力钢筋一般用热处理钢筋，制作过程包括配料、对焊、冷拉等工序。配料时应根据钢筋品种测定冷拉率，并以应力为冷拉控制指标。

钢丝束制作随锚具不同会有差异，一般需要调直、下料、编束和安装锚具等工序。不同锚具对钢丝束下料长度计算不一样，注意按规范推荐公式正确进行，同时为了保证张拉时各钢丝应力均匀，选用锥形螺杆锚具和墩头锚具的钢丝束，要求钢丝每根长度要相等，下料长度相对误差控制在$L/5\,000$以内且不大于5 mm。为了防止钢丝发生扭结要对钢丝进行编束，编束前对钢丝直径进行测量，保证成束钢丝与锚具可靠连接，编束在平整的场地上进行，编好后的钢丝帘绕衬圈成圆束状固定。

钢筋束及钢绞线束的制作一般包括开盘冷拉、下料和编束等工序，钢筋束由直径10 mm的热处理钢筋编束而成，钢绞线束由直径12 mm或15 mm钢绞线编束而成，编束就是把预应力筋理顺后，用18～22号铁丝每隔1 m左右绑扎一道形成束状的，目的是防止预应力筋穿孔道时发生扭结。

7.3 无粘结预应力混凝土结构工程施工

常规的预应力结构靠预应力筋和混凝土之间粘结传递预压力，而无粘结预应力是采用专用防腐润滑层和塑料护套包裹的单根预应力钢绞线或单根预应力纤维增强复合材料筋，按设计规定形状、位置铺设并固定在混凝土构件内，浇筑混凝土，待混凝土达到规定强度后进行张拉锚固，预应力筋和混凝土之间保持相对滑动没有粘结力，预应力筋张拉力完全靠构件两端的锚具传递给构件。无粘结预应力施工时不需要预留孔道、穿筋、灌浆等复杂工序，施工过程简单、速度快、摩擦力小、容易实现多跨曲线型布置，特别适用大跨连续曲线配筋结构。将预应力筋布置在混凝土构件截面之外称为体外预应力，改变体外预应力束方向的、与混凝土构件相连接的中间支承块称为转向块。无粘结预应力筋有钢绞线和纤维增强复合材料筋（如碳纤维筋、芳纶纤维筋等）。

无粘结预应力结构施工工艺主要由：结构构件骨架钢筋布置、预应力筋准备→铺设预应力筋→支设构件模板→浇筑混凝土→构件养护到设计强度→张拉无粘结预应力筋→预应力筋端部锚固、封闭。

（1）预应力筋的铺设。无粘结预应力筋被内冲油脂涂料的套管封闭，铺设前应检查外包层是否完好，对轻微破损的用塑料带补包好，对严重破损的应予以报废。常见的双向预应力筋布置的，应先铺设下面的预应力筋再铺设上面的预应力筋，避免铺设时相互穿插。无粘结预应力筋按设计的空间形状位置（尤其是波浪曲线型）就位固定，定位必须与设计位置严格相符，铁丝绑扎固定点距离尽量不大于 1.00 m，钢丝束的曲率可制作钢筋马凳定位控制。

（2）预应力筋的张拉。混凝土养护达到设计强度后，就可以张拉预应力筋，当设计无强度等级要求时，应待混凝土强度达到设计强度的 75%（以现场同条件养护试件压值为依据）方可张拉。张拉顺序按预应力筋铺设的顺序进行，先铺设的先张拉；当预应力筋长度小于 40 m，宜一端张拉，若长度不小于 40 m，宜采用两端张拉，长度超过 60 m，宜分段张拉。张拉程序可采用一次超张拉，$0 \longrightarrow 103\%\sigma_{con}$ 以减少预应力筋的应力松弛损失。无粘结预应力筋往往很长，张拉应做好减少摩阻值损失的工艺措施，外包层和预应力筋之间是油脂涂料作滑润介质，这个摩阻损失一般是相对稳定的定值。而不同截面形式的预应力筋的摩阻损失随筋的截面不同差异较大，不同截面其值离散性也不同。如果预应力筋全长范围内截面一致，则其摩阻损失值波动范围很小，否则可能出现局部阻塞导致损失值无法测定。成束无粘结筋正式张拉前，可先用千斤顶往复抽动 1～2 次，张拉宜采用多次重复张拉工艺，但在张拉过程中，避免钢绞线滑脱或断丝，发生滑脱时，滑脱的钢绞线数量不应超过构件同一截面钢绞线总根数的 3%；发生断丝时，断丝的数量不应超过构件同一截面钢绞线钢丝总数的 3%，且每根钢绞线断丝不得超过一丝，对多跨双向连续板，同一截面按每跨计量。

（3）预应力筋端部锚固、封闭。预应力筋张拉完毕要立即对两端（有一端固定一端张拉的、有两端张拉的）进行封闭处理，端部处理与锚具和无粘结筋种类有关。

无粘结筋固定端可设置在结构构件内部，对于预应力钢丝束，端部可用墩头锚具内侧撑螺旋钢筋加强式样固定；对于预应力钢绞线锚固端可取 $10d$（d 为钢绞线直径）长，拆散开来再编织做出压花形式，这种做法的混凝土强度必须达到设计强度。

无粘结筋张拉端的锚具通常缩进构件断面一定的深度，形成凹槽，待预应力筋张拉完毕锚固后，将伸出锚具外多余的钢绞线切割，进行预应力筋端部和锚具夹持部分进行防潮、防腐处理，然后在凹槽内壁涂刷环氧树脂类粘结剂，用低收缩防水砂浆或环氧砂浆或膨胀细石混凝土浇筑封闭；对于钢丝束墩头锚具的，穿筋时会损坏外层保护塑料套，锚环被拉出后，塑料套内产生孔隙，必须有油枪通过锚环的注油孔向套筒内注满防腐油脂，灌油后将外露锚具封闭好，避免长期与大气接触造成锈蚀；对于夹片式锚具，张拉端构件简单不需要另加措施，割掉超出预留钢绞线多余长度部分，然后在锚具和承压板表面涂防水涂料，在进行封闭。

7.4 预应力混凝土结构工程质量验收与安全文明施工

7.4.1 质量检查与验收

预应力混凝土分项工程的质量检查与验收应符合现行国家标准《混凝土结构工程施工质量验收规范》(GB 50204－2015)的有关规定。应检查的文件有:经审查批准的施工组织设计和施工方案,设计变更文件(如果现场发生变更),预应力质量证明文件和抽样检验报告,锚具、连接器质量证明文件和抽样检验报告,加工组装张拉端和固定端的质量验收记录,预应力的安装质量验收记录,隐蔽工程验收记录,张拉时混凝土同条件试件抗压强度试验报告,张拉设备配套校验报告,预应力筋张拉记录及质量验收记录,封锚记录和其他必要的文件与记录。

检验批表格中的主控项目有10条(具体条目名称和细节要求,读者可拓展查阅相关验收规范表格),按规定的检查数量和检验方法逐一进行验收记录;一般项目有12项(具体条目名称和细节要求,读者可拓展查阅相关验收规范表格),也要按规定的检查数量抽样,按规定检验方法检查,如实记录验收数值及数据以反映现场实际状况,为档案留存和维保提供有效证明。

7.4.2 安全文明施工

预应力混凝土结构工程除去遵守混凝土结构工程施工的安全文明事项之外,因其结构的特殊性,需要特别注意:先张法施工中,张拉机具与预应力筋应在一条线上,顶紧锚塞用力不要过猛,防止钢丝折断;台座法生产的,两端应设置防护设施,并在张拉预应力筋时,沿着台座每隔4～5米设置一个防护架,两端严禁站人,更不允许进入台座;后张法施工中,张拉预应力筋时,构件两端不得站人,同时在千斤顶后面设立防护装置,在现场高空楼层施工的遵守高空作业要求,并做好张拉端一定范围内整个空间立体防护措施。千斤顶的操作人员严格遵守操作规程,站立在千斤顶侧面工作,在油泵开动过程中,不得擅自离岗,暂停或结束必须彻底松开油阀和切断电路。

单元练习题

1. 什么是先张法,什么是后张法?工艺上有何不同?

2. 先张法施工工艺布置和要点有哪些?

3. 后张法施工工艺布置和要点有哪些?

4. 无粘结预应力工艺有何特点?

5. 课后拓展:查阅预应力混凝土结构施工质量检验批表,识读主控项目、一般项目的内容和要求。

第八章 防水工程施工

本单元学习目标

通过本单元学习，学生掌握防水材料及防水施工原则；
通过本单元学习，学生掌握屋面卷材防水施工步骤和要点；
通过本单元学习，学生掌握卫生间涂料防水施工步骤和要点；
通过本单元学习，学生熟悉地下室防水主要方法及要领。

防水工程的施工质量对房屋建筑的使用性、耐用性影响很大，渗漏对装饰装修层破坏显而易见，长时间的渗漏可能对结构也带来隐患，施工及施工管理要对防水部分务必重视。建筑工程中按照防水部位不同，有地下室防水、外墙与室内防水、屋面防水；按防水材料为卷材防水、涂料防水、瓦件防水、构件自防水；按防水构造做法分刚性防水、柔性防水。建筑工程防水质量不仅受到设计的合理性、选材的正确性影响，更受到施工工艺及施工质量的影响。

8.1 地下室防水工程施工

地下室防水属于地下防水，执行《地下防水工程质量验收规范》(GB 50208－2011)，由于地下室常年受到地表水、潜水、上层滞水和毛细水等作用，防水施工比屋面防水及室内防水难度大，还要求设计给出的防水方案合理有效。按《地下防水工程质量验收规范》，地下防水分为四个等级，如表 8－1 所示。地下室防水从两个方面予以控制，即结构主体防水和细部构造处防水(如施工缝、变形缝、后浇带、诱导缝等处)。

表 8－1 地下防水工程等级标准

防水等级	标 准
1 级	不允许渗水，结构表面无湿渍
2 级	不允许漏水，结构表面可有少量湿渍；工业与民用建筑的湿渍总面积不大于总防水面积的 1‰，单个湿渍面积不大于 0.1 m^2，任意 100 m^2 防水面积不超过 1 处
3 级	有少量漏水点，不得有线流或漏泥沙；单个湿渍面积不大于 0.3 m^2，单个漏水点漏水量不大于 2.5 L/d，任意 100 m^2 防水面积不超过 7 处
4 级	有漏水点，不得有线流或漏泥沙；整个工程平均漏水量不大于 2 L/m^2 · d，任意 100 m^2 防水面积的平均漏水量不大于 4 L/m^2 · d

地下室防水一般采用多道设防的复合防水方案，且地下室外侧回填土也选用难渗透的灰土进一步阻隔水路，具体防水方案组合有：防水混凝土结构层＋防水卷材＋回填土、防水混凝土结构层＋防水涂料＋回填土、防水混凝土结构层＋防水涂料＋防水卷材＋回填土、防水混凝土结构＋防水卷材等方法，特殊情况下可以直接选择防水混凝土防水、卷材防水、涂料防水、金属防水、塑料防水板防水、膨润土防水等防水方式之中的一种。本教材为了简化学习，只介绍防水混凝土防水、砂浆防水、卷材防水、涂料防水和细部防水构造。

8.1.1 结构主体自防水混凝土施工

混凝土材料自身不仅能承受荷载，又具有一定的防水能力，特别是添加新型防水外加剂的防水混凝土具备承重、围护及抗渗多重功能，又能满足结构构件耐冻融及耐腐蚀性能要求。

地下室第一道防水防线优先选用防水混凝土浇筑外墙体、底板和顶部。《地下工程防水技术规范》(GB 50108－2008)针对防水混凝土作为结构自防水要点描述为“地下工程迎水面主体结构应采用防水混凝土浇筑”。

防水混凝土施工前及时排除基坑槽内的积水，并在施工过程中保证基坑槽处于无水状态，拌合物及材料受到雨水、地表水和施工用积存水淋湿浸泡都会影响防水混凝土的密实度、抗渗性和抗压强度，遇到坍落度不合格的混凝土不得随意加水。

地下室外侧迎水面(底板、侧墙、顶板)防水质量好坏，既受到设计、材料性质及配合比的影响，还受到现场施工及施工管理水平的影响控制，所以对施工的各个主要步骤环节必须按规范、规程结合经验和现场具体实际，制定严格的操作流程。进场验收检测、入模浇筑、密实振捣、养护务必遵守验收规范、操作规定。

地下室防水混凝土模板除满足一般模板规定外，应注意拼缝严密，支撑牢固基本无变形，浇筑前的模板表面必须清理干净，并保持板面处理后，在拆模时与混凝土面轻松剥离不黏附混凝土保护层的混合料。紧固模板的对拉螺栓，直径、强度等级、拉杆两端及中间构造按施工方案要求选用，如在螺杆墙体中间焊接止水环，在杆端做堵头等，如图 8－1 所示。切不可采用套管穿杆固定，后期防水很难处理，会留下很多隐患。防水混凝土中的绑扎钢筋的铅丝不得支伸出双层钢筋网外，扎绑铅丝头多余段弯入墙体两片钢筋网间，钢筋和铅丝不得碰撞或接触到模板，外侧保护层采用水泥制品垫块，不得有负值误差。

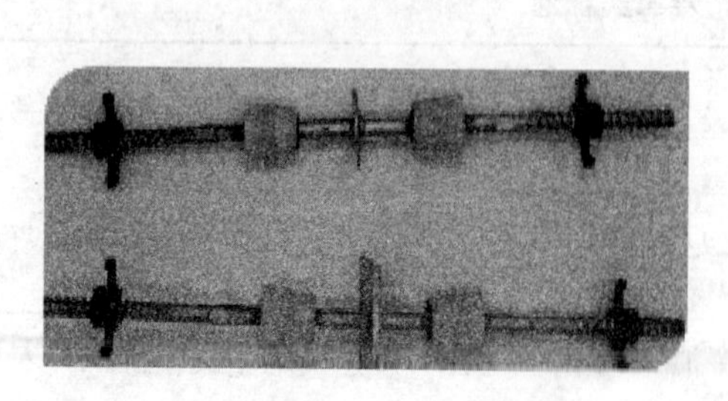

(a) 带堵头、止水环对穿螺杆

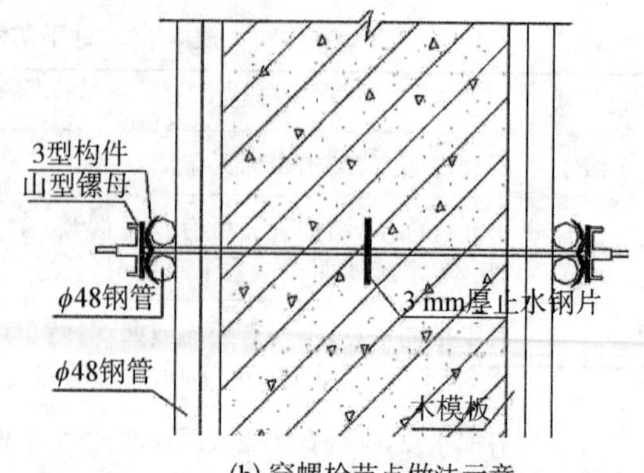

(b) 穿螺栓节点做法示意

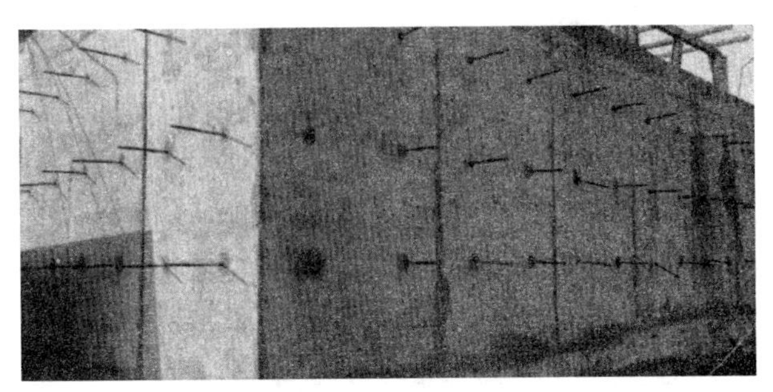

(c) 地下室墙板外侧拆模后图片(一根根伸出墙面的是对穿螺杆，后面将切割掉)

图 8-1　对穿螺杆示意图

目前施工现场禁止自拌，采用预拌商品混凝土进场，提前到预拌站察看材料与拌合情况，预拌混凝土进场后，先收查运料司机递送的跟车发货单，核对单据上的项目名称、使用部位、混凝土强度、防水等级、单车到场混凝土量、累计到场量等，发货单一般一式四份，必须完全一致，防止发货偏差(商品混凝土厂家会同时供应多处施工项目)。正式卸料前先少量卸出查看拌合物外观是否合格，出现异性情况(如夏季运输过程中忘记滴水、运输车临时故障料筒没有运行，)加大卸料查看外观，拌合料开始正式浇筑，在卸料口马上做坍落度检测，现场做强度试件、抗渗试件，试件组数符合现场制定数量，制作试件时要有监理单位(建设单位)人员旁站，做好资料记录。

一个施工段内的混凝土必须在初凝前全部浇筑完毕，遇到地下室混凝土外墙板高度值较高大，输送泵管段软管长度不能满足浇筑混凝土自由下落高度，要用串通、溜槽或漏斗导管，随浇筑随振捣。振捣密实有序，振捣插点间距和振捣时间保证整个混凝土墙体密实，不得漏振、欠振、不能超振。也可采用组合振捣密实："插入式振捣＋模板外侧壁附着振动"。目前商品泵送混凝土坍落度大(流动性好)振捣时间不宜过长，10 s～15 s(规范建议的 15 s～30 s 是坍落度较小的自拌混凝土的振捣时间)即可，此时能观察到拌合料不再冒小气泡或冒极少个小气泡、表面泛出亮晶晶水泥浆。混凝土浇筑振捣过程中，要派人下去查看模板是否变形涨模，板与板接缝、板与底面侧面构件接缝是否漏浆，模板支架是否稳定或变形过大等，遇到这些异常情况，要及时停止浇筑，采取措施后再接着浇筑。浇筑尽量不留施工缝或少留施工缝，如果必须留设，墙体水平施工缝不得留置底板、顶部与侧墙交接处，应留在底板或底板梁上高度不少于 300 mm 墙体上；地下室顶部与侧墙施工缝，应留在顶板下表面下 150～300 mm墙体上，当同一顶板与侧墙面交接处是结构加强梁，留在梁下 150～300 mm 墙体上；墙体有预留孔洞的，施工缝距离孔洞边缘不少于 300 mm，垂直施工缝应避开迎水面地下水、裂隙水、毛细水较多的地段，并尽量与变形缝相互结合，减少施工构造措施避免留下渗漏隐患，施工缝示意如图 8-2 所示。

后续混凝土浇筑前，施工缝清理必须合格，将施工缝端面及附近浮浆杂物清扫凿除，露出坚硬的混凝土实体，钢筋网及止水钢板(止水带)一并清理干净，并查看钢筋网和止水钢板(止水带)的位置是否正确，如出现弯折变形是否超过规定，钢材表面腐蚀铁锈会影响与混凝土粘结，不合格都要进行处理；用水将施工缝附近充分润湿，尤其夏季高温期浇水润湿提前时间不宜太早，否则水分提前蒸发没达到润湿目的，接着在水平施工缝上浇铺与混凝土同配

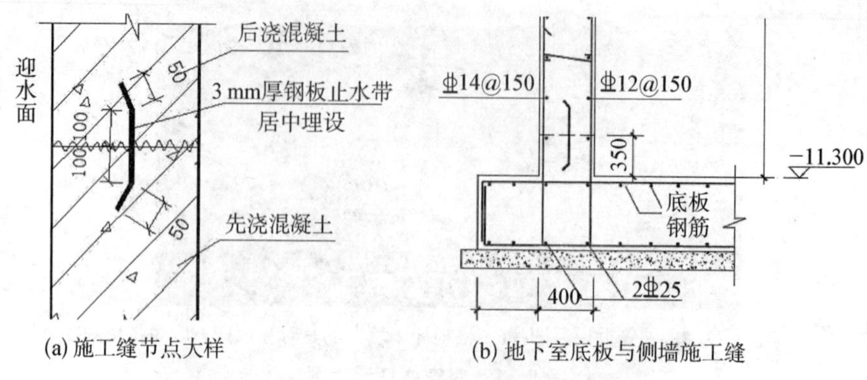

(a) 施工缝节点大样　　(b) 地下室底板与侧墙施工缝

(c) 地下室侧墙水平施工缝现场图片(施工缝还未清理)

图 8－2　施工缝示意

比的水泥砂浆厚度 30～50 mm 左右，及时浇筑后续混凝土；竖向施工缝无法铺筑砂浆可以不做，但中埋位置的止水带必须位置正确、牢固可靠、不破损扭曲。

防水混凝土浇筑完毕正常采用自然养护(人工养护有一定难度，需要专项措施)，混凝土终凝后开始保湿养护，常温下 12 小时内开始养护，高温期 6 小时内开始养护，养护时间至少 14 天。此时段内保证混凝土足够润湿，满足水泥水化需要的水量，可以安排专人浇水，并覆盖塑料膜、草袋、毯子等保水润湿，冬期不需浇水。在混凝土强度没达到设计要求前，不得上人和其他施工操作，如设计文件没做要求，则应在达到 40％设计强度要求以上方可继续施工。冬期施工时混凝土入模温度不应低于 5℃，并采取保暖保湿措施，防止受冻和脱水，温度太低可以采用综合蓄热法或暖棚法(江苏地区冬期施工，除非遇到恶劣寒流极端灾害天气，一般侧墙用木模板，水平梁板用木模板加草袋、毯子覆盖混凝土表面，就能保住混凝土中的水泥水化产生热量，满足正常抗冻要求，苏南地区甚至可以用塑料膜覆盖也满足要求)。如果混凝土中掺入抗冻外加剂，能降低冰点使混凝土在低温下硬化，但要适当延长混凝土搅拌时间，振捣细致密实同时做好保温保湿。防水混凝土达到设计强度 70％方可拆模，大跨度或悬挑水平结构必须达到设计强度 100％方可拆除，且模板拆除后要保留一定数量的支撑。拆模时，混凝土表面温度与环境温度差值不得超过 15℃，以防止混凝土表面出现裂缝。地下室混凝土结构在允许范围下尽早浇筑完成，尽早拆模，尽早对基坑槽空余空间回填，用规定的土料回填，回填分层压实，避免因干缩和温差产生裂缝。及时回填也可有效阻止地下水的不利影响，现场施工空间也得到增加，并且消除基坑槽临边安全隐患，整个工地现场文明程度也有大幅度提升。

8.1.2 水泥砂浆防水层施工

水泥砂浆防水和混凝土防水同属刚性防水。防水砂浆包括聚合物水泥防水砂浆、掺外加剂或掺合料的防水砂浆。施工时宜用多层抹压法施工，水泥砂浆防水层可用于地下室主体结构的迎水面或背水面。当工程可能受到持续振动、温度高于80℃的影响时，不得选用水泥砂浆防水。具体防水砂浆品质和配合比按设计说明要求进行，聚合物水泥防水砂浆单层施工厚度宜为6～8 mm，双层施工宜为10～12 mm；掺外加剂或掺合料的水泥防水砂浆厚度宜为18～20 mm，抹压砂浆前保证基层结构的混凝土强度或砖砌体中砂浆强度，均不低于设计值的80%。基层表面应平整、坚实、清洁，并充分湿润无明水；基层表面的孔洞、缝隙，应采用与防水层相同的防水砂浆堵塞并抹压平整，预埋件、穿墙管根部在墙体附近凹槽嵌填密封材料后，再进行防水砂浆施工；防水砂浆的配合比和施工方法应符合所掺材料的规定，其中聚合物水泥防水砂浆的用水量应包括乳液中的含水量，随拌随用，施工过程不得任意加水，一个班次的拌合砂浆要在规定时间内用完；水泥防水砂浆层不得在雨天、五级及其以上大风中施工，冬季气温低于5℃、夏季有烈日直射或30℃以上没有可靠可行技术保证措施的不宜施工，水泥砂浆防水层各层应紧密粘合，每层宜连续施工，必须留设施工缝的，应采用阶梯坡形接槎，保证离开阴阳角处的距离不得小于200 mm，分层喷涂或铺抹，铺抹必须压实抹平，最后一层表面应提浆压光。砂浆防水是刚性防水，可以采用多层抹压交叉操作法，如图8-3所示为典型的五层构造做法。五层防水构造施工时，将基层清理干净，保证平整、坚实、粗糙、润湿；第1层在提前润湿的基层上抹素灰浆，铁抹子用力抹压几遍，厚度1 mm左右，再抹压1 mm左右素浆找平，表面避免光滑，以免影响与后面砂浆结合，素灰起到封底过渡让后续砂浆与基层粘结性能更好；第2层在素灰浆初凝后终凝前立即抹压砂浆，操作要用力让砂浆压入前一层素灰层0.5 mm为标准，并在砂浆表面用木抹子搓压出条纹等粗糙效果，绝对不能用铁抹子把砂浆面抹压光滑；第3层在第2层初凝后终凝前进行，做法要求同第1层，第4层在第3层初凝后终凝前进行，做法同第2层，第5层是第4层面在二遍抹压后刮压的水泥浆，随第4道一起砂浆收水后用铁抹子二次抹压光滑结实平整，表面坚固密实。砂浆防水层的总厚度应按设计要求进行，一般为20 mm左右。

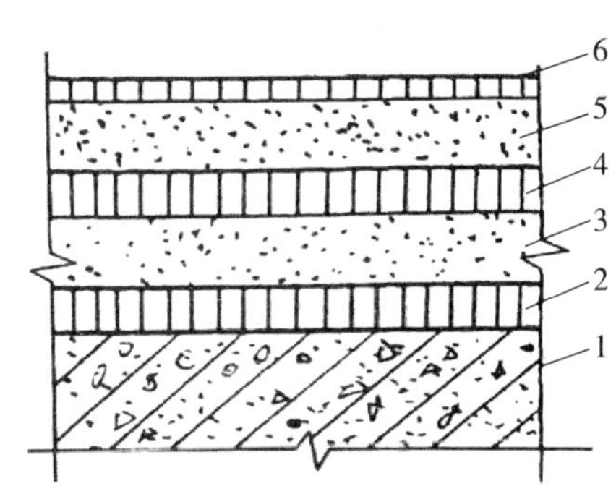

1-主体结构基层；2-水泥素浆层；3-砂浆层；4-水泥素浆层；5-砂浆层；6-水泥浆面层

图8-3 砂浆防水多层交叉操作示意图

砂浆防水层也可采用掺防水外加剂形成聚合物防水砂浆，聚合物防水砂浆操作抹压层数和总厚度按设计要求，不需要像图8-3那样多的分层操作，主聚合物防水砂浆两层抹压操作即可。砂浆防水尽量一天完成，让各层之间粘结牢固、不空鼓、不分层、不开裂。水泥砂浆终凝后及时进行养护，养护温度不宜低于5℃，并应保持砂浆表面湿润，养护时间不得少于14 d。聚合物水泥砂浆未达到硬化状态时，不得浇水养护或直接受到雨水、地面水或其他流水冲刷，硬化后应采用干湿交替的养护方法。潮湿环境中，可以在此利用自然条件直接养护，不需额外洒水润湿。

8.1.3 卷材防水层施工

目前地下室防水是多道设防的复合防水方案，但无论复合防水方案在材料和构造上是如何组合的，基本都包含有外包卷材防水层。防水卷材种类多品质好，市场供应充足，主要分类如表 8 - 2 所示。卷材防水属于柔性防水构造，具有良好的韧性和延展性，能适应结构一定范围的振动和变形，对酸、碱、盐等腐蚀液体有较好的耐腐蚀性能，地下室防水选用改性沥青卷材或高分子卷材，耐久性好，抗拉强度高，延伸率大，铺贴操作工艺成熟，施工方便。

表 8 - 2　主要防水卷材分类

<table>
<tr><th colspan="2">类　别</th><th>防水卷材名称</th></tr>
<tr><td colspan="2">沥青基防水卷材</td><td>玻璃布、玻璃胎、纸胎、麻布、铝箔沥青卷材</td></tr>
<tr><td colspan="2">高聚物改性沥青防水卷材</td><td>再生胶卷材、SBS、APP、SBS - APP、胶粉改性沥青卷材、丁苯橡胶改性沥青卷材、PVC 改性煤焦油沥青卷材等</td></tr>
<tr><td rowspan="3">合成高分子防水卷材</td><td>合成树脂系防水卷材</td><td>氯化聚乙烯卷材、PVC 卷材等</td></tr>
<tr><td>硫化型橡胶或橡胶共混卷材</td><td>三元乙丙卷材、丁基橡胶卷材、氯丁橡胶卷材、氯磺化聚乙烯卷材、氯化聚乙烯-橡胶共混卷材等</td></tr>
<tr><td>非硫化型橡胶或橡胶共混卷材</td><td>丁基橡胶卷材、氯丁橡胶卷材、氯化聚乙烯-橡胶共混卷材等</td></tr>
<tr><td colspan="2">特种卷材</td><td>自粘卷材、热熔卷材、热反射卷材、沥青瓦等</td></tr>
</table>

地下室卷材防水施工，有外防外贴法、外防内贴法。外防外贴法简称外贴法，即在地下室结构墙浇筑完成验收合格后，将防水卷材铺贴在地下室结构墙外侧面，将整个地下室从外面彻底包裹密封达到防水目的；外防内贴法简称内贴法，即先在地下室结构墙体外侧一周砌砖砌体墙，砖砌体墙面进行抹灰，抹灰层干燥后，将卷材铺贴在砖砌体墙面抹灰层上，后进行地下室结构墙体施工，让地下室结构墙体与铺贴卷材的砌体墙紧密贴合，从构造图上防水卷材等于挤压在砖砌体墙与混凝土结构墙之间。示意图见 8 - 4，综合平衡防水质量、施工总进度和成本效益，施工中多采用外防外贴法工艺。

（1）外防外贴法。因为地下室结构底板、墙板和顶板分三次施工完成，外防外贴法中的防水卷材也是分三次（或两次）铺贴完成：① 底板下防水卷材，是在基坑槽混凝土垫层浇筑完成合格后，砌筑保护性墙，保护墙下部一段是永久性保护墙，高度≥地下室底板厚 B+200～500 mm，在永久保护墙上砌筑临时保护墙（用于固定底板下卷材外伸出收头，墙立面卷材铺贴时要拆除的）；在垫层和保护墙上抹一层找平砂浆，砂浆干燥结实后，开始铺贴底面防水卷材，卷材铺贴注意铺贴方向、卷材之间的搭接长度、集水坑和拐角等重点部位可加铺。如果采用双层铺贴方案，两层卷材顺着同一方向进行，且两层卷材之间搭接接缝不应在同一位置要错开。底板下卷材铺贴要留有一定长度的收头余量，将收头卷起固定在外侧保护墙立面上，底面卷材铺贴验收合格，浇铺一层砂浆或细石混凝土保护隔离层，进行结构底板钢筋布置绑扎、支设模板、浇筑底板混凝土，注意将施工缝留在结构墙上，如图 8－4 中(a)所示墙体内横线位置；② 立面防水卷材铺贴，先进行结构墙钢筋布置绑扎、模板支设、浇筑混凝土，结构墙体浇筑完成验收合格，对墙体外侧表面清理干净、干燥、平整，涂刷基层处理剂，铺贴立面防水卷材，立面卷材下端注意与前面底板伸出卷材规范搭接(底板外伸出卷材收头从临时墙体揭开与新铺卷材搭接好牢牢固定黏贴在混凝土结构墙上)。立面卷材铺贴时的上端收头，要按规范与地下室顶板防水卷材合理搭接，形成完整密闭的防水外包层。

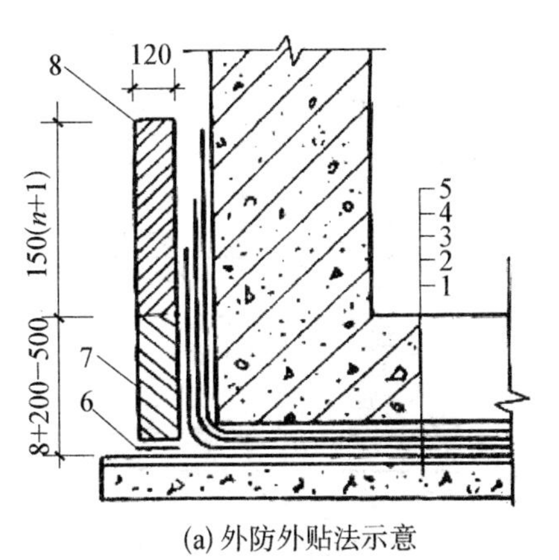

(a) 外防外贴法示意

1－垫层；2－找平砂浆；3－防水卷材；
4－保护层砂浆；5－结构底板；6－隔离层；
7－永久性保护墙；8－临时性保护墙

(b) 外防内贴法示意

1－防水卷材；2－永久性保护墙；
3－地下室结构底板下垫层；
4－地下室结构墙

图 8－4　地下室卷材防水示意图

(2) 外防内贴法。在地下室结构墙板外侧，先砌筑永久性保护墙，墙体面砂浆找平干燥合格后，在垫层和保护墙上同步进行防水卷材铺贴，保护墙面铺贴前涂刷基层处理剂，垫层上卷材是水平面铺贴，按屋面操作要求或(1)中的提示要求铺贴即可，保护墙上每一卷卷材是沿着竖向垂直铺贴，其他如搭接宽度等正常进行即可。垫层和墙面卷材铺贴完毕，立即做卷材保护层，垫层上卷材保护隔离层可以铺筑一层砂浆后细石混凝土，墙立面卷材可热粘法铺撒热砂或麻丝，再抹压一层砂浆。合格后进行地下室结构底板、墙板的钢筋布置固定、模板支设、浇筑混凝土，如图 8－4 中(b)所示。

8.1.4　涂料防水施工

涂料防水有时作为地下室复合防水中的一道工序，防水等级高的地下室一般和卷材组合使用，防水等级较低的地下室也可单独使用。在结构主体背水面可选择掺外加剂、掺合料的水泥基和水泥基渗透结晶无机防水涂料，迎水面可用反应型、水乳型等有机防水涂料，背水面如选用有机防水涂料应具有较高抗渗性并与基层较好的粘结性。有机防水涂料基层面要干燥，因技术组织或工期安排需要在潮湿基层面涂刷，应增加湿固化型胶结剂或潮湿截面隔离剂；无机防水涂料施工前，基层面应充分润湿但不得有明水。

多组分涂料应按配合比准确计量，搅拌均匀，并应根据有效时间确定每次配置的用量。涂刷或喷涂时涂层应均匀，后一道涂刷应待前遍涂层干燥成膜后进行，每遍涂刷时前后两道涂层用交替改变涂刷方向，同层涂膜的先后搭接宜为30～50 mm；甩槎处接槎宽度不应小于100 mm，接涂前将甩槎表面处理干净；有机涂料涂刷时，将基层阴阳角做出圆弧，在转角、变形缝、施工缝、穿墙管道等重点部位应增加胎体以增强材料物理性能并增加涂刷遍数，宽度不应小于500 mm，增强用胎体材料的搭接不应小于100 mm，上下两层和相邻两幅胎体的接缝应错开1/3幅宽，且上下两层胎体不得相互垂直铺贴；控制涂料每遍涂刷厚度和完成后总厚度，掺外加剂的水泥基防水涂料厚度不得小于3.0 mm，水泥基渗透结晶型防水涂料厚度不应小于1.0 mm且用量不应小于1.5 kg/m²；有机防水涂料的厚度不得小于1.2 mm，合格后再进行防水卷材铺贴。地下室涂料防水构造如图8-5所示。

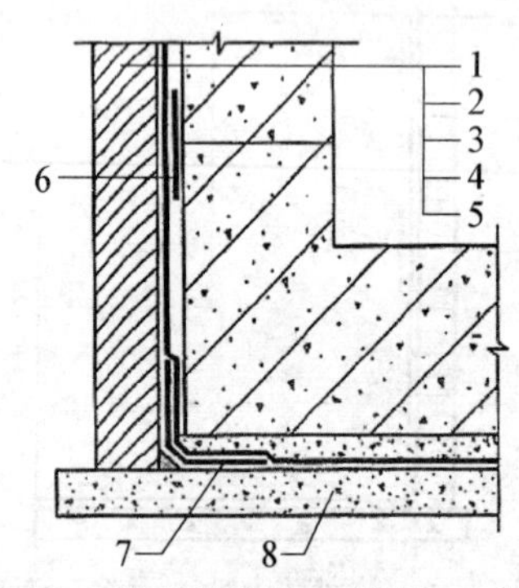

1-保护墙；2-涂料保护层；3-涂料；4-找平层；5-结构层；6、7-防水加强层；8-垫层

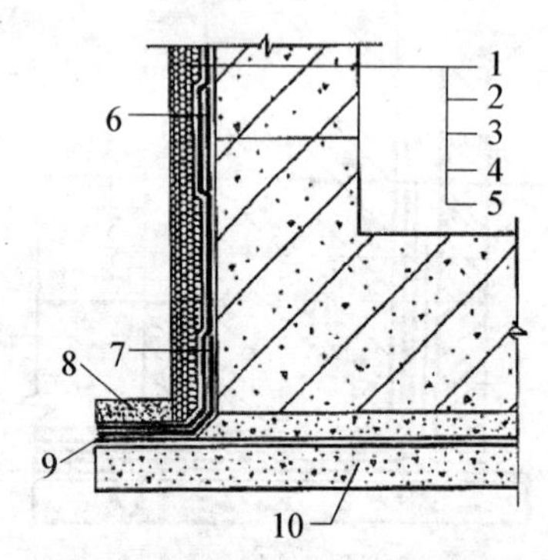

1、8-保护层；2-涂料保护层；3-涂料；4-找平层；5-结构层；6、7、9-防水加强层；10-垫层

图8-5　地下室涂料防水示意

8.1.5　地下室结构细部节点防水的施工

地下室因埋于地下(也有半地下室局部墙体在地面上)，常年经受各种水的侵扰，施工中不仅要保证大面积防水操作规范合格，保证严密不渗漏，其结构细部处理更是施工中的重中之重，如结构墙板中的变形缝、施工缝、后浇带、穿墙管线及其他预埋件部位，防水专项方案编制时必须给出切实可行且符合设计规范、施工规范的具体措施，施工前对班组交底透彻、工序操作执行严格。

(1) 后浇带防水施工。后浇带防水控制注意两个问题，第一是浇筑时后浇带自身体积范围内混凝土密实不能渗漏，第二是要保证两侧施工缝密实不渗漏。后浇带位置和宽度、断面及配筋按设计文件规定，预埋的止水板或止水带材料和位置按设计规定，后浇带混凝土浇筑应在其两侧混凝土浇筑完毕并养护达到六个星期以上(或按设计文件要求时间)，浇筑前将后浇带内杂物和钢筋表面清理干净，接头混凝土浮浆凿除，露出坚实板墙部分且断面粗糙，抽干积水，但要保持润湿。浇筑应优先采用补偿收缩的混凝土，其强度等级不得低于两侧混凝土强度等级，振动密实，养护时间不应少于28天。

(2) 变形缝施工。变形缝是地下室防水的薄弱环节，处理不当会引起渗漏直接影响地下室正常使用和寿命，因此变形缝处防水应满足密封、适应变形、施工方便、检修容易等要求，变形缝防水形式较多，图8-6、图8-7给出其中两种形式。变形缝的宽度一般为20～30 mm。

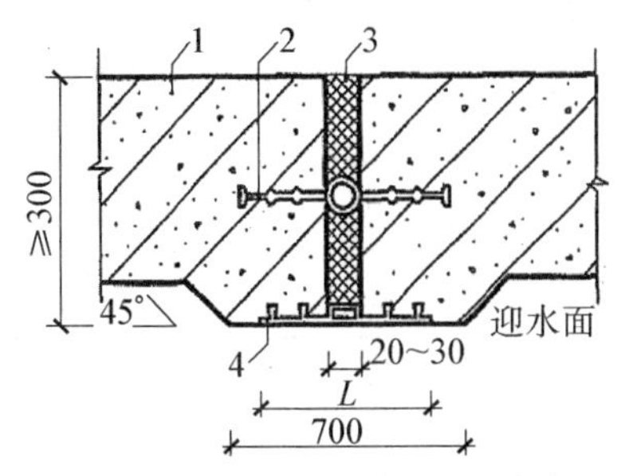

1-混凝土结构；2-中埋式止水带；
3-填缝材料；4-外贴止水带

图 8-6　中埋式止水带与外贴防水复合

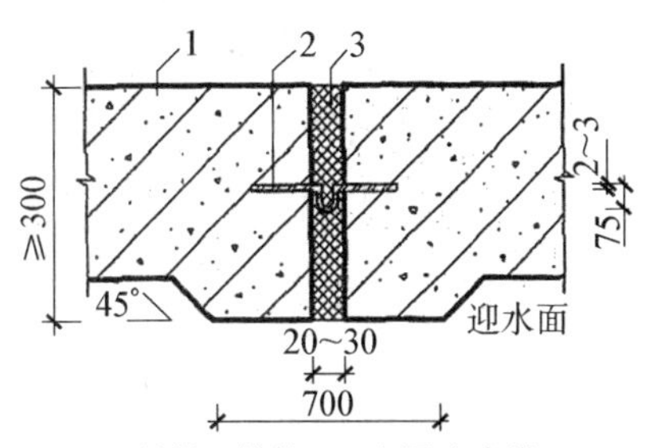

1-混凝土结构；2-金属止水带；
3-填缝材料

图 8-7　中埋式金属止水带

止水带的材料可以选用橡胶止水带、塑料止水带、金属止水带等，当环境温度高于 50℃处的变形缝，可优先考虑金属止水带。在主体结构钢筋绑扎布置完毕，将止水带安装固定在变形缝处，保证止水带埋入两侧混凝土的尺寸位置、固定牢靠，对橡胶止水带固定时防止缝宽附近被钢筋或绑扎钢丝等硬物扎破，固定平行顺直不扭曲，不得有强行拉伸和多余堆挤弯鼓；对金属止水厚度、加工宽度尺寸、固定位置应满足埋入后期两侧混凝土中尺寸需要，接头严密、板面防腐处理。无论是橡胶还是金属止水带，中心位置线（如橡胶止水带圆环中心）应与变形缝中心线重合，如果一侧混凝土先浇筑，端部模板应支撑牢固并严防漏浆；止水带的接缝宜为一处，应设在边墙较高的位置上，不得设在结构转角处，接头工艺根据材料不同确定但必须保证严密不渗漏；在结构转弯处的止水带应做出圆弧形，控制转角半径≥200 mm，转角半径应随止水带的宽度增大而相应增大；外贴止水带在变形缝与施工缝相交部位宜采用十字配件，外贴止水带在变形缝转角部位宜采用直角配件，止水带埋设位置应准确，固定牢靠与基层密贴，不得有空鼓、翘边等现象。变形缝内嵌填的密封材料施工时，将缝内两侧基层面清理干净平整，保持干燥，涂刷与密封材料相容的基层处理剂；嵌缝底部要先填塞背衬材料，再用填缝密封材料（如建筑防水油膏）密实连续填入变形缝内，保证密封材料与基层、背衬材料均粘贴牢固，填料饱满。在缝表面覆盖保护卷材或涂料前，应在缝上设置隔离层，避免外侧构造粘带填缝料，引起缝内填缝料流坠脱落或收缩变薄。

地下室混凝土结构防水细部还包括有：穿墙管（盒）、埋设件、预留通道接头、桩头、坑、池等部位的防水细部构造，限于学习时间和篇幅，本教材不再介绍，大家课后可查阅《地下工程防水技术规范》《地下防水工程质量验收规范》等公开颁布的规范资料进行自学。

8.2　屋面防水工程施工

在《建筑工程施工质量验收统一标准》（GB 50300－2013）中，屋面是分部工程，包括防水与密封等 5 个子分部项目。典型的屋面类型有：卷材屋面、涂膜屋面、瓦屋面、金属板屋面、玻璃采光顶等，这些外露屋面层暴露在环境中，除去要满足建筑外形美观和使用要求、承受屋面雨雪荷载、主体结构变形温差、冬季保温夏季隔热及阻止火势蔓延外，一个重要要求是屋面有良好的排水功能，阻止水侵入建筑物内部，满足建筑物防水需要。屋面防水等级和设防要求见表 8-3，考虑防水做法的普遍性，本教材屋面防水施工主要介绍卷材防水屋面和涂料防水屋面的施工做法，其他类型屋面可参看有关规范标准、施工手册。屋面防水可以是防水卷材、防水涂料等单层防水方式，也可以是复合防水方式（如涂膜＋卷材、防水混凝土＋卷材、防水混凝土＋涂膜等）。

表 8-3　屋面防水等级和设防要求

防水等级	建筑类别	设防要求
Ⅰ级	重要建筑和高层建筑	两道防水设防
Ⅱ级	一般建筑	一道防水设防

8.2.1　卷材防水屋面施工

卷材屋面具有重量轻、防水性能好，材料柔韧性好，能适应一定程度的结构沉降变形、收缩变形和振动；市场材料种类多质量温度可靠、货源供应充足，施工工艺成熟，目前建筑工程屋面常采用的高聚物改性沥青卷材、合成高分子防水卷材。典型屋面构造如图 8-8 所示，(a)为有保温层屋面，(b)为不保温屋面，(c)为倒置式屋面。

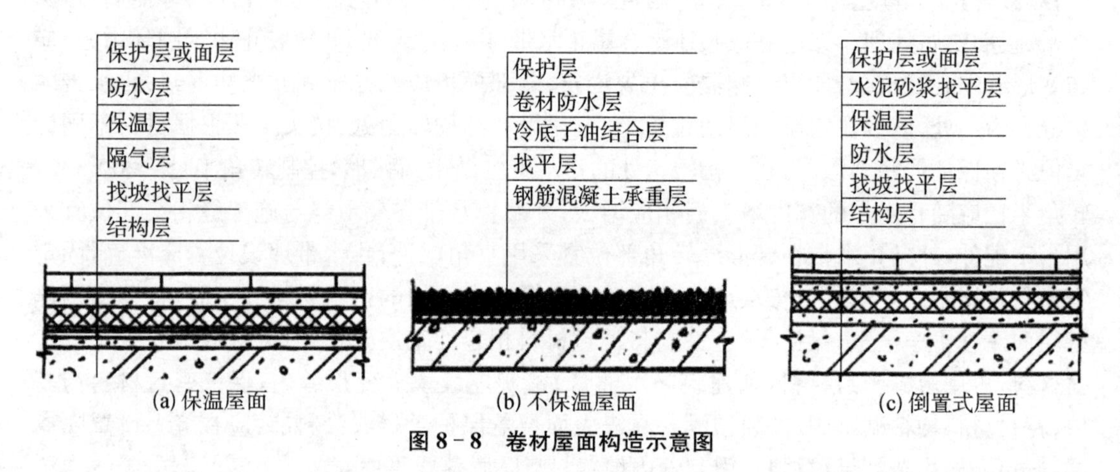

(a) 保温屋面　(b) 不保温屋面　(c) 倒置式屋面

图 8-8　卷材屋面构造示意图

1. 卷材铺贴主要工艺步骤和原则

卷材防水屋面施工根据选用的材料不同，具体操作工序手法会稍有不同，但总的铺贴工艺顺序、铺贴总原则没有实质性区别，主要施工步骤包括：材料进场与准备工作→基层检查处理→重点部位处理→涂刷基层处理剂→重点部位加强层铺贴→屋面大面积铺贴→设置保护层（如果设计有）。

(1) 材料进场与准备工作。 单位工程施工组织设计中应有屋面防水施工方案或防水专项施工方案，并通过审批，“三检”制度及检查记录表完备；检查卷材产品合格证书和性能检测报告；不同品种、规格的卷材应分别堆放，贮存在阴凉通风处，避免日晒雨淋和受潮，严禁火源接近，并避免接触化学介质、有机溶剂等；高聚物改性沥青卷材应送样复验可溶物含量、拉力、最大拉力时延伸率、耐热度、低温柔性及不透水性，合成高分子应送样复验断裂拉伸强度、扯断伸长率、低温弯折性、不透水性；基层处理剂的固体含量、耐热性、低温柔性、剥离强度，高分子胶粘剂和合成橡胶胶粘增验浸水 168 h 后剥离强度保持率。

(2) **基层检查处理**。卷材铺贴在屋面找平层上，找平层就是防水卷材铺贴的基层，找平层要有足够的强度、刚度，变形不超过防水卷材的允许范围；找平层一般是砂浆、细石混凝土，做到表面平整、坚实、干净、干燥，坡向及坡度(一般 2%左右)按设计要求；有分格缝的，分隔面积和分格缝宽度按施工图要求执行。有隔汽层构造的屋面，隔汽层抹压覆盖在结构板上部，结束后再施工保温层和找平层。

(3) **重点部位处理**。出屋面管子根部、女儿墙根部泛水、水落口、拐角等都是重要节点，提前用细石混凝土或砂浆做出圆弧，保证后期卷材铺贴时走向圆润不出现损伤性弯折。

(4) **涂刷基层处理剂**。传统工艺中叫冷底子油，基层处理剂可以更好渗入基层并让卷材与基层粘贴更牢固。基层处理剂要与防水卷材化学相容，对所有需要铺贴卷材的地方都要均匀、满面涂刷，对水落口等部位可多涂一遍，基层处理剂涂刷完毕干燥后立即进行卷材铺贴，否则会有落灰或其他污染。

(5) **重点部位加强层铺贴**。在大面积铺贴卷材前，必须对管子根部、水落口、女儿墙拐角、泛水等提前铺贴加强层。按重点部位情况对应剪裁一定形状、面积的卷材(如女儿墙根部泛水加铺层剪裁条带状，宽度一般 400 mm 左右，长度同墙体长)粘贴到这些部位，粘贴时用力压紧让加铺层与基层牢固粘结，不空鼓、不翘边。

(6) **屋面大面积铺贴**。基层处理剂干燥就应铺贴加强层，加强层铺贴完成立即对整个屋面防水卷材进行铺贴施工，铺贴时注意：在方向和顺序上，由屋面最低标高向上(排水檐口或天沟处向屋脊线)铺贴，天沟、檐沟铺贴接缝顺流水方向，有明显屋脊的卷材宜平行屋脊铺贴，上下卷材不得相互垂直，坡度大于 25%时或受振动屋面，可垂直屋脊铺贴并伸过屋脊后进行满粘钉接固定；铺贴时卷材的搭接和接缝宽度方面，平行屋脊的搭街缝应顺流水方向，搭接缝宽度符合表 8－4 要求，同一层相邻两幅卷材短边搭接缝错开不应小于 500 mm，上下层卷材长边搭接缝应错开不应小于幅宽的 1/3，叠层铺贴的各层卷材，在天沟与屋面的交界处，用采用叉接法搭接，搭接缝宜留在屋面与天沟侧面，不宜留在沟底并应错开；卷材收头要严密牢固，有女儿墙等立面墙体的，卷材收入铺贴时上翻到女儿墙根部上一定高度(一般不小于 250 mm)，将卷材塞入墙面预留的凹槽内，收边紧贴墙面不翘曲、封口密实，并用砂浆填补平整密实，如墙面没有留设凹槽或凸出滴水线，将卷材收头粘贴密实后用钉接压条固定加强，用砂浆抹压覆盖墙面，对于出屋面管子根部，因面积范围小，卷材下坠剥离力也很小，可将上翻到管子一定高度的防水卷材，直接粘贴牢固，一圈收头封边操作要严格仔细。大面积粘贴可根据防水卷材材质和现场环境条件采用下面①～⑤中的一种。

表 8－4　卷材搭接宽度

卷材类别		搭接宽度(mm)
高聚物改性沥青防水卷材	胶粘剂	100
	自粘	80
合成高分子防水卷材	胶粘剂	80
	胶粘带	50
	单缝焊	60，有效焊接宽度不小于 25
	双缝焊	80，有效焊接宽度 10×2＋空腔宽

(a) 女儿墙留凹槽收头固定示意

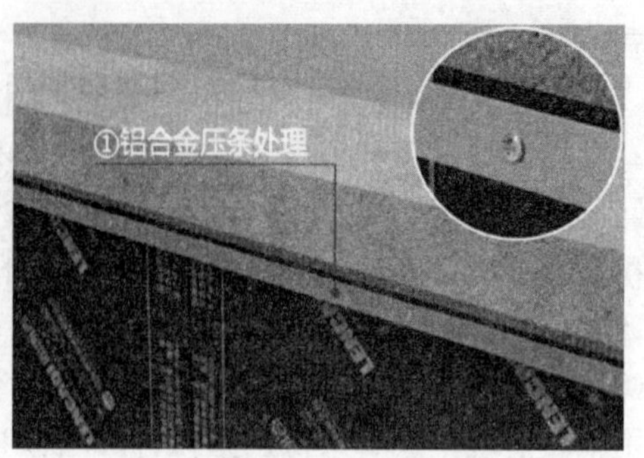

(b) 压条固定收头示意

图 8-9　屋面防水卷材收头示意图

图 8-10　泛水处加贴层示意

图 8-11　保护层完成后示意

① 冷粘法铺贴时，胶粘剂涂刷均匀、不得露底、堆积；卷材采用点粘、条粘和空铺的要按规定的位置及面积涂刷胶粘剂；根据胶粘剂的性能与施工环境、温度条件等控制好胶粘剂涂刷与卷材铺贴的间隔时间；卷材铺贴应顺直平整、搭接尺寸整齐正确、不得有扭曲、皱折，搭接部位的接缝胶粘剂涂刷饱满，排除卷材下面的空气，整幅卷材及接缝搭边用辊压粘贴牢固；合成高分子卷材铺好压粘后，将搭接部位的粘合面清理干净，采用与卷材配套的专业接缝胶粘剂封边，搭接粘合面胶粘剂涂刷均匀，不露底堆积，排出搭接面下气体，辊压粘贴牢固；合成高分子搭接部位如采用胶粘带粘结时，粘合面清理干净后，可涂刷与卷材及胶粘带相容的基层胶粘剂，撕去胶粘带隔离纸立即粘合接缝部位的卷材，并用辊压粘贴牢固，低温施工时，宜采用热风机加热增强粘结效果，卷材搭接缝口必须采用与材料相容的密封材料封严。

② 热粘法铺贴卷材。熔化改性沥青胶结料时，宜采用专用导热油炉加热，加热温度不高于 200℃，使用温度不宜低于 180℃；沥青胶结料的厚度宜为 1.0～1.5 mm，铺贴卷材时随刮涂热熔胶粘料，随滚铺卷材并展平压实。

③ 热熔法铺贴卷材。选用厚度不小于 3.0 mm 的高聚物改性沥青防水卷材，火焰加热器的喷嘴距离卷材被加热背面距离适中，幅宽内保持卷材受热均匀，火焰烧烤应以卷材表面熔融呈现光亮黑色为宜，不得过分烧烤加热以免卷材被烤薄烤穿；表面沥青熔融后立即滚铺卷材，用辊压排出卷材下面的空气，搭接缝部位宜以溢出熔融的改性沥青胶为度，溢出的沥青胶结料宽度可为 8 mm 左右，接缝沥青胶均匀顺直，如果接缝处卷材有不利粘结的颗粒片材，用火焰烧烤该处并清理干净再进行接缝，热熔法施工的卷材也要平整顺直，搭接尺寸准确不得扭曲。目前部分城市限制使用热熔法，注意遵守当地规定。

④ 自粘法铺贴卷材。将卷材自粘胶一面的隔离纸全部撕下，平整顺直展开铺贴，搭接

尺寸准确，不得扭曲、皱褶，低温时对立面、大坡面及搭接部位宜采用热风机加热后牢固粘贴，接缝口应采用与防水主卷材相容的密封材料封严。在低温下自粘法铺贴效果较差，同时自粘法对现场技术管理要求更加精细化。

⑤ 焊接法和机械固定法。热塑性卷材的搭接缝可用单缝焊或双缝焊，焊接前，卷材铺放平整顺直，搭接尺寸准确，焊接缝接合面清理干净，长边搭接缝焊好后再焊接短边搭接缝，焊接的加热温度和时间应控制好，焊接应严密，不得出现漏焊、跳焊或焊接不牢。机械固定用压条钉接固定，固定件要牢固与结构层连接，固定件间距应根据风揭试验和当地的使用环境条件决定，不宜大于 600 mm，防水卷材周边 800 mm 范围内应满粘，卷材收头应采用金属压条钉压固定和密封处理。

卷材防水层铺贴时，热熔法和焊接法要求施工环境温度不宜低于－10℃，冷粘法和热粘法不宜低于 5℃，自粘法不宜低于 10℃。

(7) 设置保护层。上人屋面或需要对卷材保护需要的，在整个屋面防水卷材铺贴完工后，都要做保护层。当柔性卷材上设置刚性保护层（如块体材料、水泥砂浆、细石混凝土等），为了减少刚性保护层对防水卷材的附加应力作用，先在卷材面做隔离层，隔离层施工完毕再做保护层。通过淋水、蓄水或雨后检验合格的防水卷材面，可以直接铺贴塑料膜，土工布或干铺卷材作为隔离层，隔离层的材料能承受保护层的荷载和施工荷载，塑料膜厚度不应小于 0.4 mm，聚酯土工布单位面积质量不应小于 200 g/m^2，干铺卷材厚度不应小于 2.0 mm，当采用低强度水泥砂浆或水泥石灰砂浆，砂浆表面应压实平整、不得有起翘起砂现象。

保护层可用浅色保护涂料、块材（如预制混凝土板、缸砖、广场砖、石板材等）、砂浆以及现浇钢筋混凝土。浅色涂料应与卷材相容，材料用量根据产品说明书的规定使用，涂刷不能一遍完工要多道成活，涂层与防水层粘结牢固、厚薄均匀、表面平整，不得有漏涂、流淌和堆积；块材保护层下的隔离层如是砂，砂面平整，块体件预留 10 mm 缝隙，缝内先填砂再用 1∶2的水泥砂浆勾缝，如果块材下结合层是水泥砂浆，块体之间留 10 mm 缝隙，直接用 1∶2 的水泥砂浆勾缝，块体表面应清洁、色泽一致，无裂纹、掉角和缺楞等外观质量缺陷；如果是水泥砂浆及细石混凝土保护层，根据防水面积适当留设分格缝，细石混凝土不宜留施工缝，水泥砂浆及细石混凝土表面应抹平压光，不得有裂纹、脱皮、麻面、起砂等缺陷。细石混凝土中可以配置细钢筋网，在分格缝处钢筋网要断开并小于分格面尺寸，分格缝清理干净，干燥后用油膏填堵密实。

8.2.2 涂膜防水屋面

涂膜防水屋面就是将防水涂料涂刷屋面基层上，经过固化后形成一道有一定厚度和弹性的整体防水涂膜，从而达到防水目的。对于Ⅱ级防水屋面，涂膜可以单独作为防水层施工，但对于Ⅰ级防水屋面，涂膜只能作为其中的一道防水层，不可单独防水施工。涂膜屋面防水施工主要步骤：材料选择及进场→基层检查处理→基层处理剂喷涂→重点部位加强层铺贴→大面积喷涂防水涂料→清理检查→设置保护层。

(1) 材料选择及进场。屋面涂膜防水采用的防水涂料，可选用合成高分子防水涂料、聚合物水泥防水涂料、高聚物改性沥青防水涂料。产品的外观质量和品种、型号按国家行业现行标准和设计规定的要求，参照当地历年最高气温、最低气温、屋面坡度和使用条件等因素，重点关注涂料的耐热性、低温柔软性。根据地基变形、结构形式、当地年温差、日温差和振动等因素，重点关注涂料的拉伸性。根据涂膜的暴露程度，关注涂料的耐紫外线、耐老化性。当屋面坡度较大时(如大于25%)应选择成膜时间较短固化快的防水涂料。不同种类防水涂料施工环境温度适应性不同，聚合物水泥涂料施工适宜温度为5℃～35℃，溶剂型防水涂料施工适宜温度为-5℃～35℃，水乳型及反应型防水涂料施工适宜温度为5℃～35℃，热熔型防水涂料施工温度不宜低于-10℃。

防水涂料包装容器应密封，容器表面应标明涂料名称、生产厂家、执行标准号、生产日期和产品有效期，并分类存放；溶剂型涂料贮存和保管环境温度不宜低于0℃，不得日晒、碰撞和渗漏，保管环境应干燥、通风，并远离热源和火源；反应型和水乳型涂料贮存和保管环境温度不宜低于5℃；用于涂料增加的胎体材料贮存运输、保管环境应干燥、通风，并远离火源和热源。进场的防水涂料和胎体增强材料还应进行复验下列项目：① 高聚物改性沥青防水涂料的固体含量、耐热性、低温柔性、不透水性、断裂伸长率和抗裂性；② 合成高分子防水涂料和聚合物水泥防水涂料的固体含量、低温柔性、不透水性、拉伸强度和断裂伸长率；③ 胎体增强材料的拉力和延伸率。

(2) 基层检查处理。涂膜防水层要求基层牢固、刚度大、变形小，找平层有一定强度，表面平整结实干净，不应有起砂、孔隙、裂缝、起壳翘皮等现象，干燥程度根据防水涂料特性确定，当采用溶剂型和反应固化型防水涂料的，基层应干燥。基层的坡度和坡向严格执行设计规定，水落口、出屋面管子根部等重要部位做好圆弧密封构造处理。

(3) 基层处理剂喷涂。按主防水涂料成分选择相应的基层处理剂，或将防水涂料主材稀释后使用，喷涂均匀全面。

(4) 重点部位加强层铺贴。对水落口、管子根部、天沟等重点部位，先用一布两涂或两布三涂进行增加，操作工序是防水涂料第一遍喷涂完，表干后随喷涂随铺贴增强布，保证增强层布铺贴均匀无褶皱，并被涂料全面喷涂牢固粘贴。分格缝上用干铺胎体附加层进行隔离加强，干铺胎体宽度200～300 mm即可。也可单独用涂料在重点部位范围直接涂布几道。

(5) 大面积喷涂防水涂料。要形成有效的防水涂膜，防水涂层必须多遍涂布，保证涂膜总厚度符合设计要求，涂膜间夹铺胎体增强材料时，宜边涂布涂料边铺胎体，胎体应铺贴平整，排除气泡后与涂料粘结牢固，在胎体上涂布涂料时，应使涂料浸透胎体，并覆盖全面，不得有胎体外露现象，最上一层的涂膜厚度不应小于1.0 mm。屋面转角及立面可采用薄涂多遍操作，但不得流淌和堆积。

(6) 清理检查、保护层施工。防水涂料层按8.5节内容验收合格后，用低配比砂浆刮铺在防水涂料表面形成隔离层，隔离层硬化后再按设计要求做一道保护层，如钢筋细石混凝土保护层。

8.2.3 屋面防水其他内容

屋面防水层还有混凝土刚性防水、瓦屋面防水、金属板屋面防水、玻璃采光顶等形式；同时屋面的重点部位及细部构造不仅仅是出屋面管子根部、水落口、女儿墙根部泛水，还包括檐口、檐沟和天沟、山墙、变形缝、屋面出入口、反梁过水口、设施基座、屋脊、屋顶窗等；目前屋面防水很少采用单层防水形式，多为复合防水，施工时基本是按单层防水方法进行叠加，复合防水中每个单层防水施工步骤和要求与单层操作基本相同，只是在前后相邻防水层(如防水涂料与卷材、卷材与防水混凝土)间会根据需要设置隔离构造层，施工时注意按设计文件或施工专项方法的要求进行操作，本教材不再详述，读者可参考屋面防水相关技术和验收规范进行拓展学习。

8.3　室内防水工程施工

建筑内部一般设置有卫生间、厨房、洗浴间、水房、洗漱间等长期受潮或被水喷淋浸湿的部位，做好室内这些部位的防水，提高建筑物总体使用性能，也避免因潮湿对结构构件、装饰部件、设备部件的损害。室内防水一般空间面积较小，穿墙穿板管道多、卫生器具多、阴阳转角多，墙体较薄，所以施工优先采用防水涂料，也可用防水混凝土、防水砂浆加防水涂料进行复合防水。本节介绍防水涂料施工方法，其他防水工艺可课后阅读有关规范拓展学习。

8.3.1　室内防水总要求

分包防水施工单位应有专业施工资质，作业人员应持证上岗；防水施工按设计要求进行施工，施工前，通过施工图会审和现场勘察，明确细部构造和技术要领，并编制专项防水方案或质控方案；进场的防水材料应抽样复验，并提供检验报告；防水材料和施工过程中不能污染环境，穿墙穿板的管道和预埋件等，应在防水施工前完成安装，施工环境温度宜为 5℃～35℃；防水操作应遵守过程控制和质量检验程序，并有完整检查记录；防水层完成后，在下一道工序操作前应采取保护措施。

8.3.2　卫生间聚氨酯涂料防水施工

卫生间防水常选用聚氨酯涂料防水，聚氨酯防水材料是双组分化学反应固化型的高弹性防水涂料，多以甲、乙双组分形式供应，施工辅助类有二基苯、醋酸乙酯、磷酸等。卫生间聚氨酯涂料防水主要施工步骤：准备工作→基层检查处理→基层处理剂涂布→涂膜防水层施工→保护层施工。

（1）**准备工作**。检查卫生间楼地面和墙面抹灰等基层是否完成，卫生器具管道和其他穿墙、穿板管线是否完毕，核验计划进场的材料，防水主材及辅材抽检复验报告，施工人员、喷涂刮的工具器械的准备。

（2）**基层检查处理**。卫生间楼地面和墙面用水泥砂浆找平，找平砂浆结实、抹压平整光滑，不应有起砂、开裂等现象。排污管根部做出略高于地面的圆弧，有套管的在外套管与楼板一圈结合外侧做圆弧，或在管根与楼板结合处留不小于 5 mm 凹槽，凹槽内用油膏封填。地漏处做出略低于楼板面的凹坑，抹压圆润结实，地漏与楼板结合一圈填塞严密，与楼板面结合处留凹槽用油膏封严。整个楼地面向地漏方向做排水坡，一般不大于 1%，楼板、墙面干净干燥，门入口做好阻挡，等待后续工作。

（3）**基层处理剂施工**。将聚氨酯甲、乙两组分材料按比例倒入搅拌桶，并加入一定比例的二甲苯形成基层处理剂（具体配比按厂家提供的产品使用说明书进行），搅拌均匀，用刷子或喷枪均匀全面涂刷在基层表面上，涂刷用量按厂家说明（用量按质量控制可为 0.2 kg/m^2 左右），表面干燥后（常温通风情况约 4 h 后）进行主涂层涂布。

（4）**涂膜防水层施工**。按材料说明书要求配置好甲、乙双组分及二甲苯比例，搅拌均匀后喷涂，喷涂要全面均匀，卫生间墙面涂刷高度一般不低于1.80 m。涂刷多遍成活，相邻两遍涂刷的方向要垂直进行，并保证前后相邻两遍涂刷的时间间隔，管子根部、墙角、地漏等重要部位多涂刷几遍，水平面涂膜固化后的总厚度不得小于1.50 mm或设计要求厚度，墙立面涂膜固化后的总厚度不得小于1.20 mm或设计要求厚度。涂料要随伴随用，在涂刷最后一度涂膜固化前可撒少量粗砂粒或小豆石，使其与涂膜粘结牢固，可以作为后续水泥砂浆保护层的结合构造。

（5）**保护层施工**。涂膜防水固化后，蓄水不少于24 h，检查有无渗漏，合格后将水排光，铺压水泥砂浆保护层，然后按装修设计铺装地砖、马赛克或瓷砖。

8.3.3 卫生间氯丁乳胶沥青防水涂料施工

氯丁乳胶沥青防水涂料是一种水乳型防水涂料，该材料抗渗、防水、耐老化、不易燃、无毒、变形适应性强，兼有沥青和乳胶的双重优点，施工方便。施工主要步骤与聚氨酯法基本类似，只是材料较浓稠，一般需刮涂，并在涂料刮涂中加添一层或多层增强布（俗称加筋、加筋布）。

构造处理合格的基层干净干燥后，满刮一遍氯丁乳胶沥青水泥腻子，管子根部等重点部位刮厚一点并抹压圆润平整，腻子的随伴随用，配比按说明要求或直观搅拌呈浓稠状，腻子厚度控制在2 mm左右。待腻子干燥后，涂刷第一遍防水涂料，满涂不遗漏、厚度均匀不流淌堆积，立面慢刷至设计高度，管子和卫生器具等根部可随涂料涂刷增贴一层网格布加强。附加层干燥后，涂刷第二遍氯丁乳胶沥青涂料同时大面积铺贴玻纤网格布，保证涂料浸透布纹渗入下层，玻纤网格布搭接宽度不小于100 mm，立面贴到设计高度，顺水接茬收边牢固。第二遍涂料干燥后（常温通风下约24 h），继续满涂第三遍，如果采用“两布”，每层网格布随涂料同步粘贴进行，并保证网格布粘贴涂刷后，布表面上至少覆盖两度涂料操作，如两层网格布加筋的涂料共涂刷6度（第一遍满涂→贴布二涂→三涂→贴布四涂→五涂、六涂），氯丁乳胶沥青防水涂料整个防水层干燥后，进行蓄水检验，蓄水时间不少于24 h，无渗漏后放水进行保护层和后续的装修层施工。

下沉式卫生间设计施工已有多年。随着人们生活水平日益提高，对楼房中邻里防干扰和安全性提出更高要求，下沉式卫生间开始广泛被设计应用到住宅中。下沉式卫生间最大特点是，如果穿过卫生间的污水管、下水管、卫生器具设备出现问题，只是本住户自己家房间受到污损，不像传统污水管吊露在楼下邻居卫生间顶上，排污管滴漏或破坏，本用户影响不大，楼下邻居房间遭殃。下沉式卫生间示意如图8－12、8－13所示。作为拓展知识，有兴趣的同学可以参读相关资料进一步学习，本节不再详述。

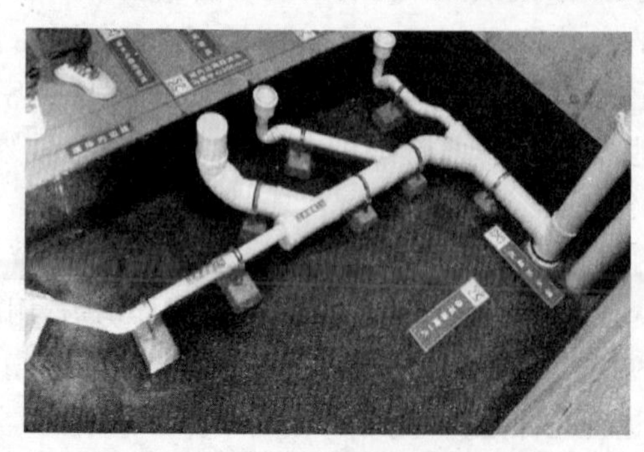

图8－12　填料封闭前下沉式卫生间

图8－13　下沉式卫生间封闭构造层次示意

8.3.4　卫生间涂膜施工注意事项

因部分防水涂料易燃有毒，存放的仓库严禁烟火和明火，现场配备消防器材；施工现场保持通风良好，无通风条件的区域房间安装通风设备；进入室内的工作人员穿平底胶鞋或布鞋，未完全干燥的涂膜防水层严禁上人踩踏，以免破坏涂膜，涂膜固化期间门洞口设置栏杆和提示牌，严禁进入；完工后的涂膜层必须蓄水检查合格后方可进行保护层施工，施工刚性保护层时切勿损坏防水涂膜，消除一切可能的渗漏隐患。

8.4　建筑外墙防水工程施工

随着建筑使用性能不断完善，对外墙防水要求也日益提高，建筑外墙除具有抗冻融、耐高低温、承受风荷载的功能外，必须具有阻止雨水、雪水等其他水流侵入墙体的基本功能，《建筑外墙防水工程技术规程》(JGJ/T 235－2011)提出：年降水量不小于 800 mm 地区的高层建筑外墙、年降水量不小于 400 mm 且基本风压不小于 0.40 kN/m^2 地区有外保温的外墙等几种情况，宜进行墙面整体防水。

8.4.1　外墙防水的基本要求和施工的基本要求

1. 外墙防水基本要求

建筑外墙防水工程所用材料除性能指标符合国家材料标准规定外，应与外墙构造层材料相容，典型的无保温墙体外墙防水构造如图 8－14 所示，有保温墙体如 8－15 所示。

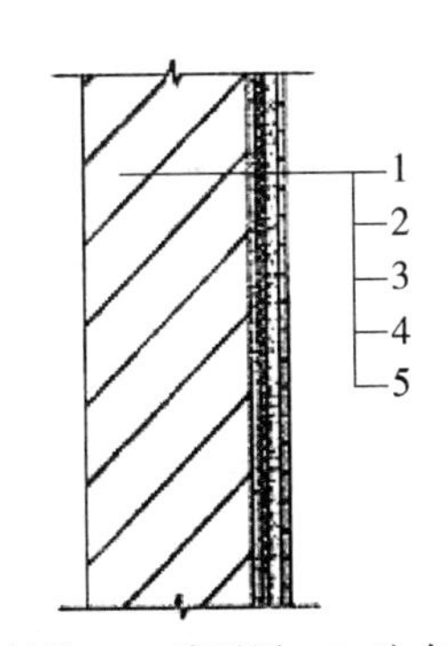

1-结构墙体；2-找平层；3-防水层
4-粘结层；5-块材饰面层

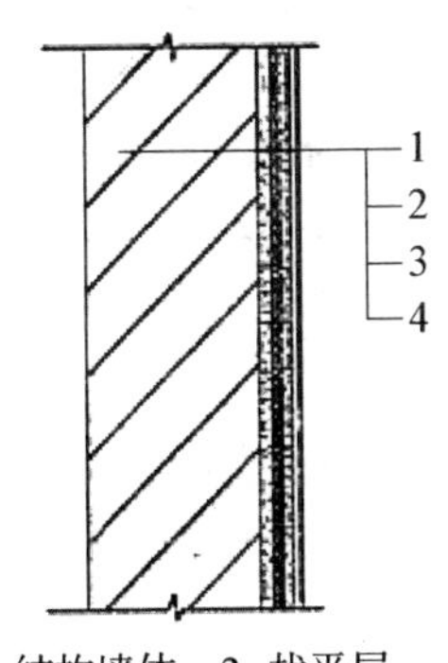

1-结构墙体；2-找平层
3-防水层；4-涂料面层

图 8－14　无保温层外墙整体防水构造示意

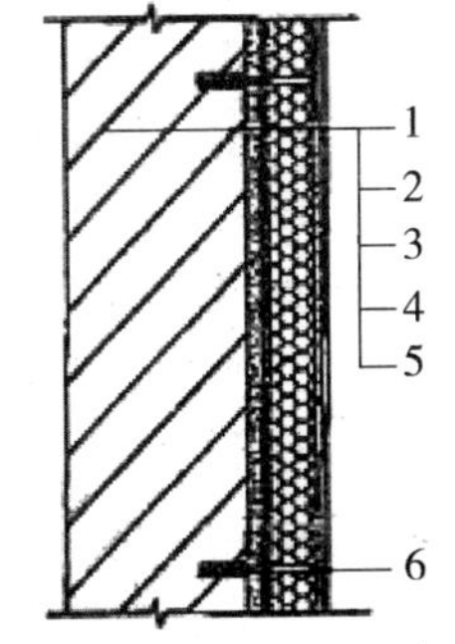

1-结构墙体；2-找平层；3-防水层
4-保温层；5-饰面层；6-锚栓

图 8－15　有保温层外墙防水构造

对于装饰面层为块材和涂料饰面的外墙，防水层宜采用聚合物水泥防水砂浆或普通防水砂浆；在幕墙饰面时，防水层设置在找平层和幕墙饰面之间，防水层宜采用聚合物水泥防水砂浆、普通防水砂浆、聚合物水泥防水涂料、聚合物乳液防水涂料或聚氨酯防水涂料，幕墙外墙保温层为矿物面材料的，防水层宜采用防水透气膜。砂浆防水层中可增设耐碱玻璃纤维网格布或热镀锌焊网增强，并宜同时用锚栓固定于结构墙体中。在门窗框与墙体间缝隙、变形缝部位、穿墙管道、预埋件等外墙重要节点处用密封材料密封，密封材料有硅酮建筑密封胶、聚氨酯建筑密封胶、聚硫建筑密封胶、丙烯酸酯建筑密封胶等，各类密封材料的各项性能必须符合现行国家规定材料技术标准，如拉伸模量、弹性恢复率、表干时间、定伸粘结性等。

2. 施工的基本要求

外墙防水工程应按设计要求施工，在单位工程施工组织设计中编制专项施工方案或单独编制专项施工方案，通过审批后并进行技术交底；施工由专业队伍进行，作业人员持证上岗，进场的防水材料必须抽样复验，复验报告各项内容合格后，方可使用；每道工序完成后，应检查验收合格再进行下一道工序操作，外墙门框、窗框、伸出外墙管道、设备或预埋件应在建筑外墙防水施工前，安装完毕并验收合格；外墙防水基层找平层应平整、坚实、牢固、干净，不得酥松、起砂、起皮，块材的勾缝应连续、平直、密实、无裂缝和空鼓；外墙防水工程完工后，应采取保护措施，不得损坏防水层；严禁在雨天、雪天和五级风及更大风时施工，施工的环境温度宜为 5℃～35℃，外墙防水施工属于高空作业，必须采取安全防护措施。

3. 外保温外墙防水施工

有外保温层的外墙防水层，是在外保温层施工完毕，并在保温层外侧做好找平保护层(防水的基层)后进行防水工序，基层表面应平整、干净，防水层与保温层要相容。先处理门窗框、出墙管根部等节点防水，再进行大面积施工。

砂浆防水层施工时，基层表面应为平整的毛面，光滑的表面应进行界面剂处理并按要求湿润；防水砂浆配置安装设计要求通过试验确定，配置乳液类聚合物水泥防水砂浆前，乳液应先搅拌均匀，再按规定比例加入拌合料中均匀搅拌；干粉类聚合物水泥防水砂浆应按规定比例加水均匀搅拌，粉状防水剂配置普通水泥防水砂浆时，按规定比例的水泥、砂和粉状防水剂干拌均匀再加水均匀搅拌；液体防水剂配置普通防水砂浆时，先将按规定比例的水泥和砂干拌均匀再加入用水稀释后的液体防水剂均匀搅拌，配制好的防水砂浆宜在 1 h 内用完，施工过程中不得加水。界面处理材料涂刷均匀全面覆盖，控制好厚度，收水后及时进行砂浆防水层施工。铺抹防水砂浆时，厚度大于 10 mm 的，应分层操作抹压施工，第二层应待前一层 6～8 成干(手指摁压不粘指头，表面留淡淡指印)进行，各操作层必须粘结牢固；每层宜连续操作施工，如留槎应采用阶梯形，接槎部位离开阴阳角不得小于 200 mm，上下层接槎应错开 300 mm 以上，接槎应依层次顺序操作、层层搭接紧密；喷涂施工时，喷枪的喷嘴垂直对准基本面，压力调整合理，保持喷嘴与基层面距离；采用涂抹操作的，应压实抹平，遇到气泡挑破保证铺抹密实，抹平压实必须在水泥初凝前完成。窗台、窗楣和凸出墙面的腰线等部位上表面的排水坡度应正确，外下口的滴水线应顺直连续，分隔缝的留设位置和尺寸符合设计要求，将分隔缝清理干净后再密实嵌填密封材料；门窗框、伸出外墙管道、预埋件等与防水层交接处应留 8～10 mm 宽的凹槽，内壁孔隙填塞密实后，凹槽用建筑密封胶封填密实；砂浆防水层未达到硬化状态，不得浇水养护或直接受到雨雪水冲刷，聚合物水泥防水砂浆硬化后采用干湿交替的养护方法，普通防水砂浆防水层应在终凝后进行保湿养护，养护期间避免高温暴晒和低温受冻。

涂膜防水层施工前对节点部位进行密封或增强处理，涂料的配制和搅拌符合下列要求：① 双组分涂料配制前，应将液体组分搅拌均匀，配料按规定进行要求，不得任意改变配合比；② 采用机械搅拌，配制好的涂料应色泽均匀、无粉团和沉淀。基层的干燥程度应根据涂料的品种和性能确定，涂布涂料前，宜涂刷与基层和防水层相容的基层处理剂，涂膜不宜一遍完成，应多遍成活，后一遍涂布应在前遍涂层干燥成膜后进行涂刷，挥发性涂料的每遍用量要按产品说明控制，一般不宜大于 0.6 kg/m²；每遍涂布应交替改变涂层的涂布方向，同一涂层涂刷时，先后接茬宽度控制在 30～50 mm 为宜，甩槎部位不得有污损，接槎宽度不应小于 100 mm；胎体增强材料应铺贴平整，不得有褶皱和胎体外露，胎体的搭接宽度不应小于 50 mm，胎体层应被防水涂料充分浸透，胎体的底层和面层涂膜厚度均不应小于 0.5 mm，涂膜防水层施工完毕并经检验合格后，及时进行饰面层施工。

外墙防水透气膜施工应符合下列规定：① 基层表面应干净、牢固，不得有尖锐凸起物；② 铺设宜从外墙底部一侧开始，沿建筑立面自下而上横向铺贴，并应顺流水方向搭接；③ 防水透气膜横向搭接宽度不得小于 100 mm，纵向搭接宽度不得小于 150 mm，相邻两幅膜的纵向搭接缝应相互错开，间距不应小于 500 mm，搭接缝应采用密封胶粘带覆盖密封；④ 防水透气膜应随铺贴随固定，固定部位应预先粘贴小块密封胶粘带，用带塑料垫片的塑料锚栓将防水透气膜固定在基层上，固定点数量一般每平方米不少于 3 处；⑤ 铺设在门窗洞和其他洞口处的防水透气膜，应以条形剪裁开，并用密封胶粘带固定在洞口内侧，与门窗框连接处应使用配套密封胶粘带满粘密封，四角用密度材料封填严实；⑥ 透气防水膜的连接件周围应用密封胶粘带封严。

8.5　防水工程质量验收与安全文明施工

地下室、屋面、卫生间、外墙等部位，防水施工完毕必须验收合格，才能进行下一道工作或移交。不同防水部位、不同防水材料，施工质量验收的项目和标准可能会稍有不同。

8.5.1　各部位防水工程质量验收

1. 地下室防水工程质量验收

地下防水标准为四个等级，工程按设计的防水等级进行验收。防水材料进场要进行验收并抽样复验，施工过程中建立工序自检、交接检和专职人员检查的“三检制度”，工程隐蔽前，有隐蔽验收和验收记录，地下防水的分项工程检验批和抽样检验数量符合下列规定：① 主体结构防水工程和细部构造防水工程应按结构层、变形缝或后浇带等施工段划分检验；② 个检验批的抽样检验数量，细部构造全数检查，其他均应执行《地下防水工程质量验收规范》的具体规定。

主体结构混凝土自防水工程，对砂、石、水泥原材料进行常规质量控制，还应控制混合料组成材料的计量结果允许偏差、控制拌合料坍落度允许偏差、控制入泵时坍落度允许偏差。检验批主控项目：① 防水混凝土的原材料、配合比及坍落度必须符合设计要求；② 防水混凝土的抗压强度和抗渗性能必须符合设计要求；③ 防水混凝土结构的施工缝、变形缝、后浇带、穿墙管、埋设件等设置和构造必须符合设计要求。检验批一般项目包括：① 防水混凝土结构表面应坚实、平整，不得有露筋、蜂窝等缺陷，埋设件位置准确；② 防水混凝土结构表面的裂缝宽度不应大于 0.2 mm，且不得贯通；③ 防水混凝土结构厚度允许偏差为＋8 mm、－5 mm，主体结构迎水面钢筋保护层厚度不应小于 50 mm，允许偏差为±5 mm。

卷材防水层分项工程检验批的抽样检验数量，应按每铺贴面积 100 m^2 抽出 1 处，每处 10 m^2，且不得少于 3 处。检验批的主控项目包括：① 卷材防水层所有的卷材及配套材料必须符合设计要求；② 在转角处、变形缝、施工缝、穿墙管等部位做法必须符合设计要求。一般项目包括：① 卷材防水层的搭接缝应粘贴或焊接牢固，密封严密，不得有扭曲、折皱、翘边和起泡；② 外防外贴时，高聚物改性沥青卷材立面卷材接槎搭接宽度应为 150 mm，合成高分子卷材应为 100 mm，且上层卷材应盖过下层卷材；③ 侧墙卷材防水层的保护层和防水层结合紧密，保护层厚度符合设计要求，卷材搭接宽度的允许偏差值为－10 mm。

2. 屋面防水工程质量验收

卷材防水屋面工程质量验收，主控项目包括：① 防水卷材及其配套材料的质量，应符合设计要求，方法是检查出厂合格证、质量检验报告和进场检验报告；② 卷材防水层不得有渗漏和积水现象，方法是雨后观察或淋水、蓄水试验；③ 卷材防水层在檐口、天沟、水落口、泛水、变形缝和出屋面管道的防水构造应符合设计要求，方法是观察检查；一般项目包括：① 观察检查卷材的搭接缝应粘牢或焊接牢固，密封应严密，不得扭曲、皱折和翘边；② 观察检查卷材防水层的收头应与基层粘结、钉压牢固，密封应严密；③ 观察和测量检查卷材防水层的铺贴方向应正确，卷材搭接宽度允许偏差值为－10 mm；④ 观察检查屋面排气构造的排气道应纵横贯通，不得堵塞，排气管安装牢固、位置正确、封闭严密。

复合防水屋面验收，卷材与涂料复合使用时，涂膜防水层宜设置在卷材防水层的下面，防水卷材的粘结质量从粘结剥离强度(N/10 mm)、剪切状态下的粘合强度(N/10 mm)以及浸水 168 h 后粘结剥离强度保持率(%)三个指标进行检查。复合防水中的每一单道防水(如卷材防水层、涂膜防水层、混凝土结构自防水)验收执行对应的单道防水施工验收内容后，主控项目包括：① 复合防水层所有防水材料及配套材料质量符合设计要求；② 复合防水层不得有渗漏和积水现象；③ 复合防水层在天沟、檐沟、水落口、泛水、变形缝等处构造复合设计要求。一般项目时：① 观察检查卷材与涂膜应粘贴牢固，不得有空鼓和分层现象；② 针测法或取样量测复合防水层的总厚度应复合设计要求。

3. 室内防水工程质量验收

以卫生间为代表的室内防水验收，验收程序和组织符合现行国标《建筑工程施工质量验收统一标准》的规定，材料产品有合格证和检测报告，材料品种、规格、性能等符合国家现行有关标准和防水设计，进场后进行见证取样复验，出具复验报告。每一个自然间或独立水容器为一个检验批，逐一检验。室内防水需验收基层、防水与密封、保护层三个分项工程部位，基层检验批中的主控项目指标 2 个，一般项目指标 3 个；防水与密封检验批主控项目指标 6 个(**不得渗漏是强条**)，一般项目指标 6 个；保护层检验批主控项目指标 4 个，一般项目指标 3 个。以上各层主控项目和一般项目指标具体内容可参看室内防水规范。

4. 外墙防水工程质量验收

外墙防水质量验收的程序和组织，符合现行国标《建筑工程施工质量验收统一标准》的规定，验收提交的归档技术资料有：外墙防水工程的设计文件，图纸会审、设计变更、洽商记录；主要材料的产品合格证、质量检验报告、进场抽检复验报告、现场施工质量检测报告；施工方案及安全技术措施文件；隐蔽工程验收记录；雨后或淋水检验记录；施工记录和施工质量检验记录；施工单位的资质证书及操作人员的上岗证书。

外墙防水按外墙面积 500 m^2～1 000 m^2 为一个检验批，不足 500 m^2 也应划分为一个检验批，每个检验批每 100 m^2 至少抽出一处，每处不得小于 10 m^2，且不得少于 3 处，节点构造全部进行检查。

防水材料现场对外观和主要性能进行抽样和复验，不同材料取样数量和检查内容按规范执行。砂浆防水层的主控项目指标有 4 个，一般项目指标 3 个；涂膜防水层主控项目指标 3 个，一般项目指标 2 个；防水透气膜防水层主控项目指标是 3 个，一般项目指标是 3 个，具体可参看外墙防水规范手册。

8.5.2　防水工程安全文明施工

防水施工除去执行建筑工程常规的安全文明事项外，因防水材料一般是易燃有毒，施工区域有高空、临边、地下坑井的情况，必须做好通风、防火、防中毒和临边安全措施，做好安全文明专项交底，并安排专人检查。基坑作业超过 3 米，设置专业走道，外墙防水操作系安全带，垂直口下不得交叉作业。材料专库存放专人管理，库房远离火源，不得置于高压线下，库内照明用防爆灯具，库房外摆放灭火器材，并张贴责任牌。施工过程剩料集中分类堆放，做好安全防护和安全标志，统一回收和清运，作业面工完料清。控制噪音、粉尘对环境影响，材料吊装严格执行吊装制度。

单元练习题

防水工程施工

1. 地下室防水主要有哪些防水做法？各种工艺步骤和要点是哪些？
2. 屋面卷材防水施工步骤和质控要点有哪些？
3. 卫生间涂料防水工艺步骤和施工要点是哪些？
4. 有外保温层外墙防水有几种形式？涂料防水的施工步骤和要点有哪些？
5. 屋面卷材防水验收主要内容是哪些？

第九章
建筑装饰装修工程施工

本单元学习目标

通过本单元学习，学生掌握抹灰工程、饰面工程、地面工程、涂饰工程、吊顶工程、轻质隔墙工程、门窗工程施工工艺步骤和质量控制要点；

通过本单元学习，学生按照检验批要求进行质量验收。

建筑装饰装修工程是采用适当的材料和正确的构造，以科学的施工工艺方法，为保护建筑主体结构，满足人们的视觉要求和使用功能，从而对建筑物和主体结构的内外表面进行装饰和修饰，并对建筑及其室内环境进行艺术加工和处理，主要作用是：保护结构体，延长使用寿命；美化建筑，增强艺术效果；优化环境，改善工作、生活使用条件。

建筑装饰装修工程是建筑施工的重要组成部分，它不能脱离建筑物而单独存在。它主要包括抹灰、饰面、裱糊、涂料、刷浆、地面、花饰、门窗和幕墙等工程。它是建筑功能的延伸、补充和完善。

9.1 抹灰工程施工

抹灰是将各种砂浆、装饰性石屑浆、石子浆等，涂抹在建筑物的墙面、顶棚、地面等表面上，除了保护建筑物外，还可以作为饰面层起到装饰作用。

抹灰工程按材料和装饰效果，可分为一般抹灰和装饰抹灰；按工种部位，可分为室内抹灰和室外抹灰。一般抹灰按其构造可分为底层和面层，底层可用石灰砂浆、水泥砂浆、水泥混合砂浆、聚合物水泥砂浆、膨胀珍珠岩水泥砂浆等；面层可用麻刀灰、纸筋石灰和石膏灰等。装饰抹灰一般也分为底层和面层，底层多用水泥砂浆；面层则根据所用材料及施工工艺的不同，分为水刷石、水磨石、斩假石、干粘石、拉毛灰、喷涂、滚涂、弹涂等。

9.1.1 一般抹灰工程施工

1. 一般抹灰施工

抹灰一般分三层，即底层、中层和面层（或罩面），如图 9 - 1 所示。底层主要起与基层粘结的作用，厚度一般为 5～9 mm，要求砂浆有较好的保水性，其稠度较中层和面层大。底层砂浆的组成材料要根据基层的种类不同而选用相应的配合比。底层砂浆的强度不能高于基层砂浆的强度，以免抹灰砂浆在凝结过程中产生较强的收缩应力，破坏强度较低的基层，从而产生空鼓、裂缝、脱落等质量问题；中层起找平的作用，砂浆的种类基本与底层相同，只是稠度稍小，中层抹灰较厚时应分层，每层厚度应控制为 5～9 mm；面层起装饰作用，要求涂抹光滑、洁净，因此要求用细砂，或用麻刀、纸筋灰浆。各层砂浆的强度要求应为底层>中层>面层，并不得将水泥砂浆抹在石灰砂浆或混合砂浆上，也不得把罩面石膏灰抹在水泥砂浆层上。

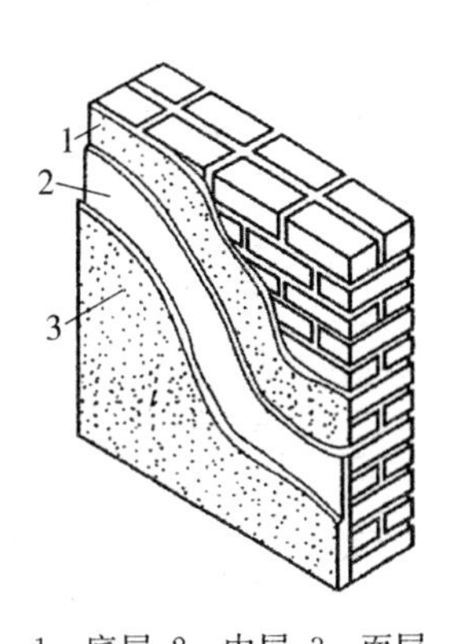

1—底层；2—中层；3—面层

图 9-1 一般抹灰

抹灰层的平均总厚度，不得大于下列规定：

(1) 顶棚：板条、空心砖、现浇混凝土：15 mm；预制混凝土：18 mm；金属网：20 mm。

(2) 内墙：普通抹灰：18～20 mm；高级抹灰：25 mm。

(3) 外墙：20 mm；勒脚及突出墙面部分：25 mm。

(4) 石墙：35 mm。

(5) 当抹灰厚度大于 35 mm 时，应采取加强措施。

涂抹水泥砂浆每遍厚度宜为 5～7 mm；涂抹石灰砂浆和水泥混合砂浆每遍厚度宜为 7～9 mm。

面层抹灰经赶平压实后的厚度，麻刀石灰不得大于 3 mm；纸筋石灰、石膏灰不得大于 2 mm。

2. 基本要求

一般抹灰按质量要求分为普通抹灰、中级抹灰和高级抹灰三个等级。

(1) 普通抹灰为一道底层和一道面层，要求分层赶平，修整，表面压光。

(2) 中级抹灰为一道底层、一道中层和一道面层，要求分层赶平，修整，表面压光，阳角找方。

(3) 高级抹灰为一道底层、数层中层和一道面层组成。要求分层赶平，修整，表面压光，阴、阳角找方。

抹灰层与基层之间及各抹灰层之间必须粘结牢固，抹灰层应无脱层、空鼓，面层应无爆灰和裂缝。

3. 墙面抹灰的基层处理

(1) 抹灰前应对砖石、混凝土及木基层表面做处理，清除灰尘、污垢、油渍和碱膜等，并洒水湿润。表面凹凸明显的部位，应事先剔平或用 1∶3 水泥砂浆补平，对于平整光滑的混凝土表面拆模时随即做凿毛处理，或用铁抹子满刮水胶比为 0.37～0.4(内掺 3%～5%水质量的 108 胶)水泥浆一遍，或用混凝土界面处理剂处理。

(2) 抹灰前应检查门、窗框位置是否正确，与墙连接是否牢固。连接处的缝隙应用水泥砂浆或混合砂浆(加少量麻刀)分层嵌塞密实。

(3) 凡室内管道穿越的墙洞和楼板洞，凿剔墙后安装的管道，墙面的脚手孔洞均应用 1∶3水泥砂浆填嵌密实。

(4) 不同基层材料(如砖石与木、混凝土结构)相接处应铺钉金属网并绷紧牢固，金属网与各结构的搭接宽度从相接处起每边不少于 100 mm。

(5) 为控制抹灰层的厚度和墙面的平整度，在抹灰前应先检查基层表面的平整度，并用与抹灰层相同砂浆设置 50 mm×50 mm 的标志或宽约 100 mm 的标筋，如图 9－2 所示。

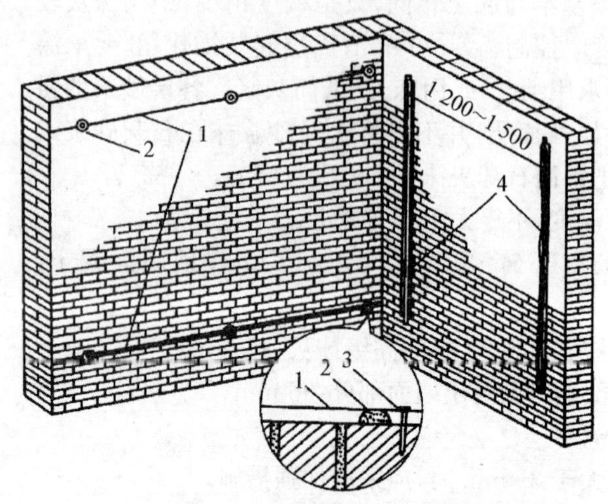

1—引线；2—灰饼(标志块)；3—钉子；4—冲筋

图 9－2　挂线做标志块及标筋

(6) 抹灰工程施工前，对室内墙面、柱面和门洞的阳角，宜用 1：2 水泥砂浆做护角，其高度不低于 2 m，每侧宽度不少于 50 mm。对外墙窗台、窗框、雨篷、阳台、压顶和突出腰线等，上面应做成流水坡度，下面应做滴水线或滴水槽，滴水槽的深度和宽度均不应小于 10 mm，要求整齐一致。一般抹灰基层表面处理抹灰工程施工前，必须对基层表面做适当的处理，使其坚实粗糙，以增强抹灰层的粘结。

4. 内墙一般抹灰操作的工艺流程

内墙一般抹灰操作的工艺流程：基体表面处理→浇水润墙→设置标筋→阳角做护角、抹底层、中层灰→窗台板、踢脚板或墙裙→抹面层灰→清理。

为有效地控制抹灰厚度，特别是保证墙面垂直度和整体平整度，在抹底、中层灰前应设置标筋作为抹灰的依据。

设置标筋即找规矩，高级抹灰装修分为做灰饼和做标筋两个步骤，目前多采用灰饼做法。

5. 一般抹灰的施工要点

(1) 墙面抹灰

① 标饼也称作灰饼，是为了让墙体抹灰面垂直平整且抹灰厚度有控制依据而做的标准块，用砂浆抹压而成。一般沿墙面每个 1.5 m 左右设置一个。每个灰饼抹压后的外表面必须再同一个垂直面上。冲筋就是把灰饼之间用砂浆抹成一条控制带，作用和标饼相同，由于冲筋耗费较多时间，除非高等级抹灰采用此操作工序，现在抹灰一般取消这步操作。

图 9－3　刮杠示意图

② 待标筋砂浆有七八成干后，就可以进行底层砂浆抹灰。抹底层灰可用托灰板（大板）盛砂浆，用力将砂浆推抹到墙面上，一般应从上而下进行，两标筋之间的墙面砂浆抹满后，即用长刮尺两头靠着标筋，从下而上进行刮灰，使抹上的底层灰与标筋面相平。再用木抹来回抹压，去高补低，最后用铁抹压平一遍（即刮杠，如图 9－3）。

③ 中层砂浆抹灰应待水泥砂浆（或水泥混合砂浆）底层凝固后或石灰砂浆底层灰七八成干后，方可进行。中层砂浆抹灰时，应先在底层灰上洒水，待其收水后，即可将中层砂浆抹上去，一般应从上而下，自左向右涂抹，不用再做标志及标筋，整个墙面抹满后，用木抹来回搓抹，去高补低，再用铁抹压抹一遍，使抹灰层平整、厚度一致。

④ 面层灰应待中层灰凝固后才能进行。先在中层灰上洒水湿润，将面层砂浆（或灰浆）均匀地抹上去，一般应从上而下，自左向右涂抹整个墙面，抹满后，即用铁抹分遍压抹，使面层灰平整、光滑，厚度一致。铁抹运行方向应注意：最后一遍抹压宜是垂直方向，各分遍之间应互相垂直抹压。墙面上半部与墙面下半部面层灰接头处应压抹理顺，不留抹印。

（2）两墙面相交的阴角、阳角抹灰方法

① 用阴角方尺检查阴角的直角度；用阳角方尺检查阳角的直角度。用线坠检查阴角或阳角的垂直度。根据直角度及垂直度的误差，确定抹灰层厚薄。阴、阳角处洒水湿润。

② 将底层灰抹于阴角处，用木阴角器压住抹灰层并上下搓动，使阴角的抹灰基本上达到直角如靠近阴角处有已结硬的标筋，则木阴角器应沿着标筋上下搓动，基本搓平后，再用阴角抹子上下抹压，使阴角线垂直。

③ 将底层灰抹于阳角处，用木阳角器压住抹灰层并上下搓动，使阳角处抹灰基本上达到直角，再用阳角抹子上下抹压，使阳角线垂直。

④ 在阴角、阳角处底层灰凝固后，洒水湿润，将中层灰抹于阴角、阳角处，分别用阴角抹、阳角抹上下抹压，使中层灰达到平整光滑。阴阳角找方应与墙面抹灰同时进行，即墙面抹底层灰时，阴、阳角抹底层找方。

（3）板条、金属网顶棚抹灰，应待板条、金属网装钉完成，并经检查合格后，方可进行。顶棚抹灰不用做标志、标筋，只要在顶棚周围的墙面弹出顶棚抹灰层的面层高线，此标高线必须从地面量起，不可从顶棚底向下量。顶棚抹灰宜从房间里面开始，向门口进行，最后从门口退出，顶棚抹灰应搭设满堂里脚手架。脚手板面至顶棚的距离以操作方便为准。抹底层灰前，应扫尽钢筋混凝土楼板底的浮灰、砂浆残渣，去除油污及隔离剂剩料，并喷水湿润楼板底。在钢筋混凝土楼板底抹底层灰，铁抹子抹压方向应与模板纹路或预制板拼缝相垂直；在板条、金属网顶棚上抹底层灰，铁抹抹压方向应与板条长度方向相垂直，在板条缝处要用力压抹，使底层灰压入板条缝或网眼，形成转脚以使结合牢固。底层灰要抹得平整。

抹中层灰时，铁抹抹压方向宜与底层灰抹压方向相垂直。高级顶棚抹灰，应加钉长 350～450 mm 的麻束，间距为 400 mm，并交错布置，分遍按放射状梳理抹进中层灰，所以中层灰应抹得平整、光洁。

抹面层灰时，铁抹抹压方向宜平行于房间进光方向。面层灰应抹得平整、光滑，不见抹印。顶棚抹灰应待前一层灰凝结后才能抹后一层灰，不可紧接进行。顶棚面积较小时，整个顶棚抹上灰后再进行压平、压光；顶棚面积较大时，可分段分块进行抹灰、压平、压光，但接合处必须理顺；底层灰全部抹压后，才能抹中层灰，中层灰全部抹压后，才能抹面层灰。

6. 一般抹灰的注意事项及质量要点

(1) 抹灰工程施工前应先安装门窗框、护栏等,并应将墙上的施工洞堵实。基层应清理干净,并浇水湿润。

(2) 抹灰工程应分层进行,水泥砂浆每层厚度应 5～7 mm,混合砂浆每层厚度 7～9 mm,抹灰层总厚度应符合设计要求。当抹灰总厚度大于或等于 35 mm 时,应采取加强措施。不同材料基体交接处表面的抹灰,应采取防止开裂的加强措施,当采用加强网时,加强网与各基体的搭接宽度不应小于 100 mm。

(3) 外墙和顶棚的抹灰层与基层之间及各抹灰层之间必须粘结牢固,抹灰层应无脱层、空鼓,面层应无爆灰和裂缝。

(4) 室内墙面、柱面、门洞口的阳角做法应符合设计要求,设计无要求时应采取 1∶2 水泥砂浆做暗护角,高度不应低于 2 m。

(5) 踢脚板通常用 1∶3 水泥砂浆抹底、中层,用 1∶2 或 1∶2.5 水泥砂浆抹面层。

9.1.2　装饰抹灰工程施工

装饰抹灰的底层和中层与一般抹灰做法基本相同,其装饰面层主要有水刷石、水磨石、斩假石、干粘石、喷涂、滚涂、弹涂、仿石和彩色抹灰等。

装饰抹灰与一般抹灰的区别在于两者具有不同的装饰面层,其底层和中层的做法与一般抹灰基本相同,下面介绍几种主要装饰面层的施工工艺。

1. 水刷石施工

水刷石饰面,是将水泥石子浆罩面中尚未干硬的水泥用水冲刷掉,使各色石子外露,形成具有“颗粒感”的表面(如图 9－4 所示)。水刷石是石粒材料饰面的传统做法,这种饰面耐久性强,具有良好的装饰效果,造价较低,是传统的外墙装饰做法之一,由于其操作技术要求较高,洗刷浪费水泥,墙面污染后不易清洗。

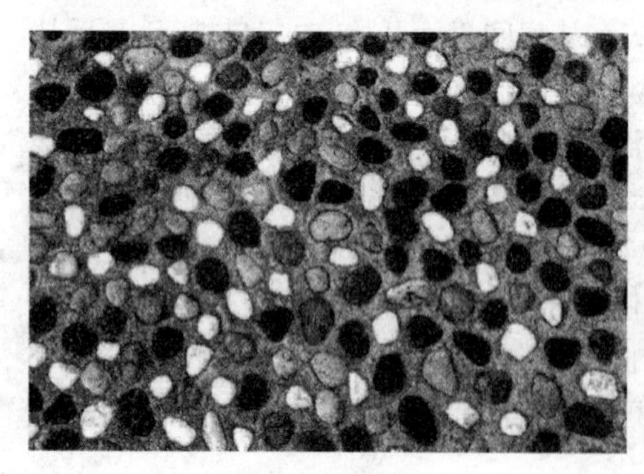

图 9－4　水刷石

图 9－5　干粘石

2. 干粘石施工

干粘石是将干石子直接粘在砂浆层上的一种装饰抹灰做法(见图 9－5)。装饰效果与水刷石差不多，但湿作业量小，节约原材料，又能明显提高工效。干粘石操作简便，但日久经风吹雨打易产生脱粒现象，现在已不多采用。

水刷石和干粘石竣工后装修效果非常相似，随着社会发展，目前采用较少，本节只介绍概况，具体工艺步骤这里不再叙述，如在工作中需要时再查相关资料学习。

3. 斩假石施工

斩假石又称剁斧石，是在水泥砂浆基层上涂抹水泥石子浆，待硬化后，用剁斧及各种凿子等工具剁出有规律的石纹，使其类似天然花岗石、玄武石、青条石的表面(如图 9-6 所示)。

图 9-6　斩假石

斩假石面层施工要点如下：

(1) 在凝固的底层灰上弹出分格线，洒水润湿按分格线将木分格条用稠水泥浆粘贴在墙面上。

(2) 待分格条粘牢后，在各个分格区内刮一道水胶比为 0.37～0.4 的水泥浆(内掺 3%～5%水质量的 108 胶)，随即抹上 1∶1.25 水泥石子浆，并压实抹平。隔 24 h 后，洒水养护。

(3) 待面层水泥石子浆养护到试剁不掉石屑时，就可开始斩剁。斩剁采用各式剁斧，从上而下进行。边角处应斩剁成横向纹道或留出窄条不剁。其他中间部位宜斩剁成竖向纹道。剁的方向应一致，剁纹要均匀，一般要斩剁两遍成活。已剁好的分格周围就可起出分格条。

(4) 全部斩剁完后，清扫斩假石表面。

4. 聚合物水泥砂浆的喷涂、滚涂与弹涂施工

(1) 喷涂是把聚合物水泥砂浆用砂浆泵或喷斗将砂浆喷涂于外墙面形成的装饰抹灰。

材料要求：浅色面层用白水泥，深色面层用普通水泥；细集料用中砂或浅色石屑，含泥量不大于 3%，过 3 mm 孔筛。

聚合物砂浆应用砂浆搅拌机进行拌和。先将水泥、颜料、细集料干拌均匀，再边搅拌边顺序加入木质素磺酸钠(先溶于少量水中)、108 胶和水，直至全部拌匀为止。如是水泥石灰砂浆，应先将石灰膏用少量水调稀，再加入水泥与细集料的干拌料中。拌和好的聚合物砂浆，宜在 2 h 内用完。

喷涂聚合物砂浆的主要机具设备有空气压缩机（0.6 m^3/min），加压罐、灰浆泵、振动筛（5 mm 筛孔）、喷枪、喷斗、胶管（25 mm）、输气胶管等。波面喷涂使用喷枪。第一遍喷到底层灰变色即可，第二遍喷至出浆不流为度，第三遍喷至全部出浆，表面均匀呈波状，不挂流，颜色一致。喷涂时枪头应垂直于墙面，相距 30～50 cm，其工作压力，在用挤压式灰浆泵时为 0.1～0.15 MPa，空压机压力为 0.4～0.6 MPa。喷涂必须连续进行，不宜接槎。粒状喷涂使用喷斗。第一遍满喷盖住底层，收水后开足气门喷布碎点，快速移动喷斗，勿使出浆，第 2、3 遍应有适当间隔，以表面布满细碎颗粒、颜色均匀不出浆为原则。喷斗应与墙面垂直，相距 30～50 cm（操作方法如图 9-7）。

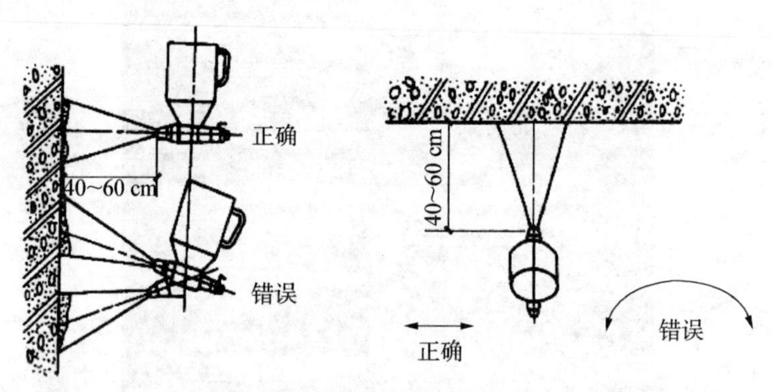

图 9-7　喷涂墙面示意图

喷涂时应注意：

① 门窗和不做喷涂的部位应事先遮盖，防止污染。

② 干燥的底层灰，在喷涂前应洒水湿润。在底层灰面上刷涂层 108 胶水溶液后应随即进行喷涂。

③ 喷涂时环境温度不宜低于－5℃。

④ 大面积喷涂，宜在墙面上预先粘贴分格条，分格区内喷涂应连续进行。面层结硬后取出分格条，用水泥砂浆勾缝。

⑤ 喷涂面层的厚度宜控制为 3～4 mm。面层干燥后应涂甲基硅醇钠憎水剂一遍。

(2) 滚涂施工。滚涂是将 2～3 mm 厚带色的聚合物水泥砂浆均匀地涂抹在底层上，用平面或刻有花纹的橡胶、泡沫塑料滚子在罩面层上直上直下施滚涂拉，并一次成活滚出所需花纹。

滚涂饰面的底、中层抹灰与一般抹灰相同。中层一般用 1∶3 水泥砂浆，表面搓平实。然后根据图纸要求，将尺寸分匀以确定分格条位置，弹线后贴分格条。抹灰面干燥后，喷涂有机硅溶液一遍。滚涂操作有干滚和湿滚两种。干滚法是滚子不蘸水，滚子上下来回后再向下滚一遍，达到表面均匀拉毛即可，滚出的花纹较粗，但工效高；湿滚法为滚子蘸水上墙，并保持整个表面水量一致，滚出的花纹较细，但比较费工。

(3) 弹涂施工。弹涂是利用弹涂器将不同色彩的聚合物水泥砂浆弹在色浆面层上，形成有类似干粘石效果的装饰面。

弹涂基层除砖墙基体应先用 1∶3 水泥砂浆抹找平层并搓平外，一般混凝土等表面较为平整的基体，可直接刷底色浆后弹涂。基体应干燥、平整、棱角规则。弹涂时，先将基层湿润刷(喷)底色浆，然后用弹涂器将色浆弹到墙面上，形成直径为 1～3 mm 大小的图形花点，弹涂面层厚为 2～3 mm，一般 2～3 遍成活，每遍色浆不宜太厚，不得流坠，第一遍应覆盖 60%～80%，最后罩一遍甲基硅醇钠憎水剂。弹涂应自上而下，从左向右进行。先弹深色浆，后弹浅色浆。喷涂、滚涂、弹涂饰面层，要求颜色一致，花纹大小均匀，不显接槎。

5. 假面砖

假面砖又称仿面砖，适用于装饰外墙面，远看像贴面砖，近看是彩色砂浆抹灰层上分格(如图 9－8 所示)。

图 9－8　假面砖

假面砖抹灰层由底层灰、中层灰、面层灰组成。底层灰宜用 1∶3 水泥砂浆，中层灰宜用 1∶1 水泥砂浆，面层灰宜用 5∶1∶9(水泥∶石灰膏∶细砂)水泥石灰砂浆，按色彩需要掺入适量矿物颜料，成为彩色砂浆。面层灰厚 3～4 mm。

待中层灰凝固后，洒水湿润，抹上面层彩色砂浆，要压实抹平。待面层灰收水后，用铁梳或铁辊顺着靠尺由上而下划出竖向纹，纹深约 1 mm，竖向纹划完后，再按假面砖尺寸，弹出水平线，将靠尺靠在水平线上，用铁刨或铁钩顺着靠尺划出横向沟，沟深 3～4 mm。全部划好纹、沟后，清扫假面砖表面。

6. 仿石

仿石适用于装饰外墙。仿石抹灰层由底层灰、结合层及面层灰组成。底层灰用 1 mm 厚 1∶3 水泥砂浆，结合层用水泥浆(内掺 3%～5%水质量的 108 胶)，面层用 10 mm 厚 1∶0.5∶4水泥石灰砂浆。

仿石施工要点如下：

(1) 底层灰凝固后，在墙面上弹出分块线，分块线按设计图案而定，使每一分块呈不同尺寸的矩形或多边形。

(2) 洒水湿润墙面按照分块线，将木分格条用稠水泥浆粘贴在墙面上。

(3) 在各分块涂刷水泥浆结合层，随即抹上水泥石灰砂浆面层灰，用刮尺沿分格条刮平，再用木抹搓平。

(4) 待面层稍收水后，用短直尺紧靠在分格条上，用竹丝帚将面灰扫出清晰的条纹。各分块之间的条纹应一块横向、一块竖向，竖横交替。若相邻两块条纹方向相同，则其中一块可不扫条纹。

(5) 扫好条纹后，应立即起出分格条，用水泥砂浆勾缝，进行养护。

(6) 面层干燥后，扫去浮灰；再用胶漆刷涂两遍，分格缝不刷漆。

7. 装饰抹灰工程施工注意事项及质量要点

(1) 抹灰工程施工前应先安装门窗框、护栏等，并应将墙上的施工洞堵实。基层应清理干净，并浇水湿润。

(2) 抹灰工程应分层进行。当抹灰总厚度大于或等于 35 mm 时，应采取加强措施。不同材料基体交接处表面的抹灰，应采取防止开裂的加强措施。

(3) 各抹灰层与基层之间及各抹灰层之间必须粘结牢固，抹灰层应无脱层、空鼓，面层应无爆灰和裂缝。

(4) 装饰抹灰工程的表面质量应符合下列规定：

① 水刷石表面应石粒清晰、分布均匀、紧密平整、色泽一致，应无掉粒和接槎痕迹。

② 斩假石表面剁纹应均匀顺直、深浅一致，应无漏剁处；阳角处应横剁并留出宽窄一致的不剁边条，棱角应无损坏。

③ 干粘石表面应色泽一致、不露浆、不漏粘，石粒应粘结牢固、分布均匀，阳角处应无明显黑边。

④ 假面砖表面应平整、沟纹清晰、留缝整齐、色泽一致，应无掉角、脱皮起砂等缺陷。

⑤ 仿石、彩色抹灰应表面密实，线条，纹理清晰。

⑥ 喷涂、滚涂、弹涂应颜色、花纹、色点大小均匀、无漏涂。

(5) 装饰抹灰分格条(缝)的设置应符合设计要求，宽度和深度应均匀，表面应平整光滑，棱角应整齐。外墙分格留设在洞口上、下为宜。

(6) 有排水要求的部位应做滴水线(槽)。滴水线(槽)应整齐顺直，滴水线应内高外低，滴水槽的宽度和深度均不应小于 10 mm。

9.2 饰面工程施工

饰面工程是指将预制的块料面层镶贴(或安装)在基层上的一种装饰工程。按块料面层的不同，饰面可分为饰面砖和饰面板两大类。饰面砖(板)的种类繁多，常用的饰面砖有釉面瓷砖、陶瓷锦砖等；饰面板有天然石饰面板(如大理石、花岗石和青石板等)、人造石饰面板(如预制水磨石板、合成石饰面板等)、金属饰面板(如不锈钢板、涂层钢板、铝合金饰面板等)、玻璃饰面板和木质饰面板(如胶合板、木条板等)。

9.2.1 饰面砖施工

饰面砖的施工工艺流程：基层处理→抹底子灰→刷结合层→预排、弹线→选择、浸泡面砖→挂线→铺贴面砖→勾缝→清理表面。其施工要点如下。

1. 基层处理

(1) 当基层为混凝土墙面时，其表面比较光滑，故应对其进行毛化处理。

(2) 当基层为砖墙时，应用钢凿子剔除砖墙上多余的灰浆，用钢丝刷清除浮土，用清水将墙体充分润湿(润湿深度为 2～3 mm)。

(3) 当基层有油渍时，用钢丝刷蘸 10%火碱水清刷表面，然后用清水冲洗干净。

(4) 不同材料基层表面的相接处，应先铺钉金属网。

2. 抹底子灰

在抹底子灰时应分层进行，每层的厚度不应大于 7 mm，以防止出现空鼓现象。第一层抹完后，要进行扫毛处理；待六七成干后再抹第二层，并用木杠将表面刮平，用木抹子搓毛；终凝后浇水养护。

3. 刷结合层

找平层经检验合格后，宜在表面涂刷结合层，一般采用聚合物水泥砂浆或其他界面处理剂，这样有利于提高墙面饰面砖的粘贴质量。

4. 预排、弹线

按照立面分格的设计要求，需对饰面砖进行预排，以确定面砖的块数和具体位置等。当无设计要求时，预排需确定饰面砖的排列方法。

弹线与做分格条应根据预排结果画出大样图，按照缝的宽窄(主要指水平缝)做出分格条，作为镶贴面砖的辅助基准线。

在外墙阳角处，用线锤吊垂线并用经纬仪进行校核，最后用螺栓将线锤上吊正的钢丝固定绷紧，上下端作为垂线的基准线。以阳角基线为准，每隔 1.5～2 m 做标志块，抹灰找平。

在找平层上，按照预排的大样图先弹出顶面水平线，再根据外墙水平方向的面砖数，每隔约 1 m 弹一垂线。

按照预排面砖的实际尺寸和对称效果弹出水平分缝、分层皮数，作为水平粘贴面砖施工的依据。

5. 选择、浸泡面砖

镶贴前选择颜色、规格相同的面砖，浸泡 2 h 以上备用。对于颜色与整体有色差但色差不大而规格有偏差的单块面砖，可以在阴角处非整砖的地方使用。

6. 铺贴面砖

铺贴面砖时，自上而下分层分段进行，先铺贴墙柱面、后铺贴墙面、再铺贴窗间墙。铺贴的砂浆一般为水泥砂浆或聚合物水泥砂浆，砂浆的稠度要一致，不能过稀，避免砂浆抹到墙上后流淌。贴完一行后，需将每块面砖上的灰刮净。

7. 勾缝

在完成一段墙面的铺贴并检查合格后，就可以进行勾缝。外墙勾缝一般在 5 mm 以上，先勾横缝、后勾竖缝。勾缝用水泥砂浆分两次嵌实，第一次用一般水泥砂浆，第二次按设计要求用彩色水泥或普通水泥砂浆。勾缝可做成凹缝，深度为 3 mm 左右。墙面密缝处用与面砖颜色相同的水泥接缝。勾缝应当连续、平直、光滑，无裂痕、无空鼓。

8. 清理表面

饰面砖表面的清理应在勾缝材料硬化后进行。若有不易去掉的污染物，可先用 3%～

5%的稀盐酸洗刷，再用清水冲净。

9.2.2 饰面板施工

1. 石材饰面板施工

小规格的大理石板、花岗石板和预制水磨石板等，板材尺寸小于 300 mm×300 mm，板厚为 8～12 mm。对于粘贴高度低于 1 m 的踢脚线板、勒脚、窗台板等，可采用水泥砂浆粘贴的方法安装。

大规格的大理石板、花岗石板和预制水磨石板等可采用以下两种方法安装，即湿法铺贴工艺和干法铺贴工艺。

(1) 湿法铺贴工艺

湿法铺贴也称为钢筋绑扎灌浆法，湿法铺贴工艺适用于墙体为砖墙或混凝土墙，板厚 20～30 mm的大理石、花岗石或预制水磨石板。

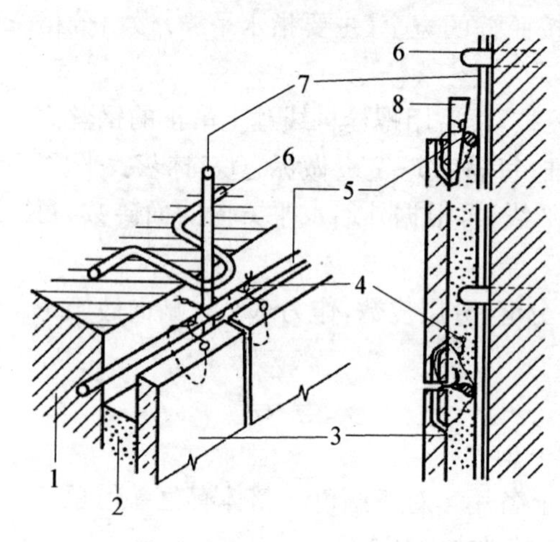

1—墙体；2—水泥砂浆；3—大理石板；4—铜丝；5—横筋；6—铁环；7—立筋；8—定位木楔

图 9-9 饰面板钢筋网片固定及安装方法

湿法铺贴工艺是传统的铺贴方法，即在竖向基体上预挂钢筋网，然后用铜丝或镀锌铁丝绑扎板材并灌水泥砂浆粘牢，如图 9-9 所示。这种方法的优点是牢固可靠，缺点是工序烦琐，卡箍多样，板材上的钻孔易损坏，特别是灌注砂浆易污染板面、使板材移位等。采用湿法铺贴工艺，墙体应设置锚固体，预埋 $\phi6$ 钢筋钩。当挂贴高度大于 3 m 时，钢筋钩改用 $\phi10$ 钢筋。

湿法铺贴的工艺流程：基层处理→绑扎钢筋网→安装饰面板→灌浆→清洁。其施工要点如下。

① 基层处理。墙体的强度必须满足要求，垂直度、平整度偏差不能太大，不然应调整处理。

② 绑扎钢筋网。挂贴饰面板之前，将 $\phi6$ 钢筋网焊接或绑扎于锚固体上。钢筋网双向中距为 500 mm 或按板材尺寸。在饰面板上、下边各钻不小于 $\phi5$ 的两个孔，孔深 15 mm。用双股 18 号铜丝穿过钻孔，把饰面板绑牢于钢筋网上，饰面板的背面距墙面应不小于 50 mm。

③ 安装饰面板。饰面板可通过垫木楔调整接缝宽度，其外表面应平整、垂直，板的上沿要平顺。每安装好一行横向饰面板后，就进行灌浆。灌浆前，应浇水将饰面板背面及墙体表面润湿，在饰面板的竖向接缝内填塞 15～20 mm 深的麻丝或泡沫塑料条以防漏浆。光面、镜面和水磨石饰面板的竖缝，可用石膏灰临时封闭，并在缝内填塞泡沫塑料条。

④ 灌浆。拌和好 1∶2.5 水泥砂浆后，将砂浆分层灌注到饰面板背面与墙面之间的空隙内，每层灌注高度为 150～200 mm，且不得大于板高的 1/3，并插捣密实。待砂浆初凝后，应检查板面位置，如有移动、错位，应拆除重新安装；若无移位，方可安装下一行板。施工缝应留在饰面板水平接缝以下 50～100 mm 处。

⑤ 清洁。待水泥砂浆硬化后，应将填缝材料清除，饰面板表面应清洗干净。光面和镜

面的饰面经清洗晾干后，方可打蜡擦亮。

（2）干法铺贴工艺

干法铺贴工艺通常称为干挂法施工，即在饰面板材上直接打孔或开槽，连接件与结构基体用膨胀螺栓或其他架设金属连接，而不需要灌注砂浆或细石混凝土。饰面板与墙体之间应留出 40～50 mm 的空腔。施工主要步骤有：基层墙体检查、弹线→板材准备与加工→墙体固定件→钢架安装→干挂板材→板缝及收边处理。

① 基层墙体检查、弹线。检查墙体的强度（预埋件或后置件部位不能是轻质墙体）、垂直度、平整度，并按饰面方案进行弹线，固定后置件。

② 板材准备与加工。按设计方案的尺寸、形状加工板材，对防水或强度有特别需要的，在板材背面进行处理，并按设计方案对板材侧面钻孔或开槽。

③ 墙体固定件安装。俗称后置件，是将饰面装修全部荷载传给墙体的钢节点。按弹线定位的点将每一个固定件固定在墙面上，保证位置准确、安装牢固、抗拉拔合格。

④ 钢架安装。钢架是用来挂饰面板材的，按设计方案纵横排列，牢固连接在墙体固定件上，一般是先连接竖向的立柱架，后连接固定横向的横梁钢架。

⑤ 干挂板材。把板材按设计的排列方案，一块一块的用卡件固定在钢架上，注意卡件既要保证卡入板材孔（或槽）内深度，又要牢固和钢架连接。

⑥ 板缝和收边处理。一个施工段板材干挂完毕，对板缝和饰面边用建筑胶封堵，对于较深的板缝或收边，可先用橡胶棒对里侧填塞后外侧留出空槽，空槽部分再用建筑胶封堵。

从以上工序可知，干挂法先在墙面按结构设计布置预埋件或后置件，再将钢架与后置件连接固定，后用专业卡件将板材卡挂固定在钢架上，清楚这个构造也就能清楚荷载传力过程，安装中必须保证这些环节的施工质量，这是饰面板的受荷骨架体系。保证了受荷骨架体系安全，再编制饰面板安装质量措施才有意义。这种方法适用于 30 m 以下的钢筋混凝土结构基体，不适用非承重的实体结构墙，如空心砖墙和加气混凝土砌块墙等，干挂法的工序都是干作业，施工中面板安装顺序基本不受限制（湿法必须从下向上一排排依次绑扎、固定灌浆），且后期如果面板破损或返修，更换方便，目前应用较多，外墙饰面板干挂法如 9－10 所示。

(a) 饰面板干挂前预埋件与钢架

(b) 饰面板干挂进行中

图 9－10　干挂法示意

2. 金属饰面板施工

(1) 彩色压型钢板复合墙板

彩色压型钢板复合墙板是以波形彩色压型钢板为面板,以轻质保温材料为芯层,经复合而成的轻质保温墙板,适用于工业与民用建筑物的外墙挂板。

彩色压型钢板复合板的安装,是用吊挂件把板材挂在墙身标条上,再把吊挂件与标条焊牢。板与板之间连接时,水平缝用搭接缝,竖缝用企口缝。所有接缝处,除用超细玻璃棉塞缝外,还需用自攻螺钉钉牢,钉距为 200 mm。门窗洞口、管道穿墙及墙面端头处,墙板均为异型复合墙板,用压型钢板与保温材料按设计规定尺寸进行裁割,然后照标准板的做法进行组装。墙顶部、门窗周围均设防雨泛水板,泛水板与墙板的接缝处,用防水油膏嵌缝。压型板墙转角处,用槽形转角板进行外包角和内包角,转角板用螺栓固定。

(2) 铝合金饰面板

铝合金饰面板可与大玻璃窗配套使用,或用于玻璃幕墙、商业建筑入口处的柱面及招牌的衬底等部位,或用于内墙装饰(如大型公共建筑的墙裙)等。铝合金饰面板的施工工艺流程:弹线→安装连接件→安装骨架→安装铝合金板→收口处理。其施工要点如下。

① 弹线。在主体结构上,按设计图纸的要求准确地弹出安装骨架的位置,并详细标注固定件的位置。如果作业面的面积较大,龙骨应横竖焊接成网架,放线时应根据网架的尺寸弹放,同时对主体结构尺寸进行校对,如发现较大的误差,应及时进行修正。

② 安装连接件。通常情况下可采用膨胀螺栓来固定连接件,其优点是尺寸误差小,容易保证准确性。此外,也可采用预埋件焊接的方式固定连接件。

③ 安装骨架。骨架可采用木骨架、型钢和铝合金型材骨架等。骨架与连接件的固定可采用螺栓或焊接的方法。在安装过程中应随时检查标高及中心线的位置。另外,所有骨架的表面必须做防锈、防腐处理,连接焊缝必须涂防锈漆。

④ 安装铝合金板。通常情况下,可采用抽芯铝铆钉来固定铝合金板,中间必须垫橡胶垫圈,用锤子钉在龙骨上。如采用螺钉固定,应先用电钻钻孔,再用自攻螺钉将铝合金板固定;如采用木骨架,可直接用木螺钉将铝合金板钉在木龙骨上。

⑤ 收口处理。在端部、伸缩缝和沉降缝的位置上进行收口处理,一般采用铝合金盖板或槽钢盖板盖缝,以保证装饰效果。

(3) 不锈钢饰面板

不锈钢饰面板主要用于墙柱面装饰,具有强烈的金属质感和镜面效果。圆柱体不锈钢饰面板的施工工艺流程:柱体成型→柱体基层处理→不锈钢板滚圆→不锈钢板定位安装→焊接和打磨修光。工艺要点基本与铝金饰面板相同,不再赘述。

9.3 建筑地面工程施工

建筑地面是建筑物底层地面(地面)和楼层地面(楼面)的总称,是建筑物装饰工程的重要组成部分,具有装饰、防水、保温、隔热、维护的功能。施工中要和抹灰、饰面、吊顶等其他室内装饰工程密切配合,施工顺序对保证建筑地面施工质量起着控制作用。施工中严格遵守《建筑地面工程施工质量验收规范》(GB 50209－2010)和国家现行有关标准规范的规定。

建筑地面自下而上一般包括基层、结合层、面层。面层是直接承受各种物理和化学作用的建筑地面表面层，主要分三大类：整体面层，板块面层，木、竹面层。结合层是面层与下一构造层相连接的中间层，根据面层选用。基层是面层下的构造层，包括填充层、隔离层、找平层、垫层和基土，根据需要设置。

9.3.1　整体面层地面

整体面层有水泥混凝土(含细石混凝土)面层、水泥浆面层、水磨石面层、水泥钢(铁)屑面层、防油渗面层和不发火(防爆)面层等。其中，以水泥混凝土(含细石混凝土)面层、水泥浆面层最为常见。

铺设整体面层时，其水泥类基层的抗压强度不得小于 1.2 MPa；表面应粗糙、洁净、湿润并不得有积水；铺设前宜涂刷界面处理剂。以保证上下层结合牢固。

建筑地面应按设计要求设置变形缝，以防治整体类面层因温差、收缩等造成裂缝或拱起、起壳等质量缺陷，施工过程中应有较明确的工艺要求。

整体面层施工后，养护时间不应小于 7 d；抗压强度应达到 5 MPa 后，方准上人行走；抗压强度应达到设计要求后，方可正常使用，以保证面层的耐久性能。

当采用掺有水泥拌合料做踢脚线时，不得用石灰浆打底，以避免水泥类踢脚线的空鼓。

整体面层的抹平工作应在水泥初凝前完成，压光工作应在水泥终凝前完成，防止因操作使表面结构破坏，影响面层质量。

下面介绍两种常用的整体面层的施工工艺。

1. 水泥混凝土面层

(1) 工艺流程：基层处理→设置分格缝→做灰饼和冲筋→刷结合层→搅拌混凝土→铺混凝土面层→搓平压光→养护。

(2) 工艺要求

① 基层处理：清除基层表面的灰尘，铲掉基层上的浆皮、落地灰，清刷油污等杂物。修补基层达到要求，提前 1～2 d 浇水湿透，可有效避免面层空鼓。

② 设置分格缝：楼地面面积较大时，要按设计要求设置分格缝，一般留在梁的上部，门口、结构变化处等位置。

③ 贴灰饼和冲筋：根据房间内四周墙上弹的水平标高控制线抹灰饼，如图 9－11 所示。控制面层厚度应符合设计要求，且不应小于 40 mm，灰饼上平面即楼地面上标高。如果房间较大，为保证整体面层平整度，必须拉水平线冲筋，宽度与灰饼宽度相同，用木抹子拍成与灰饼上表面相平、一致。

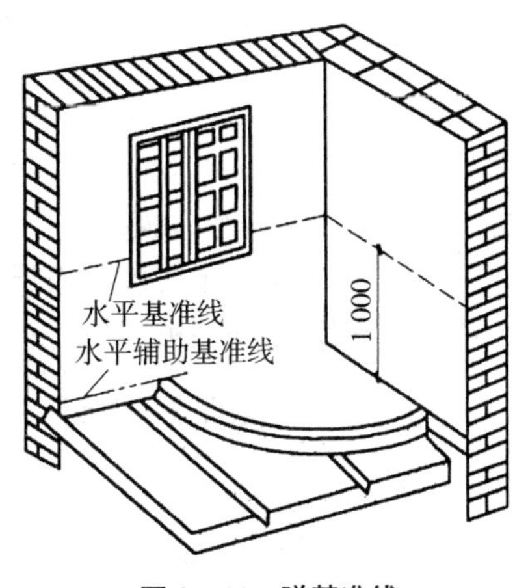

图 9－11　弹基准线

④ 刷结合层：在铺设面层前，宜涂刷界面剂处理或涂刷水胶比为 0.4～0.5 的水泥浆一层，且随刷随铺，一定要清除基层表面的水分，切忌采用在基层上浇水后洒

干水泥的方法。

⑤ 搅拌混凝土:混凝土采用机械搅拌,应计量准确,搅拌要均匀,颜色一致,搅拌时间不应小于 1.5 min,混凝土的坍落度不应大于 3 cm,混凝土的强度等级必须符合设计要求,以试验室的配合比为依据。

⑥ 铺混凝土面层:在铺设和振捣混凝土时,要防止破坏灰饼和冲筋。涂刷水泥浆结合层之后,紧跟着铺混凝土,简单找平后,用表面振动器振捣密实;然后用刮尺以灰饼或冲筋为基准找平,以控制面层厚度。

当施工间歇超过规定的允许时间后,在继续浇筑时应对已凝结的混凝土接槎处进行处理。

⑦ 搓平压光:刮平后,立即用木抹子将面层在水泥初凝前搓平压实,从内向外退着操作,并随时用 2 mm 靠尺检查其平整度,偏差不应大于 5 mm,初凝后,边角处用铁抹子分三遍压光,大面积采用地面压光机压光,由于机械压光压力较大,较人工而言,需稍硬一点,必须掌握好间隔时间,过早,容易扰动面层造成空鼓;过晚,达不到压光效果,另外,采用 C15 混凝土时,可采用随捣随抹的方法,要在压光前加适量的 1∶2 或 1∶2.5 的水泥砂浆干料。混凝土面层应在水泥初凝前完成抹平工作、水泥终凝前完成压光工作。

⑧ 面层养护:混凝土面层浇捣完毕后,应在 12 h 内加以覆盖和浇水,养护初期最好为喷水养护,后期可以浇水或覆盖,通常浇水次数以保持混凝土具有足够湿润状态为准。也可采用覆盖塑料布或盖细砂等方法保水养护。当混凝土抗压强度达到设计要求后方可正常使用,并注意后期的成品保护,确保面层的完整和不被污染。

(3) 质量检查。面层与下一层应结合牢固,无空鼓、裂纹。空鼓面积不大于 400 cm^2,且每自然间(标准间)不多于 2 处可不计。

面层外观质量要求:表面不应有裂纹、脱皮、麻面、起砂等缺陷;坡度应符合设计要求,不得有倒泛水和积水现象。

水泥砂浆踢脚线与墙面应紧密结合,高度一致,出墙厚度均匀,局部空鼓长度不应大于 300 mm,且每自然间(标准间)不多于 2 处可不计。

2. 水泥砂浆面层

水泥砂浆面层的水泥采用硅酸盐水泥、普通硅酸盐水泥,强度等级不应小于 42.5,严禁混用不同品种、不同强度等级的水泥;砂应为中粗砂,当采用石屑时,其粒径应为 1～5 mm,且含泥量不应大于 3%。

水泥砂浆面层的体积比(强度等级)必须符合设计要求;且体积比应为 1∶2,强度等级不应小于 M15。水泥砂浆面层的厚度应符合设计要求,且不应小于 20 mm。

除上述要求外,水泥砂浆面层的施工基本和水泥混凝土面层相同,要严格控制各个环节,因为水泥砂浆面层更容易空鼓,特别是采用机械压光时。

9.3.2 块料面层地面

块料面层有砖面层、大理石面层和花岗石面层、预制板块面层、料石面层、塑料板面层、活动地板面层和地毯面层等面层。以砖面层、花岗石面层最为常见。

铺设块料面层时,水泥类基层的抗压强度不得小于 1.2 MPa。

块料的铺砌方向、图案、串边等应符合设计要求，要事先进行预排，避免出现板块小于1/4边长的边角料，影响观感效果。

在面层铺设后，表面应覆盖、湿润养护 7 d，当板块面层的水泥砂浆结合层的抗压强度达到设计要求后方可正常使用。

块料类踢脚线施工时，不得采用石灰砂浆打底，防止板块类踢脚线的空鼓。

1. 砖面层

（1）一般要求

砖面层有陶瓷马赛克、缸砖、陶瓷地砖和水泥花砖等。室内常用的是陶瓷地砖。有防腐蚀要求的砖面层要采用耐酸瓷砖、浸渍青砖、缸砖。

砖面层一般采用水泥砂浆结合层。也可以采用胶粘剂粘贴砖面层，为防止污染对人体的伤害，对胶粘剂材料的污染控制应符合现行国家标准《民用建筑工程室内环境污染控制标准》(GB 50325－2020)的规定。

（2）施工工艺

普通地板砖主要工艺步骤：采用水泥砂浆结合层（干铺法）：基层处理→选砖→刷结合层→预排砖→铺控制砖→铺砖面层→养护→嵌缝→养护→镶贴踢脚板。

各主要工序的工艺要求如下。

① 基层处理：清除基层表面的灰尘，铲掉基层上的浆皮、落地灰，清刷油污等杂物。修补基层达到要求，提前 1～2 d 浇水湿透基层，可有效避免面层空鼓。

② 选砖：在铺贴前，应对砖的规格尺寸、外观质量、色泽等进行预选，清除不合格品。缸砖、陶瓷地砖和水泥花砖要浸水湿润，风干后待用。

③ 刷结合层：在铺设面层前，宜涂刷界面剂处理或涂刷水胶比为 0.4～0.5 的水泥浆一层，且随刷随铺，一定将基层表面的水分清除，切忌采用在基层上浇水后撒干水泥的方法。

④ 预排砖：为保证楼地面的装饰效果，预排砖是非常必要的工序。对于矩形楼地面，先在房间内拉对角线，查出房间的方正误差，以便把误差匀到两端，避免误差集中在一侧。靠墙一行面块料与墙边距离应保持一致。板块的排列应符合设计要求，当设计无要求时，应避免出现小于 1/2～1/3 板块边长的边角料。板块应由房间中央向四周或从主要一侧向另一边排列。把边角料放在周边或不明显处。

⑤ 铺控制砖：根据已定铺贴方案镶贴控制砖，一般纵横五块面料设置一道控制线，先铺贴好左右靠近基准行的块料，然后根据基准行由内向外挂线逐行铺贴。

⑥ 铺砖面层：采用人工或机械拌制干硬性水泥砂浆，拌和要均匀，以手握成团不泌水，手捏能自然散开为准。配合比根据按设计要求，用量要根据需要，在水泥初凝前用完。

干硬性水泥砂浆结合层应用刮尺及木抹子压平打实，抹铺结合层时，基层应保持湿润，已刷素泥浆不得有风干现象，抹好后，以站上人只有轻微脚印而无凹陷为准，一块一铺。

将地砖干铺在结合层上，调整结合层的厚度和平整度。使地砖与控制线吻合，与相邻地砖缝隙均匀、表面平整，然后取下地砖，用水泥膏(2～3 mm 厚)满涂块料背面，对准挂线及缝，将块料铺贴上，用橡皮锤敲至正确位置，挤出的水泥膏及时清理干净(缝比砖面凹 2 mm 为宜)。

陶瓷马赛克(锦砖、纸皮石)要用平整木板压在块料上，用橡皮锤着力敲击至平正，将挤出的水泥膏及时清理干净，块料贴上后，在纸面刷水湿润，将纸揭去，并及时将纸屑清干净，拨正歪斜缝，铺上平木板，用橡皮锤拍平打实。

⑦ 嵌缝：待粘贴水泥膏凝固后，应采用同品种、同强度等级、同颜色的水泥填平缝用锯末、棉丝将表面擦干净至不留残灰为止，并做养护和保护。

⑧ 养护：在面层铺设或填缝后，表面应覆盖、保湿，其养护时间不应少于 7 d。

⑨ 镶贴踢脚板：一般采用与地面块材同品种、同规格的材料，镶贴前先将板块刷水湿润，将基层浇水湿透，均匀涂刷素水泥浆，边刷边贴。在墙两端先各镶贴一块踢脚板，其上口高度应在同一水平线内，突出墙面厚度应一致，然后沿两块踢脚板上楞拉通线，用 1∶2 水泥砂浆逐块依顺序镶贴。踢脚板的尺寸规格应和地面材料一致，板间接缝应与地面接缝贯通，镶贴时随时检查踢脚板的平顺和垂直，嵌擦缝做法同地面。

2. 大理石面层和花岗石面层

大理石和磨光花岗石板材不得用于室外地面，因为大理石为石灰岩，用于室外易风化，磨光板材用于室外地面易滑伤人。室外地面可采用麻面或机刨花岗石板。

天然大理石、花岗石的技术等级、光泽度、外观等质量要求应符合国家现行行业标准《天然大理石建筑板材》(GB/T 19766－2016)、《天然花岗石建筑板材》(GB/T 18601－2009)的规定。

板材有裂缝、掉角、翘曲和表面有缺陷时应予剔除，品种不同的板材不得混杂使用。

铺设大理石、花岗石面层前，板材应浸湿、晾干；结合层与板材应分段同时铺设。

大理石和花岗石面层的其他要求和施工方法(干铺)与砖面层基本相同大理石和花岗石面层常设计各种花纹、图案纹理或串边。施工时更要认真预排，并绘制成图，编制材料加工单，根据加工单加工和铺贴面层，确保装饰效果。

预制板块面层、料石面层都可以参照砖面层采用干铺的施工方法。其他板、块料面层的要求和施工方法，本书不再介绍。

9.3.3 木质地面

木地板因其纹理自然清新，脚感柔和，被大量应用于家庭、高档办公室及体艺场馆的地面装修。从地面工程施工角度，木地板面层包括实木集成地板面层、实木复合地板面层、浸渍纸层压木质地板面层、软木类地板面层、地面辐射供暖的木板面层等(包括免刨、免漆类)。不同的木地板面层因组成构造不同，施工有差异，如实木地板施工有钉接式和粘结式。粘结式就是将成品硬木地面板用胶粘剂直接黏贴在基层(或基层板上)，钉接式实木地板就是把地板面层用钉固定在面板下的木龙骨上。而实木复合地板和浸渍纸层压木质地板则多为企口拼接，但主要构造和施工步骤基本一致，本节以钉接实木地板为例进行学习。

长条形实木地板多采用钉接式进行铺设，施工的主要工艺步骤是：楼地面结构层检查→弹线→固定木龙骨(木格栅)→铺贴毛底板(如是单层木地板装修则没有此环节)→铺盖隔离层→铺设面板→固定踢脚板。

(1) 楼地面结构层检查。木地板面层铺设前，必须对楼地面结构层检查验收，保证其强度、刚度和稳定性，以及防潮防腐性能，一般建筑内的楼面地面都是钢筋混凝土结构板，强度及其他方面都能满足要求，检查验收则关注楼板或地面内预埋管线位置与走向。楼地面作为木地板的基层，砂浆或细石混凝土找平层应结实、整体性好、并基本平整。

(2) 弹线。为了保证面层板完工后达到质量验收标准和设计要求，要根据施工图和设计文件，定出面层标高、以及木龙骨的位置，并用墨线弹在楼地面和墙面上（墙面可以弹 50 或 80 或 100 的标高控制线）如采用长条木地板面层，龙骨方向必须与木地板长向垂直。

(3) 固定木龙骨（木格栅）。把成品或加工好的木方条（俗称木龙骨、木格栅），沿着地面墨线位置一根根放好，每隔一定距离用钉或细螺栓固定在楼板中，为了防止将木龙骨钉敲劈裂，可以根据钉子或细螺栓直径，预先在木龙骨身上每隔一定距离（如每隔 800 mm）钻一个孔，这样固定时就能有效避免龙骨开裂。为了减少对楼板损坏，也可以在楼地面对应位置钻孔，钻孔时注意不得将楼板钻通，孔深小于楼板厚度一半。木龙骨固定牢固无松动、顶头与墙留出一定的孔隙（如 10～20 mm），完工后的木龙骨上表面平整，有超出要削平或刨平，有低凹的要用木楔垫起来。对地板弹性要求高的体艺馆（如舞蹈房、舞台、室内篮球场等）可在每个龙骨固定点（钉或细螺栓位置）加橡胶垫。龙骨铺设完毕，将地面和龙骨表面清理干净，并对龙骨做好防腐、防虫、防火措施，木龙骨施工如图 9－12 所示。

图 9－12　木龙骨固定

图 9－13　面层板铺设

(4) 铺设毛底板。为了改善脚感和使用的舒适度，采用双层木地板装修时，底层板称为毛底板，毛底板起到进一步找平和缓冲作用，板表面不需要精细加工和削刨油漆，铺设质量要求比面层板略低，所以称为毛底板。用钉把毛底板牢靠固定在木龙骨上，不松动（人踩不翘曲不吱吱响）、表面齐平、板与板之间的缝隙不大于 3 mm，并注意毛底板与四周墙体也要留出 8～12 mm 左右的空隙，如果采用一块块长条板作为毛底板，长条板铺设方向与木龙骨成 45°左右，不能垂直木龙骨，以免与后续面层板同向。毛底板铺设完毕，检查合格后就铺盖一层隔离层，隔离层可以用泡沫纸、沥青油纸、油毡等。

(5) 面层板铺设。面层板铺设固定应注意：钉从板侧面斜钉入固定在龙骨上，长条木地板与木龙骨方向垂直，板头要落在龙骨中心线附近，不能出现探头板。相邻板之间的缝隙小于 1 mm，高差小于 0.5 mm，面层板与四周墙面留出 8～12 mm 左右的空隙。面层板铺设完毕要牢固、不松动不变形、表面平整、美观。铺设钉接如图 9－13 所示。如果是实木锯刨的原板，铺设完毕后还要对木地板进行表面清理、细刨、磨光，待室内装修完毕进行油漆上蜡。

(6) 固定踢脚板。将踢脚板沿着地板表面，固定在四周墙面上。注意踢脚板要盖住面层地板与墙面间的间隙，固定方式、固定点距离保证踢脚板牢固，在阴阳角等拐角的板头要切 45°顺接，完工后的踢脚板上口水平，与地板颜色协调美观。

9.4 涂饰工程施工

涂饰工程是将胶体溶液涂敷在物体表面使之与基层黏结，形成一层完整而坚韧的薄膜，借此达到装饰、美化和保护基层免受外界侵蚀的目的。

涂料按成膜物质可分为有机涂料、无机涂料和有机-无机复合涂料。有机涂料根据成膜物质的特点可分为溶剂型、水溶型、乳液型涂料；按装饰部位不同分为外墙涂料、内墙涂料、地面（或地板）涂料、顶棚涂料；按涂层质感不同分为薄质涂料、厚质涂料、复层涂料和多彩涂料等；按特殊使用功能分为防火涂料、防水涂料、防腐涂料、弹性涂料等。

9.4.1 涂饰工程施工工艺

涂饰工程施工的基本工序有基层处理与打底子、刮腻子、打磨、涂刷涂料等。根据质量要求的不同，涂料工程分为普通、中级和高级 3 个等级。为达到要求的质量等级，上述刮腻子、磨光、涂刷涂料等工序应按工程施工及验收规范的规定重复多遍。

（1）基层处理与打底子

基层处理的工作内容包括基层清理和基层修补。

① 混凝土及砂浆的基层处理。为保证涂膜能与基层牢固黏结在一起，基层表面必须干净、坚实，无酥松、脱皮、起壳、粉化等现象，基层表面上的泥土、灰尘、污垢和黏附的砂浆等应清扫干净，酥松的表面应予铲除。为保证基层表面平整，缺棱掉角处应用 1∶3 水泥砂浆（或聚合物水泥砂浆）修补，表面的麻面、缝隙及凹陷处应用腻子填补修平。

② 木材与金属基层的处理。为保证涂抹与基层黏结牢固，木材表面的灰尘、污垢，以及金属表面的油渍、鳞皮、锈斑、焊渣、毛刺等必须清除干净。木料表面的裂缝等在清理和修整后应用石膏腻子填补密实、刮平收净，用砂纸磨光以使表面平整。

③ 木材与金属基层打底子。木材基层缺陷处理好后，表面上应做打底子处理，使基层表面具有均匀吸收涂料的性能，以保证面层的色泽均匀一致。金属表面应刷防锈漆，涂料施涂前被涂物件的表面必须干燥，以免水分蒸发造成涂膜起泡，一般木材含水率不得大于12%，金属表面不得有湿气。

（2）刮腻子与打磨

涂膜对光线的反射比较均匀，因而在一般情况下基层表面上存在细小凹凸不平和砂眼，在涂刷涂料后由于光影作用都将显现出来，影响美观。所以，基层必须刮腻子数遍予以找平，并在每遍所刮腻子干燥后用砂纸打磨，保证基层表面平整光滑。需要刮腻子的遍数，视涂饰工程的质量等级、基层表面的平整度和所用的涂料品种而定。

（3）涂刷涂料

一般规定涂料在施涂前及施涂过程中，必须充分搅拌均匀，用于同一表面的涂料，应注意保证颜色一致。涂料黏度应调整合适，使其在施涂时不流坠、不显刷纹，如需稀释应用该种涂料所规定的稀释剂稀释。涂料的施涂遍数应根据涂料工程的质量等级而定。施涂溶剂型涂料时，后一遍涂料必须在前一遍涂料干燥后进行；施涂乳液性和水溶性涂料时，后一遍涂料必须在前一遍涂料表面干燥后进行。每一遍涂料不宜施涂过厚，应施涂均匀，各层必须结合牢固。

涂料的施涂方法有刷涂、滚涂、喷涂、刮涂和弹涂等。

① 刷涂。刷涂是用油漆刷、排笔等将涂料刷涂在物体表面上的一种施工方法。此方法操作方便，适应性广，除极少数流平性较差或干燥太快的涂料不宜采用外，大部分薄涂料或云母片状厚质涂料均可采用。刷涂顺序是先左后右、先上后下、先边后面、先难后易。

② 滚涂。滚涂是利用滚筒(或称辐筒、涂料根)蘸取涂料并将其涂布到物体表面上的一种施工方法。滚筒表面有的粘贴合成纤维长毛绒，也有的粘贴橡胶(称为橡胶压碾)，当绒面压花滚筒或橡胶压花压碾表面为凸出的花纹图案时，即可在涂层上滚压出相应的花纹。

③ 喷涂。喷涂是利用压力或压缩空气将涂料涂布于物体表面的一种施工方法。涂料在高速喷射的空气流带动下，呈雾状小液滴喷到基层表面上形成涂层。喷涂的涂层较均匀，颜色也较均匀，施工效率高，适用于大面积施工。可使用各种涂料进行喷涂，尤其是外墙涂料用得较多。

④ 刮涂。刮涂是利用刮板将涂料厚浆均匀地批刮于饰涂面上，形成厚度为1～2 mm的厚涂层，常用于地面厚层涂料的施涂。

⑤ 弹涂。弹涂是利用弹涂器通过转动的弹棒将涂料以圆点形状弹到被涂面上的一种施工方法。若分数次弹涂，每次用不同颜色的涂料，被涂面由不同色点的涂料装饰，相互衬托，可使饰面增加装饰效果。

9.4.2 质量要求和检验方法

(1) 一般规定

① 涂饰工程验收时应检查相关文件和记录。

② 各分项工程的检验批应按规定划分。

③ 检查数量应符合相关规定。

④ 涂饰工程的基层处理应符合相应要求。

⑤ 水性涂料涂饰工程施工的环境温度应在5～35℃。

⑥ 涂饰工程应在涂层养护期满后进行质量验收。

(2) 水性涂料涂饰

① 水性涂料涂饰工程所用涂料的品种、型号和性能应符合设计要求。

② 水性涂料涂饰工程的颜色、图案应符合设计要求。

③ 水性涂料涂饰工程应涂饰均匀、黏结牢固，不得漏涂、透底、起皮和掉粉。

④ 水性涂料涂饰工程的基层处理应符合规范要求。

⑤ 薄涂料的涂饰质量和检验方法应符合表9-1的规定。

⑥ 厚涂料的涂饰质量和检验方法应符合表9-2的规定。

⑦ 复层涂料的涂饰质量和检验方法应符合表9-3的规定。

⑧ 涂层与其他装饰材料和设备衔接处应吻合，界面应清晰。

表9-1 薄涂料的涂饰质量和检验方法

项次	项目	普通涂饰	高级涂饰	检验方法
1	颜色	均匀一致	均匀一致	观察
2	泛碱、咬色	允许少量轻微	不允许	

续表

项次	项目	普通涂饰	高级涂饰	检验方法
3	流坠、疙瘩	允许少量轻微	不允许	
4	砂眼、刷纹	允许少量轻微砂眼，刷纹通顺	无砂眼，无刷纹	
5	装饰线、分色线直线度允许偏差/mm	2	1	拉 5 m 线，不足 5 m 拉通线，用钢直尺检查

表 9-2　厚涂料的涂饰质量和检验方法

项次	项目	普通涂饰	高级涂饰	检验方法
1	颜色	均匀一致	均匀一致	观察
2	泛碱、咬色	允许少量轻微	不允许	
3	点状分布	—	疏密均匀	

表 9-3　复层涂料的涂饰质量和检验方法

项次	项目	质量要求	检验方法
1	颜色	均匀一致	观察
2	泛碱、咬色	不允许	
3	点状分布	均匀、不允许连片	

(3) 溶剂型涂料涂饰

① 溶剂型涂料涂饰工程所选用涂料的品种、型号和性能应符合设计要求。

② 溶剂型涂料涂饰工程的颜色、光泽、图案应符合设计要求。

③ 溶剂型涂料涂饰工程应涂刷均匀、黏结牢固，不得漏涂、透底、起皮和反锈。

④ 溶剂型涂料涂饰工程的基层处理应符合规范要求。

⑤ 色漆的涂饰质量和检验方法应符合表 9-4 的规定。

⑥ 清漆的涂饰质量和检验方法应符合表 9-5 的规定。

⑦ 涂层与其他装饰材料和设备衔接处应吻合，界面应清晰。

表 9-4　色漆的涂饰质量和检验方法

项次	项目	普通涂饰	高级涂饰	检验方法
1	颜色	均匀一致	均匀一致	观察
2	光泽、光滑	光泽基本均匀、光滑无挡手感	光泽均匀一致、光滑	观察、手摸检查
3	刷纹	刷纹通顺	无刷纹	观察
4	裹棱、流坠、皱皮	明显处不允许	不允许	观察
5	装饰线、分色线直线度允许偏差/mm	2	1	拉 5 m 线，不足 5 m 拉通线，用钢直尺检查

表 9-5 清漆的涂饰质量和检验方法

项次	项目	普通涂饰	高级涂饰	检验方法
1	颜色	基本一致	均匀一致	观察
2	木纹	棕眼刮平、木纹清楚	棕眼刮平、木纹清楚	
3	光泽、光滑	光泽基本均匀、光滑无挡手感	光泽均匀一致、光滑	观察、手摸检查
4	刷纹	无刷纹	无刷纹	观察
5	裹棱、流坠、皱皮	明显处不允许	不允许	

9.5 吊顶工程施工

9.5.1 吊顶工程的构成和工艺流程

1. 构成

吊顶工程由支承层和面层组成。

(1) **支承**。支承由吊杆和主龙骨组成，其中主龙骨又分为木龙骨和金属龙骨。

① 木龙骨：方木 50 mm×70 mm～60 mm×100 mm、薄壁槽钢∟ 60 mm×6 mm～70 mm×7 mm，间距 1 m 左右，用 ϕ8～10 mm 螺栓或 8 号钢丝与楼板连接。

② 金属龙骨：有 U 形、T 形、C 形、L 形等，间距 1～1.5 m，通过吊杆将其与楼板连接。

(2) **基层**。用木材、型钢或其他轻金属材料制成的次龙骨组成。

(3) **面层**。木龙骨吊顶多用人造板面层或板条抹灰面层，金属龙骨吊顶多用装饰吸声板。

2. 工艺流程

无论是本质吊顶还是金属吊顶，施工工序基本相同，主要施工工序如下：基层弹线→安装吊杆→安装主龙骨→安装边龙骨→安装次龙骨→安装铝合金方板→饰面清理→分项、检验批验收。

(1) 弹线找平：按设计方案测设出吊顶板标高，将此标高线弹在一圈墙面上，作为整个吊顶安装基线。

(2) 后置件安装(预埋件检查)：后置件固定在楼板下将所有吊顶荷载传递给楼板，后置件按设计要求的材料、位置、数量、固定方式可靠固定在楼板下，保证抗拉拔强度。如果是混凝土浇筑时就放置的预埋件，则检查其位置、数量是否正确。

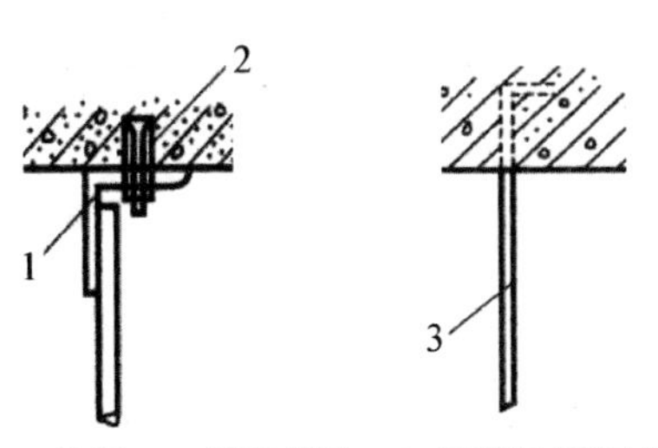

1-角钢；2-膨胀螺栓；3-预埋吊杆(吊筋)

图 9-14 吊杆(吊筋)固定方法

(3) 安装吊杆：有预埋件、射钉、膨胀螺栓固定法

(图 9－14),将配套的吊杆上端固定在楼板下(与预埋件焊接或专用膨胀螺栓固定),注意吊杆的位置、数量和长度,保证后面工序中下挂龙骨的位置和刚度。

(4) 安装主龙骨:主龙骨一般选用 38 mm 轻钢龙骨,间距控制在 1 200 mm 范围内。安装时采用与主龙骨配套的吊件与吊杆连接。

(5) 安装次龙骨(包括边龙骨):边龙骨按吊顶净高要求在墙四周用水泥钉固定 25 mm ×25 mm 烤漆龙骨,水泥钉间距不大于 300 mm。根据面板的规格尺寸,安装与板配套的次龙骨,次龙骨通过吊挂件吊挂在主龙骨上。当次龙骨长度需多根延续接长时,用次龙骨连接件,在吊挂次龙骨的同时,将相对端头相连接,并先调直后固定(图 9－15)。

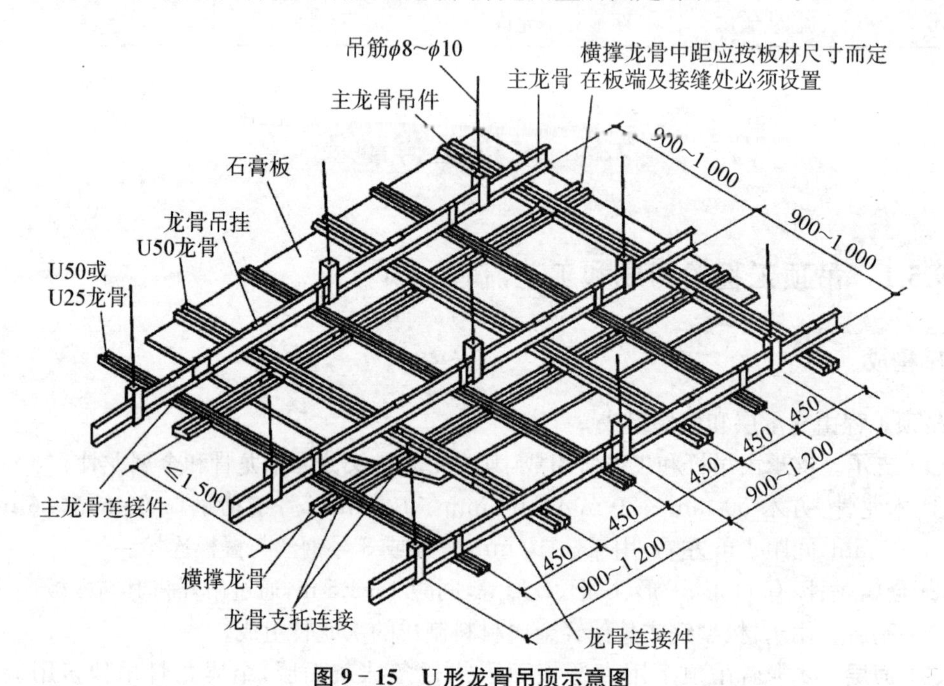

图 9－15　U 形龙骨吊顶示意图

(6) 安装面板:成品面层板安装时,在装配面积的中间位置垂直次龙骨方向拉一条基准线,对齐基准线向两边安装。安装时,轻拿轻放,必须顺着翻边部位顺序将方板两边轻压,卡进龙骨后再推紧;需要钉接的木质面板,保证钉接牢固,且钉位置和间距符合要求。

面板安装完后,需用布把板面全部擦拭干净,不得有污物及手印,等待检查验收。吊顶工程验收时应检查下列文件和记录:

① 吊顶工程的施工图、设计说明及其他设计文件;

② 材料的产品合格证书、性能检测报告、进场验收记录和复验报告;

③ 隐蔽工程验收记录;

④ 施工记录。

9.5.3　吊顶成品保护

(1) 轻钢骨架、罩面板及其他吊顶材料在入场存放、使用过程中应严格管理,保证不变形、不受潮、不生锈。

(2) 装修吊顶用吊杆严禁挪作机电管道、线路吊挂用;机电管道、线路如与吊顶吊杆位置矛盾，须经过项目技术人员同意后更改，不得随意改变、挪动吊杆。

(3) 吊顶龙骨上禁止铺设机电管道、线路。

(4) 轻钢骨架及罩面板安装应注意保护顶棚内各种管线，轻钢骨架的吊杆、龙骨不准固定在通风管道及其他设备件上。

(5) 为了保护成品，罩面板安装必须在棚内管道试水、保温等一切工序全部验收后进行。

(6) 设专人负责成品保护工作，发现有保护设施损坏的，要及时恢复。

工序交接全部采用书面形式由双方签字认可。由下道工序作业人员和成品保护负责人同时签字确认，并保存工序交接书面材料，下道工序作业人员对防止成品的污染、损坏或丢失负直接责任，成品保护专人对成品保护负监督、检查责任。

9.6 轻质隔墙工程施工

轻质隔墙依其构造方式，可分为砌块式、骨架式和板材式。砌块式轻质隔墙构造方式与黏土砖墙相似，装饰工程中主要为骨架式和板材式轻质隔墙。骨架式轻质隔墙的骨架多为木材或型钢(轻钢龙骨、铝合金骨架)，饰面板多用纸面石膏板、人造板(如胶合板、纤维板、木丝板、刨花板、水泥纤维板)。板材式轻质隔墙采用高度等于室内净高的条形板材进行拼装，常用的板材有复合轻质墙板、石膏空心条板、预制或现制钢丝网水泥板等。

9.6.1 轻钢龙骨纸面石膏板隔墙施工

轻钢龙骨纸面石膏板隔墙具有施工速度快、成本低、劳动强度小、装饰美观，以及防火、隔声性能好等特点。因此，其应用广泛，具有代表性。用于隔墙的轻钢龙骨有C50、C75、C100 3种系列，各系列轻钢龙骨由沿顶龙骨、沿地龙骨、加强龙骨、横撑龙骨和配件组成，如图9-16所示。

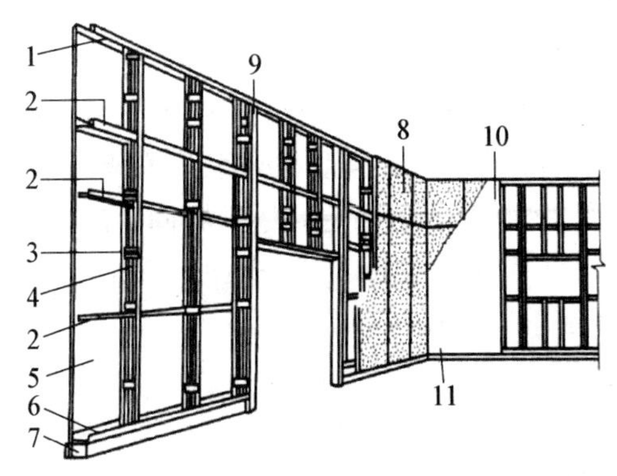

1-沿顶龙骨；2-横撑龙骨；3-支撑卡；4-贯通孔；5-石膏板；6-沿地龙骨；
7-混凝土踢脚座；8-石膏板；9-加强龙骨；10-塑料壁纸；11-踢脚板

图9-16　轻钢龙骨纸面石膏板隔墙

轻钢龙骨纸面石膏板隔墙的施工操作工序为：弹线→固定沿地、沿顶龙骨→骨架装配及校正→石膏板固定→饰面处理。

(1) **弹线**。弹线是根据设计要求确定隔墙的位置、隔墙门窗的位置,包括地面位置、墙面位置、高度位置和隔墙的宽度,在地面和墙面上弹出隔墙的宽度线和中心线,按所需龙骨的长度尺寸,对龙骨进行画线配料。按先配长料、后配短料的原则进行。量好尺寸后,用粉饼或记号笔在龙骨上画出切截位置。

(2) **固定沿地、沿顶龙骨**。沿地、沿顶龙骨固定前,将固定点与竖向龙骨位置错开,用膨胀螺栓和木楔钉、铁钉与结构固定,或者直接与结构预埋件连接。

(3) **骨架装配及校正**。按设计要求和石膏板尺寸,进行骨架分格设置,然后将预选切裁好的竖向龙骨装入沿地、沿顶龙骨内,校正其垂直度后,将竖向龙骨与沿地、沿顶龙骨固定起来。固定方法是用点焊将两者焊牢,或者用连接件与自攻螺钉固定。

(4) **石膏板固定**。固定石膏板用平头自攻螺钉,其规格通常为 M4×25 或 M5×25 两种,螺钉间距 200 mm 左右。安装时,将石膏板竖向放置贴在龙骨上,用电钻同时把板材与龙骨一起打孔,再拧上自攻螺钉。螺钉要沉入板材平面 2～3 mm。

石膏板之间的接缝分为明缝和暗缝两种做法。明缝是用专门工具和砂浆胶合剂勾成立缝。明缝如果加嵌压条,装饰效果较好。暗缝的做法首先要求石膏板有斜角,在两块石膏板拼缝处用嵌缝石膏腻子嵌平,然后贴上 50 mm 的穿孔纸带,再用腻子补一道,与墙面刮平。

(5) **饰面处理**

饰面处理是待嵌缝腻子完全干燥后,在石膏板隔墙表面裱糊墙纸、织物或进行涂料施工。

9.6.2 铝合金隔墙施工技术

铝合金隔墙是用铝合金型材组成框架,再配以玻璃等其他材料装配而成。其主要施工工序为:弹线→下料→组装框架→安装隔板→安装玻璃。

(1) **弹线**。根据设计要求确定隔墙在室内的具体位置、墙高、竖向型材的间隔位置等。

(2) **下料**。在平整干净的平台上,用钢尺和钢画针对型材画线,要求长度误差±0.5 mm,同时不要碰伤型材表面。下料时先长后短,并将竖向型材与横向型材分开。沿顶、沿地型材要画出与竖向型材的各连接位置线。画连接位置线时,必须画出连接部位的宽度。

(3) **组装框架**。半高铝合金隔墙通常先在地面组装好框架后再竖立起来固定,全封铝合金隔墙通常是先固定竖向型材,再安装横挡型材来组装框架。铝合金型材相互连接主要用铝角和自攻螺钉,它与地面、墙面的连接,则主要用铁脚固定法。

(4) **安装隔板**。先按框调即缩小 3～5 mm 裁好隔板,隔板就位后,用与型材同色的槽条将隔板两侧夹定,校正后将槽条用自攻螺钉与型材固定。

(5) **安装玻璃**。先按框洞尺寸缩小 3～5 mm 裁好玻璃,将玻璃就位后,用与型材同色的铝合金槽条,在玻璃两侧夹定,校正后将槽条用自攻螺钉与型材固定。安装活动窗口上的玻璃,应与制作铝合金活动窗口同时安装。

9.6.3 隔墙施工的质量要求

(1) 隔墙所用材料的品种、规格、性能、颜色应符合设计要求。有隔声、隔热、阻燃、防潮等特殊要求的工程,板材应有相应性能等级的检测报告。

（2）板材隔墙安装所需预埋件与连接件的位置、数量和连接方法应符合设计要求，与周边墙体连接应牢固。隔墙骨架与基体结构连接牢固，并应平整、垂直、位置正确。

（3）隔墙板材安装应垂直、平整、位置正确，板材不应有裂缝或缺损；表面应平整光滑、色泽一致、洁净，接缝应均匀，顺墙体表面应平整，接缝密实、光滑，无凸凹现象、无裂缝。

（4）隔墙上的孔洞、槽、盒应位置正确，套割方正，边缘整齐。

隔墙安装的允许偏差和检验方法应符合表 9－6 的规定。

表 9－6　隔墙安装的允许偏差和检验方法

项次	项目	允许偏差/mm						检验方法
		板材隔墙				骨架隔墙		
		金属夹心板	其他复合板	石膏空心板	钢丝网水泥板	纸面石膏板	人造木板、水泥纤维板	
1	立面垂直度	2	3	3	3	3	4	用 2 m 垂直检测尺检查
2	表面平整度	2	3	3	3	3	3	用 2 m 直尺和塞尺检查
3	阴、阳角方正	3	3	3	4	4	3	用直角检测尺检查
4	接缝直线度	—	—	—	—	—	3	拉 5 m 线、不足 5 m 拉通线，用钢直尺检查
5	压条直线度	—	—	—	—	—	3	
6	接缝高低差	1	2	2	3	1	1	用钢直尺和塞尺检查

9.7　门窗工程施工

门窗是重要的建筑构件，也是重要的装饰部件。它一般由门窗框、门窗扇、玻璃和五金配件等组成。

按材料的不同，门窗可分为木门窗、钢门窗、铝合金门窗和塑料门窗等。木门窗应用最早、最普遍，后来钢门窗（彩钢门窗）、铝合金门窗、塑钢门窗的应用日益增多。木门窗安装一般采用先立樘方法（先把门窗框按施工图位置固定好后，再砌筑门窗框外围墙体），彩钢、铝合金和塑钢门窗一般采用后塞口方法（墙体前期施工时预留好洞口，后期在洞口内将门窗框安装固定）。

9.7.1　木门窗施工

随着人民生活水平的日益提高，门窗装修在材质选择上也多样并存，木门木窗等复古风格又开始复兴。木门窗的施工工艺流程：确定安装位置→固定门窗框→安装门窗扇→安装五金配件→安装玻璃。其施工要点如下。

(1) **确定安装位置**。根据设计图纸要求,以门窗中心线为准向两侧量出门窗边线,对窗,还需以每层 50 cm 的水平线为准量出窗台(或窗下皮)高度。

(2) **固定门窗框**。固定门窗框主要两种方法:一种是先固定后砌筑的方法;另一种是预留洞口的方法。一般优先采用预留洞口的方法施工,它可以避免门窗框在施工中受压变形、受损或污染。

采用预留洞口法固定门窗框时,洞口尺寸按图纸的位置和尺寸留出,预留洞口尺寸应比图纸尺寸大 30～40 mm。砌墙时,在洞口两侧按规定砌入防腐木砖,间距不大于 1.2 m,且每边不少于 2 块。

在抹灰前将门窗框立于洞口处,并用木楔块临时固定,检查开启方向后,吊直、卡方,使其与墙面装饰层吻合,最后用钉子把门窗框钉在木砖上,每块木砖不少于 2 颗钉子。门窗框与墙体的缝隙用保温材料填实后,用砂浆抹面即可。

(3) **安装门窗扇**。门窗扇通过合页与门窗框固定。安装合页时,先根据上、下冒头 1/10 的要求,定出合页安装边线,分别从上、下边线往里量出合页长度;然后剔合页槽,以槽的深度来调整门窗扇安装后与框的平整;合页槽剔好后,安装上、下合页。安装合页时应先拧一个螺丝,然后关上门窗检查缝隙是否合适,无问题后方可将螺丝全部拧上拧紧。

(4) **安装五金配件**。五金配件的安装应符合设计图纸的要求,不得遗漏,一般门锁、拉手等距地高度为 950～1 000 mm,插销应在拉手下面。

(5) **安装玻璃**。玻璃安装前,应先检查框内尺寸,并将裁口内的污垢清除干净。安装时可用钉子固定,钉距不得大于 300 mm,且每边不少于两个,然后用油灰密封。

安装长边大于 1.5 m 或短边大于 1 m 的玻璃,应使用橡胶垫,并用压条和螺钉固定。用木压条固定玻璃时,应先刷底油后安装,不得将玻璃压得过紧。

9.7.2 钢门窗施工

钢门窗的施工工艺流程:弹线→立钢门窗、校正→固定门窗框→安装五金配件→安装纱门窗。其施工要点如下。

(1) **弹线**。在门窗安装前,应按安装标高、尺寸和开启方向,在墙体预留洞口四周弹出门窗就位线。

(2) **立钢门窗、校正**。安装钢门窗时,应先用木楔块临时固定,然后用水平尺、对角线尺和线锤等,校正垂直度与水平度。

(3) **固定门窗框**。门窗位置确定后,将铁脚与预埋件焊接或埋入预留洞口内,用 1∶2 水泥砂浆或细石混凝土将洞口缝隙填实,养护 3 天后取出木楔;门窗框与墙之间的缝隙应填嵌饱满,并用密封胶密封。

(4) **安装五金配件**。五金配件应在内、外墙装饰结束后安装,且其安装前应检查门窗在洞口内是否牢固,开关是否灵活、严密。

密封条应在钢门窗涂料干燥后安装压实。各类五金配件的转动和滑动配合处应灵活,无卡阻现象。装配螺钉拧紧后不得松动,埋头螺钉不得高于零件表面。

(5) **安装纱门窗**。高度或宽度大于 1 400 mm 的纱窗,装纱前应在纱扇中部用木条临时支撑。装纱时先将螺丝拧入上下压纱条再装压纱条,并切除多余纱头。纱门窗装完后集中刷油漆,交工前再将门窗扇安在钢门窗框上。

9.7.3 铝合金门窗施工

铝合金门窗是用经过表面处理的型材,通过下料、打孔、铁槽、攻丝和制窗等加工过程而制成的门窗框料构件,再与连接件、密封件和五金配件一起组装而成的。铝合金门窗框一般用预留洞口的方法安装,其施工工艺流程:弹线→固定门窗框→填缝→安装门窗扇→安装玻璃→清理。其施工要点如下。

(1) **弹线**。在门窗洞口的墙面上弹出水平和竖直控制线,保证完工后墙面上的门窗横向同水平、竖向同竖直。

(2) **固定门窗框**。固定铝合金门窗框时,应先将其放在洞口正确位置,用木楔临时固定;然后拉通线进行调整,使所有门窗分别在同一水平线和竖直线上,并进行校正;最后将门窗框与墙体或预埋件固定。

(3) **填缝**。铝合金门窗框固定后,应按设计要求及时处理窗框与墙体的缝隙。若设计未规定具体堵塞材料时,应采用矿棉或玻璃棉毡分层填塞缝隙,外表面留 5～8 mm 深槽口,槽内填嵌缝油膏或在门窗两侧作防腐处理后填 1∶2 水泥砂浆。

(4) **安装门窗扇**。门窗扇的安装需在土建施工基本完成后进行。安装门窗扇后应保证框扇的立面在同一平面内,窗扇就位准确、开闭灵活。

(5) **安装玻璃**。玻璃安装应在框、扇校正和五金件安装完毕后进行。裁割玻璃时,一般要求玻璃侧面及上下都应与金属面留出一定间隙,以适应玻璃胀缩变形的需要。为防止因玻璃的胀缩而造成型材的变形,型材下凹槽内可先放置橡胶垫块,以免因玻璃自重而直接落在金属表面上。玻璃的侧边及上部不得与框、扇及连接件相接触。

(6) **清理**。铝合金门窗交工前,将型材表面的保护胶纸撕掉;若有胶迹,可用香蕉水清理干净,擦净玻璃。

9.7.4 塑钢门窗施工

塑钢门窗,就是在门窗的塑料框材空腔内插入专业钢条,对框材进行加强(当门窗尺寸小或使用环境允许时,框材空腔可以不插钢条时就是塑料门窗),与其他门窗相比,塑钢门窗具有更加优越的保温性与密闭性,其耐久性也随着塑料材质的不断改进而有显著提高。塑钢门窗及其附件应符合国家标准,按设计选用。塑钢门窗不得有开焊、断裂等损坏现象,如有损坏,应予以修复或更换。塑钢门窗进场后,应存放在有靠架的室内并与热源隔开,以免受热变形。由于塑钢门窗的热膨胀系数和弯曲弹性模量较大,故其门窗框与墙体的连接应用弹性连接固定的方法。

在安装塑钢门窗前,应先安装五金配件及固定件。由于塑料型材是中空多腔的,材质较脆,因此安装时不能用螺丝直接锤击拧入,应先用电钻钻孔,然后用自攻螺钉拧入与内部钢条连接。钻头直径应比所选用的自攻螺丝直径小 0.5～1.0 mm,以防止塑料门窗出现局部凹隐、断裂和螺丝松动等问题,保证零附件及固定件的安装质量。

待五金配件及固定件安装完并检查塑料门窗框合格后,将门窗框放入洞口内并调整至横平竖直,然后用木楔将塑料框四角塞牢、固定,但不宜塞得过紧以免外框变形。门窗框与墙体的缝隙,应用泡沫塑料条、油毡卷条等柔性材料填塞,外侧留出 5～8 mm 凹槽,用配套建筑胶封填密实。塑钢门窗玻璃的安装与铝合金门窗要求相同。

9.8 建筑装饰装修工程安全文明施工

建筑装饰装修工程包含多种分项工艺内容,不同分项工程对安全文明要求会略有不同,施工现场应注意安全文明一般措施内容有:组织管理措施、临时用电措施、机械管理措施、消防保卫措施等。

落实安全为生产、生产必须安全的生产方针和安全生产管理制度,成立安全文明施工领导小组,对进入现场所有工作人员实行三级安全教育,定期进行安全生产讲评会,尤其提醒现场人员严禁向门窗洞口外抛弃物料。布置任务同时进行详细的安全文明技术交底,并做好书面记录,特殊和重要的分项工程及工艺要制定专项安全文明施工措施。

按临时用电施工组织设计落实好用电制度,电动工具、机械、设备的操作和维修有专职电工或持证操作手进行。生活区和作业区临时用电严禁私拉乱接,每次开工前检查电线电缆是否有破损、接地接零保护是否正常。施工机械必须按现场布置图中的位置确定,试运转后合格才能投入正常使用,施工机械同一管理,操作人员每天班前、班中、班后都要进行检查,发现问题立即停机,直到隐患排除。

严格执行现场消防保卫制度,落实人员岗位责任制,保卫人员加强巡逻,掌握现场人数,确保现场防火防盗。对工人进行防火知识、灭火知识及灭火器材使用方法的培训,按消防布置图合理放置消防器材,现场消防器材标志明显,消防通道畅通无阻,动用明火要按动火制度要求执行流程,使用明火时段有专人带消防器材在操作点守护。保持场地整洁、材料有序、通道畅通是保证装饰装修阶段消防工作的基本要求。

单元练习题

习题库

建筑装饰装修工程施工

1. 抹灰工程是如何分类的?施工工艺质量控制要点有哪些?
2. 饰面工程中,面砖和饰面板施工工艺有什么不同?
3. 地面工程中地板砖和木地板施工工艺是如何进行的?
4. 涂料施工的工艺步骤和质量验收标准是怎样的?
5. 吊顶的工艺步骤和要点有哪些?
6. 铝合金门窗安装的工艺步骤和质量控制要点有哪些?

第十章 保温节能工程施工与绿色施工

本单元学习目标

通过本单元学习，学生掌握屋面保温工艺流程及施工要点；
通过本单元学习，学生掌握墙体保温工艺流程及施工要点；
通过本单元学习，学生熟悉保温节能验收标准；
通过本单元学习，学生熟悉绿色施工的概念及指标要点。

10.1 屋面保温与隔热工程施工

10.1.1 基本要求

建筑节能是建筑工程施工质量验收十大分部工程中的专项验收内容，保温属于建筑节能分部的围护体系节能。

建筑屋面保温是建筑节能这一系统工程中的重要组成部分。建筑物能源消耗的30%～50%是通过屋面与围护结构损失的，因而提高屋面的保温性能是降低建筑物能源消耗的有效措施。

屋面保温效果通过在屋面系统中设置保温材料层，增加屋面系统的热阻来达到。保温材料的性能对保温效果的影响是决定性的。

保温材料种类繁多，其中泡沫玻璃、挤塑聚苯乙烯泡沫板、硬泡聚氨酯这几种材料性能最优，它们同属于低吸水率材料，而且具有表观密度小、导热系数小、强度高、耐久性好的优点，适用于倒置式屋面。这几种材料于20世纪90年代中期出现，目前生产、施工工艺均成熟，已获得越来越广泛的应用。

目前可采用的其他保温材料，如膨胀珍珠岩制品、膨胀蛭石制品、岩棉制品、微孔硅酸钙制品、加气混凝土及其制品等均为高吸水率、吸湿性保温材料，部分制品添加了憎水剂，改善了吸水性能，如憎水膨胀珍珠岩板等。采用这些保温材料时，一般都要采用排汽屋面的形式，构造较为复杂，施工难度大。

架空隔热屋面是在平屋面上用砖墩支承钢筋混凝土薄板等架空隔热制品，架设一定高度，形成隔热层，一方面避免太阳直接照射屋面，使屋面表面温度大为降低，减少热量向室内传导；另一方面，利用空气流动，加快屋面热量的散发。它要求采用平檐口，即非女儿墙屋面。架空隔热是一种自然通风降温的措施，它尤其适用于无空调要求而炎热多风地区的屋面，不适用于寒冷地区。

架空隔热屋面可与保温层同时采用，也可单独使用。

10.1.2 保温材料的种类

我国目前屋面保温层按形式，可分为松散材料保温层、板状保温层和整体现浇(喷)保温层：松散材料保温层常用材料有松散膨胀珍珠岩、松散膨胀蛭石；板状保温层采用的材料包括各种膨胀珍珠岩板制品、膨胀蛭石板制品、聚苯乙烯泡沫塑料、硬泡聚氨酯板、泡沫玻璃等；整体现浇(喷)保温层使用的材料有沥青膨胀蛭石和硬泡聚氨酯。

按材料性质，可分为有机保温材料和无机保温材料。有机保温材料有聚苯乙烯泡沫塑料、硬泡聚氨酯，其他均为无机材料。

按吸水率可分为高吸水率和低吸水率(吸水率小于6%)保温材料。泡沫玻璃、聚苯乙烯泡沫板、硬泡聚氨酯为低吸水率材料，具有独立闭孔的结构。

10.1.3 保温层构造及材料选用

(1) 保温屋面的构造见图10-1，架空隔热屋面的构造见图10-2。

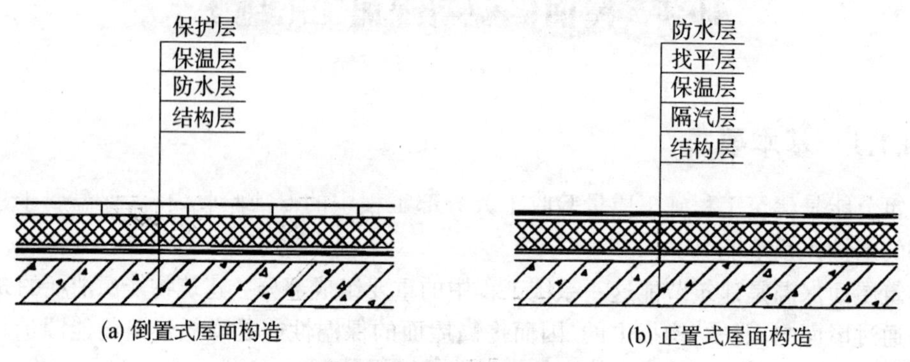

图10-1 保温屋面构造

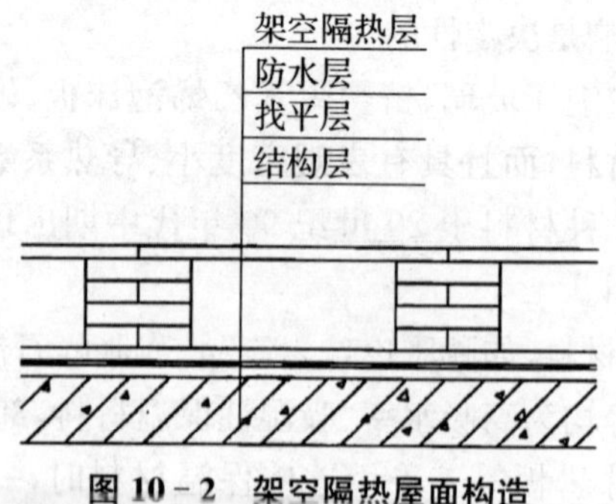

图10-2 架空隔热屋面构造

(2) 屋面保温可采用板状材料或整体现浇(喷)保温层，应优先选用表观密度小、导热系数小、吸水率低或憎水性的保温材料，尤其在整体封闭式保温层和倒置式屋面，必须选用低吸水率的保温材料。松散材料保温层基本均为高吸水率、高吸湿性材料，难以保证保温效果，通常不建议采用。

(3) 屋面保温材料的强度应满足搬运和施工要求，在屋面上只要求大于等于 0.1 MPa 的抗压强度就可以满足。

(4) 保温材料含水率过大，不能干燥或施工中浸水不能干燥时，应采取排汽屋面做法。封闭式保温层的含水率，应相当于该材料在当地自然风干状态下的平衡含水率。吸湿性保温材料不宜用于封闭式保温层。

(5) 保温层设置在防水层上部时，保温层的上面应做保护层；保温层设置在防水层下部时，保温层的上面应做找平层。

(6) 保温层的厚度应根据热工计算确定，但还应考虑自然状态下保温材料含水率对保温性能降低的因素。

10.1.4　找平层与隔汽层施工

当室内产生水汽或室内常年空气湿度大于 75%时，保温屋面应设置隔汽层。隔汽层应选用气密性、水密性好的防水卷材或防水涂料，沿墙面向上铺设，并与屋面防水层相连，形成全封闭的整体。

(1) 屋面结构层为现浇混凝土时，宜随打随抹并压光，不再单独做找平层；结构层为装配式预制板时，应在板缝灌掺膨胀剂的 C20 细石混凝土，然后铺抹水泥砂浆。找平层宜在砂浆收水后进行二次压光，表面应平整。

(2) 隔汽层可采用单层卷材或涂膜，卷材可采取空铺法、点粘法、条粘法，其搭接宽度不得小于 70 mm，搭接要严密；涂膜隔汽层，则应在板端处留分格缝嵌填密封材料，采用沥青基防水涂料时，其耐热度应比室内或室外的最高温度高出 20～25℃，隔汽层在屋面与墙面连接处应沿墙面向上连续铺设，高出保温层上表面不得小于 150 mm。

(3) 排汽道应纵横贯通，找平层设置的分格缝可兼作排汽道；并同与大气连通的排汽管相通；排汽管可设在檐口下或屋面排汽道交叉处。

(4) 排汽道宜纵横设置，间距宜为 6 m。屋面面积每 36 m^2 宜设置一个排汽孔，排汽孔应做防水处理。

(5) 在保温层下也可铺设带支点的塑料板，通过空腔层排水、排汽。

10.1.5　板状保温材料施工

板状保温材料有水泥、沥青或有机材料作胶结料的膨胀珍珠岩、蛭石保温板、微孔硅酸钙板、泡沫混凝土、加气混凝土和岩棉板、挤塑或模塑聚苯乙烯泡沫板、硬泡聚氨酯板、泡沫玻璃等。其中，泡沫混凝土、加气混凝土等材料表观密度大，保温性能较差。目前生产的有机或无机胶结料如憎水性膨胀珍珠岩和沥青作胶结料的膨胀珍珠岩、蛭石，具有较好的憎水能力，聚苯乙烯泡沫板、泡沫玻璃和发泡聚氨酯吸水率低、表观密度小、保温性能好，应用越来越广泛。

板状保温材料施工的施工要点如下。

(1) 铺设板状保温材料的基层应平整、干净、干燥。

(2) 板状保温材料不应破碎、缺棱掉角，铺设时遇有缺棱掉角、破碎不齐的，应锯平拼接使用。

(3) 干铺板状保温材料,应紧靠基层表面,铺平、垫稳。分层铺设时,上、下接缝应互相错开,接缝处应用同类材料碎屑填嵌饱满。

(4) 粘贴的板状保温材料,应铺砌平整、严实。分层铺设的接缝应错开,胶粘剂应视保温材料的材性选用,如热沥青胶结料、冷沥青胶结料、有机材料或水泥砂浆等。板缝间或缺角处应用碎屑加胶料拌匀,填补严密。

10.1.6 整体保温层施工

整体保温层目前常用有沥青膨胀蛭石、现喷硬质聚氨酯泡沫塑料,施工要点如下。

(1) 保温层的基层应平整、干净、干燥。

(2) 沥青膨胀蛭石应采取人工搅拌,避免颗粒破碎。

(3) 以热沥青作胶结料时,沥青加热温度不应高于 240℃,使用温度不宜低于 190℃,膨胀蛭石的预热温度宜为 100～120℃,拌合以色泽均匀一致、无沥青团为宜。

(4) 沥青膨胀蛭石整体保温层施工时,应拍实、抹平至设计厚度,虚铺厚度和压实厚度应根据试验确定。保温层铺设后,应立即进行找平层施工。

10.1.7 松散材料保温层施工

松散保温材料主要有膨胀珍珠岩、膨胀蛭石,具有堆积密度小、保温性能高的优越性能,但当松铺施工时,一旦遇雨或浸入施工用水,则保温性能大大降低,而且容易引起柔性防水层鼓泡破坏。所以,在干燥少雨地区尚可应用,而在多雨地区应避免采用。同时,松散保温材料施工时,较难控制厚薄匀质性和压实表观密度。施工要点如下。

(1) 松散材料保温层应干燥,含水率不得超过设计规定;否则,应采取干燥或排汽措施。

(2) 松散材料保温层应分层铺设,并适当压实、每层虚铺厚度不宜大于 150 mm;压实的程度与厚度应经试验确定;压实后,不得直接在保温层上行车或堆放重物。

(3) 保温层施工完成后,应及时进行下道工序,抹找平层和防水层施工。雨期施工时,应采取遮盖措施,防止雨淋。

(4) 为了准确控制铺设的厚度,可在屋面上每隔 1 m 摆放保温层厚度的木条作为厚度标准。

(5) 下雨和五级风以上不得铺设松散保温层。

(6) 铺抹找平层时,可在松散保温层上铺一层塑料薄膜等隔水物,以阻止砂浆中水分被吸收,造成砂浆缺水、强度降低;同时,可避免保温层吸收砂浆中的水分而降低保温性能。

10.1.8 架空隔热层施工

架空隔热层施工要点如下。

(1) 架空屋面的坡度不宜大于 5%,架空隔热层的架空高度应按照屋面宽度或坡度大小来确定;如设计无要求,一般以 100～300 mm 为宜。

(2) 架空墩砌成条形,成为通风道,不让风产生紊流。屋面过大、宽度超过 10 m 时,应在屋脊处开孔架高,形成中部通气孔,称为通风屋脊。

(3) 架空隔热层的进风口,宜设置在当地炎热季节最大频率风向的正压区,出风口宜设置在负压区。

(4) 架空隔热层施工时,应根据架空板的尺寸弹出支座中线。

(5) 架空隔热制品架设在防水层上时,支座部位的防水层上应采取加强措施,操作时不得损坏防水层。

(6) 铺设架空板时应将灰浆刮平,随时扫净屋面防水层上的落灰、杂物等,保证架空隔热层气流畅通。

(7) 架空板的铺设应平整、稳固;缝隙宜采用水泥砂浆或混合砂浆嵌填,并应按设计要求留变形缝。

(8) 架空隔热板距女儿墙不小于 250 mm,以保证屋面胀缩变形的同时,避免堵塞和便于清理。

10.2 墙体保温工程施工

墙体保温是指采用一定的固定方式(黏结、机械锚固、粘贴+机械锚固、喷涂、浇注等)把导热系数较低(保温隔热效果较好)的隔热材料与建筑物墙体固定一体,增加墙体的平均热阻值,从而达到保温或隔热效果的一种工程做法。

在建筑中,外围护结构的热损耗较大,外围护结构中墙体又占了很大的份额,所以建筑墙体改革与墙体节能技术的发展是建筑节能技术的一个最重要的环节,发展外墙保温技术及节能材料则是建筑节能技术的主要方式之一。

10.2.1 外墙保温系统的构造和要求

1. 外墙外保温技术分析

(1) 适用范围广

外保温不仅适用于北方需冬季采暖的建筑,也适用于南方需夏季隔热的空调建筑;既适用于砖混结构建筑砌体外墙的保温,也适用于剪力墙结构混凝土外墙的保温;既适用于新建建筑,也适用于既有建筑的节能改造。

(2) 保温效果好

因为保温材料置于建筑物外墙的外侧,基本上可以消除建筑物各个部位的"冷热桥"影响,能充分发挥新型高效保温材料的保温效能。相对于外墙内保温和夹心保温墙体,在使用相同保温材料情况下,需要保温材料的厚度较小,达到较高的节能效果。

(3) 保护主体结构

置于建筑物外侧的保温层大大减少了自然界温度、湿度、紫外线等对主体结构的影响,特别是由于温度对结构的影响。建筑物外围的热胀冷缩可能引起建筑物部分非结构构件的开裂,外墙采用外保温技术可以降低温度在结构内部产生的应力。

(4) 改善室内环境

外保温提高了墙体的保温隔热性能,减少室内热能的传导损失,增加了室内的热稳定性。另外,还在一定程度上阻止了风霜雨雪等对外围墙体的浸湿,提高了墙体的防潮性能,避免了室内的霉斑、结露、透寒等现象,进而创造了舒适的室内居住环境。另外,因保温材料铺贴于墙体外侧,避免了保温材料中的挥发性有害物质对室内环境的污染。

(5) 其他因素的影响

由于外保温隔热体系置于外墙外侧,直接受到自然界的各种因素影响。

仅就太阳辐射及环境温度变化对其影响来说,由于保温层之上的抗裂防护层较薄,只有3～10 mm,且保温材料具有较大的热阻。因此在热量相同的情况下,外保温抗裂保护层的温度变化速度比无保温主体外墙外侧温度变化速度提高10～30倍。因此,考虑其他环境因素对抗裂防护层的柔韧性和耐候性等抗裂性能提出了更高的要求。

2. 增强网的选择

玻璃纤维网格布作为抗裂保护层的关键增强材料,在外墙外保温技术中得到广泛的应用。一方面,玻璃纤维网格布能有效地增加保护层的拉伸强度;另一方面,玻璃纤维网格布能有效分散应力,将原本可以产生的裂缝分散成许多较细裂缝,从而起到抗裂作用。

3. 外保护层材料的选择

由于传统水泥砂浆的强度高、收缩大、柔韧性变形不够,如直接作用在保温层外面,不仅耐候性差,容易开裂,而且还有可能脱落,存在巨大的安全隐患。因此,必须采用专用的抗裂砂浆并辅以合理的增强网,并在砂浆中加入适量的纤维。抗裂砂浆的压折比小于3,如外饰面为面砖,在抗裂砂浆中也可以加入钢丝网片。钢丝网片孔距不宜过小,也不宜过大。面砖的短边应至少覆盖在两个以上网孔上,钢丝网应采用防腐好的热镀锌钢丝网。

4. 外墙保温施工要点

当基层墙体验收合格后,就可进行保温层施工。其具体施工工艺为:清理、找平基层→弹、挂控制线→安装、找平底端托板檐→材料工具准备→配黏结胶浆→粘贴翻包网格布→粘贴聚苯板→检查校平→填塞板缝→打磨找平→安装装饰线条(用苯板制成)或分格缝→钉锚固钉→保温层验收。

(1) 粘贴聚苯板的施工要点

① 粘贴翻包网。在以下部位粘贴翻包网,并进行密封防水处理:门窗洞口周边、预留洞口、女儿墙、勒脚、阳台、雨篷等处,以及变形缝及基层不同构造、不同材料结合处。以上部位称为系统终端。翻包网格布要求压入聚苯板两面均不少于100 mm。

② 点框法粘贴聚苯板。用抹子将拌好的浆料均匀地涂布于聚苯板四周,空白处均匀地涂布若干灰饼,然后将聚苯板按预定的位置对位,并均匀用力按压,随时检测垂直度、平整度,使聚苯板与基底黏结牢固、平整。压平后聚苯板四周浆料宽度约60 mm,最窄处不少于60 mm,灰饼直径不少于100 mm,厚度为5 mm,且黏结面积不少于聚苯板面积的30%。

③ 拼缝及细部要求。聚苯板粘贴时应自下而上,错缝粘贴,转角咬槎。每层错缝1/2板长,不少于200 mm。对下料尺寸偏差造成板间缝隙大于2 mm的,应将聚苯板裁成合适的小片塞入缝中。门窗洞口四角的聚苯板应采用整板切割成型,不得拼接。接缝距洞口四角不少于200 mm。聚苯板粘贴完成静置24 h后,将板缝不平处用砂纸打磨平整再进行下道工序。聚苯板粘贴牢固后安装锚固件,按要求位置用冲击钻钻孔,锚固深度不少于25 mm。

（2）保护层施工要求

用镘刀将拌好的砂浆均匀地涂布在聚苯板表面上。将预先裁制好的网格布对正位置用镘刀压入抹面砂浆中，逐行抹压，避免网格布褶皱。网格布横向铺设、自上而下逐行铺贴，沿外墙转角处依次铺贴；遇门窗洞口时，在洞口四角加贴一块长 300 mm、宽 200 mm 的斜向网格布。在以下部位需铺设加强网：底层距室外地面高度 2 m 范围的部位；可能遭受冲击力的部位。加强网格布的铺贴方法是先贴加强网，再贴标准网，加强网与标准网之间必须加抹一层抹面砂浆。网格布的搭接：标准网格布的搭接宽度≥100 mm；加强网格布不得搭接及弯折，网边须对接。转角处网格布要连续铺设，包转宽度≥200 mm。接槎的处理：不能连续施工的工作面预留搭接宽度≥100 mm 的网格布在抹面砂浆外，并注意保持网格布的平整与清洁，以便后续施工。抹平修整：用抹子将砂浆抹压平整。

（3）注意事项

① 每个分格单元必须一次性施工完成，禁止在一个分格内出现接槎；② 接近分格条边缘施工时，要加细处理。新抹砂浆不要抹到邻近板块，打磨时避免对已完板块进行二次打磨；③ 水平分格缝位置距离每步脚手架高度不少于 0.3 m；④ 施工墙面应采取遮阳和防风措施。施工完成后 24 h 内避免雨水冲刷。

10.2.2　硅酸铝保温材料外墙内保温施工工艺

1. 基本构造

硅酸铝保温材料外墙内保温基本构造如图 10－3 所示。

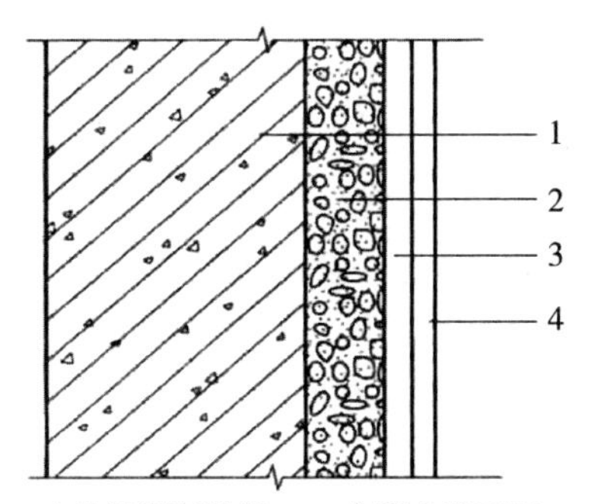

1-基层；2-硅酸铝保温浆料；3-水泥砂浆面层；4-饰面层

图 10－3　硅酸铝保温材料外墙内保温基本构造

2. 施工工艺

硅酸铝保温材料外墙内保温施工工艺流程为：基层墙体处理→墙体基层涂刷专用界面砂浆→吊垂直、套方、弹控制线→配制保温砂浆→用保温砂浆作灰饼、作口→抹保温砂浆→晾置干燥→验收厚度、平整度和垂直度→抹水泥砂浆面层(养护 7 天)→施工饰面层。

3. 施工要点

(1) 基层墙面处理。墙面应清理干净，无油渍、浮尘等，旧墙面松动、风化部分应剔凿清除干净。墙表面有突出10 mm以上的凸起物应铲平。穿墙套管、脚手眼、孔洞等应封堵严密。门窗框与墙体间缝隙填塞密实,表面平整。门窗洞口四周的墙体应做保温,并采取增设一层耐碱网布防止开裂和破损的措施。

(2) 保温浆料层宜连续施工,抹保温浆料时,按压力不宜过大,以免影响保温性能。

(3) 保温浆料厚度应均匀,接槎应平顺密实。保温浆料每层抹灰厚度不宜超过15 mm。

(4) 外墙内保温浆料与内墙普通抹灰的接槎宜在内墙面距外墙200 mm处。

(5) 保温浆料抹完后,应等待晾干再抹水泥砂浆面层。在面层砂浆抹完后养护7天,待干燥后方可进行面层涂料施工。

(6) 墙体上容易碰撞的阳角、门窗洞口和不同材料基体的交接处等特殊部位,其保温层应附设耐碱网布防止开裂和破损(耐碱网布在每边铺设宽度为保温浆料+50 mm)。

(7) 施工中同步制作同条件养护试件(每个检验批不少于3组),以备见证取样送检,检测其导热系数、干密度和压缩强度。

(8) 以下施工部位应同步拍摄必要的图像资料以便后续检查。

① 保温层附着的基层及其表面处理;

② 墙体热桥部位处理;

③ 耐碱网布铺设;

④ 被封闭的保温浆料厚度。

10.2.3 EPS板薄抹灰外墙外保温施工工艺

1. 基本构造

EPS(即聚苯乙烯)板薄抹灰外墙外保温系统(简称EPS板薄抹灰系统)由EPS板保温层、薄抹灰面层和饰面涂层构成。EPS板用胶黏剂固定在基层上,薄抹灰面层中贴玻璃纤维网,当建筑物高度在20 m以上时,在受负风压作用较大的部位宜采用锚栓辅助固定。EPS板薄抹灰外墙外保温基本构造,如图10-4所示。

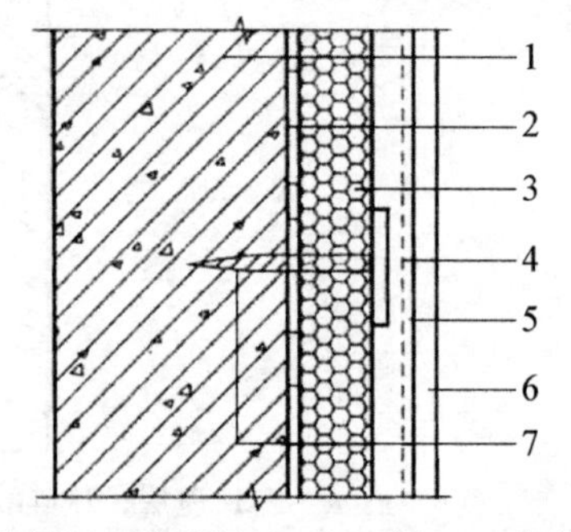

1-基层;2-胶黏剂;3-EPS板;4-耐碱网布;5-抗裂砂浆面层;6-饰面涂层;7-锚栓

图10-4 基本构造

2. 施工工艺

EPS板薄抹灰外墙外保温施工工艺流程为:基层墙体清理→抄平放线→安装钢角托→涂抹界面剂→配聚合物黏结剂→粘贴EPS板→隐蔽验收→配制抗裂砂浆→抹底层抗裂砂浆→安装锚栓、铺挂耐碱网布(养护7天)→施工饰面层。

3. 施工要点

(1) 基层墙面处理。墙面应清理干净,无油渍、浮尘等,旧墙面松动、风化部分应剔凿清除干净墙表面凸起物大于10 mm的应铲平。穿墙套管、脚手眼、孔洞等应封堵严密。门窗框与墙体间缝隙填塞密实,表面平整。门窗洞口四周的墙体应做保温,并采取增设一层耐碱网布防止开裂和破损的措施。

(2) 基层应涂满界面砂浆，用滚刷或扫帚将界面砂浆均匀涂刷在基层上。

(3) 吊垂直、套方作口，按厚度控制线，拉垂直、水平通线。

(4) 粘贴 EPS 板时，应将胶黏剂涂在 EPS 板背面，涂胶黏剂面积不得小于 EPS 板面积的 40%。安装的 EPS 板宽度不大于 1 200 mm，高度不大于 600 mm。

(5) EPS 板粘贴时，竖缝应逐行错缝搭接，搭接长度不小于 10 cm。转角处应交错互锁(见图 10－5)。门窗洞口四角处 EPS 板不得拼接，应采用整块 EPS 板切割成形(见图 10－6)。

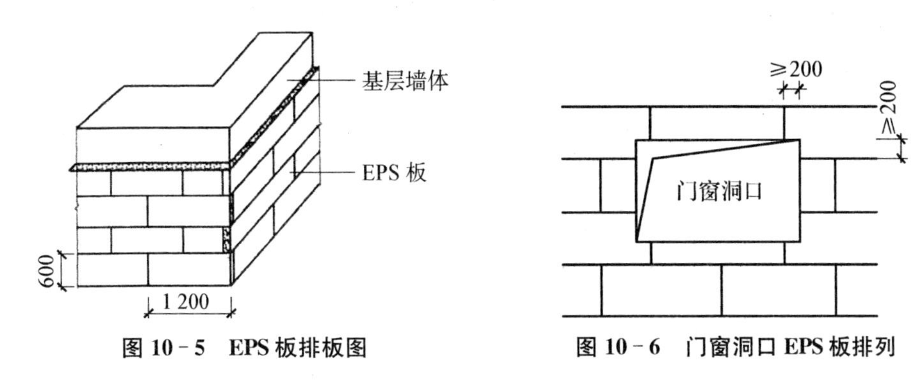

图 10－5　EPS 板排板图　　图 10－6　门窗洞口 EPS 板排列

(6) 涂好后立即将 EPS 板贴在墙面上，动作要迅速，以防止黏结剂结皮而失去黏结作用。EPS 板贴在墙上时，应用 2 m 靠尺进行压平操作，保证其平整度和黏结牢固。板与板之间要挤紧，不得有较大的缝隙。若因保温板面不方正或裁切不直形成大于 2 mm 的缝隙，应用 EPS 板条塞入并打磨平。

(7) EPS 板贴完后至少 24 h，且待黏结剂达到一定黏结强度时，用专用打磨工具对 EPS 板表面不平处进行打磨，打磨动作最好是轻柔的圆周运动，不要沿着与保温板接缝平行的方向打磨。打磨后应用刷子将打磨操作产生的碎屑清理干净。

(8) 在 EPS 板上先抹 2 mm 厚抗裂砂浆，待抗裂砂浆初凝后，分段铺挂耐碱网布并安装锚栓(锚栓呈梅花状布置，4～5 个/m^2)，锚栓锚入墙体孔深应大于 30 mm。

(9) 在底层抗裂砂浆终凝前，再抹一道抹面砂浆罩面，厚度为 2～3 mm，以覆盖耐碱网布轮廓为宜。面层砂浆切忌不停揉搓，以免形成空鼓。在面层抗裂砂浆抹完后养护 7 天，待干燥后方可进行面层涂料施工。

(10) 墙体上容易碰撞的阳角、门窗洞口和不同材料基体的交接处等特殊部位，其保温层应增设一层耐碱网布防止开裂和破损(耐碱网布在每边铺设宽度为 EPS 板＋50 mm)。

(11) 以下施工部位应同步拍摄必要的图像资料，以便后续检查。

① 保温层附着的基层及其表面处理；

② 墙体热桥部位处理；

③ 保温板黏结和固定方法；

④ 锚固件；

⑤ 增强网铺设；

⑥ 被封闭的 EPS 板厚度。

10.2.4 胶粉 EPS 颗粒保温浆料外墙外保温施工工艺

1. 基本构造

胶粉 EPS 颗粒保温浆料外墙外保温基本构造，如图 10－7 所示。

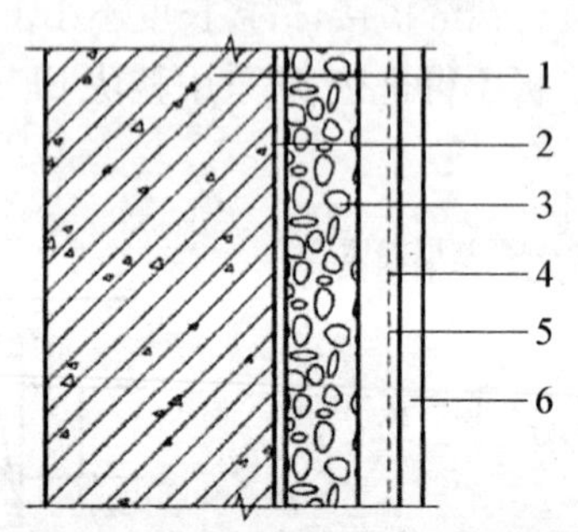

1－基层；2－界面砂浆；3－胶粉EPS 颗粒保温浆料；
4－抗裂砂浆面层；5－耐碱网布；6－饰面层

图 10－7 胶粉 EPS 颗粒保温浆料外墙外保温基本构造

2. 施工要点

(1) 基层墙面处理。墙面应清理干净，无油渍、浮尘等，旧墙面松动、风化部分应剔凿清除干净。墙表面凸起物大于 10 mm 的应铲平。穿墙套管、脚手眼、孔洞等应封堵严密。门窗框与墙体间缝隙填塞密实、表面平整。门窗洞口四周的墙体应做保温，并采取增设一层耐碱网布防止开裂和破损的措施。

(2) 基层应涂满界面砂浆用滚刷或扫帚将界面砂浆均匀涂刷在基层上。

(3) 吊垂直、套方作口。按厚度控制线，拉垂直、水平通线。套方作口，按厚度线用胶粉聚苯颗粒保温浆料作标准厚度灰饼冲筋。

(4) 胶粉 EPS 颗粒保温浆料的施工应注意以下几点。

① 保温浆料层宜连续施工，抹保温浆料时，按压力不宜过大，以免影响保温性能。

② 保温浆料厚度应均匀、接茬应平顺密实。保温浆料每层抹灰厚度不宜超过 20 mm。后一遍施工厚度要比前一遍施工厚度小。最后一遍厚度留 10 mm 左右为宜。每两遍施工间隔应在 24 h 以上。

③ 最后一遍操作时，应达到冲筋高度并用大杠搓平，墙面门窗口平整度应达到相应的要求。

④ 保温层固化干燥(用手掌按不动表面，一般约 5 天)后，方可进行抗裂保护层施工。

(5) 抹抗裂砂浆，铺贴耐碱网布。玻璃纤维网按楼层间尺寸事先裁好。抹抗裂砂浆一般分两遍完成，第一遍厚度 3～4 mm，随即竖向铺设玻璃纤维网，用抹子将玻璃纤维网压入砂浆，搭接宽度不应小于 40 mm，先压入一侧，抹抗裂砂浆，随即再压入另一侧，严禁干搭。耐碱网布铺贴要尽可能平整，饱满度应达到 100%。抹第二遍找平抗裂砂浆时，将耐碱网布包覆于抗裂砂浆之中，使抗裂砂浆的总厚度控制在(10±2)mm，抗裂砂浆面层必须平整。在面层抗裂砂浆抹完后养护 7 天，待干燥后方可进行面层涂料施工。

(6) 墙体上容易碰撞的阳角、门窗洞口和不同材料基体的交接处等特殊部位，其保温层应增设一层耐碱网布防止开裂和破损(耐碱网布在每边铺设宽度为保温浆料+50 mm)。

(7) 施工中同步制作同条件养护试件(每个检验批不少于3组)，以备见证取样送检，检测其导热系数、干密度和压缩强度。

10.2.5 EPS板现浇混凝土外墙外保温施工工艺

1. 基本构造

EPS板现浇混凝土外墙外保温基本构造，如图10-8所示。

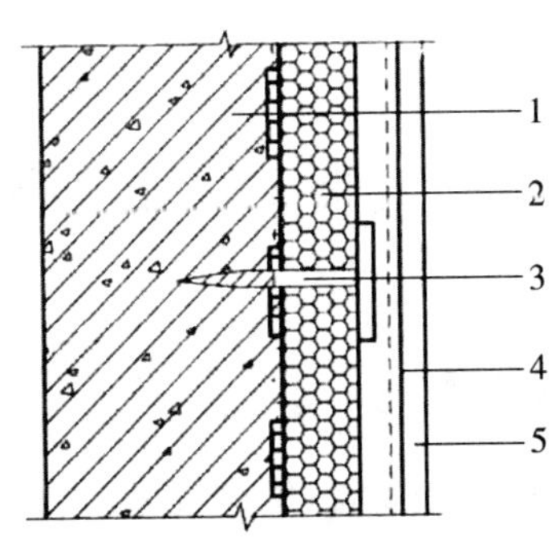

1-现浇混凝土外墙；2-EPS板；3-锚栓；4-抗裂砂浆面层；5-饰面层

图10-8 EPS板现浇混凝土外墙外保温基本构造

2. 施工要点

(1) 钢筋绑扎

外墙外侧钢筋弯钩应背向EPS板，防止戳破EPS板；外墙外侧与EPS板之间垫块间距不大于0.8 m；钢筋经验收合格后，方可进行EPS板安装。

(2) 固定EPS板和锚栓

EPS板两面先喷刷界面剂；EPS板宽度宜为1 200 mm，高度宜为层高；锚栓每m^2宜设3个，锚栓锚入混凝土墙体应不小于30 mm；水平抗裂分格缝宜按楼层设置。垂直抗裂分格缝间距不宜大于8 m；EPS板、锚栓宜固定在模板上，固定后应及时清理EPS板碎片，防止EPS板碎片堆积在施工缝处造成烂根。

(3) 安装外墙模板

外墙模板的下侧应支设牢固，模板接缝应粘贴海绵条，穿墙螺栓应紧固校正到位，防止出现错台和漏浆现象。

(4) 浇筑混凝土

混凝土的坍落度不小于180 mm；混凝土一次浇筑高度不宜大于0.8 m，混凝土需振捣密实均匀；洞口处浇筑混凝土时，应沿洞口两边同时下料使两侧浇灌高度大体一致，振捣棒应距洞口边不小于300 mm；混凝土浇筑完毕，应整理上口甩出钢筋，并用木抹子抹平混凝土表面。

(5) 拆模、整修EPS板表面

墙体混凝土强度达到混凝土设计强度标准值的30%，且不低于1.0 MPa时，可以拆除墙体模板;先拆外墙内侧模板,后拆外墙外侧模板,并及时修整墙面混凝土并清理板面余浆;混凝土墙体上的孔洞应使用干硬性砂浆填实,EPS板部位的孔洞宜抹胶粉EPS颗粒保温浆料修补和找平;门窗框与墙体间缝隙填塞密实,表面平整。门窗洞口四周的墙体应做保温,并采取增设一层耐碱网布防止开裂和破损的措施。

(6) 抗裂砂浆施工

在EPS板上先抹2 mm厚抗裂砂浆,待抗裂砂浆初凝后,分段铺挂耐碱网布;在底层抗裂砂浆终凝前,再抹一道抹面砂浆罩面,厚度为2～3 mm,以覆盖耐碱网布轮廓为宜。面层砂浆切忌不停揉搓,以免形成空鼓。在面层抗裂砂浆抹完后养护7天,待干燥后方可进行面层涂料施工。墙体上容易碰撞的阳角、门窗洞口和不同材料基体的交接处等特殊部位,其保温层应增设一层耐碱网布防止开裂和破损(耐碱网布在每边铺设宽度为EPS板+50 mm)。

10.3 建筑工程绿色施工

10.3.1 绿色施工的基本概念

绿色施工是指工程建设中,在保证质量、安全等基本要求的前提下,通过科学管理和技术进步,最大限度地节约资源与减少对环境负面影响的施工活动,实现"四节一环保"(节能、节地、节水、节材和环境保护)的目标。

绿色施工是建筑全寿命周期中的一个重要阶段。实施绿色施工,应进行总体方案优化。在规划、设计阶段,应充分考虑绿色施工的总体要求,为绿色施工提供基础条件。实施绿色施工,应对施工策划、材料采购、现场施工、工程验收等各阶段进行控制,加强对整个施工过程的管理和监督。

绿色施工方案应包括以下内容:

(1) 环境保护措施,制定环境管理计划及应急救援预案,采取有效措施,降低环境负荷,保护地下设施和文物等资源。

(2) 节材措施,在保证工程安全与质量的前提下,制定节材措施。如进行施工方案的节材优化,建筑垃圾减量化,尽量利用可循环材料等。

(3) 节水措施,根据工程所在地的水资源状况,制定节水措施。

(4) 节能措施,进行施工节能策划,确定目标,制定节能措施。

(5) 节地与施工用地保护措施,制定临时用地指标、施工总平面布置规划及临时用地节地措施等。

10.3.2 绿色施工的注意要点

1. 减少场地干扰、尊重基地环境

工程施工过程会严重扰乱场地环境,这一点对于未开发区域的新建项目尤其严重。场地平整、土方开挖、施工降水、永久及临时设施建造、场地废物处理等工作均会对场地现存的动植物资源、地形地貌、地下水位等造成干扰;还会对场地内现存的文物、地方特色资源等带

来破坏，影响当地传统文化的继承和发扬。因此，施工中减少场地干扰、尊重基地环境对于保护生态环境，维持地方传统文化具有重要的意义。业主、设计单位和承包商应当识别场地内现有的自然、文化和构筑物特征，并通过合理的设计、施工和管理工作将这些特征保存下来。可持续的场地设计对于减少这种干扰具有重要的作用。就工程施工而言，承包商应结合业主、设计单位对承包商使用场地的要求，制订满足这些要求的、能尽量减少场地干扰的场地使用计划。

2. 施工结合气候

承包商在选择施工方法、施工机械，安排施工顺序，布置施工场地时应结合气候特征。这可以减少因为气候原因而带来施工措施的增加以及资源和能源用量的增加，有效地降低施工成本；可以减少因为额外措施对施工现场及环境的干扰；可以有利于施工现场环境质量品质的改善和工程质量的提高。

承包商要能做到施工结合气候，首先要了解现场所在地区的气象资料及特征，主要包括降雨、降雪资料，如：全年降雨量、降雪量、雨季起止日期、一日最大降雨量等；气温资料，如年平均气温、最高、最低气温及持续时间等；风的资料，如风速、风向和风的频率等。

施工结合气候的主要体现有：

(1) 承包商应尽可能合理地安排施工顺序，使会受到不利气候影响的施工工序能够在不利气候来临前完成。如在雨季来临之前，完成土方工程、基础工程的施工，以减少地下水位上升对施工的影响，减少其他需要增加的额外雨季施工保证措施。

(2) 安排好全场性排水、防洪措施，减少对现场及周边环境的影响。

(3) 施工场地布置应结合气候，符合劳动保护、安全、防火的要求。产生有害气体和污染环境的加工场(如沥青熬制、石灰熟化)及易燃的设施(如木工棚、易燃物品仓库)应布置在下风向，且不危害当地居民；起重设施的布置应考虑风、雷电的影响。

(4) 在冬季、雨季、风季、炎热夏季施工中，应针对工程特点，尤其是对混凝土工程、土方工程、深基础工程、水下工程和高空作业等，选择适合的季节性施工方法或有效措施。

3. 节水节电环保

建设项目通常要使用大量的材料、能源和水资源。减少资源的消耗，节约能源，提高效益，保护水资源是可持续发展的基本观点。施工中资源(能源)的节约主要有以下几方面内容：

(1) 水资源的节约利用。通过监测水资源的使用，安装小流量的设备和器具，采用利用雨水或施工废水等措施来减少施工期间的用水量，降低用水费用。

(2) 节约电能。通过监测利用率，安装节能灯具和设备、利用声光传感器控制照明灯具，采用节电型施工机械，合理安排施工时间等降低用电量，节约电能。

(3) 减少材料的损耗。通过更仔细的采购、合理的现场保管，减少材料的搬运次数，减少包装，完善操作工艺，增加摊销材料的周转次数等手段降低材料在使用中的消耗，提高材料的使用效率。

(4) 可回收资源的利用。可回收资源的利用是节约资源的主要手段，也是当前应加强的方向。主要体现在两个方面，一是使用可再生的或含有可再生成分的产品和材料，这有助于将可回收部分从废弃物中分离出来，同时减少了原始材料的使用，即减少了自然资源的消耗；二是加大资源和材料的回收利用、循环利用，如在施工现场建立废物回收系统，再回收或重复利用在拆除时得到的材料，这可减少施工中材料的消耗量或通过销售这些材料来增加企业的收入，也可降低企业运输或填埋垃圾的费用。

4. 减少环境污染，提高环境品质

工程施工中产生的大量灰尘、噪音、有毒有害气体、废物等会对环境品质造成严重的影响，也将有损于现场工作人员、使用者以及公众的健康。因此，减少环境污染，提高环境品质也是绿色施工的基本原则。

提高与施工有关的室内外空气品质是该原则的最主要内容。施工过程中，扰动建筑材料和系统所产生的灰尘，从材料、产品、施工设备或施工过程中散发出来的挥发性物质均会引起室内外空气品质问题。这些挥发性物质会对健康构成潜在的威胁和损害，需要特殊的安全防护。这些威胁和损伤有些是长期的，甚至是致命的。而且在建造过程中，这些空气污染物也可能渗入邻近的建筑物，并在施工结束后继续留在建筑物内，因此要重视改善室内外空气品质。常用的提高施工场地空气品质的绿色施工技术措施有：

（1）制定有关室内外空气品质的施工管理计划。

（2）使用低挥发性的材料或产品。

（3）安装局部临时排风或局部净化和过滤设备。

（4）进行必要的绿化，经常洒水清扫，避免建筑垃圾堆积在建筑物内，贮存好可能造成污染的材料。

（5）采用更安全、健康的建筑机械或生产方式，如用商品混凝土代替现场混凝土搅拌，可大幅度地消除粉尘污染。

（6）合理安排施工顺序，对容易吸附污染物的材料和工艺适当延后安排。

（7）对于施工时仍在使用的建筑物而言，应将有毒的工作安排在非工作时间进行，并与通风措施相结合，在进行有毒工作时以及工作完成以后，用室外新鲜空气对现场通风。

5. 实施科学管理、保证施工质量

实施绿色施工，必须要实施科学管理，提高企业管理水平，使企业从被动地适应转变为主动地响应，使企业实施绿色施工制度化、规范化。这将充分发挥绿色施工对促进可持续发展的作用，改善绿色施工的经济性效果，提高承包商采用绿色施工的积极性。

实施绿色施工，尽可能减少对场地的干扰，提高资源和材料利用效率，增加材料的回收利用等，但采用这些手段的前提是要确保工程质量。好的工程质量，可延长项目寿命，降低项目日常运行费用，有利于使用者的健康和安全，促进社会经济发展，本身就是可持续发展的体现。

单元练习题

习题库

保温节能与绿色施工

1. 屋面保温有哪些形式，工艺步骤和质量要求是怎样的？
2. 墙体保温有哪些形式，工艺步骤和质量要求是怎样的？
3. 建筑工程的绿色施工是什么？它应从哪些方面进行控制？

第十一章
流水施工组织

本单元学习目标

学生熟悉流水施工的基本概念、流水施工的特点；

学生掌握流水施工基本参数及其计算方法；掌握流水施工的组织方法。

学生掌握独立组织小型标段工程和分部工程的流水施工的方法。

11.1 流水施工概述

11.1.1 流水施工

1. 施工组织方式

每一个建筑工程都是由许多施工过程组成的，而每一个施工过程可以组织一个或多个施工队来进行施工。组织各施工队组的先后顺序或平行搭接施工是组织施工中的一个基本问题。通常，组织施工时有依次施工、平行施工和流水施工三种方式，现将这三种方式的特点和效果分析如下。

（1）依次施工组织方式

依次施工组织方式也称顺序施工组织方式，是将工程对象任务分解成若干个施工过程，按照一定的施工顺序，前一个施工过程完成后，后一个施工过程才开始施工，或前一个施工段完成后，后一个施工段才开始施工。它是一种最基本的、最原始的施工组织方式。

【例 11－1】 某四幢相同的砌体结构房屋的基础工程，划分为基槽挖土、混凝土垫层、砖砌基础、回填土四个施工过程，每个施工过程安排一个施工队组，一班制施工，其中，每幢楼挖土方工作队由 14 人组成，2 天完成；垫层工作队由 28 人组成，1 天完成；砌基础工作队由 18 人组成，3 天完成；回填土工作队由 8 人组成，1 天完成。按照依次施工，进度计划安排如图 11－1、图 11－2 所示。

由图 11－1、图 11－2 可以看出，依次施工组织方式的优点是每天投入的劳动力较少，机具使用不集中，材料供应较单一，施工现场管理简单，便于组织和安排。依次施工组织方式的缺点如下：

① 由于没有充分地利用工作面去争取时间，所以工期长；

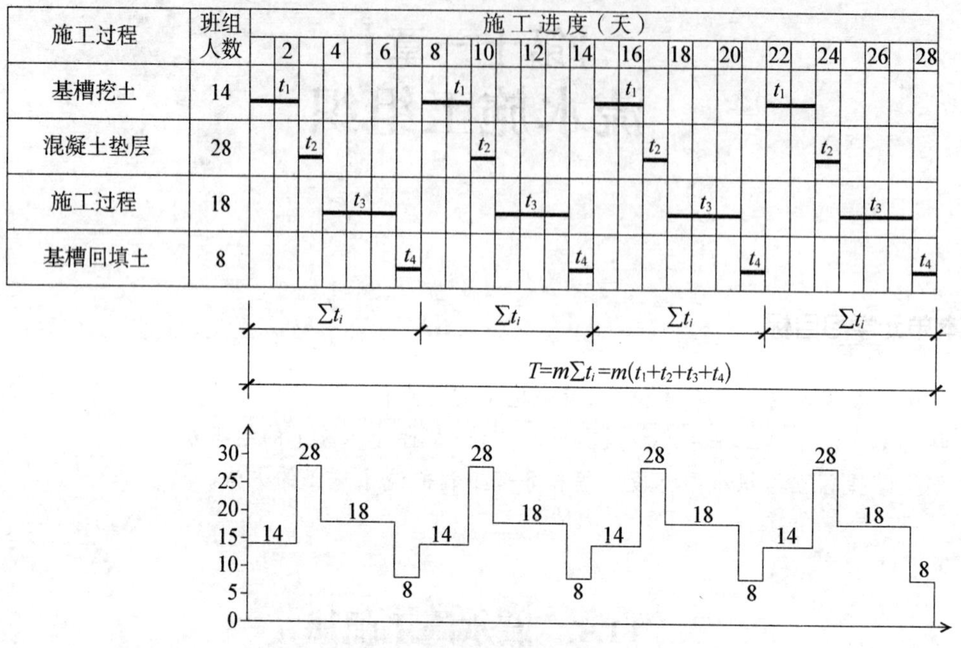

图 11－1　按幢(或施工段)依次施工

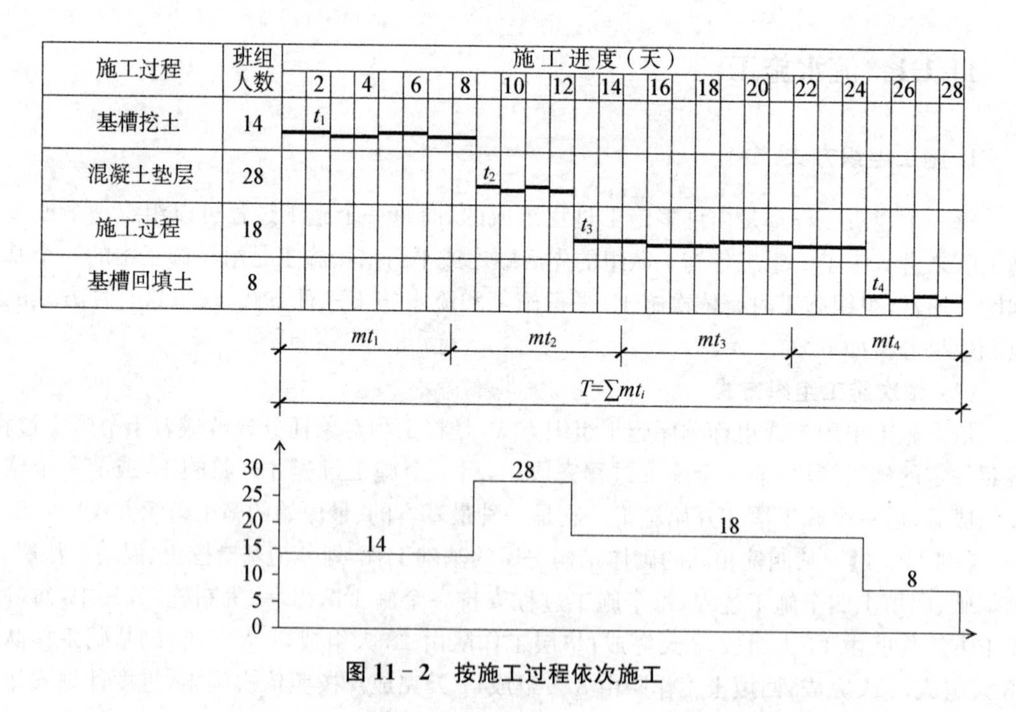

图 11－2　按施工过程依次施工

② 各队组施工及材料供应无法保持连续和均衡，工人有窝工的情况；

③ 不利于改进工人的操作方法和施工机具使用方法，不利于提高工程质量和劳动生产率；

④ 按施工过程依次施工时，各施工队组虽能连续施工，但不能充分利用工作面，工期长，且不能及时为上部结构提供工作面。由此可见，采用依次施工不但工期拖得较长，而且

在组织安排上也不尽合理。当工程规模比较小，施工工作面又有限时，依次施工是适用的，也是常见的。

（2）平行施工组织方式

平行施工组织方式是全部工作任务的各施工段同时开工、同时完成的一种施工组织方式。

例 11－1 如果采用平行施工组织方式，即 4 个作业队组分别在 4 幢同时施工，其施工进度计划如图 11－3 所示。

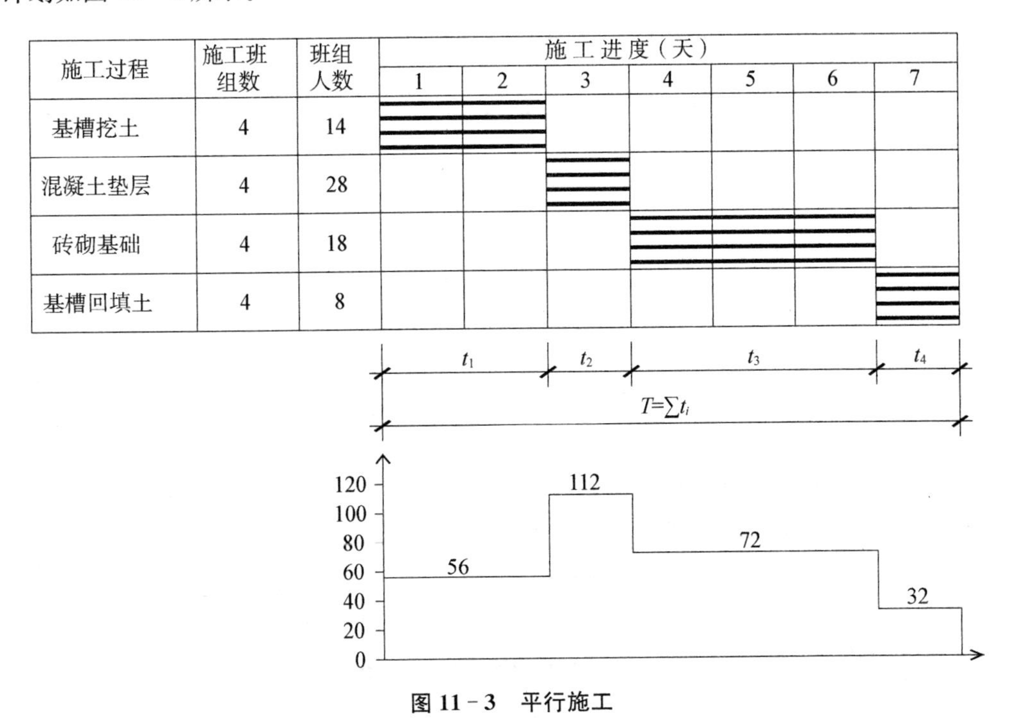

图 11－3　平行施工

由图 11－3 可以看出，平行施工组织方式的特点是充分利用了工作面，完成工程任务的时间最短；施工队组数成倍增加，材料供应集中；临时设施、仓库和堆场面积也要增加，从而造成组织安排和施工管理困难，增加施工管理费用。

平行施工一般适用于工期要求紧、大规模的建筑群及分批分期组织施工的工程任务。该方式只有在各方面资源供应有保障的前提下，才是合理的。

（3）流水施工组织方式

流水施工组织方式是指所有的施工过程按一定的时间间隔依次投入施工，各个施工过程陆续开工、陆续竣工，使同一施工过程的施工队组保持连续、均衡施工，不同的施工过程尽可能平行搭接施工的组织方式。

例 11－1 采用流水施工组织方式，施工进度计划如图 11－4 所示。

由图 11－4 可以看出，流水施工所需的时间比依次施工短，各施工过程投入的劳动力比平行施工少；各施工队组的施工和物资的消耗具有连续性和均衡性，前后施工过程尽可能平行施工，比较充分地利用了施工工作面；机具、设备、临时设施等的使用也比平行施工少，节约施工费用支出；材料等组织供应均匀。

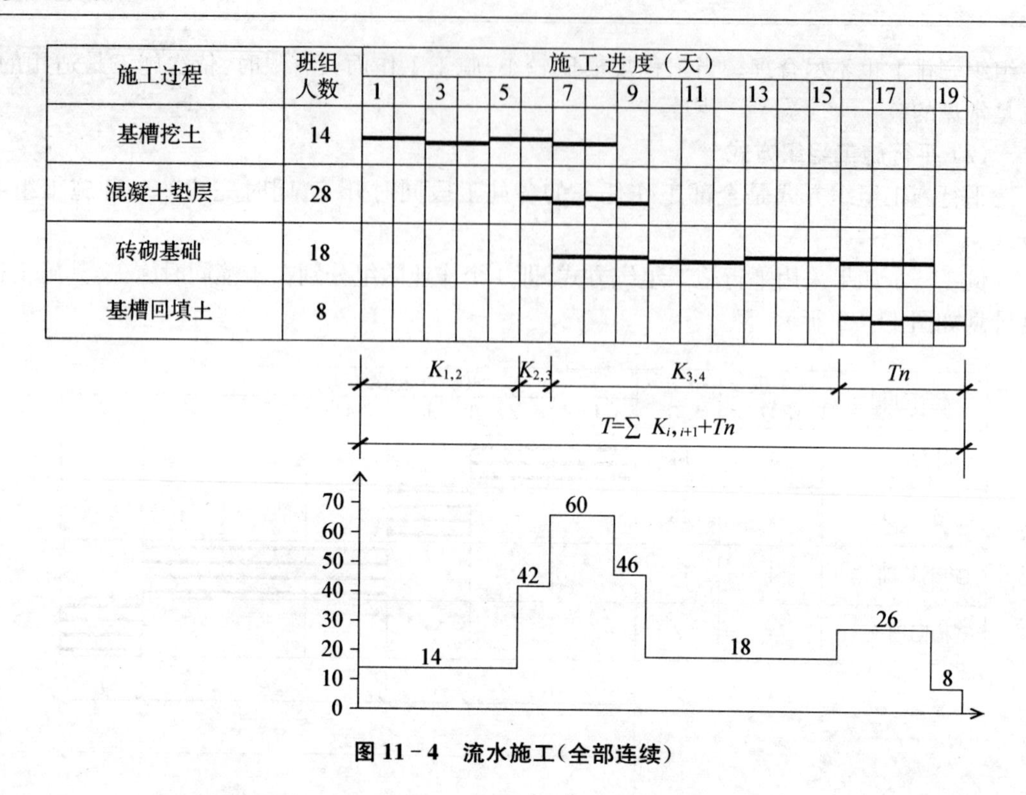

图 11－4　流水施工(全部连续)

图 11－4 所示的流水施工组织方式，还没有充分利用工作面，例如：第一个施工段基槽挖土，直到第三施工段挖土后，才开始垫层施工，浪费了前两段挖土完成后的工作面等。

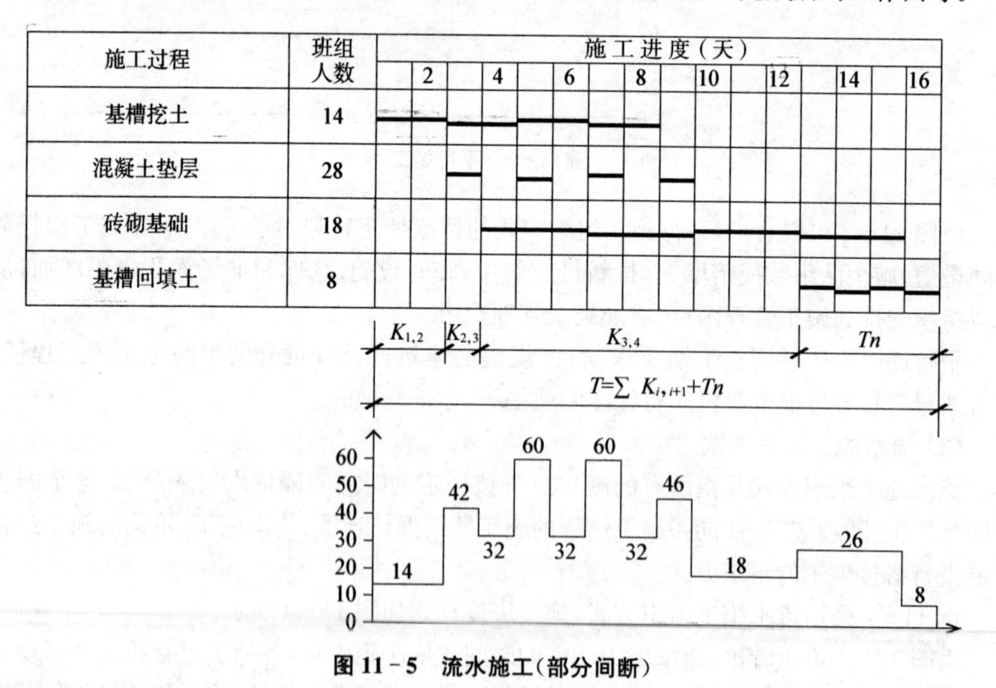

图 11－5　流水施工(部分间断)

为了充分利用工作面，可按图 11－5 所示组织方式进行施工，工期比图 11－4 所示流水施工减少了 3 天。其中，垫层施工队组虽然做间断安排，但在一个分部工程若干个施工过程的流水施工组织中，只要安排好主要的施工过程，即工程量大、作业持续时间较长者（本例为挖土、砖砌基础），组织它们连续、均衡地流水施工；而非主要的施工过程，在有利于缩短工期的情况下，可安排其间断施工，这种组织方式仍认为是流水施工的组织方式。

2. 流水施工的技术经济效果

流水施工是在依次施工和平行施工的基础上产生的，它既克服了依次施工和平行施工的缺点，又具有它们两者的优点。它的特点是施工的连续性和均衡性，使各种物资资源可以均衡地使用，使施工企业的生产能力可以充分地发挥，劳动力得到了合理的安排和使用，从而带来了较好的技术经济效果，具体可归纳为以下几点：

（1）按专业工种建立劳动组织，实行生产专业化，有利于劳动生产率的不断提高；

（2）科学地安排施工进度，使各施工过程在保证连续施工的条件下，最大限度地实现搭接施工，从而减少了因组织不善而造成的停工、窝工损失，合理地利用了施工的时间和空间，有效地缩短了施工工期；

（3）由于施工的连续性、均衡性，使劳动消耗、物资供应、机械设备利用等处于相对平衡状态，充分发挥管理水平，降低工程成本。

3. 组织流水施工的条件

流水施工的实质是分工协作与成批生产。在社会化大生产的条件下，分工已经形成，由于建筑产品体量庞大，通过划分施工段就可以将单件产品变成假想的多件产品。组织流水施工的条件主要有以下几点：

（1）划分分部分项工程

首先，将拟建工程根据工程特点及施工要求，划分为若干个分部工程，每个分部工程又根据施工工艺要求、工程量大小、施工队组的组成情况，划分为若干施工过程（即分项工程）。

（2）划分施工段

根据组织流水施工的需要，将所建工程在平面或空间上，划分为工程量大致相等的若干个施工区段。

（3）每个施工过程组织独立的施工队组

在一个流水组中，每个施工过程尽可能组织独立的施工队组，形式可以是专业队组，也可以是混合队组，这样可以使每个施工队组按照施工顺序依次地、连续地、均衡地从一个施工段转到另一个施工段进行相同的操作。

（4）主要施工过程必须连续、均衡地施工

对工程量较大、施工时间较长的施工过程，必须组织连续、均衡的施工，对其他次要施工过程，可考虑与相邻的施工过程合并或在有利于缩短总工期的前提下，安排间断施工。

（5）不同的施工过程尽可能组织平行搭接施工

按照施工先后顺序要求，在有工作面的条件下，除必要的技术和组织间歇时间外，尽可能组织平行搭接施工。

11.1.2　流水施工参数

由流水施工的基本概念及组织流水施工的要点和条件可知：施工过程的分解、流水段的划分、施工队组的组织、施工过程间的搭接、各流水段的作业时间五个方面的问题是流水施工中需要解决的主要问题。只有解决好这几方面的问题，使空间和时间得到合理、充分的利用，方能达到提高工程施工技术经济效果的目的。为此，流水施工基本原理将上述问题归纳为工艺参数、空间参数和时间参数，这就是流水施工基本参数。

1. 工艺参数

在组织流水施工时，用以表达流水施工在施工工艺上开展顺序及其特征的参数，称为工艺参数，包括施工过程（工序）数和流水强度。

（1）施工过程数

施工过程数是组织流水施工时，将施工对象从施工工艺上分解成的施工过程（工序）的数目。施工过程数一般用 n 表示。组织施工时，根据施工组织需要而将拟建工程项目划分成的子项称为施工过程。施工过程可以是单位工程、分部工程、分项工程或施工工序。施工过程数是组织流水施工主要参数之一。

施工过程根据工艺性质和工作场所不同分为制备类、运输类和现场建造（砌筑安装）类。建造类施工过程（如砌筑、现场支模板、安装钢筋、浇筑混凝土、抹灰、安装门窗等）占用施工对象的空间，直接影响工期的长短，必须列入施工进度计划。

划分施工过程时应考虑的因素有施工过程划分的数目多少、粗细程度，一般与下列因素有关：

① 施工进度计划的性质与作用。施工过程划分的粗细程度应与施工进度计划的性质相吻合。对于规模大、工期长（跨年度）的工程或群体工程，应编制控制性施工进度计划，施工过程可划分得粗一些，可只列到分部工程。对中小型工程及工期较短的工程一般编制实施性或指导性进度计划，施工过程应划分得细一些，一般应具体到分项工程。对月度作业性计划，有些施工过程还可以分解为工序，如安装模板、绑扎钢筋等。

② 施工方案及工程结构。施工过程的划分要与所选择的施工方案相吻合。如现浇钢筋混凝土框架结构的主体工程，如果施工方案中柱混凝土与梁板楼梯混凝土同时浇筑，施工过程可划分为：绑扎柱钢筋→安装柱梁、板、楼梯模板→绑扎梁、板、楼梯钢筋→浇筑柱、梁、板、楼梯混凝土，$n=4$；若施工方案选择的是柱混凝土与梁板楼梯混凝土分两次浇筑，则施工过程划分为：绑扎柱钢筋→安装柱模板→浇筑柱混凝土→支设梁、板、楼梯模板→绑扎梁、板、楼梯钢筋→浇筑梁、板、楼梯混凝土，此时 $n=6$。

③ 劳动组织和劳动量大小。施工过程的划分应与劳动组织相吻合。施工过程的划分与当地施工的劳动组织和施工习惯有关。如安装门窗与玻璃、油漆工程是合并为一个施工过程还是分三个施工过程，取决于地方习惯。

④ 施工过程内容和工作范围。施工过程的划分与其内容和范围有关。直接在施工现场或工程对象上进行的劳动过程，可以划入流水施工工程，如安装砌筑类施工过程、施工现场制备及运输类施工过程等；而场外劳动内容可以不划入流水施工过程，如部分场外制备和运输类施工过程。

综上所述，施工过程的划分既不能太多、过细，那样将给计算增添麻烦，重点不突出；也不能太少、过粗，那样将过于笼统，失去指导作用。

(2) 流水强度

流水强度是指某施工过程在单位时间内所完成的工程量，一般以 V_i 表示。

① 机械施工过程的流水强度

$$V_i = \sum_{i=1}^{x} R_i S_i \tag{11-1}$$

式中：V_i——某施工过程 i 的机械操作流水强度；

R_i——投入施工过程 i 的某种施工机械台班数；

S_i——投入施工过程 i 的某种施工机械产量定额；

x——投入施工过程 i 的施工机械种类数。

② 人工施工过程的流水强度

$$V_i = R_i S_i \tag{11-2}$$

式中：V_i——某施工过程 i 的人工操作流水强度；

R_i——投入施工过程 i 的工作队人数；

S_i——投入施工过程 i 的工作队平均产量定额。

2. 空间参数

空间参数是表达流水施工在空间布置上所处状态的参数，包括工作面、施工段和施工层。

(1) 工作面

工作面是某一专业工种的工人或某种型号的机械在进行施工操作时所必须具备的活动空间，一般用符号 A 表示。

在施工段大小固定的前提下，工作面的大小限制了能安置工人(机械)的最多人数(台数)。工作面大小反映空间组织的合理性，工作面的布置以最大限度发挥工人和机械的效力为目的，并遵守安全技术和施工技术规范的规定。工作面确定的合理与否，直接影响到专业工种工人的劳动生产率，对此，必须认真加以对待，合理确定。有关工种的作业面见表 11-1。

表 11-1　主要工种工作面参考数据

工种项目	每个技工的工作面	说　明
砖基础	7.6 m/人	以 1.5 砖计，2 砖乘以 0.8，3 砖乘以 0.55
砌砖墙	8.5 m/人	以 1 砖计，以 1.5 砖计，2 砖乘以 0.8，3 砖乘以 0.55
毛石墙基础	3 m/人	以 60 cm 计
毛石墙	3.3 m/人	以 40 cm 计
混凝土柱、墙基础	8 m^3/人	机拌、机捣
混凝土设备基础	7 m^3/人	机拌、机捣
现浇钢筋混凝土柱	2.45 m^3/人	机拌、机捣
现浇钢筋混凝土梁	3.2 m^3/人	机拌、机捣

续表

工种项目	每个技工的工作面	说　明
现浇钢筋混凝土墙	5 m^3/人	机拌、机捣
现浇钢筋混凝土楼板	5.3 m^3/人	机拌、机捣
预制钢筋混凝土柱	3.6 m^3/人	机拌、机捣
预制钢筋混凝土梁	3.6 m^3/人	机拌、机捣
预制钢筋混凝土屋架	2.7 m^3/人	机拌、机捣
预制钢筋混凝土板	1.91 m^3/人	机拌、机捣
预制钢筋混凝土屋面板	2.62 m^3/人	机拌、机捣
混凝土地坪继面层	40 m^2/人	机拌、机捣
外墙抹灰	16 m^2/人	
内墙抹灰	18.5 m^2/人	
卷材屋面	18.5 m^2/人	
防水水泥砂浆屋面	16 m^2/人	
门窗安装	11 m^2/人	

(2) 施工段数和施工层数

施工段数和施工层数是指工程对象在组织流水施工中所划分的施工区段数目。一般把平面上划分的若干个劳动量大致相等的施工区段称为施工段，用 m 表示。把建筑垂直方向划分的施工区段称为施工层，用 r 表示。

划分施工区段的目的，就在于保证不同的施工队组能在不同的施工区段上同时进行施工，消灭由于不同的施工队组不能同时在一个工作面上工作而产生的互等、停歇现象，为流水施工创造条件。

(3) 划分施工区段的基本要求

① 施工段的数目要合理。施工段数过多势必要减少每个施工段人数，不能充分利用工作面，拖长工期；施工段数过少，则会引起劳动力、机械和材料供应的过分集中，有时还会造成“断流”的现象。

② 各施工段的劳动量（或工程量）要大致相等（相差宜在 15%以内），以保证各施工队组连续、均衡、有节奏地施工。

③ 要有足够的工作面，使每一个施工段所能容纳的劳动力人数或机械台数能满足合理劳动组织的要求。

④ 要有利于结构的整体性。施工段分界线宜划在伸缩缝、沉降缝以及对结构整体性影响较小的位置。

⑤ 要以主导施工过程为依据进行划分。例如在砌体结构房屋施工中，就是以砌砖、模板安装为主导施工过程来划分施工段的。面对于整体的钢筋混凝土框架结构房屋，则是以钢筋混凝土工程作为主导施工过程来划分施工段的。

⑥ 当组织流水施工的工程对象有层间关系，分层分段施工时，应使各施工队组能连续施工。即施工过程的施工队组做完第一段能立即转入第二段，施工完第一层的最后一段能立即转入第二层的第一段。因此每层的施工段数必须大于或等于其施工过程数。即 $m>n$。

【例 11－2】 某三层砌体结构房屋的主体工程，施工过程划分为砌砖墙、现浇圈梁(含构造柱、楼梯)、装配预制楼层板安装等，设每个施工过程在各个施工段上施工所需要的时间均为 3 天，则施工段数与施工过程数之间可能有下述三种情况。

① 当 $m=n$ 时，即每层分三个施工段组织流水施工时，其进度安排如图 11－6 所示。

施工过程	施工进度(天)										
	3	6	9	12	15	18	21	24	27	30	33
砌墙体	I－1	I－2	I－3	II－1	II－2	II－3	III－1	III－2	III－3		
现浇圈梁		I－1	I－2	I－3	II－1	II－2	II－3	III－1	III－2	III－3	
安板灌缝			I－1	I－2	I－3	II－1	II－2	II－3	III－1	III－2	III－3

图 11－6　$m=n$ 的进度安排

(图中Ⅰ、Ⅱ、Ⅲ表示楼层，1、2、3 表示施工段)

从图 11－6 可以看出：当 $m=n$ 时，各施工队连续施工，施工段上始终有施工队组，工作面能充分利用，无停歇现象，也不会产生工人窝工现象，比较理想。

② 当 $m>n$ 时，即每层分四个施工段组织流水施工时，其进度安排如图 11－7 所示。

施工过程	施工进度(天)													
	3	6	9	12	15	18	21	24	27	30	33	36	39	42
砌墙体	I－1	I－2	I－3	I－4	II－1	II－2	II－3	II－4	III－1	III－2	III－3	III－4		
现浇圈梁		I－1	I－2	I－3	I－4	II－1	II－2	II－3	II－4	III－1	III－2	III－3	III－4	
安板灌缝			I－1	I－2	I－3	I－4	II－1	II－2	II－3	II－4	III－1	III－2	III－3	III－4

图 11－7　$m>n$ 的进度安排

(图中Ⅰ、Ⅱ、Ⅲ表示楼层，1、2、3、4 表示施工段)

从图 11－7 可以看出：当 $m>n$ 时，施工队组仍是连续施工，但每层楼板安装后不能立即投入砌砖，即施工段上有停歇，工作面未被充分利用。但工作面的停歇并不一定有害，有时还是必要的，如可以利用停歇的时间做养护、备料、弹线等工作。但当施工段数目过多，必然导致工作面闲置，不利于缩短工期。

③ 当 $m<n$ 时，即每层分两个施工段组织流水施工时，其进度安排如图 11－8 所示。

从图 11－8 可以看出：当 $m<n$ 时，尽管施工段上未出现停歇，但施工队组不能及时进入第二层施工段施工而轮流出现窝工现象。因此，对于一个建筑物组织流水施工是不适宜的，但是，在建筑群中可与一些建筑物组织大流水。

应当指出，当无层间关系或无施工层(如某些单层建筑物、基础工程等)时，则施工段数并不受限制，关于施工段数(m)与施工过程数(n)的关系在本章第二节中将进一步阐述。

施工过程	施工进度(天)									
	3	6	9	12	15	18	21	24	27	30
砌墙体	Ⅰ-1	Ⅰ-2		Ⅱ-1	Ⅱ-2		Ⅲ-1	Ⅲ-2		
现浇圈梁		Ⅰ-1	Ⅰ-2		Ⅱ-1	Ⅱ-2		Ⅲ-1	Ⅲ-2	
安板灌缝			Ⅰ-1	Ⅰ-2		Ⅱ-1	Ⅱ-2		Ⅲ-1	Ⅲ-2

图 11-8　$m<n$ 的进度安排

(图中Ⅰ、Ⅱ、Ⅲ表示楼层,1、2 表示施工段)

3. 时间参数

在组织流水施工时,用以表述流水施工在时间排列上所处状态的参数,称为时间参数。它包括:流水节拍、流水步距、平行搭接时间、技术与组织间歇时间、工期。

(1) 流水节拍

流水节拍是指从事某一施工过程的施工队组在一个施工段上完成施工任务所以所需的时间,用符号 t_i 表述($i=1$、2、3……)。

1) 流水节拍的确定

流水节拍的大小直接关系到投入的劳动力、机械和材料量的多少,决定着施工速度和施工的节奏,因此,合理确定流水节拍,具有重要的意义。流水节拍可按下列三种方法确定:

① 定额计算法。这是根据各施工段的工程量和现有能够投入的资源量(劳动力、机械台班数和材料量等),按公式(11-3)或公式(11-4)进行计算。

$$T_i=\frac{Q_i}{S_iR_iN_i}=\frac{P_i}{R_iN_i} \tag{11-3}$$

$$T_i=\frac{Q_iH_i}{R_iN_i}=\frac{P_i}{R_iN_i} \tag{11-4}$$

式中:T_i——某施工过程的流水节拍;

Q_i——某施工过程在某施工段上的工程量;

S_i——某施工队组的计划产量定额;

H_i——某施工队组的计划时间定额;

P_i——在一施工段上完成某施工过程所需的劳动量(工日数)或机械台班量(台班数),按公式(11-5)计算;

R_i——某施工过程的施工队组人数或机械台数;

N_i——每天工作班制。

$$P_i=\frac{Q_i}{S_i}=Q_i\cdot H_i \tag{11-5}$$

在公式(11-4)和公式(11-5)中,S_i 和 H_i 应是施工企业的工人或机械所能达到实际定额水平。

② 经验估算法。它是根据以往的施工经验进行估算。一般为了提高其准确程度,往

往先估算出流水节拍的最长、最短和最可能三种时间，然后据此求出期望时间作为某施工队组在某施工段上的流水节拍。因此，本法也称为三种时间估算法。一般按公式(11－6)计算：

$$T_i = \frac{a + 4c + b}{6} \tag{11-6}$$

式中：T_i——某施工过程在某施工段上的流水节拍；

a——某施工过程在某施工段上的最短估算时间；

b——某施工过程在某施工段上的最长估算时间

c——某施工过程在某施工段上的最可能估算时间。

这种方法多适用于采用新工艺、新方法和新材料等没有定额可循的工程。

③ 工期计算法。对某些施工任务在规定日期内必须完成的工程项目，往往采用倒排进度法，即根据工期要求先确定流水节拍 t_i，然后应用式(11－3)、式(11－4)求出所需的施工队组人数或机械台班。但在这种情况下，必须检查劳动力和机械供应的可能性，物资供应能否与之相适应。具体流程如下：

根据工期倒排进度，确定某施工过程的工作延续时间；

确定某施工过程在某施工段上的流水节拍。若同一施工过程的流水节拍不等，则用估算法；若流水节拍相等，则按公式(11－7)计算：

$$t_i = \frac{T_i}{m} \tag{11-7}$$

式中：t_i——某施工过程的流水节拍；

T_i——某施工过程的工作持续时间；

m——施工段数。

2) 确定流水节拍应考虑的因素

施工队组人数应符合该施工过程最小劳动组合人数的要求。最小劳动组合是指某一施工过程进行正常施工所必需的最低限度的队组人数及其合理组合。如模板安装就要按技工和普工的最少人数及合理比例组成施工队组，人数过少或比例不当都将引起劳动生产率的下降，甚至无法施工。

要考虑工作面的大小或某种条件的限制。施工队组人数不能太多，每个工人的工作面要符合最小工作面的要求。否则，就不能发挥正常的施工效率或不利于安全生产。

要考虑各种机械台班的效率或机械台班产量的大小。

要考虑各种材料、构配件等施工现场放量、供应能力及其他有关条件的制约。

要考虑施工及技术条件的要求。例如，浇筑混凝土时，为了连续施工有时要按照三班制工作的条件决定流水节拍，以确保工程质量。

确定一个分部工程各施工过程的流水节拍时，首先应考虑主要的、工程量大的施工过程的节拍，其次确定其他施工过程的节拍值。节拍值一般取整数，必要时可保留 0.5 天(台班)的小数值。

(2) 流水步距

流水步距是指两个相邻的施工过程的施工队组相继进入同一施工段开始施工的最小时

间间隔(不包括技术与组织间歇时间),用符合 $K_{i,i+1}$ 表示(i 表示前一个施工过程,$i+1$ 表示后一个施工过程)。

流水步距的大小对工期有着较大的影响。一般说来,在施工段不变的条件下,流水步距越大,工期越长;流水步距越小,则工期越短。流水步距还与前后两个相邻施工过程流水节拍的大小、施工工艺技术要求、施工段数目、流水施工的组织方式有关。

流水步距的数目等于($n-1$)个参加流水施工的施工过程(队组)数。

① 确定流水步距的基本要求

流水步距的最小长度必须使主要施工专业队组进场以后,不发生停工、窝工现象。流水步距必须保证每个施工段的正常作业程序,不发生前一个施工过程尚未全部完成,而后一施工过程提前介入的现象;流水步距要保证相邻两个专业队在开工时间上最大限度地、合理地搭接;流水步距还要满足保证工程质量,满足安全生产、成品保护的需要。

② 确定流水步距的方法

确定流水步距的方法很多,简捷、实用的方法主要有图上分析计算法(公式法)和累加数列法。公式法见11.2中的相关内容,而累加数列法适用于各种形式的流水施工,且较为简捷、准确。

累加数列法有计算公式,它的文字表达式为:"累加数列错位相减取大差"。其计算步骤如下:

将每个施工过程的流水节拍逐段累加,求出累加数列;

根据施工顺序,对所求相邻的两累加数列错位相减;

根据错位相减的结果,确定相邻施工队之间的流水步距,即相减结果中数值最大者。

【例11-3】 某项目由 A、B、C、D 四个施工过程组成,分别由四个专业工作队完成,在平面上划分成四个施工段,每个施工过程在各个施工段上的流水节拍见表11-2。试确定相邻专业工作队之间的流水步距。

表11-2 某工程流水节拍

施工段 / 施工过程	Ⅰ	Ⅱ	Ⅲ	Ⅳ
A	4	2	3	2
B	3	4	3	4
C	3	2	2	3
D	2	2	1	2

【解】 ① 求流水节拍的累加数列

A:4,6,9,11

B:3,7,10,14

C:3,5,7,10

D:2,4,5,7

② 错位相减

A 与 B

4	,6	,9,	11	
−	3	,7	,10	,14
4	3	2	1	−14

B 与 C

3,	7,	10,	14	
−	3,	5,	7,	10
3	4	5	7	−10

C 与 D

3,	5,	7,	10	
−	2,	4,	5,	7
3	3	3	5	−7

③ 确定流水步距

因流水步距等于错位相减所得结果中数值最大者，故有

$$K_{A,B}=\max\{4,3,2,1,-14\}=4\text{ 天}$$
$$K_{B,C}=\max\{3,4,5,7,-10\}=7\text{ 天}$$
$$K_{C,D}=\max\{3,3,3,5,-7\}=5\text{ 天}$$

(3) 平行搭接时间

在组织流水施工时，有时为了缩短工期，在工作面允许的条件下，如果前一个施工队组完成部分施工任务后，能够提前为后一个施工队组提供工作面，使后者提前进入前一个施工段，两者在同一施工段上平行搭接施工，这个搭接时间称为平行搭接时间，通常以 $C_{i,i+1}$ 表示。

(4) 技术与组织间歇时间

在组织流水施工时，有些施工过程完成后，后续施工过程不能立即投入施工，必须有足够的间歇时间。由建筑材料或现浇构件工艺性质决定的间歇时间称为技术间歇，如现浇混凝土构件的养护时间、抹灰层的干燥时间和油漆层的干燥时间等。由施工组织原因造成的间歇时间称为组织间歇，如回填土前地下管道检查验收，施工机械转移和砌砖墙体前的墙身位置弹线，以及其他作业前的准备工作。技术与组织间歇时间用 $Z_{i,i+1}$ 表示。

(5) 工期

工期是指完成一项工程任务或一个流水组施工所需的时间，一般可采用公式(11－8)计算完成一个流水组的工期。

$$T=\sum K_{i,i+1}+T_n+\sum Z_{i,i+1}-\sum C_{i,i+1} \tag{11-8}$$

式中：T——流水施工工期；

$\sum K_{i,i+1}$ ——流水施工中各流水步距之和；

T_n——流水施工中最后一个施工过程的持续时间；

$Z_{i,i+1}$——第 i 个施工过程与第 $i+1$ 个施工过程之间的技术与组织间歇时间；

$C_{i,i+1}$——第 i 个施工过程与第 $i+1$ 个施工过程之间的平行搭接时间。

11.1.3 流水施工的基本组织方式

1. 流水施工的分级

根据组织流水施工的工程对象的范围大小，流水施工通常可分为：

（1）分项工程流水施工

分项工程流水施工是在一个施工过程内部组织起来的细部流水施工，如砌砖墙施工过程、现浇钢筋混凝土施工过程的流水施工等。细部流水施工是组织工程流水施工中范围最小的流水施工。

（2）分部工程流水施工

分部工程流水施工是在一个分部工程内部、各分项工程之间组织起来的专业流水施工，如基础工程的流水施工、主体工程的流水施工、装饰工程的流水施工。分部工程流水施工是组织单位工程流水施工的基础。

（3）单位工程流水施工

单位工程流水施工是在一个单位工程内部、各分部工程之间组织起来的综合流水施工，例如一幢办公楼、一个厂房车间等组织的流水施工。单位工程流水施工是分部工程流水施工的扩大和组合，是建立在分部工程流水施工基础之上。

（4）群体工程流水施工

群体工程流水施工是在一个个单位工程之间组织起来的大流水施工。它是为完成工业或民用建筑群而组织起来的全部单位工程流水施工的总和。

2. 流水施工的基本组织方式

建筑施工的流水施工要求有一定的节拍，才能步调和谐，配合得当。流水施工的节奏是由节拍所决定的。由于建筑工程的多样性，各分部分项的工程量差异较大，要使所有的流水施工都组织成统一的流水节拍是很困难的。在大多数的情况下，各施工过程的流水节拍不一定相等，甚至一个施工过程本身在各施工段上的流水节拍也不相等。因此形成了不同节奏特征的流水施工。

根据流水施工节奏特征的不同，流水施工的基本方式为有节奏流水施工和无节奏流水施工两大类。有节奏流水又可分为等节奏流水和异节奏流水施工，异节奏流水又可组织成等步距异节拍流水和异步距异节拍流水，如图 11－9 所示。

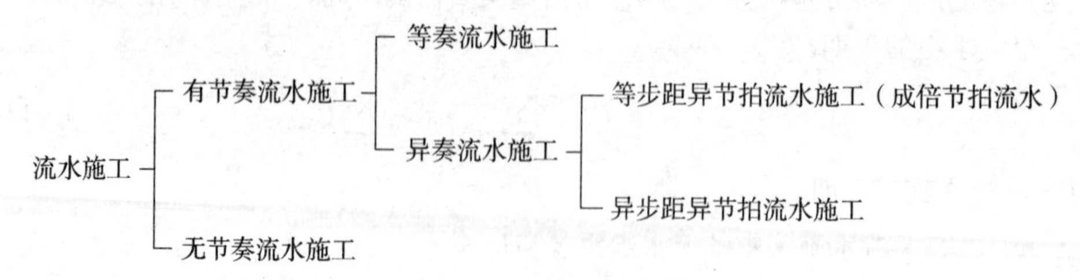

图 11－9　流水施工组织方式分类图

11.1.4 施工进度计划横道图的绘制

施工进度计划横道图是结合时间坐标,用一系列的水平线段分别表述施工过程起止时间及其先后顺序的图表,由于形象直观,且易于编制和理解,因而长期以来被广泛应用于建设工程进度计划中。

用横道图表示的建设工程进度计划,一般包括两个部分,即左侧的施工过程名称及施工过程的持续时间等基本数据部分和右侧的横道线部分,右侧的横道线水平长度表示施工过程的持续时间。如图 11-4 所示即为用横道图表示的某工程施工进度计划。该计划明确地表示出各项施工过程的划分、施工过程的开始时间和完成时间、施工过程的持续时间、施工过程之间的相互搭接关系,以及整个施工项目的开工时间、完工时间和总工期。

横道图的绘制方法如下:

首先绘制时间坐标进度表,根据有关计算,直接在进度表上画出进度线。进度线的水平长度即为施工过程的持续时间。先安排主导施工过程的施工进度,然后再安排其余施工过程,其余施工过程应尽可能配合主导施工过程并最大限度地搭接,形成施工进度计划的初步方案。总原则是应使每个施工过程尽可能早地投入施工。

11.2 等节奏流水施工

等节奏流水施工是指同一施工过程在各施工段上的流水节拍相等,并且不同施工过程之间的流水节拍也相等的一般流水施工方式。等节奏流水施工各施工过程的流水节拍均为常数,故称为全等节拍流水或固定节拍流水。

【例 11-4】 某工程划分为 A、B、C、D 四个施工过程,每个施工过程分四个施工段,流水节拍均为 2 天,组织等节奏流水施工,其进度计划安排如图 11-10 所示。

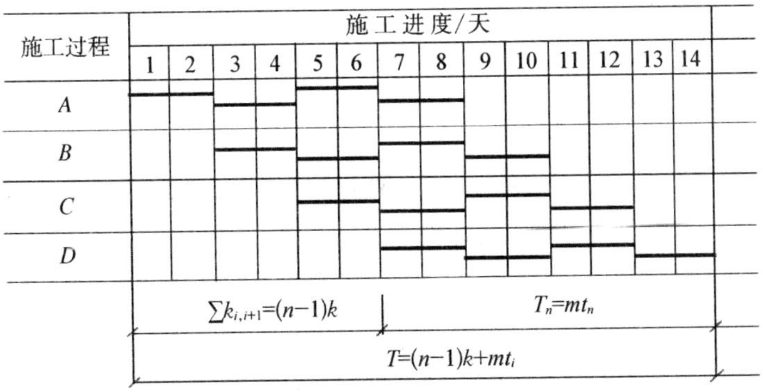

施工过程	施工进度/天													
	1	2	3	4	5	6	7	8	9	10	11	12	13	14
A														
B														
C														
D														

$\sum k_{i,i+1}=(n-1)k$　　$T_n=mt_n$

$T=(n-1)k+mt_i$

图 11-10 节奏流水施工示例

11.2.1 等节奏流水施工的特征

(1) 各施工过程在各施工段上的流水节拍彼此相等。如有 n 个施工过程,流水节拍为 t_i,则:

$$t_1=t_2=\cdots\cdots t_{n-1}=t_n, t_i=t(\text{常数})$$

(2) 流水步距彼此相等，而且等于流水节拍值，即：

$$K_{1,2}=K_{2,3}=\cdots\cdots=K_{n-1,n}=K=t;$$

(3) 各专业工作队在各施工段上能够连续作业，施工段之间没有空闲时间；

(4) 施工班组数(n_1)等于施工过程数(n)。

11.2.2 等节奏流水施工主要参数的确定

1. 等节奏流水施工段数目(m)的确定

(1) 无层间关系时，施工层数(m)按划分施工段的基本要求确定；

(2) 有层间关系时，为了保证各施工队组连续施工，应该 $m\geqslant n$。此时，每层施工段，空闲数为 $m-n$，一个空闲施工段的时间为 t，则每层的空闲时间为：

$$(m-n)\times t=(m-n)\times t$$

若一个楼层内各施工过程间的技术、组织间歇时间之和为 $\sum_1$，楼层间技术组织间歇时间为 Z_2。如果每层的 $\sum Z_1$ 均相等，则保证各施工队组能连续施工的最小施工段数(m)确定如下：

$$(m-n)\times K=\sum Z_1+Z_2$$

$$m=n+\frac{\sum Z_1}{k}+\frac{Z_2}{k} \tag{11-9}$$

式中：m——施工段数；

n——施工过程数；

$\sum Z_1$——一个楼层内各施工过程间技术、组织间歇之和；

Z_2——楼层间技术、组织间歇时间；

K——流水步距。

2. 流水施工工期计算

(1) 不分施工层时，可按公式(11－10)计算，根据一般工期计算公式(11－8)得；

因为

$$\sum K_{1,i+1}=(n-1)\times t$$

$$T_n=mt$$

所以

$$T=(n-1)\times k+m\times k+\sum Z_{i,i+1}-\sum C_{i,i+1}$$

$$T=(m+n-1)\times t+\sum Z_{i,i+1}-\sum C_{i,i+1} \tag{11-10}$$

式中：m——施工段数；

n——施工过程数；

T——流水施工总工期；

t——流水节拍；

$\sum Z_{i,i+1}$——i,$i+1$ 两施工过程之间的技术与组织间歇时间；

$\sum C_{i,i+1}$——i,$i+1$ 两施工过程之间的平行搭接时间。

(2) 分施工层时,可按公式(11-11)进行计算：

$$T=(m\times r+n-1)\times t+\sum Z_i-\sum C_i \tag{11-11}$$

式中：$\sum Z_i$ ——同一个施工层中技术与组织间歇时间之和；

$\sum C_i$ ——同一个施工层中平行搭接时间之和。

其他符号含义同前。

11.2.3　等节奏流水施工的组织

等节奏流水施工的组织方式是：首先划分施工过程,应将劳动量最小的施工过程合并到相邻施工过程中去,以使各流水节拍相等；其次确定主要施工过程的施工队组人数,计算其流水节拍；最后根据已定的流水节拍,确定其他施工过程的施工队组人数及其组成。

等节奏流水施工一般适用于工程规模较小,建筑结构比较简单,施工过程不多的房屋或某些构筑物。常用于组织一个分部工程的流水施工。

11.2.4　等节奏流水施工案例

【例 11-5】　某分部工程划分为 A、B、C、D 四个施工过程,每个施工过程分三个施工段,各施工过程的流水节拍均为 8 d,试组织等节奏流水施工。

【解】　(1) 确定流水步距,由等节奏流水的特征可以知道：

$$K=t=8\ \text{d}$$

(2) 计算工期

$$T=(m+n-1)\times t=(3+4-1)\times 8=48\ \text{d}$$

(3) 用横道图绘制流水进度计划,如图 11-11 所示。

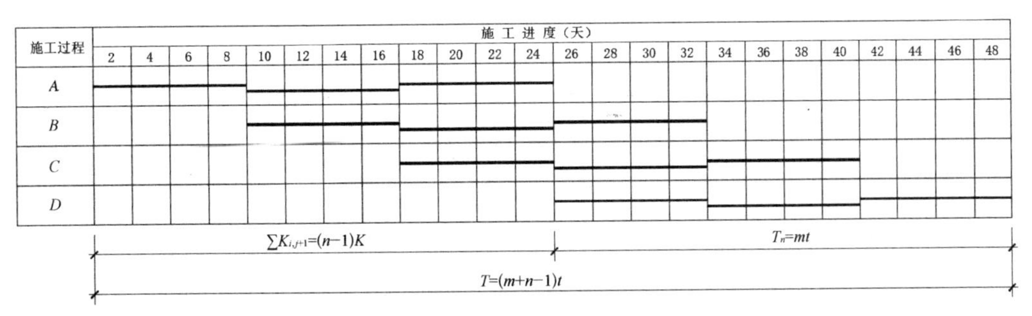

图 11-11　某分部工程为间歇等节奏流水施工进度计划

【例 11-6】　某工程由 A、B、C、D 四个施工过程组成,划分两个施工层组织流水施工,各施工过程的流水节拍均为 2 d,其中,施工过程 B 与 C 之间有 2 天的技术间歇时间,层间技术间歇为 2 d。为了保证施工队组连续作业,试确定施工段数,计算工期,绘制流水施工进度表。

【解】 (1) 确定流水步距，由等节奏流水的特征可以知道：

$$K_{A,B}=K_{B,C}=K_{C,D}=K=2\text{ d}$$

(2) 确定施工段数

本工程分两个施工层，施工段数有公式(11-9)确定：

$$m=n+\frac{\sum Z}{k}++\frac{Z_2}{k}=4+\frac{2}{2}+\frac{2}{2}=6(\text{段})$$

(3) 计算流水工期，有公式(11-11)确定：

$$T=(m\times r+n-1)\times t+\sum Z_1-\sum C_1$$
$$=(6\times 2+4-1)\times 2+2-0=32\text{ d}$$

(4) 绘制流水施工进度表如图 11-12 和图 11-13 所示。

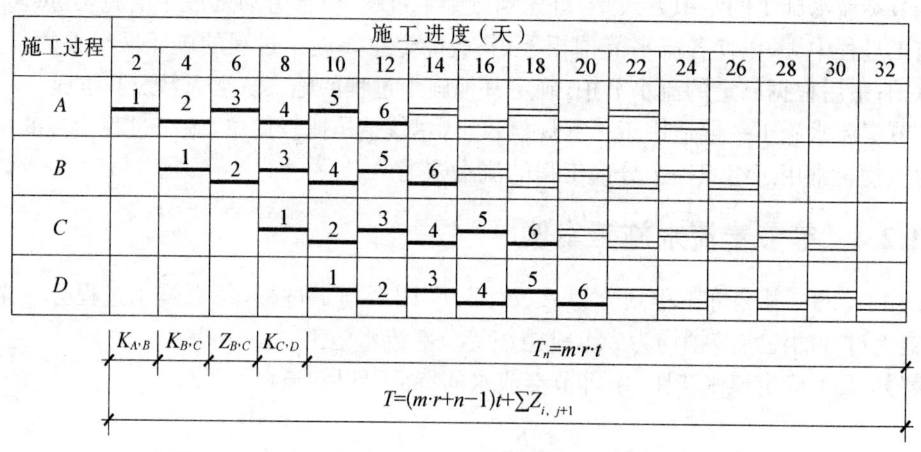

图 11-12　某工程分层并有间歇等节奏流水施工进度计划

图 11-13　某工程分层并有间歇等节奏流水施工进度计划

11.3　异节奏流水施工

异节奏流水施工是指同一个施工过程在各施工段上的流水节拍都相等，不同施工过程之间的流水节拍不一定相等的流水施工方式。异节奏流水施工又可分为异步距异节拍流水和等步距异节拍流水两种。

11.3.1　异步距异节拍流水施工

1. 异步距异节拍流水施工的特征

(1) 同一施工过程流水节拍相等，不同施工过程之间的流水节拍不一定相等；
(2) 各个施工过程之间的流水步距不一定相等；
(3) 各施工工作队能够在施工段上连续作业，但有的施工段之间可能有空闲；
(4) 施工班组数(n_1)等于施工过程数(n)。

2. 异步距异节拍流水施工主要参数的确定

(1) 流水步距的确定

$$K_{1,I+1}=\begin{cases}t_i & (t_i \leqslant t_{i+1}) \\ mt_i-(m-1)t_i+1 & (t_i > t_{i+1})\end{cases} \tag{11-12}$$

式中：t_i——第 i 个施工过程的流水节拍；
　　t_{i+1}——第 $i+1$ 个施工过程的流水节拍。
流水步距也可由前述“累加数列法”求得。
(2) 流水施工工期 T

$$T=\sum K_{i,+i}+m\times t_n+\sum Z_{i,i+1}-\sum C_{i,i+1} \tag{11-13}$$

式中：t_n——第 n 个施工过程的流水节拍。
其他符号含义同前。

3. 异步距异节拍流水施工的组织

组织异步距异节拍流水施工的基本要求是：各施工队尽可能依次在各施工段上连续施工，允许有些施工段出现空闲，但不允许许多个施工班组在同一个施工段交叉作业，更不允许发生工艺顺序颠倒的现象。

异步距异节拍流水施工适用于施工段大小相等的分部和单位工程的流水施工，它在进度安排上比等节奏流水灵活。实际应用范围较广泛。

4. 异步距异节拍流水施工案例

【例 11-7】 某工程划分为 A、B、C、D 四个施工过程，分三个施工段组织施工，各施工过程的流水节拍分别为 $t_A=3$ d,$t_B=4$ d,$t_c=5$ d,$t_D=3$ d;施工过程之间的流水步距及该工程的工期,并绘制流水施工进度表。

【解】 (1) 确定流水步距

根据上述条件及公式(11-13),各流水步距计算如下:

因为 $t_A<t_B$

所以 $K_{A,B}=t_A=3$ d

因为 $t_B<t_c$

所以 $K_{B,C}=t_B=4$ d

因为 $t_C>t_D$

所以 $K_{C,D}=m\times t_C-(m-1)\times t_D=3\times5-(3-1)\times3=9$ d

(2) 计算流水工期

$$
\begin{aligned}
T&=\sum K_{i,i+1}+m\times t_n+\sum Z_{i,i+1}-\sum C_{i,i+1}\\
&=3+4+9+3\times3+2-1\\
&=26\text{ d}
\end{aligned}
$$

(3) 绘制施工进度计划表如图 11-14 所示。

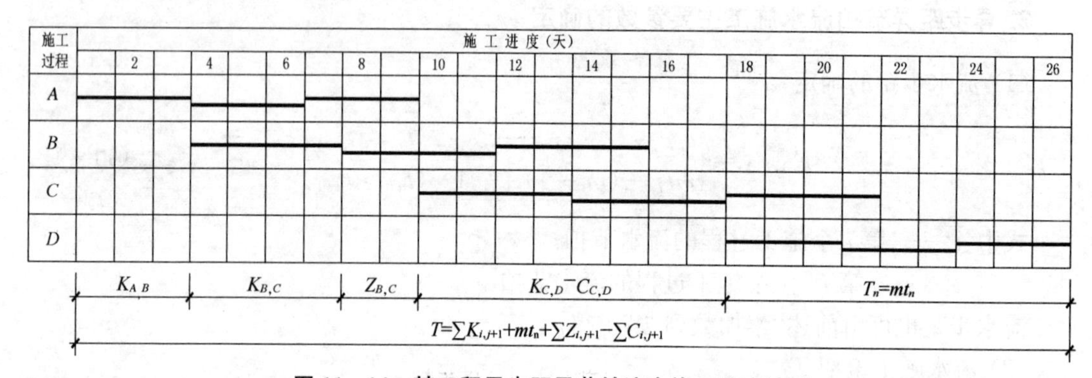

图 11-14 某工程异步距异节拍流水施工进度计划

11.3.2 等步距异节拍流水施工

等步距异节拍流水施工又称为成倍节拍流水,是指同一施工过程在各个施工段上的流水节拍相等,不同施工过程之间的流水节拍不完全相同,但各个施工过程的流水节拍之间存在一个最大公约数。为加快流水施工进度,按最大公约数的倍数组建每个施工过程的施工队组,以形成类似于等节奏流水的等步距异节奏流水施工方式。

1. 等步距异节拍流水施工的特征

(1) 同一施工过程流水节拍相等,不同施工过程流水节拍之间存在整数倍或公约数关系;

(2) 流水步距彼此相等,且等于流水节拍的最大公约数;

(3) 各专业施工队都能够保证连续作业,施工段没有空闲;

(4) 施工队组数 n_1 大于施工过程数 n,即 $n_1>n$。

2. 等步距异节拍流水施工主要参数的确定

(1) 流水步距的确定

$$K_{A,i+1}=K_b \tag{11-14}$$

(2) 每个施工过程的施工队组数确定

$$b_i=\frac{t_i}{K_b} \tag{11-15}$$

$$n_i=\sum b_1 \tag{11-16}$$

式中：b_i——某施工过程所需施工队组数；

n_i——专业施工队组总数目；

K_b——最大公约数。

其他符号含义同前。

(3) 施工段数量 m 的确定

无层间关系时，可按划分施工段的基本要求确定施工段数目 m，一般取 $m=n$；有层间关系时，每层最少施工段数目可按公式(11-17)确定。

$$m=n_1+\frac{\sum Z_1}{K_b}+\frac{Z_2}{K_b} \tag{11-17}$$

式中：$\sum Z_1$ ——一个楼层内各施工过程间的技术、组织间歇之和；

Z_2——楼层间技术、组织间歇时间。

其他符号含义同前。

(4) 流水施工工期

无层间关系时：

$$T=(m+n_1-1)K_b+\sum Z_{i,i+1}-\sum C_{i,i+1} \tag{11-18}$$

有层间关系时：

$$T=(m\times r+n_1-1)K_b+\sum Z_1-\sum C_1 \tag{11-19}$$

式中：r——施工层数。

其他符号含义同前。

3. 等步距异节拍流水施工的组织

等步距异节拍流水施工的组织方法是：首先根据工程对象和施工要求，划分若干个施工过程；其次根据各施工过程内容、要求及其工程量，计算每个施工段所需的劳动量，接着根据施工队组人数及组成，确定劳动量最少的施工过程的流水节拍；最后确定其他劳动量较大的施工过程的流水节拍，用调整施工队组人数或其他技术组织措施的方法，使它们的流水节拍值之间存在一个最大公约数。

等步距异节拍流水施工方式比较适用于线性工程(例如道路、管道等)的施工,也适用于房屋建筑施工。

4. 等步距异节拍流水施工案例

【例 11-8】 某工程由 A、B、C 三个施工过程组成,分六段施工,流水节拍分别为 $t_a=6$ d,$t_b=4$ d,$t_c=2$ d,试组织等步距异节拍流水施工,并绘制流水施工进度表。

【解】 (1) 按公式(11-14)确定流水步距:

$$K=K_b=2\ \text{d}$$

(2) 由公式(11-15)确定每个施工工程的施工队组数;

$$B_a=\frac{t_a}{K_b}=\frac{6}{2}=3\ \text{个}$$

$$B_b=\frac{t_b}{K_b}=\frac{4}{2}=2\ \text{个}$$

$$B_c=\frac{t_c}{K_b}=\frac{2}{2}=1\ \text{个}$$

施工队总数 $$n=\sum b_i=3+2+1=6\ \text{个}$$

(3) 计算工期

由公式(11-17)得:

$$T=(m+n_1-1)K_b=(6+6-1)\times 2=22\ \text{d}$$

(4) 绘制流水施工进度计划表如图 11-15 所示。

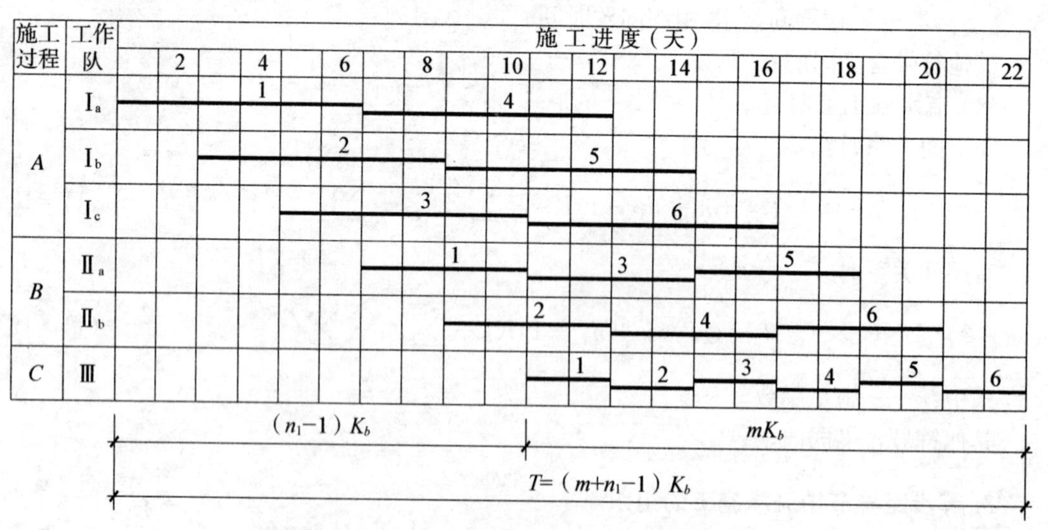

图 11-15 某工程异步距异节拍流水施工进度计划

11.4 无节奏流水施工

无节奏流水施工是指同一施工过程在各个施工段上流水节拍不完全相等的一种流水施工方式。

在实际工程中，通常每个施工过程在各个施工等上的工程量彼此不等，各专业施工队的生产效率相差较大，导致大多数的流水节拍也彼此不相等，因此有节拍流水，尤其是全等节拍和成倍节拍流水往往是难以组织的。而无节奏流水则是利用流水施工的基本概念，在保证施工工艺、满足施工顺序要求的前提下，按照一定的计算方法，确定相邻专业施工队组之间的流水步距，使其在开工时间上最大限度地、合理地搭接起来，形成每个专业施工队组都能连续作业的流水施工方式。这是流水施工的普遍形式。

11.4.1 无节奏流水施工的特征

(1) 每个施工过程在各施工段上的流水节拍不相等，且无变化规律；

(2) 在大多数情况下，流水步距彼此不等，但流水步距与流水节拍之间存在某种函数关系；

(3) 每个专业工作队都能连续作业，而施工段上可能有空闲；

(4) 专业施工队数等于施工过程数，即 $n_1=n$。

11.4.2 无节奏流水施工主要参数的确定

(1) 流水步距的确定

无节奏流水步距通常采用“累加数列法”确定。

(2) 流水施工工期

$$T=\sum K_{i,i+1}+\sum t_n+\sum Z_{i,i+1}-\sum C_{i,i+1} \tag{11-20}$$

式中：$\sum t_n$ ——最后一个施工过程的流水节拍之和；

$\sum K_{i,i+1}$　　流水步距之和。

其他符号含义同前。

11.4.3 无节奏流水施工的组织

无节奏流水施工的实质是：各工作队连续作业，流水步距经计算确定，使专业工作队之间在一个施工段内不相互干扰，或做到前后工作队之间工作的基本要求与异步距异节拍流水相同，即保证各施工过程的工艺顺序合理和各施工队组尽可能依次在各施工段上连续施工。

无节奏流水施工不像有节奏流水施工那样有一定的时间规律约束，在进度安排上比较灵活、自由，适用于分部工程和单位工程及大型建筑群的流水施工，实际运用比较广泛。

11.4.4 无节奏流水施工案例

【例 11-9】 某住宅工程，按房屋的单元分界，划分四个施工段，即 $m=4$，基础工程施工过程分为土方开挖等七个施工过程，各施工过程的工程量及产量定额如表 11-3 所示。

表 11-3 某工程流水节拍

施工过程	工程量	单位	产量定额	人数（台数）	工作班数	施工时间（天）	流水节拍（天）
挖土	560	m^2	69	1	2	4	—
垫层	32	m^3	2	16	1	1	—
绑扎钢筋	7 600	kg	480	4	1	4	1
支基础模板	226	m^2	3.7	16	1	4	1
浇混凝土	150	m^3	1.5	24	1	4	1
砌墙基	220	m^3	1.25	22	1	8	2
回填土	300	m^3	40	2	1	4	1

问题：若组织该住宅基础工程的流水施工，试确定各流水施工参数并绘制横道图进度图表。

【解】 本工程已知 $m=4$，$n=7$，以及各施工过程的工程量、产量定额和人数。需确定的流水参数还有流水节拍、流水步距、间隙时间和流水工期。

(1) 用定额计算法确定各施工过程的施工时间和流水节拍，填入表 11-3。

(2) 根据实际情况确定各施工过程之间的衔接关系，安排间歇时间和平行搭接时间。根据工程施工实际，挖土完成后要组织由工程各参与方参加验槽，故挖土过程不宜参与流水，验槽所需时间作为组织间歇时间留出 1 d(即 $t_z=1$ d)。由表 11-3 可以看出，铺设垫层施工过程的工程量比较少，也不安排参与流水，垫层施工完成要留 1 d 的养护时间(工艺间歇时间)；考虑浇捣混凝土和砌基础墙之间的工艺间歇也留 2 d，(即 $t_j=2$ d)；由于是基础工程施工阶段，不适宜安排施工过程之间的平行搭接时间，$\sum t_d=0$。

(3) 确定流水步距和工期。本例中：参与流水施工的施工过程数目 $n=5$，施工段数 $m=4$，专业工作队数 $n_1=5$，流水步距 $K_{1.2}=1$，$K_{2.3}=1$，$K_{3.4}=1+2=3$，$K_{4.5}=5$ 流水施工工期$=1+1+3+5+4\times1=14$ d。

基础工程工期$=4+1+1+1+14=21$ d

(4) 进度安排。该工程组织流水施工横道图进度表可安排成如图 11-16 所示：

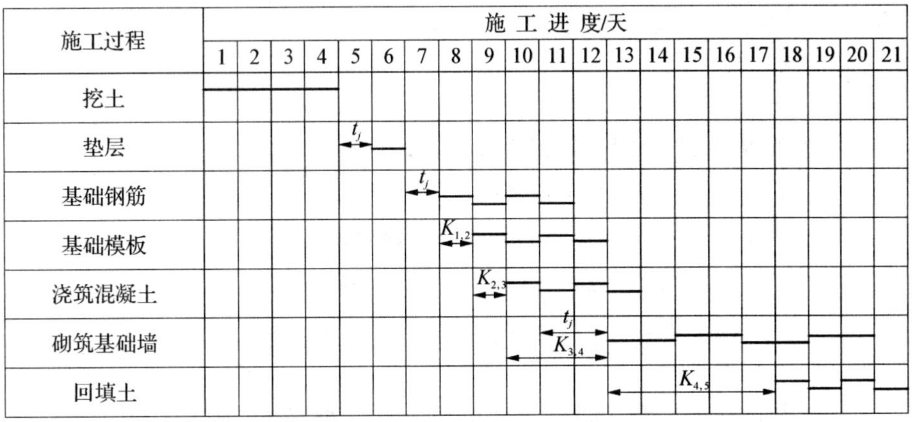

施工过程	施工进度/天																				
	1	2	3	4	5	6	7	8	9	10	11	12	13	14	15	16	17	18	19	20	21
挖土																					
垫层																					
基础钢筋																					
基础模板																					
浇筑混凝土																					
砌筑基础墙																					
回填土																					

图 11-16 某工程组织流水施工横道图

11.4.5 流水施工的组织

1. 组织流水施工的步骤

(1) 划分施工过程。根据计划类型不同,施工过程划分可粗放或细微。如对单位工程总进度计划,施工过程可划分到分项工程即可,对于月进度计划要划分到分项工程主要班组操作内容。

(2) 划分施工段。根据项目工期和经验,结合项目结构和建筑特点进行施工段划分,包含水平施工段和竖向施工段(施工层)划分确认。

(3) 计算工程量。

(4) 计算劳动量。

根据计算得到的分部、分项工程的工程量、施工方法和现行劳动定额,结合施工单位的实际情况,计算出各分部分项工程的劳动量。

(5) 计算流水节拍。

根据工作面限制和最小劳动组合确定能安排工人的最多人数和最少人数,再根据施工单位实际情况和劳动力资源供应情况确定班组人数;根据工期要求、工作性质和机械设备等具体情况确定工作班制;然后由劳动量、班组人数和工作班次由公式 11-6 或 11-7、11-9 计算得到流水节拍。

(6) 按照流水节拍的特征,组织不同类型的流水施工,绘制进度计划图表。

【例 11-10】 某工程各施工过程的流水节拍如表 11-4 所示,试选择流水施工类型,计算各施工过程之间的流水步距和工期,绘制横道图进度表。

表 11-4 例 11-10 流水节拍表

施工过程＼施工段	1	2	3	4
A	2	3	3	2
B	2	2	3	3
C	3	3	3	2

【解】 根据题意，本例宜组织无节奏流水施工。

(1) 确定流水步距

a. 求 $K_{A,B}$

将 A 工序的 t_A 依次累计叠加，可得数列：2，5，8，10；

将 B 工序的 t_B 依次累计叠加，可得数列：2，4，7，10；

将后一工序的数列向右错一位，进行两数列相减，即：

$$\begin{array}{rrrrrr} A: & 2 & 5 & 8 & 10 & \\ B: & -) & 2 & 4 & 7 & 10 \\ \hline & 2 & 3 & 4 & 3 & -10 \end{array}$$

则所得数列中的最大正数 4，即为 A、B 两工序的最小流水步距 $K_{A,B}=4$。

b. 同理求 $K_{B,C}$

$$\begin{array}{rrrrrr} B: & 2 & 4 & 7 & 10 & \\ C: & -) & 3 & 6 & 9 & 11 \\ \hline & 2 & 1 & 1 & 1 & -11 \end{array}$$

则所得数列中的最大正数 2，即为 B、C 两工序的最小流水步距 $K_{B,C}=2$。

(2) 计算工期

$$\begin{aligned} T &= \sum K_{i,i+1} + T_n = (K_{A,B} + K_{B,C}) + T_C \\ &= (4+2) + (3+3+3+2) = 6 + 11 = 17 \text{ d} \end{aligned}$$

(3) 绘制横道图进度表

该工程横道图进度表如图 11－17 所示。

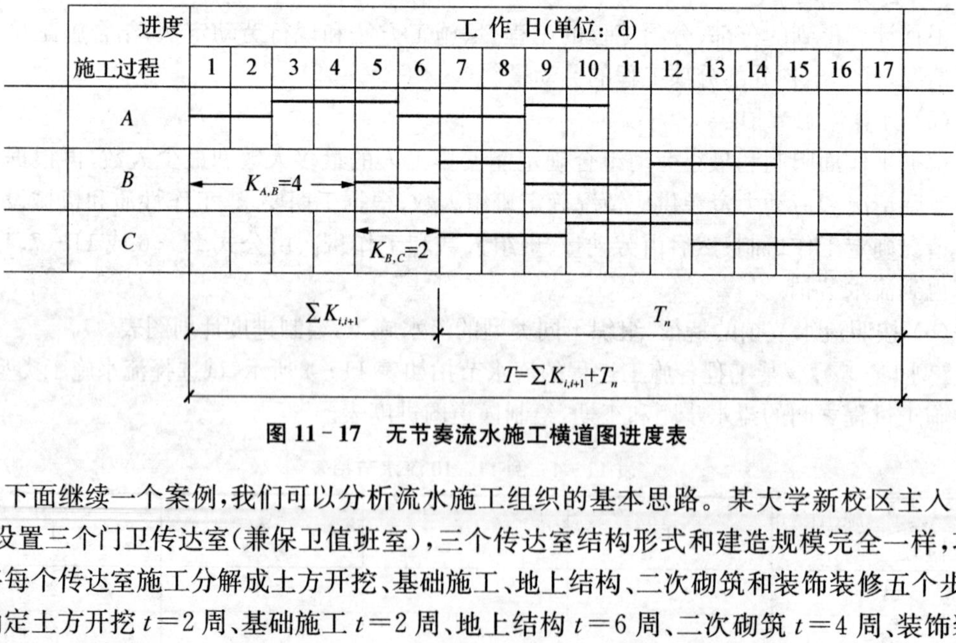

进度 施工过程	工作日(单位：d)																
	1	2	3	4	5	6	7	8	9	10	11	12	13	14	15	16	17
A																	
B																	
C																	

$K_{A,B}=4$　$K_{B,C}=2$

$\sum K_{i,i+1}$　T_n

$T=\sum K_{i,i+1}+T_n$

图 11－17　无节奏流水施工横道图进度表

下面继续一个案例，我们可以分析流水施工组织的基本思路。某大学新校区主入口大门，设置三个门卫传达室（兼保卫值班室），三个传达室结构形式和建造规模完全一样，项目部将每个传达室施工分解成土方开挖、基础施工、地上结构、二次砌筑和装饰装修五个步骤，并确定土方开挖 $t=2$ 周、基础施工 $t=2$ 周、地上结构 $t=6$ 周、二次砌筑 $t=4$ 周、装饰装修 $t=4$周，地上结构完成 2 周后方可进行二次砌筑，试组织流水施工。

1. 选择组织施工方式

在本任务中该工程包括三个结构形式与建造规模完全一样的单体建筑,自然形成三个施工段,每个施工段划分为五个施工过程,安排五支专业队伍依次施工,具备组织流水施工的三个客观条件,可以采用流水作业方式组织施工。

2. 选择流水施工类型

该工程不同施工过程的流水节拍存在最大公约数 2,具备组织成倍节拍流水施工的节拍条件,但每个施工过程只有一个专业施工班组即 $n_1=n$,不满足 $n_1 \geqslant n$ 的资源条件,故只能组织异步距异节拍流水施工。组织步骤如下。

(1) 计算流水步距

因为 $t_{\mathrm{I}} < t_{\mathrm{II}}$ 所以 $K_{\mathrm{I},\mathrm{II}} = t_{\mathrm{I}} = 2$(周)

因为 $t_{\mathrm{II}} = t_{\mathrm{III}}$ 所以 $K_{\mathrm{II},\mathrm{III}} = t_{\mathrm{II}} = 2$(周)

因为 $t_{\mathrm{III}} > t_{\mathrm{IV}}$ 所以 $K_{\mathrm{III},\mathrm{IV}} = mt_{\mathrm{III}} - (m-1)t_{\mathrm{IV}} + t_j + t_z - t_d = 3 \times 6 - (3-1) \times 4 + 2 = 12$(周)

(要求地上结构完成后要间歇 2 周)

因为 $t_{\mathrm{IV}} = t_{\mathrm{V}}$ 所以 $K_{\mathrm{IV},\mathrm{V}} = t_{\mathrm{IV}} = 4$(周)

(2) 计算流水施工的工期

$$T = \sum K_{i,i+1} + T_n = (2+2+12+4) + 3 \times 4 = 32(\text{周})$$

(3) 绘制流水施工进度图表,见图 11-18。

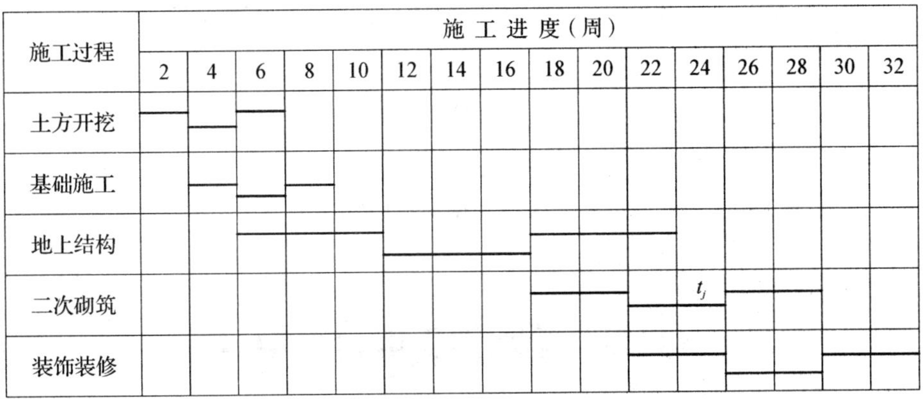

施工过程	施工进度(周)															
	2	4	6	8	10	12	14	16	18	20	22	24	26	28	30	32
土方开挖																
基础施工																
地上结构																
二次砌筑												t_j				
装饰装修																

图 11-18　异步距异节拍流水施工横道图进度表

3. 组织等节奏异节拍流水(成倍节拍流水)施工

【例 11-11】 计算本工程各施工过程的流水步距和工期,绘制横道图进度表。

【解】 本工程五个施工过程的流水节拍分别为 2、2、6、4、4,存在最大公约数 2,具备组织成倍节拍流水施工的节拍条件,如果资源有保障,流水节拍大的施工过程可以根据需要组织多个专业施工班组,所以本工程可以组织成倍节拍流水(即等步距异节拍流水,也叫工期最短的异节拍流水)施工。

成倍节拍流水施工组织步骤：

(1) 确定班组流水步距：$K_b = \min(2,2,6,4,4) = 2$(周)

(2) 确定专业队数：

$b_{\mathrm{I}} = 2/2 = 1$(个)　　$b_{\mathrm{II}} = 2/2 = 1$(个)　　$b_{\mathrm{III}} = 6/2 = 3$(个)

$b_{\mathrm{IV}} = 4/2 = 2$(个)　　$b_{\mathrm{V}} = 4/2 = 2$(个)

故：专业队总数 $n_1 = 1+1+3+2+2 = 9$(个)

(3) $T = (m + n_1 - 1)K_b + \sum t_j + \sum t_z - \sum t_d = (3+9-1)\times 2 + 2 = 24$

(4) 绘制横道图进度图

采用成倍节拍流水施工时的进度计划如图 11－19 所示。

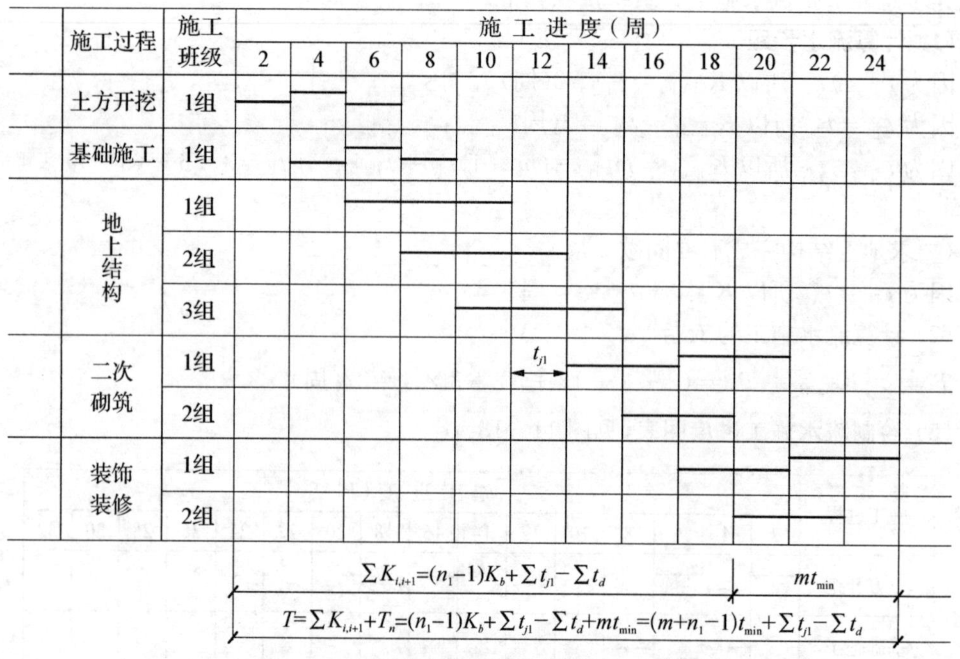

图 11－19　成倍节拍流水施工横道图进度表

11.5　流水施工综合案例

【例题 11－12】　某六层学生公寓，建筑面积 3 600 m^2。基础为钢筋混凝土条形基础，主体工程为全现浇钢筋混凝土框架结构。装修工程为铝合金窗、胶合板门；外墙面贴面砖；内墙为中级抹灰，普通涂料刷白；楼地面贴地板砖；屋面用厚 100 mm 厚 EPS 聚塑板做保温层，上做 SBS 改性沥青防水层，劳动量一览表见表 11－5。

表 11－5　某六层钢筋混凝土框架结构劳动量一览表

序号	分部工程名称	劳动量(工日或台班)
	基础工程	

续表

序号	分部工程名称	劳动量(工日或台班)
1	机械开挖基础土方	4 台班
2	混凝土垫层	28
3	绑扎基础钢筋	58
4	基础模板	72
5	基础混凝土	92
6	回填土	125
	主体工程	
7	脚手架	396
8	柱钢筋	192
9	柱、梁、板模板(含楼梯)	1 805
10	柱混凝土	198
11	梁、板钢筋(含楼梯)	410
12	梁、板混凝土(含楼梯)	920
13	拆除模板	268
14	砌墙	920
	屋面工程	
15	屋面 EPS 聚塑板做保温层	12
16	屋面找平层	18
17	屋面防水层	32
	装饰工程	
18	顶、墙面中级抹灰	680
19	外墙面砖	1 120
20	楼地面、楼梯地砖	600
21	铝合金窗安装	63
22	木板门安装	54
23	顶、墙面涂料	180
24	油漆	46
25	水电安装	210

由于本工程各分部的劳动量差异较大，因此先分别组织各分部工程的流水施工，然后再考虑各分部之间的相互搭接施工。具体组织方法如下。

1. 基础工程

基础工程包括基槽挖土、混凝土垫层、绑扎基础钢筋、支设基础模板、浇筑基础混凝土、回填土等施工过程。其中基础挖土采用机械开挖，不纳入流水。混凝土垫层劳动量较小，为了不影响其他施工过程的流水施工，不纳入流水。回填土需要基础混凝土达到一定强度，也不被纳入流水。

基础工程平面上划分两个施工段组织流水施工($m=2$)，在六个施工过程中，参与流水的施工过程有 3 个，即 $n=3$，组织全等节拍流水施工如下：

基础绑扎钢筋劳动量为 58 个工人，施工班组人数为 10 人，采用一班制施工，其流水节拍为：

$$T_{钢筋}=\frac{58}{2\times 10\times 1}=3\ \mathrm{d}$$

其他施工过程的流水节拍均取 3 天，其中基础支模板 72 个工日，施工班组人数为：

$$R_{木}=\frac{72}{2\times 3}=12(人)$$

建筑混凝土劳动量为 92 个工日，施工班组人数为：

$$R_{混凝土}=\frac{92}{2\times 3}=15.3(取\ 15\ 人)$$

流水工期计算如下：

$$T=(m+n-1)t=(2+3-1)\times 3=12\ \mathrm{d}$$

土方机械开挖 4 个台班，用一台机械二班制施工，则作业持续时间为：

$$T_{挖土}=\frac{4}{1\times 2}=2\ \mathrm{d}$$

混凝土垫层 28 个工日，15 人一班制施工，其作业持时间为：

$$T_{混凝土}=\frac{28}{15\times 1}=1.86\ \mathrm{d}(取\ 2\ \mathrm{d})$$

则基础工程的工期为；

$$T_1=2+2+12=16\ \mathrm{d}$$

2. 主体工程

主体工程包括绑扎柱钢筋，安装柱、梁、板模板，浇筑柱子混凝土，梁、板、楼梯钢筋绑扎，浇筑梁、板、楼梯混凝土，搭脚手架，拆模板，砌空心砖墙等施工过程，其中三个施工过程属平行穿插施工过程，只根据施工工艺要求，尽量搭接施工即可，不纳入流水施工。主体工程由于层间关系，要保证施工过程流水施工，必须使 $m=n$；否则，施工班组会出现窝工现象。本工程中平面上划分为两个施工段，主导施工过程是柱、梁、板模板安装，要组织主体工程流水施工，就要保证主导施工过程连续作业。为此，将其他次要施工过程综合为一个施工过程来考虑其流水节拍，且其流水节拍值不得大于主导施工过程的流水节拍，以保证主导施工过程的连续性，因此，则主体工程参与流水的施工过程数 $n=2$ 个，满足 $m=n$ 的要求。具体组织如下：

柱钢筋劳动量为 192 个工日，施工班组人数为 16 人，一班制施工，则其流水节拍为：

$$T_{柱筋}=\frac{192}{6\times 2\times 16\times 1}=1\ \text{d}$$

主导施工过程的柱、梁、板模板劳动量为 1 805 个工日，施工班组人数为 25 人，一班制施工，则其流水节拍为：

$$T_{模板}=\frac{1\ 805}{6\times 2\times 25\times 1}=6.02\ \text{d(取 6 d)}$$

柱混凝土，梁、板钢筋，梁、板混凝土及柱子钢筋统一按一个施工过程来考虑其流水节拍，其流水节拍不得大于 6 天，其中，柱子混凝土劳动量为 198 工日，施工班组人数为 16 人，一班制施工，则其流水节拍为：

$$T_{柱混凝土}=\frac{198}{6\times 2\times 16}=1.03\ \text{d(取 1 d)}$$

梁、板钢筋劳动量为 410 个工日，施工班组人数为 17 人，一班制施工，则其流水节拍为：

$$T_{梁板钢筋}=\frac{410}{6\times 2\times 17}=2\ \text{d}$$

梁、板混凝土劳动量 920 个工日，施工班组人数为 26 人，三班制施工，则其流水节拍为：

$$T_{梁板混凝土}=\frac{920}{6\times 2\times 26\times 3}=0.98\ \text{d(取 1 d)}$$

因此，综合施工过程的流水节拍仍为 $(1+1+2+1)=5$ 天，可与主导施工过程一起组织全等节拍流水施工，其流水工期为：

$$\begin{aligned}T&=(m\cdot r+n-1)t\\&=(2\times 5+2-1)\times 6=66\ \text{d}\end{aligned}$$

为拆模施工过程计划在梁、板混凝土浇捣 12 天后进行（满足混凝土结构拆模强度要求），其劳动量为 268 工日，施工班组人数为 11 人，一班制施工，则其流水节拍为：

$$T_{拆模}=\frac{268}{6\times 2\times 11}=2\ \text{d}$$

则主体工程的工期为：

$$T_2=66+12+2=80\ \text{d}$$

拆模后一天开始砌墙。

3. 屋面工程

屋面工程包括屋面保温层、找平层、和防水层三个施工过程。考虑屋面防水要求，不分段施工，即采用依次施工的方式。屋面保温层劳动量 12 工日，施工班组 6 人，施工班组人数为 17 人，一班制施工，则其流水节拍为：

$$T_{保温}=\frac{12}{6\times1}=2\ \mathrm{d}$$

屋面找平层劳动量 18 工日，9 人一班制施工，则其流水节拍为：

$$T_{找平}=\frac{18}{9\times1}=2\ \mathrm{d}$$

屋面找平完成后，安排 7 天养护和干燥时间，方可进行屋面防水层的施工。SBS 防水层持续施工 4 天。

4. 装饰工程

装饰分部工程中各分项计算方法与前文其他项目相同，因装饰分部工程内容多。计算繁杂，此处不列出具体计算过程，直接给出装饰工程部分连续施工时间 58 天。

本工程流水施工进度计划横道图如本书后附插页所示。

单元练习题

习题库

流水施工组织

1. 组织施工有哪几种方式，各有哪些特点？
2. 组织流水施工的要点和条件有哪些？
3. 流水施工中，主要参数有哪些？试分别叙述它们的含义。
4. 施工段划分的基本要求是什么？如何正确划分施工阶段？
5. 流水施工的时间参数如何确定？
6. 流水节拍的确定应考虑哪些因素？
7. 流水施工的基本方式有哪几种，各有什么特点？
8. 如何组织全等节拍流水？如何组织成倍节拍流水？
9. 什么是无节奏流水施工？如何确定其流水步距？
10. 课外能力拓展：自选某小型工程项目(如单层仓库、单位新建的大门及附属传达室)，编制流水施工进度计划横道图。

第十二章
网络计划技术

本单元学习目标

1. 学生熟悉网络计划的基本概念、分类及表示方法。
2. 学生掌握分部工程、小型工程双代号网络图、单代号网络图和时标网络图绘制方法。
3. 学生掌握网络计划时间参数的概念,能够进行双代号网络计划时间参数计。
4. 学生了解网络优化的基本概念、优化方法以及网络图进度计划的控制方法。

12.1 网络计划的概念及特点

12.1.1 网络计划的概念及应用步骤

随着生产的发展和科学技术的进步,建设规模的日益扩大,要求计划、生产管理的方法也必须科学化和现代化。要对一个复杂的工程项目进行有效的管理,必须依赖于进度计划;要做好进度计划,必须将工程项目的全部作业具体形象化,并按适当顺序加以安排,形成进度计划,从而对工程实行控制,达到预期目标。横道图比较容易编制、简单明了、直观易懂、便于检查、使用方便,故从20世纪初一直沿用至今。但是横道图不能体现出哪些工作是关键工作,哪些工作有时差。网络计划技术符合统筹兼顾、适当安排的原则,适应现代化大生产的组织管理和科学研究的需要。因此,在现代化大生产的组织管理中,该方法正在逐步地替代传统的计划管理方法。

1. 网络计划的概念

网络图是由箭线和节点组成的,反映工作流程的有向、有序的网状图形。网络计划是用网络图表达任务构成、工作顺序并标注工作时间参数体现各项工作之间相互制约和相互依赖的关系,分析其内在规律从而需求最优方案的方法。

2. 网络计划的应用步骤

(1) 首先用网络图表达工程(计划)中各项工作的开展顺序及其相互之间的逻辑关系;
(2) 进行时间参数计算找出计划中的关键线路和关键工作;
(3) 不断改进网络计划以寻求最优方案;

(4) 在计划执行中进行有效控制,合理地调配人力、物力和财力,以最小的消耗达到最优的经济效果。

3. 网络计划的特点

与横道图进度计划线路相比,网络计划有以下特点。

(1) 能明确反映出各项工作之间相互制约、相互依赖的关系;

(2) 可以区分关键工作和非关键工作,并能反映出各项工作的机动时间,因此能更好地运用和调配人力、材料、机械等各种物资;

(3) 可以利用计算机进行计算;

(4) 能够进行计划的优化比较,选出最优方案;

(5) 网络计划虽不如横道图直观明了,但可通过带时间坐标的网络图弥补。

目前,网络计划技术在建设工程中得到普遍采用,尤其是大型工程项目和重点工程项目。在建设工程施工招标中,网络计划图是施工组织设计中不可缺少的一部分。

12.1.2 网络计划的分类

1. 按性质分类

(1) 肯定型网络计划。肯定型网络计划是指工作与工作之间的逻辑关系以及工作的工期(在各施工段的流水节拍)都是确定的。

(2) 非肯定型网络计划。与肯定型网络计划相反,非肯定型网络计划指工作之间的逻辑关系不确定或工作的工期不确定。

2. 按表示方法分类

(1) 单代号网络计划。单代号网络计划是指用单代号表示法绘制的网络图。在单代号网络图中,用一个节点表示一项工作,箭杆表示各项工作之间关系的网络图。

(2) 双代号网络计划。双代号网络计划是指用双代号表示法绘制的网络计划图。在双代号网络计划图中,用一条箭线及两端的两个节点来表示一项工作(工作名称、工作时间及工作之间的逻辑关系)的网络图。

3. 按有无时间坐标分类

(1) 时标网络计划。时标网络计划是指以时间坐标为尺度绘制的网络计划图,如图12-24所示。

(2) 非时标网络计划。非时标网络计划是指不按时间坐标绘制的网络计划图,如图12-2所示。

4. 按层次分类

(1) 综合总网络计划。综合总网络计划是指以整个建设项目或单项工程为对象编制的网络计划。

(2) 局部网络计划。局部网络计划是指以建设项目或单项工程的某一部分为对象编制的网络计划。

5. 其他形式的网络图

网络计划技术在几十年的应用和发展中，除前面介绍的是有代表性的关键线路法外，世界各国相继开发应用了一些新型的网络计划技术，如流水作业网络计划、搭接网络计划、计划评审方法等，从而形成了较为完整的网络计划方法。

12.2　双代号网络计划

12.2.1　双代号网络计划图的组成

用一条箭线及其两端的两个节点编号表示一项工作（或施工过程、工序、活动）的网络图叫双代号网络图。双代号网络图由三个要素组成：箭线、节点和线路。

1. 箭线

箭线在双代号网络图中表示一项工作。箭尾表示工作的开始，箭头表示工作的结束（节点内进行编号，用箭尾和箭头的两个编号作为工作代号），工作名称或代号标注在箭线上方或左侧，完成工作所需时间（工作持续时间）标注在下方或右侧。

根据施工组织设计阶段的不同，箭线所表示的工作取决于网络的层次（详细程度），可能是单位工程（如某校园图书馆、教学楼工程等），也可能是分部工程（地基与基础、主体结构、建筑装饰装修工程等）、分项工程（如土方开挖、砂和砂石地基、砖砌体、装饰抹灰等）。

箭线又分为实箭线和虚线，如图 12－1 所示。

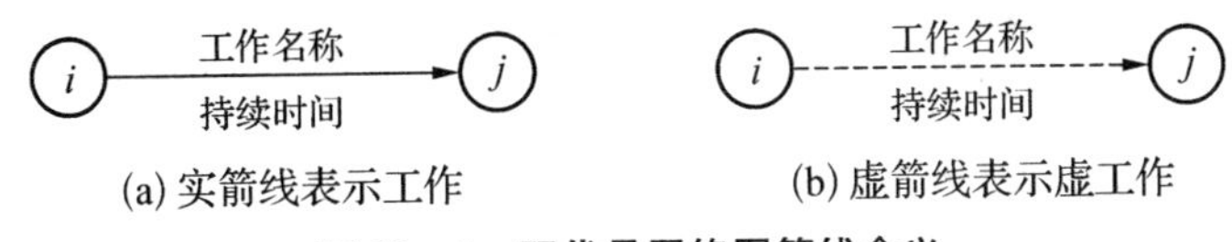

(a) 实箭线表示工作　　(b) 虚箭线表示虚工作

图 12－1　双代号网络图箭线含义

（1）实箭线，它表示的工作既消耗时间又消耗资源或只消耗了其中的一种。如：挖基坑这项工作需要消耗人工、机械和时间，混凝土的凝结硬化需要消耗时间。实箭线常用“⟶”表示。

（2）虚箭线，它表示的工作既不消耗时间又不消耗资源。它只是用来表达工作之间的逻辑关系（逻辑关系即：在网络图中，根据施工工艺和施工组织要求正确反映出各施工过程之间的相互依赖和相互制约的关系，这正是网络图与横道图的最大不同之处）。虚箭线常用“----→”表示。

2. 节点

双代号网络计划图中节点表示的是工作与工作之间的衔接关系。节点分为开始节点、中间节点和结束节点。开始节点表示该工程开始的瞬间，结束节点表示该工程结束的瞬间，中间节点既表示其前面工作结束的瞬间,同时又是后一项工作开始的瞬间。节点常用圆圈加一编号表示,如“②”。

3. 线路

线路是从网络图的起点节点顺箭头方向直到终点节点所形成的若干条通路。分为关键线路和非关键线路。

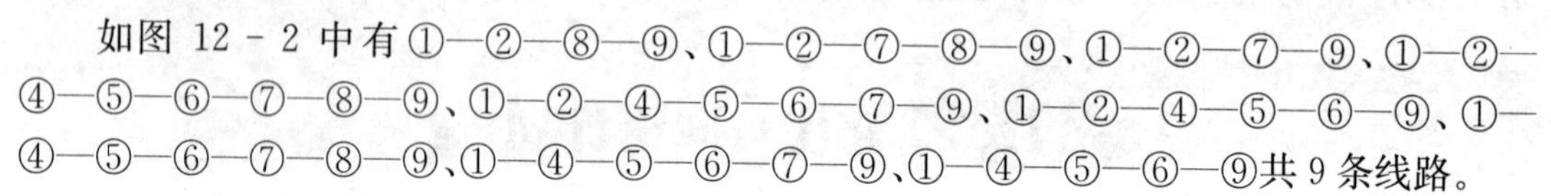

如图 12-2 中有①—②—⑧—⑨、①—②—⑦—⑧—⑨、①—②—⑦—⑨、①—②—④—⑤—⑥—⑦—⑧—⑨、①—②—④—⑤—⑥—⑦—⑨、①—②—④—⑤—⑥—⑨、①—④—⑤—⑥—⑦—⑧—⑨、①—④—⑤—⑥—⑦—⑨、①—④—⑤—⑥—⑨共 9 条线路。

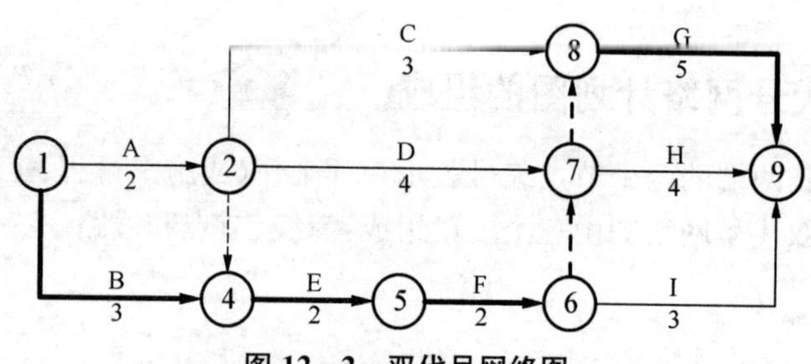

图 12-2　双代号网络图

(1) 关键线路:网络图所有线路中各工作持续时间和总时间最长的线路为关键线路。图 12-2 中关键线路为①—④—⑤—⑥—⑦—⑧—⑨,该线路上工作的持续时间和为 12 天,是本工程的工期。一张网络图至少有一条时间和最长的线路,这条线路上的总持续时间决定了网络计划的总工期,该线路上任何工作拖延都使总工期延长,它是完成工程任务的关键,关键线路在计划执行过程中是会变化的。

关键工作:关键线路上的工作因为影响总工期称为关键工作,图 12-2 中工作 B(①—④)、E(④—⑤)、F(⑤—⑥)、G(⑧—⑨)均为关键工作。

(2) 非关键线路:关键线路以外的其他线路。

12.2.2　双代号网络图识图

1. 工作的表示方法

一项工作用一条线和两个节点表示,如图 12-1 所示。

2. 箭线

箭线是双代号网络图中表示一项工作,在无时标网络图中箭线的长短不与时间成比例,可以画出直线,也可以画出折线,如图 12-2 所示。

(1) 内向箭线。对节点 i,凡是箭头指出去的箭线都称为外向箭线。如图 12-2 中,②节点的内向箭线是①⟶②。

(2) 外向箭线。对节点 i,凡是箭头指向 i 节点的箭线都称为内向箭线。如图 12-2 中,②节点的外向箭线是②⟶④,②⟶⑦,②⟶⑧。

3. 工作关系

（1）**紧前工作**。对工作①$\xrightarrow[\text{持续时间}]{\text{工作名称}}$②，凡是①节点上所有内向箭线，以及内向虚箭线前面的工作都是其紧前工作。如图 12 - 2 中，G 工作的紧前工作是工作 C、D、F。

（2）**紧后工作**。对工作①$\xrightarrow[\text{持续时间}]{\text{工作名称}}$②，凡是②节点上所有的外向箭线，以及外向虚箭线后面的工作都是其紧后工作。如图 12 - 2 中，D 的紧后工作 G、H。

（3）**先行工作**。对工作①$\xrightarrow[\text{持续时间}]{\text{工作名称}}$②，凡是①节点之前完工的工作，都是先行工作。如图 12 - 2 中，工作 A、B 都是工作 F 先行工作。

（4）**后续工作**。对工作①$\xrightarrow[\text{持续时间}]{\text{工作名称}}$②，凡是②节点之后开工的工作，都是后续工作。如图 12 - 2 中，工作 G、H、I 都是工作 E 的后续工作。

（5）**平行工作**。就某一工作而言，与其同时施工的工作，都是该工作的平行工作，从同一节点开始的工作，肯定是平行工作。如图 12 - 2 中，工作 A 与 B 是平行工作。

（6）**虚工作**。如图 12 - 2 中，②---->④，⑥---->⑦，⑦---->⑧，工作是虚工作。

虚工作的作用：虚工作既不消耗时间也不消耗资源，引入虚箭线的目的是确切表达工作之间的逻辑关系、逻辑隔断和区分工作（避免相同编号）三个方面的作用。

4. 节点

（1）**开始节点**。在一个网络图中，只有外向箭线的节点是开始节点，如图 12 - 2 中的①节点。

（2）**结束节点**。在一个网络图中，只有内向箭线的节点是结束节点，如图 12 - 2 中的⑨节点。

（3）**中间节点**。在一个网络图中，既有内向箭线又有外向箭线的节点是中间节点。如图 12 - 2 中的②④⑤⑥⑦⑧节点。

5. 节点编号规则

绘制双代号网络计划图时，应赋予每项工作两个代号，以便进行网络图时间参数计算。节点编号规则为：编号不得重复，箭线的箭头节点编号应大于箭线的箭尾节点编号。有时考虑到网络图某些工作的变动与修改，节点编号时可预先留出一些备用节点号，即可以采用不连续的方法编号。

6. 节点编号方法

在满足节点编号规则的前提下，可按以下方法进行节点编号。

（1）**水平编号法**。从网络图起点开始，由左到右按箭线顺序编号。

（2）**垂直编号法**。从网络图起点开始，由上到下逐列编号，每列编号根据编号规则进行。

12.2.3 双代号网络计划图的绘制

1. 工作逻辑关系的表示方法

工作逻辑关系是工作进行时的先后顺序关系。工作逻辑关系分为工艺关系和组织关系。

(1) 工艺关系是由工艺技术决定的,即由客观因素决定的,一般是不允许变动的。如图12-4(b)中,地基处理必须在挖土后进行,这种关系就是由施工工艺决定的,是客观固定的。

(2) 组织关系是工序之间由于组织安排需要或资源(人力、材料、机械)调配需要而规定的先后顺序关系,是人为安排的,往往是可以变动的。如图12-4(b)中挖土2与挖土1的关系就是组织关系。

要绘制一张正确反映工作逻辑关系的网络图,必须弄清工作之间的关系。工作之间基本的逻辑关系有三种:紧前工作、紧后工作、平行工作。

在工程实际的网络计划图中,各项工作之间的逻辑关系是复杂多变的。绘制网络图首先要正确表达出工作之间的逻辑关系。如下是网络计划图中常见的一些工作关系的表示方法。各工作名称用字母表示,供绘制双代号网络计划图时参考。

① A、B 均完成后进行 C,B、D 均完成后进行 E,如图12-3(a)所示。

② A、B、C 均完成后进行 D,B、C 均完成后进行 E,如图12-3(b)所示。

③ A 完成后进行 C,A、B 均完成后进行 D,B 完成后进行 E,如图12-3(c)所示。

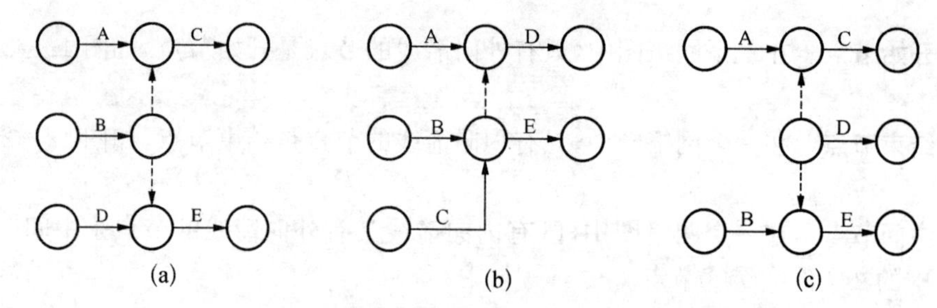

图12-3 网络计划图常见工作关系的表示方法

2. 虚箭线的应用

绘制双代号网络计划图时,引入虚箭线的目的是正常表达各工序之间的逻辑关系,绘避免出现编号相同工作。

(1) 虚箭线用于工作间逻辑关系的连接。在图12-3(c)中工作 A 的紧后工作为 C、D,工作 B 的紧后工作 E、D,发现工作 D 的紧前工作为 A、B,为了正确地表达上述的逻辑关系就用虚箭线连接。

虚箭线用于工作间逻辑关系的连接如图12-4所示。

(2) 虚箭线用于工作关系的逻辑断路。绘制双代号网络计划图时,容易产生错误之处是把不该发生的工作逻辑关系连接起来,使网络图发生与实际不相符的逻辑错误。这时必须引入虚箭线隔断原来没有的工作联系,这种处理方法称为"断路法"。产生此类错误的地方常在内向箭线和外向箭线的节点处,绘制双代号网络图时应特别注意。

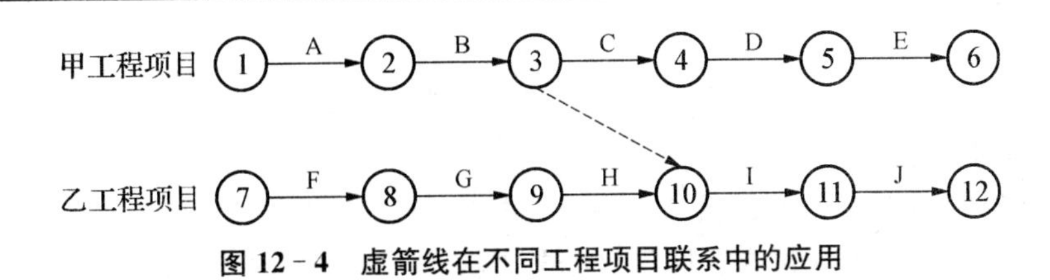

图 12－4　虚箭线在不同工程项目联系中的应用

例如，某一基础工程施工可分解为挖基坑、地基处理、砌砖基础和回填土四个施工过程，分两个施工段流水施工。如果绘制成如图 12－5(a)所示，则逻辑关系是错误的，因为第一个施工段上砌砖基础(砌 1)与第二段上的挖基坑(挖 2)不存在逻辑关系，同样填 1 与处 2 也不存在逻辑关系。正确的绘制方法应把不该发生逻辑关系的工艺之间引入虚箭线断开，如图 12－5(b)所示。此法在双代号网络图表达流水作业施工进度时广泛应用。

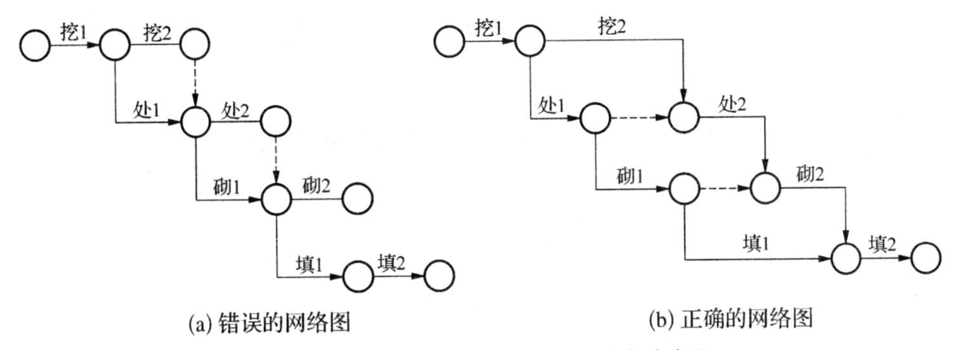

图 12－5　虚箭线表示工作关系断路中的应用

(3) 虚箭线用于区分工作(避免相同编号)。当两项或两项以上的工作同时开始和同时结束时，必须引入虚箭线，以免出现编号相同的工作，造成混乱。图 12－6(a)中，工作 A、B、C 三条箭线共用③、④节点，则代号③、④同时表示工作 A、B、C，这样就产生了工作 A、B、C 区分不开的问题。如果引入虚箭线，则符合双代号网络图每项工作均由唯一一根箭线和一对节点代号表示的基本规定，如图 12－6(b)所示。

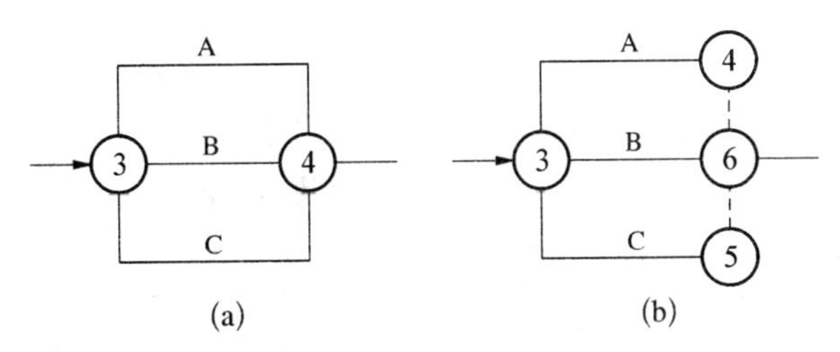

图 12－6　虚箭线区分两节点间的平行工作

3. 双代号网络图绘图基本规则

(1) 一个网络计划图中只允许有一个开始节点和一个结束节点；图 12－7(a)中有两个开始节点，图 12－7(b)中有两个结束节点，所以图 12－7 是错误的。

(2) 一个网络计划图中不允许单代号、双代号混用，图 12－8 是错误的。

(3) 节点大小要适中，编号应由小到大，箭尾编号小于箭头编号，可以间隔。如图 12－9

所示。

(4) 一对节点之间不能出现无头箭杆和双向箭头箭杆;一对节点之间只能有一条箭线,图 12-10 是错误的。

(5) 网络计划图中不允许有循环线路,如:图 12-11 是错误的。

(6) 网络计划图中不允许有相同编号的节点或相同代码的工作;图 12-12 中有两个③号节点,两个 E 工作,所以图 12-12 是错误的。

(7) 遇到无法避免的箭线的情况可按过桥法或断线法,如图 12-13 所示。

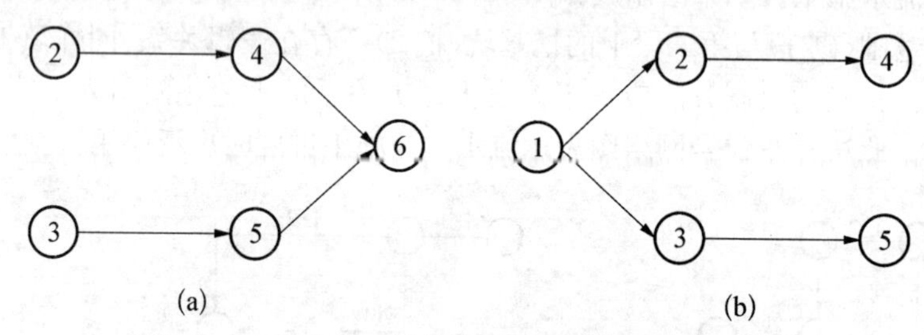

图 12-7 有多个开始节点和结束节点的错误网络图

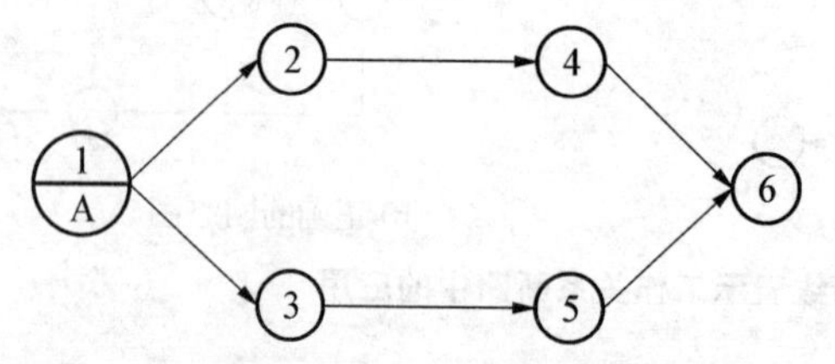

图 12-8 单代号与双代号混用的错误网络图

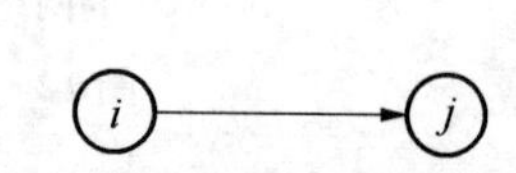

图 12-9 节点编号要求:$i<j$

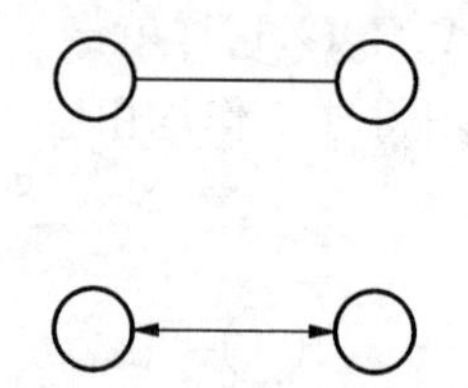

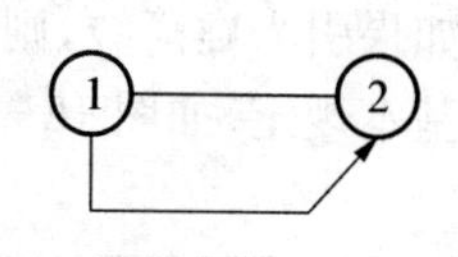

(a) 无箭头和双向箭头的错误网络图　(b) 两条工作箭线共用一对节点的错误网络图

图 12-10 网络图错误绘制示意

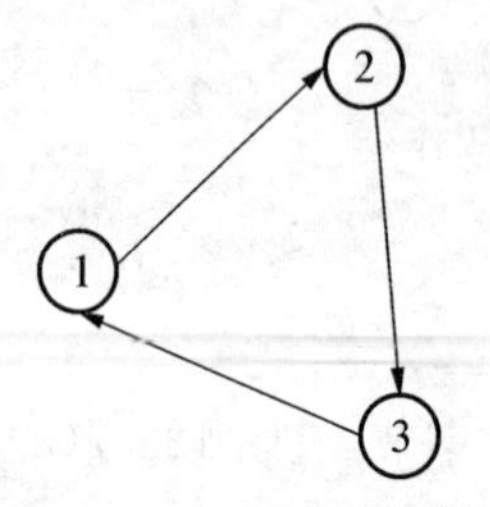

图 12-11 出现循环回路的错误网络图

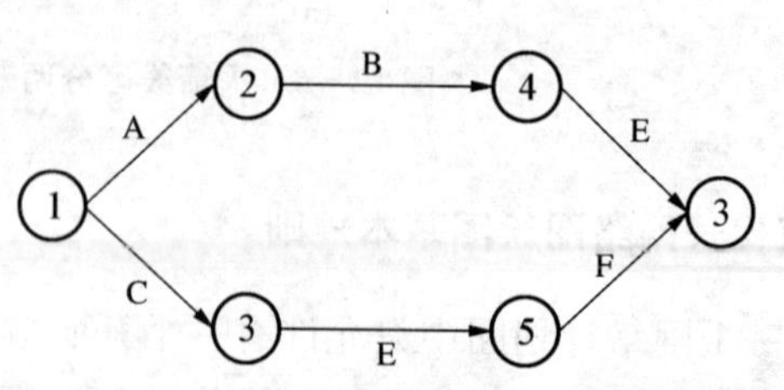

图 12-12 出现相同工作代号 E 的错误网络图

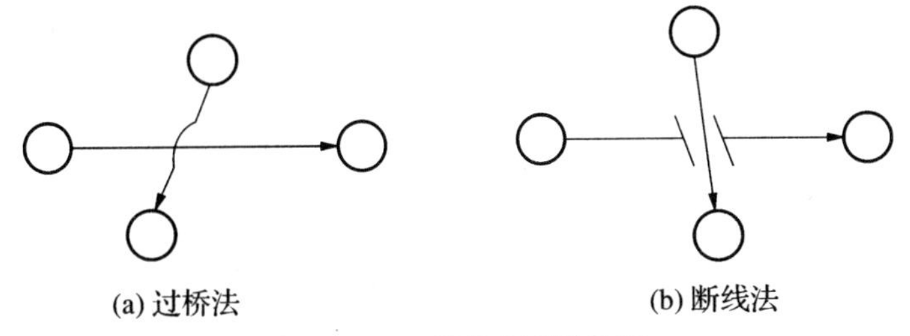

图 12-13　箭线交叉的处理

4. 绘制网络计划图的程序

(1) 分解工程任务。首先应清楚要对哪些工程任务进行计划安排，然后将工程任务分类(如土建工程类、安装工程类、防护工程类等)。根据各类工程特点，将工程任务分解为分部、分项工程或工序，形成网络计划图的最小单元——施工过程。

(2) 确定各分部、分项工程或工序之间的逻辑关系。明确排列出各工作(分部、分项工程或工序)在开始之前应完成哪些紧前工作和工作结束之后有哪些紧后工作要进行。

(3) 确定各单项工作(分部、分项工程或工序)的持续时间(或流水节拍)。确定工作的持续时间的方法同确定流水节拍的方法。

(4) 明确各项工作之间的逻辑关系，列出工作关系表。工作关系表包括：工作代号、工作名称、紧后工作(紧前工作)、持续时间等。

(5) 绘制双代号网络计划草图。根据工作关系表绘制正确反映工作之间逻辑关系的草图。

(6) 整理成图。绘出正确反映逻辑关系的草图后，再根据绘图基本规则对草图进行整理，主要合并多个开始节点和多个结束节点，调整布局，避免箭线的交叉等问题。最后标注工作的持续时间和节点编号。一个正确的网络图应满足以下四个方面基本要求：

① 逻辑关系正确；

② 无违反绘图规则情况(重点检查多个开始节点和结束节点、箭线交叉、相同编号的工作等问题)。

③ 构图简洁(无多余节点和虚箭线)、清晰、美观(箭线尽量是水平或垂直走向，无交叉和混乱)。

④ 工作持续时间标注、节点编号正确(箭尾号小于箭头号，无重复)。

(7) 计算时间参数，找出关键线路。通过计算时间参数检查计划进度是否满足实际要求，若不满足应进行调整。调整方法见“网络计划的优化”一节。

5. 双代号网络图绘制方法及应用

当分析出工作之间的逻辑关系并计算出工作持续时间后，可根据各工作的紧前工作，按下列绘图步骤和技巧绘制双代号网络图。

(1) 首先绘制没有紧前工作的工作，并使它们具有相同的开始节点，以保证一个网络图只有一个开始节点。

(2) 依次绘制其他工作箭线。箭线绘制的条件是其所有紧前工作箭线均已绘出。绘制时，按以下几种情况分别处理：

① 当要绘制的工作只有一项紧前工作时，将该工作箭线绘制在其紧前工作箭线之后。

② 当要绘制的工作有多项紧前工作，但存在一项只作为本工作紧前工作的工作（在紧前工作栏目中，该紧前工作只出现一次），则将本工作画在该紧前工作的后面，然后用虚箭线将其他紧前工作的箭头节点与本工作箭线的箭尾节点相连。

③ 当某工作存在多项只作为本工作紧前工作的工作，则先将该多项紧前工作的箭头节点合并成一个，从合并后的节点画出本工作箭线。箭头节点合并可以直接合并（开始节点不同）或用虚箭线合并（开始节点相同）。

④ 当某工作的多项紧前工作同时作为其他工作的紧前工作（在紧前工作栏目中，该工作的紧前工作同时出现多次），则先将这些紧前工作的箭头节点合并，从合并后的节点画出本工作箭线。

⑤ 当某工作的多项紧前工作分别作为其他工作的紧前工作，则该工作不能直接跟在任何一项紧前工作箭头节点后，应在其各紧前工作后的中间位置另外加一个起点节点，从此节点画出本工作箭线，然后用虚箭线将其他紧前工作的箭头节点与本工作的起点节点相连。

【例 12-1】 根据表 12-1 所示逻辑关系绘制双代号网络图。

表 12-1 工作逻辑关系

工作	*A*	*B*	*C*	*D*	*E*	*F*	*G*	*H*	*I*
持续时间	2	3	3	4	2	2	5	4	3
紧前工作	—	—	*A*	*A*	*A*、*B*	*E*	*C*、*D*、*F*	*D*、*F*	*F*

【解】

(1) 首先绘制没有紧前工作的 *A*、*B*，并让它们共用一个开始节点；

(2) *C*、*D* 工作紧前工作都只有 *A*，故把它们都从 *A* 工作的箭头节点绘出；

(3) *E* 工作有两项紧前工作，其中存在一项只作为本工作紧前工作的 *B*，将 *E* 绘制在 *B* 的箭头节点后面，然后用虚箭线将其他紧前工作 *A* 的箭头节点与本工作的箭尾节点相连；

(4) *F* 工作只有一项紧前工作 *E*，将 *F* 直接画在 *E* 后；同理，*I* 绘制在 *F* 箭头节点后面；

(5) *H* 工作的两项紧前工作 *D*.*F* 同时作为工作 *G* 的紧前工作，可以将 *D* 和 *F* 看作是固定组合，将它们的箭头节点合并成一个（因为 *F* 工作后面已经跟着工作 *I*，所以不能直接合并，用虚箭线将 *D* 和 *F* 的箭头节点合并）后画出 *H* 工作箭线；

(6) *G* 工作有三项紧前工作，其中工作 *C* 只作为 *G* 的紧前工作，故将工作 *G* 绘制在 *C* 工作箭线的箭头节点后面，然后用虚箭线将其他紧前工作 *D*、*F* 合并后的结束节点与本工作 *G* 的箭尾节点相连。

(7) 检查、整理、标注工作持续时间、进行节点编号，如图 12-14 所示

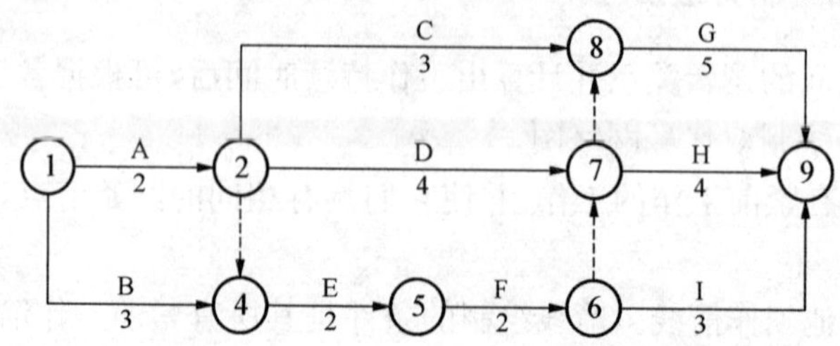

图 12-14 例 12-1 双代号网络图绘制

【例 12-2】 根据表 12-2 所示工作逻辑关系绘制双代号网络图。

表 12-2　工作逻辑关系表

工作	*A*	*B*	*C*	*D*	*E*	*F*	*G*
持续时间	2	3	4	3	2	5	4
紧前工作	—	—	—	—	*AB*	*BCD*	*CD*

【解】 根据前面讲述的方法绘图。

(1) 首先绘制没有紧前工作的 *A*、*B*、*C*、*D*，并用母线法让它们共用一个开始节点(*A*、*B*、*C*、*D* 在排列时有技巧：因为后面工作 *E* 的紧前工作是 *A* 和 *B*，*F* 的紧前工作是 *B*、*C* 和 *D*，*G* 的紧前工作是 *C*、*D*，故在排列时 *A* 和 *B* 应挨着，*B* 和 *C* 挨着，*C* 和 *D* 挨着，这样排列能避免箭线的交叉)。

(2) 绘制工作 *E*。绘制出没有紧前工作的 *A*、*B*、*C*、*D*，依次绘制其他工作。工作 *E* 有两项紧前工作 *A* 和 *B*，其中存在一项只作为本工作紧前工作的 *A*，故将 *E* 绘制在 *A* 的箭头节点后面，然后用虚箭线将其他紧前工作 *B* 的箭头节点与本工作的箭尾节点相连。

(3) 绘制工作 *G*。*G* 工作有两项紧前工作 *C* 和 *D*，*C* 和 *D* 都同时作为 *F* 的紧前工作，可以将 *D* 和 *C* 看作是固定组合，将它们的箭头节点合并成一个(它们已经共用一个起点节点了，所以不能直接合并，用虚箭线将 *D* 和 *C* 的箭头节点合并)；从合并后的节点画出工作 *G*。

(4) 绘制工作 *F*。

F 工作有三项紧前工作 *B*、*C*、*D*，其中 *B* 也是 *E* 的紧前工作，*C*、*D* 还是 *G* 的紧前工作，故 *F* 工作既不能直接画在 *B* 的箭头节点后面，也不能直接画在 *C*、*D* 的合并箭头节点后面，需另加一起点节点，画在 *B* 和 *C*、*D* 合并后的节点中间的位置。

(5) 检查、整理、标注工作持续时间、进行节点编号，如图 12-15 所示。

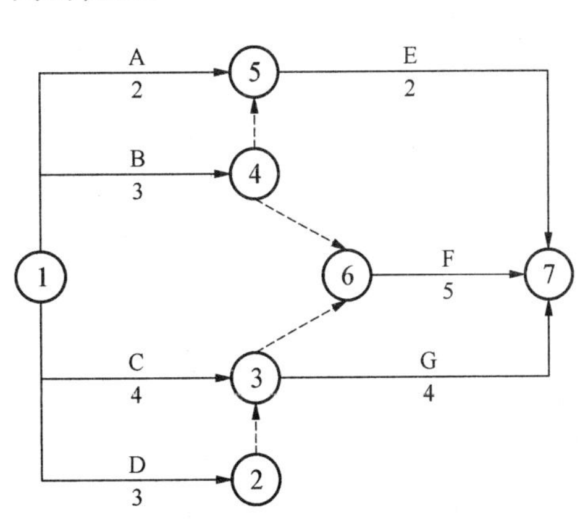

图 12-15　例 12-2 双代号网络图绘制

(6) 组织流水施工时的双代号网络图排列方法

当组织流水施工时，为使其双代号网络图更加清晰，且便于检查逻辑关系错误，经常采用有规律的排列方法，常用的方法有按施工段排列(图 12-16)和按施工过程排列。

【例 12-3】 某工程包括三个结构形式与建造规模完全一样的单体建筑，共由五个施工过程组成：土方开挖(Ⅰ)、基础施工(Ⅱ)、地上结构(Ⅲ)、二次砌筑(Ⅳ)、装饰装修(Ⅴ)。各施工过程完成每个单体工程的时间分别为 2 周、2 周、6 周、4 周、4 周。试绘制其双代号网络图。

【解】 (1) 分析各项工作的紧前工作和紧后工作；

(2) 根据分析得到的工作的紧前工作或紧后工作，绘制双代号网络图，如图 12-16 所示。

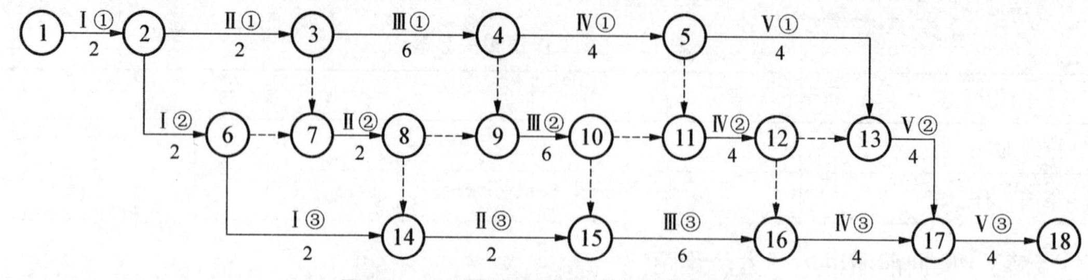

图 12-16　按施工段排列双代号网络图

➢ **注意**：当划分施工过程、划分施工段组织流水施工时，用双代号网络图表示，不论是按照施工过程排列，还是按照施工段排列，绘制都有一定规律：周边全是实箭线、水平中间实虚间、中间垂直虚不成串。

(1) 第一行、最后一行、第一列、最后一列全部都是实箭线(周边全是实箭线)；

(2) 水平中间行，由实箭线开始，实箭线和虚箭线相间隔，到实箭线结束(水平中间实、虚间)；

(3) 中间的竖箭线全是虚箭线，且会首尾相连(中间竖虚不成串)。

12.2.4　双代号网络图时间参数的计算

双代号网络图时间参数包括两个节点参数和六个工作参数，各时间参数名称、符号含义见表 12-3 所示。

表 12-3　双代号网络图时间参数

时间参数	符号	含义	计算原理	计算公式
节点最早时间	ET_i	节点 i 的最早时间等于以该节点为开始节点的工作的最早开始时间	等于其紧前节点最早时间与其紧前工作持续时间之和的最大值	$ET_i = \max(ET_h + D_{h-i})$
节点最迟时间	LT_i	节点 i 的最迟时间等于以该节点为结束节点的工作最迟完成时间	等于其紧后节点最迟时间与紧后工作持续时间之差的最小值	$LT_i = \min(LT_j - D_{i-j})$
工作最早可能开始时间	ES_{i-j}	指各紧前工作全部完成后本工作有可能开始的最早时刻	工作最早开始时间等于其各紧前工作最早完成时间的最大值	$ES_{i-j} = \max(EF_{h-i}) = \max(ES_{h-i} + D_{h-i})$
工作最早可能完成时间	EF_{i-j}	指各紧前工作全部完成后本工作有可能完成的最早时刻	工作最早完成时间等于其最早开始时间与其持续时间之和	$EF_{i-j} = ES_{i-j} + D_{i-j}$
工作最迟必须完成时间	LF_{i-j}	指各工作在不影响工期前提下最迟必须完成的时刻	工作最迟必须完成时间等于其紧后工作最迟开始时间的最小值	$LF_{i-j} = \min(LS_{j-k}) = \min(LF_{j-k} - D_{j-k})$

续表

时间参数	符号	含义	计算原理	计算公式
工作最迟必须开始时间	LS_{i-j}	指各工作在不影响工期前提下最迟必须开始的时刻	工作最迟开始时间等于其最迟完成时间与其持续时间之差	$LS_{i-j}=LF_{i-j}-D_{i-j}$
工作总时差	TF_{i-j}	该工作在不影响总工期前提下具有的机动时间	工作总时差等于其最迟开始（或完成）时间与最早开始（或完成）时间之差	$TF_{i-j}=LS_{i-j}-ES_{i-j}$ $=LF_{i-j}-EF_{i-j}$ $=LT_j-ET_i-D_{i-j}$
工作自由时差	FF_{i-j}	该工作在不影响紧后工作按最早时间开始前提下具有的机动时间	工作自由时差等于其紧后工作最早开始时间的最小值与本工作最早完成时间之差	$FF_{i-j}=\min(ES_{j-k})-EF_{i-j}$ $=\min(ES_{j-k})-ES_{i-j}-D_{i-j}$ $=ET_j-ET_i-D_{i-j}$

时间参数的计算方法有分析法、图上计算法、矩阵法、列表计算法、电算法等，本书主要介绍图上计算法。图上计算法即将时间参数计算结果直接标注于原网络图上，如图 12－18 所示。

1. 工作的最早开始时间（*ES*）、最早完成时间（*EF*）计算

（1）根据工作最早开始时间和最早完成时间的含义，其计算应从没有紧前工作的开始工作算起，顺箭头向后计算。

① 先令 $ES_{开始}=0$，则用公式 $EF_{i-j}=ES_{i-j}+D_{i-j}$ 可以计算得到其最早完成时间。

② 顺箭头依次向后计算其他工作的最早开始和最早完成时间，计算公式：

$$ES_{i-j}=\max(EF_{h-i})=\max(ES_{h-i}+D_{h-i}) \tag{12-1}$$

$$EF_{i-j}=ES_{i-j}+D_{i-j}。 \tag{12-2}$$

③ 当最后一项工作的最早完成时间计算完成后，得出工程的计算工期，计算工期等于所有以最后一个节点为结束节点的工作最早完成时间的最大值，即：

$$T_c=\max(EF_{结束}) \tag{12-3}$$

【例 12－4】　计算图 12－17 所示中各工作的最早开始时间 ES_{i-j}、最早完成时间 EF_{i-j}。

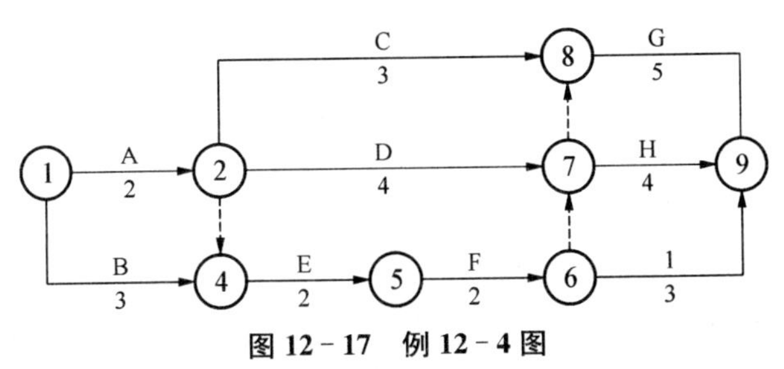

图 12－17　例 12－4 图

【解】　（1）令 $ES_{开始}=0$，$ES_A=ES_B=0$，由 $EF_{i-j}=Es_{i-j}+D_{i-j}$，$EF_A=ES_A+D_A=$

$0+2=2$,

$$EF_B=ES_B+D_B=0+3=3。$$

(2) 工作 C 和 D 只有一项紧前工作 A,$ES_C=EF_A=2$,$EF_C=ES_C+D_C=2+3=5$。

$$ES_D=EF_A=2,EF_D=ES_D+D_D=2+4=6。$$

(3) E 工作有两项紧前工作 A 和 B,$ES_E=\max(EF_A,EF_B)=\max(2,3)=3$,

$$EF_E=ES_E+D_E=2+3=5。$$

同理,顺箭线方向依次计算:

$EF_E=ES_F=5,EF_F=ES_F+D_F=5+2=7$,

$EF_F=ES_I=7,EF_I=ES_I+D_I=7+3=10$,

$ES_H=\max(EF_A,EF_F)=\max(6,7)=7,EF_H=ES_H+D_H=7+4=11$,

$ES_G=\max(EF_C,EF_D,EF_F)=\max(5,6,7)=7,EF_G=ES_G+D_G=7+5=12$。

(4) 全部工作最早开始时间和最早完成时间计算完成后,得出计算工期

$TC=\max(EF_{结束})=\max(EF_C,EF_D,EF_F)=\max(10,11,12)=12$

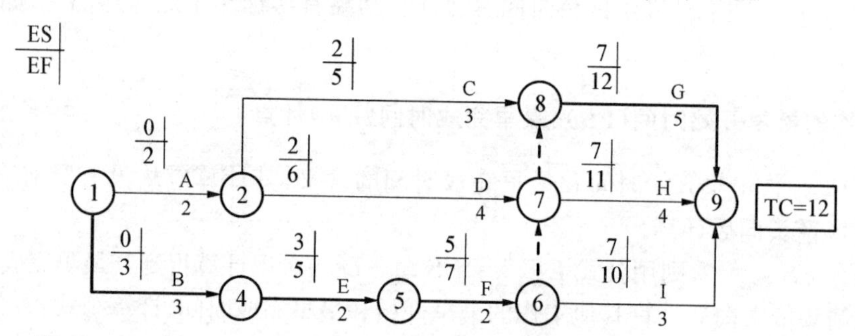

图 12-18　例 12-4 网络图最早开始时间 *ES*、最早完成时间 *EF* 计算结果

计算结果标注于图上,如图 12-18 所示。

(2) 工作的最迟开始时间(LS)、最迟完成时间(LF)计算。计算工作最迟时间从终点节点开始,逆箭线方向进行。

① 确定工期。工作最迟时间的含义是指工作在不影响工期的前提下,最迟必须完成和开始的时间,故计算最迟完成时间和最迟开始时间之前要先确定工期。工程工期有以下3种:

计算工期(T_C):是根据具备开工条件下各工作按最早时间开始和完成计算得到的。

要求工期(T_r):即施工合同中分包方要求的工期。

计划工期(T_p):即进度计划的工期,是施工方根据工期目标分解得到的本工程的具体目标工期,应使 $T_p<T_r$。当计算得到的计算工期大于要求工期时,应进行计划优化或调整。

三种工期的关系应符合 $T_c<T_p<T_r$,当无明确要求工期时,可令 $T_c=T_p=T_r$。

② 先令 $LF_{结束}=T$,即以最后一个节点为结束节点的工作的最迟完成时间应等于工期。

③ 逆箭线依次向前计算,各工作最迟必须完成时间等于其紧后工作最迟开始时间的最小值。计算公式:

$$LF_{i-j}=\min(LS_{j-k})=\min(LF_{j-k}-D_{j-k}) \tag{12-4}$$

$$LS_{j-k}=LF_{j-k}-D_{j-k} \tag{12-5}$$

【例 12－5】 计算如 12－17 图中各工作最迟完成时间 LF_{I-J} 和最迟开始时间 LS_{I-J}。

【解】 (1) 令 $LF_{结束}=T$，则

$LF_G=T=12, LS_G=LF_G-D_G=12-5=7$，

$LF_H=T=12, LS_H=LF_H-D_H=12-4=8$，

$LF_I=T=12, LS_I=LF_I-D_I=12-3=9$。

(2) 逆箭线向前计算，则

$LF_C=LS_G=7, LS_C=LF_C-D_C=7-3=4$，

$LF_D=\min(LS_G, LS_H)=\min(7,8)=7, LS_D=LF_D-D_D=7-4=3$，

$LF_F=\min(LS_I, LS_G, LS_H)=\min(7,8,9)=7, LS_F=LF_F-D_F=7-2=5$，

$LF_E=LS_F=5, LS_F=LF_F-D_F=7-2=5$，

$LF_A=\min(LS_C, LS_D, LS_E)=\min(4,3,3)=3, LS_A=LF_A-D_A=3-2=1$，

$LF_B=LS_E=3, LS_B=LS_B-D_B=3-3=0$。

计算结果标注于相应如 12－19 图上。

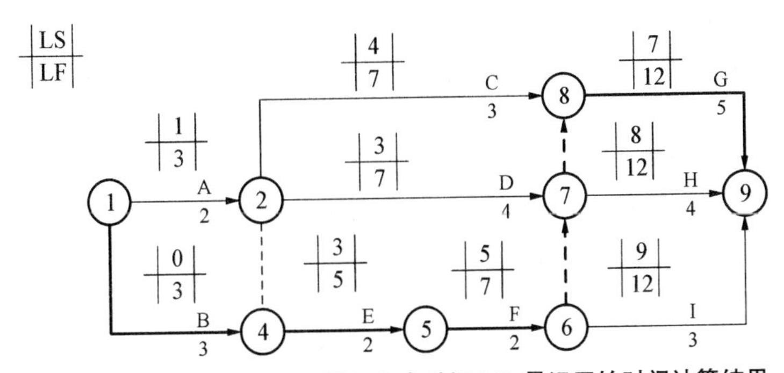

图 12－19　例 12－5 网络图最迟完成时间 ***LF***、最迟开始时间计算结果

(3) 计算工作的总时差(TF_{i-j})和自由时差(FF_{i-j})。

① 计算总时差。工作总时差是该工作在不影响总工期前提下具有的机动时间，等于其最迟开始(或者完成)时间与最早开始(或者完成)时间之差。计算公式如下：

$$\begin{aligned} TF_{i-j} &= LS_{i-j}-ES_{i-j}=LF_{i-j}-EF_{i-j} \\ &= LT_j-ET_i-D_{i-j} \end{aligned} \tag{12-6}$$

② 计算自由时差。自由时差是该工作在不影响紧后工作按最早时间开始前提下具有的机动时间。工作自由时差等于其紧后工作最早开始时间的最小值与本工作最早完成时间之差。计算公式如下：

$$\begin{aligned} FF_{i-j} &= \min(ES_{j-k})-EF_{i-j}=\min(ES_{j-k})-ES_{i-j}-D_{i-j} \\ &= ET_j-ET_i-D_{i-j} \end{aligned} \tag{12-7}$$

最后结束的工作(没有紧后工作的工作)，其自由时差等于工期与本工作最早完成时间的差，即：

$$FF_{i-n}=T-EF_{i-n} \tag{12-8}$$

【例 12-6】 计算图 12-17 中各工作的总时差和自由时差。

【解】

工作总时差计算：

$TF_A = LS_A - ES_A = LF_A - EF_A = 1 - 0 = 3 - 2 = 1$,

$TF_B = LS_B - ES_B = LF_B - EF_B = 0 - 0 = 3 - 3 = 0$,

$TF_C = LS_C - ES_C = LF_C - EF_C = 4 - 2 = 7 - 5 = 2$,

$TF_D = LS_D - ES_D = LF_D - EF_D = 3 - 2 = 7 - 6 = 1$,

$TF_E = LS_E - ES_E = LF_E - EF_E = 3 - 3 = 5 - 5 = 0$,

$TF_F = LS_F - ES_F = LF_F - EF_F = 5 - 5 = 7 - 7 = 0$,

$TF_G = LS_G - ES_G = LF_G - EF_G = 7 - 7 = 12 - 12 = 0$,

$TF_H = LS_H - ES_H = LF_H - EF_H = 8 - 7 = 12 - 11 = 1$,

$TF_I = LS_I - ES_I = LF_I - EF_I = 9 - 7 = 12 - 10 = 2$。

工作自由时差计算：

$FF_A = \min(ES_C, ES_D, ES_E) - EF_D = \min(2, 2, 3) - 2 = 0$,

$FF_B = ES_K - EF_B = 3 - 3 = 0$,

$FF_C = ES_G - EF_C = 7 - 5 = 2$,

$FF_D = \min(ES_G, ES_G) - EF_D = \min(7, 7) - 6 = 1$,

$FF_E = ES_F - EF_E = 5 - 5 = 0$,

$FF_F = \min(ES_I, ES_G, ES_H) - EF_F = \min(7, 7, 7) - 7 = 0$,

$FF_G = T - EF_G = 12 - 12 = 0$,

$FF_H = T - EF_H = 12 - 11 = 1$,

$FF_I = T - EF_I = 12 - 10 = 2$。

计算结果标注于相应如 12-20 图上。

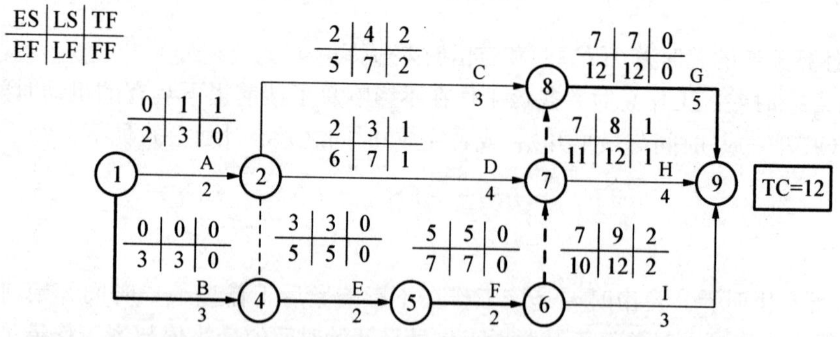

图 12-20 例 12-6 总时差和自由时差计算结果（同时列出 *ES*、*EF*、*LS*、*LF*）

③ 总时差与自由时差的联系与区别：若工作总时差等于 0，其自由时差必定等于 0；总时差不属于本工作独立占有，为一条线路所共有；自由时差是该工作独立占有的；如果某项工作的拖延超过其总时差，则会使工期拖延；如果某项工作的拖延超过了其自由时差但没超过总时差，则只会影响其紧后工作的最早开始时间，不会使工期拖延。

(4) 找出关键工作和关键线路。总时差最小的工作为关键工作，当计算工期等于计划工期时，总时差为 0 的工作为关键工作。

关键工作组成的线路为关键线路。关键线路在网络图中至少存在一条。关键线路在图中用双箭线、彩色箭线或加粗箭线突出表示如图 12－20 所示，见图 12－22 所示。

2. 节点时间参数的计算

节点在双代号网络图中的含义是工作开始或结束的瞬间，节点参数在进度计划应用中实际意义不明显，需将节点参数转化成工作参数才具备实际意义。但用图上计算法计算节点参数往往比计算工作参数简便，标注也简洁。当需要用间接绘制法绘制时标网络图时，计算节点参数是比较适合的。

(1) 节点的最早可能开始时间 *ET*

① 定义：节点的最早时间表示以该节点为开始节点的工作的最早可能开始时间，即该节点后的工作可以开工的最早时间。也表示该节点的紧前工作已全部完工。

② 计算方法：从开始节点起，先令开始节点的最早时间为零，即 $ET_1=0$，然后顺箭线方向，依次向后计算，直至结束节点。计算公式为：

$ET_j=\max(ET_i+D_{i-j})$（只看内向箭线）；

口诀：从前往右后，顺线（只加内向箭线）累加，取最大值。

③ 规定：开始节点最早可能开始时间为零，即 $ET_1=0$。

【例 12－7】　计算图 12－21 的节点参数 ET_i 并将计算结果标注于图标所示相应位置。

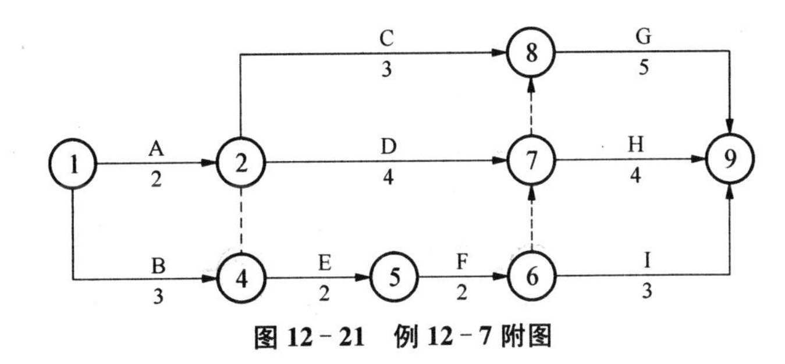

图 12－21　例 12－7 附图

【解】　(1) 令工程的开始节点①节点的最早时间为 0，即 $ET_1=0$。

(2) ②节点紧前节点为①，$ET_2=\max(ET_1+D_{1-2})=0+2=2$。

(3) ④节点紧前节点有两个：②和③，

$ET_4=\max[(ET_1+D_{1-4}),(ET_2+D_{1-2})]=\max[(2+0),(0+3)]=3$。

(4) ⑤节点紧前节点是④，$ET_5=ET_4+D_{4-5}=3+2=5$。

(5) ⑥⑨节点紧前节点是⑤，$ET_6=ET_5+D_{5-6}=5+2=7$。

(6) ⑦节点紧前节点⑥和②，

$ET_7=\max[(ET_6+D_{6-7}),(ET_2+D_{2-7})]=\max[(7+0),(2+4)]=7$。

(7) ⑧节点紧前节点有⑦和②，

$ET_8=\max[(ET_2+D_{2-8}),(ET_7+D_{7-8})]=\max[(2+3),(7+0)]=7$。

(8) ⑨节点紧前节点有⑥⑦⑧，

$ET_9=\max[(ET_6+D_{6-9}),(ET_7+D_{7-9}),(ET_8+D_{8-9})]=\max[(7+3),(7+4),(7+5)]=12$，

$T_C=ET_n=12$。

计算结果如图 12－22 所示。

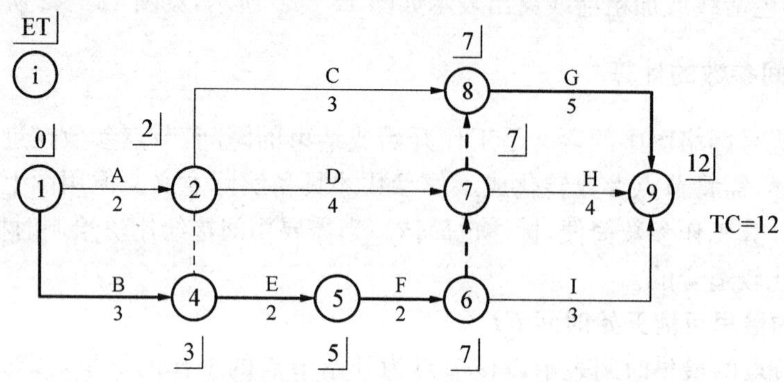

图 12－22　例 12－7 最早可能开始时间 *ET* 计算结果

（2）节点的最迟时间 LT_i

① 定义：节点 i 的最迟时间 LT_i 的含义是以该节点为结束节点的工作最迟完成时间。计算公式如(12－9)；

② 计算方法：从结束节点开始，先令开始结束节点的最迟时间等于结束节点的最早时间，等于计划的总工期，即 $ET_n=LT_n=T_C=T$。然后逆箭线方向从后往前依次计算每一个节点，直至开始节点。计算公式如下：

$$LT_i=\min(LT_j-D_{i-j}) \tag{12-9}$$

式中：LT_i——i 节点的最迟时间；

LT_j——j 节点最迟时间；

D_{i-j}——$i-j$ 工作的工期。

规则：从后往前（只看外向箭线，包括虚箭线），逆线递减，取最小值。

【例 12－8】　计算图 12－21 中各节点的最迟时间 LT_i。

【解】　计算如下。

(1) ⑨节点是最后节点，令 $LT_9=T$。

(2) ⑧节点紧后节点是⑨，

$LT_8=LT_9-D_{8-9}=12-5=7$。

(3) ⑦节点紧后节点有⑧和⑨，

$LT_7=\min[(LT_8-D_{7-8}),(LT_9-D_{8-9})]=\min[(7-0),(12-4)]=7$。

(4) ⑥节点紧后节点有⑦⑨，

$LT_6=\min[(LT_7-D_{6-7}),(LT_9-D_{6-9})]=\min[(7-0),(12-3)]=7$。

(5) ⑤节点紧后节点只有⑥，

$LT_5=LT_6-D_{5-6}=7-2=5$。

(6) ④节点紧后节点只有⑤，

$LT_4=LT_5-D_{4-6}=5-2=3$。

(7) ②节点紧后节点有④⑦⑧，

$LT_2=\min[(LT_4-D_{2-4}),(LT_7-D_{2-7}),(LT_8-D_{2-8})]=\min[(3-0),(7-4),(7-3)]=3$。

(8) ①节点紧后节点有②④，

$LT_1=\min[(LT_2-D_{1-2}),(LT_4-D_{1-4})]=\min[(3-2),(3-3)]=0$。

计算结果如图 12－23 图中。

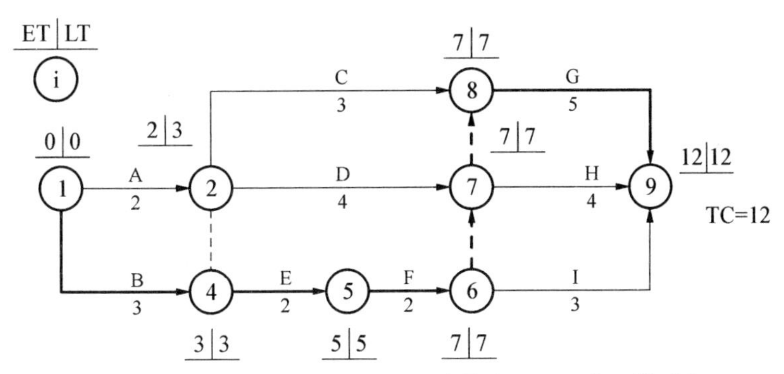

图 12－23　例 12－8 最迟时间 *LT* 计算结果(*ET* 也一并列出)

12.3　双代号时标网络计划

12.3.1　时间坐标网络计划的概念

在一般网络计划中，工作的持续时间在箭线下方标出，各项工作的开始时间和结束时间不能直接看出来，一般网络计划不能直观反映整个计划的时间进程。

时间坐标网络计划，简称时标网络计划，是在一般网络计划的上方或下方增加一个时间坐标，箭线的长短表示该工作的工期，是网络计划的另一种表达形式。它克服了一般网络计划不够形象直观的缺点，同时，用时标网络计划能便于用前锋线对工程进度计划进行检查和控制(感兴趣的读者可以参考其他施工组织资料，本教材不做介绍)。

12.3.2　时间坐标网络计划的绘制

时间坐标网络计划图可以按节点(或工作)最早时间、节点(或工作)最迟时间绘制。本书只介绍按节点最早时间(或工作最早开始时间)绘制。绘制方法有直接绘制法和间接绘制法。

1. 直接绘制法

根据工作之间的逻辑关系直接在时间坐标上绘制时标网络图，示例如图 12－24 所示。具体绘制要点有：

(1) 节点中心画在时间刻度线上，箭线长短与时间成比例。

(2) 工作的开始节点必须在其前面的全部紧前工作都画出后，定位在这些工作最早完成时间的最大值的刻度上。

(3) 当某项工作的箭线长短不足以到达其完成节点时，用波形线补足。

(4) 虚箭线出现时间跨度时，其垂直部分画成虚线，水平部分画成波形线。

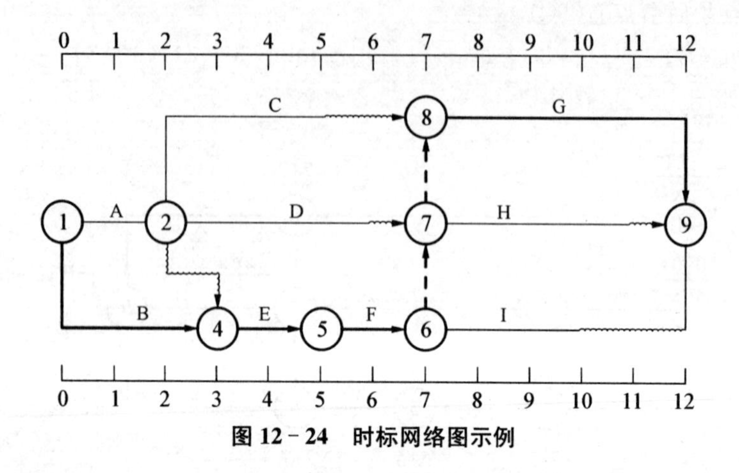

图 12－24　时标网络图示例

2. 间接绘制法

以图 12－24 为例，间接绘制法的具体步骤如下：

(1) 计算各节点的时间参数，并找出关键线路；

(2) 作出时间坐标；

(3) 按节点最早时间把各节点画在时间坐标中相应位置；

(4) 按节点最早时间标画工作箭线，先标画关键线路上的关键工作，再标画非关键线路上的工作，标画时应注意以下几点：

① 工作用实箭线表示，箭线的水平投影长度表示工作持续时间的长短；

② 虚工作仍用虚箭线表示，当虚箭线有水平跨度时，其水平段应画成波形线，垂直画成虚线；

③ 机动时间(时差)用波形线表示。

按以上步骤画得图 12－24 的时标网络图。

总结：按节点最早时间标画的时间坐标网络图，可以直接得到各工作的自由时差。如图 12－26 所示，各工作箭线上的波形线投影长度，即各工作的自由时差。

12.3.3　时标网络计划的特点和应用

1. 时标网络计划的特点

(1) 时标网络图能直观地反映出整个计划的时间进程，效果与横道图接近；

(2) 按最早时间绘制的时标网络计划图能直接反映出各项工作的最早开始和最早完成时间，自由时差、计算工期及关键线路，在计划执行过程中，可以随时确定哪些工作应该已经完成，哪些工作正在进行及哪些工作将要开始，如果实际执行过程中偏离了计划，应及时调整；

(3) 时标网络计划图能清楚地表示出哪些工作可以平行进行，帮助材料员确定在同一时间内各种材料、机械等资源的大致需要量；

(4) 时标网络计划图的调整比较麻烦，当工期发生变化或资源供应有问题及其他原因而导致某些工作不能正常进行时，某些箭线的长度和节点的位置需要变动，往往会导致整个网络图发生变动。

2. 时标网络计划的应用

(1) 对于工作项目少或工艺过程较简单的施工进度计划，利用时标网络计划图能迅速方便地边绘制、边计算、边调整。

(2) 对于大型复杂的工程，可以先用时标网络计划图的形式绘制各分部工程或分项工程的网络计划图，然后再综合起来绘制比较简单的总网络计划，即把每一个分部工程或分项工程的网络计划图看作是总网络计划图的一个工作(形成子网络图)。在执行过程中，如果有偏差，或其他原因等需要调整计划，只需调整子网络计划，而不必改动总网络计划。

(3) 在时间坐标的表示上，根据网络图的层次，时间的刻度每一小格可以是 1 天、1 周、1 个月、1 个季度或 1 年。在时间安排时，应考虑节假日和雨季期的影响，要留有调整余地。

12.3.4　时标网络图时间参数确定

1. 从时标网络图上直接读出的时间参数

按最早时间绘制的时标网络计划图能直接反映出各项工作的最早开始和最早完成时间，自由时差、计算工期：

① 各工作实箭线起点对应的时间刻度为工作最早开始时间，各工作实箭线终点对应的时间刻度是工作最早完成时间，终点节点对应的时间刻度是计算工期；

② 波形线长度是工作自由时差(特殊情况：当时标网络图上某项工作的紧后工作全部是虚箭线且都有波形线时，则其紧后虚箭线波形线的最小值为本工作的自由时差)；

③ 时标网络图中关键线路也可直接标出：从终点节点逆箭头方向向前找，一直不出现波形线的线路就是关键线路，关键线路上的工作是关键工作。

2. 时标网络图上需经推算得到的时间参数

时标网络图上各工作的总时差 TF_{i-j}、最迟开始时间 LS_{i-j}、最迟完成时间 LF_{i-j} 不能直接显示，需要经过推算得到。

(1) 工作总时差 TF_{i-j} 的推算：工作总时差 TF_{i-j} 从终点节点逆箭头方向从后向前推算，各工作的总时差等于其紧后工作总时差的最小值与本工作波形线长度之和，没有紧后工作的工作，其总时差等于自由时差。计算公式：

$$TF_{结束}=FF_{结束} \qquad TF_{i-j}=\min(TF_{j-k})+FF_{i-j}$$

(2) 工作最迟开始与最迟完成时间：

$$LS_{i-j}=ES_{i-j}+TF_{i-j}; \qquad LF_{i-j}=EF_{i-j}+TF_{i-j}$$

12.4　单代号网络计划

12.4.1　单代号网络计划图的绘制与计算

1. 单代号网络计划图的构成

单代号网络图与双代号网络图一样，也由三要素组成，但含义却不同。

（1）节点。单代号网络图中的节点可以用圆圈或方框表示，一个节点表示一项工作。工作的名称（或代号）、持续时间和节点编号一般都标注在圆圈内。

计算所得的时间参数一般标注在节点的两侧，如图 12－25 所示。

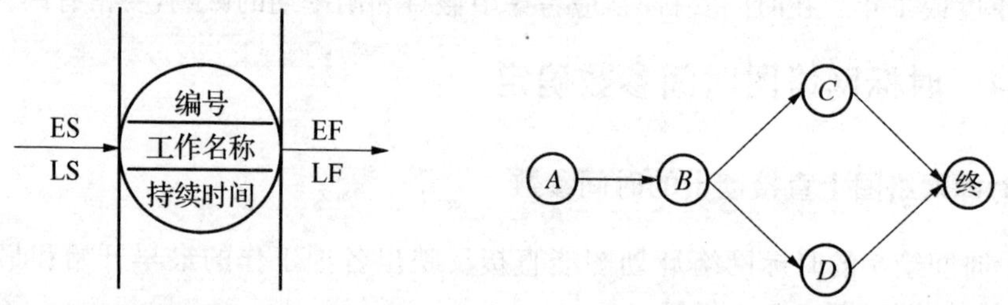

图 12－25　单代号网络图表示方法　　图 12－26　单代号网络图

（2）箭线。在单代号网络计划图中，箭线表示工作之间的相互关系，它既不消耗时间也不消耗资源。单代号网络计划图中不用虚箭线，箭线的箭头方向表示工作的前进方向。如图 12－26 中，A 为 B 的紧前工作，B 为 C、D 的紧前工作，C、D 工作同时结束。

（3）线路。由起点节点顺箭头方向到终点节点所形成的若干条通道。

2. 单代号网络计划图的绘制

单代号网络计划图与双代号网络计划图的区别仅在于绘图的符号所表示的意义不同。单代号网络计划图的绘制规则与双代号网络图基本相同，单代号网络计划图的绘制过程与双代号网络计划图的绘制过程一样，也是先将工程任务分解成若干项具体的工作，然后确定这些工作之间的相互关系，以及各项工作的持续时间。

【例 12－9】　绘出表 12－4 工作关系的单代号网络计划图。

表 12－4　工作逻辑关系

工作	A	B	C	D	E	F	G	H	I
紧后工作	C、D、E、F	E、F	G	H	H	I	—	—	—

【解】　根据上述逻辑关系绘制的单代号网络图如图 12－27 所示。

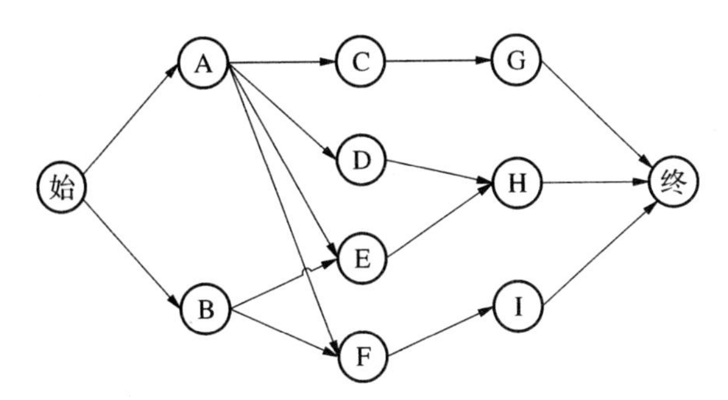

图 12-27　代号网络图绘制示例

3. 单代号网络图特点

（1）单代号网络图的绘制比较简单，其各项工作之间的相互关系容易表达；

（2）单代号网络图的绘制不用虚箭线，便于检查和修改；

（3）需要常用"暗桥法"解决交叉问题；

（4）由于单代号网络图箭线不代表工作，无法与时间成比例，所以不能改画成时标网络图；

（5）当存在多项没有紧前工作的开始工作或没有紧后工作的结束工作时，为了保证网络图只有一个开始节点和一个结束节点，应增设虚拟起点节点或虚拟结束节点。

4. 单代号网络计划图的各种时间参数计算

【例 12-10】　计算图 12-28 所示的单代号网络计划图的各种时间参数，并确定关键线路。

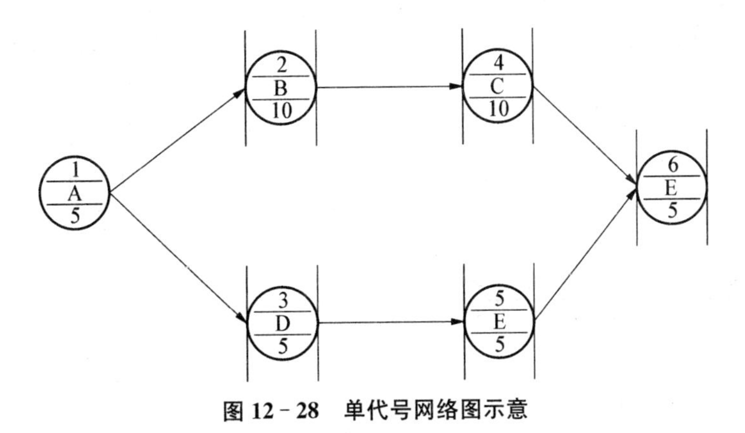

图 12-28　单代号网络图示意

【解】　计算结果标注于图 12-31 上相应位置。

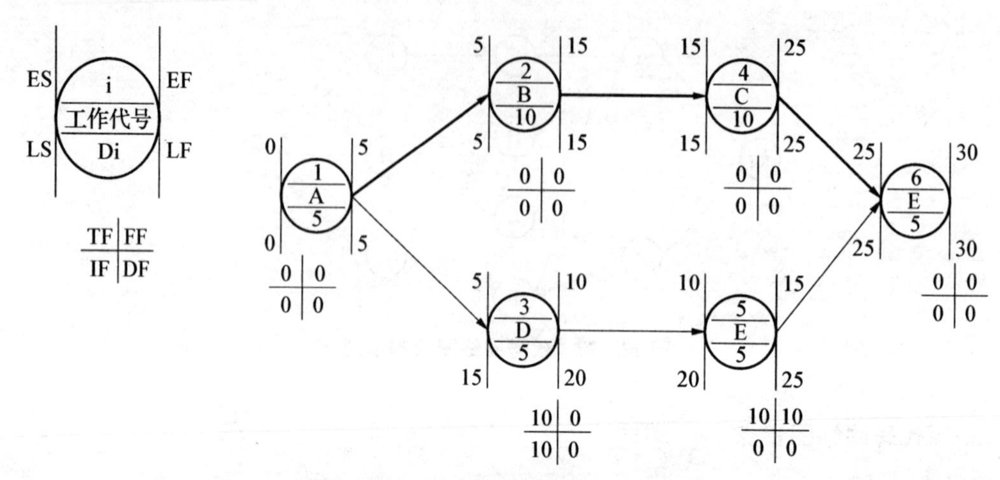

图 12-29　单代号网络图时间参数计算

关键线路为①—②—④—⑥，在单代号网络计划图中，总时差为零的工作为关键工作，由关键工作组成的自始至终的线路为关键线路。

12.4.2　单代号搭接网络计划

在一般的网络计划(单代号或双代号)中，工作之间的关系只能表示成依次衔接的关系，即任何一项工作都必须在它的紧前工作全部结束后才能开始。但是在实际施工过程中，有时为了缩短工期，许多工作需要采取平行搭接的方式进行。对于这种情况，如果用双代号网络图来表示这种搭接关系，使用起来将非常不方便，需要增加很多工作数量和虚箭线。不仅会增加绘图和计算的工作量，而且还会使图面复杂，不易看懂和控制。这时用单代号搭接网络图就比较方便。例如，现浇钢筋混凝土柱的支模、绑扎钢筋和浇筑混凝土三个施工过程之间的关系分别用单代号网络图和双代号搭接网络图表示，如图 12-30、图 12-31 所示。

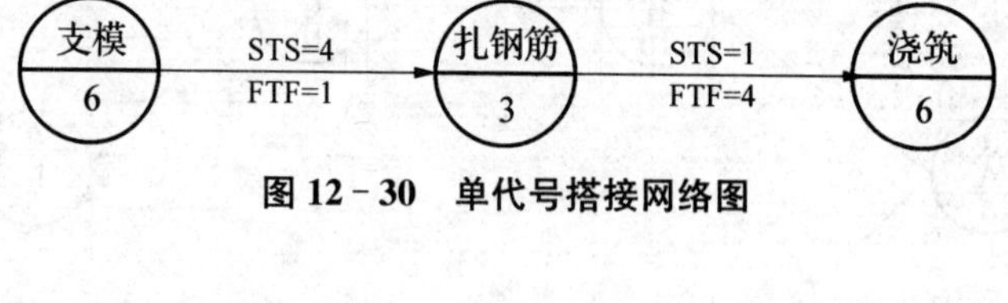

图 12-30　单代号搭接网络图

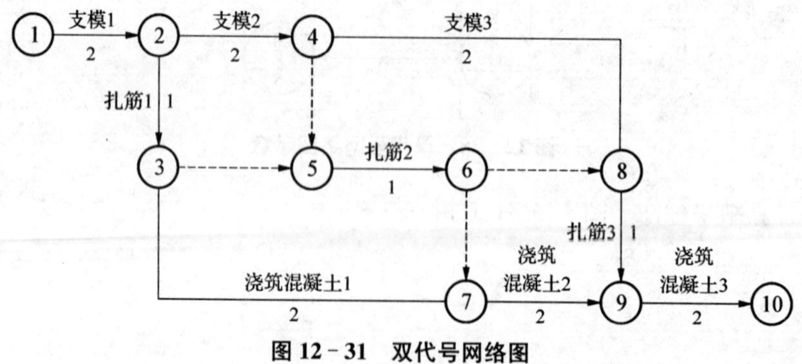

图 12-31　双代号网络图

1. 单代号网络图搭接关系的种类及表达方式

单代号网络计划的搭接关系主要是通过两项工作之间的时距来表示的，时距表示时间的重叠和间歇，时距的产生和大小取决于工艺的要求和施工组织上的需要。表示搭接关系的时距有五种，分别是 STS（开始到开始）、STF（开始到结束）、FTS（结束到开始）、FTF（结束到结束）和混合搭接关系。

(1) *FTS*（结束到开始）关系。结束到开始关系是通过前项工作结束到后项工作开始之间的时距（FTS）来表达的，如图 12－32 所示。

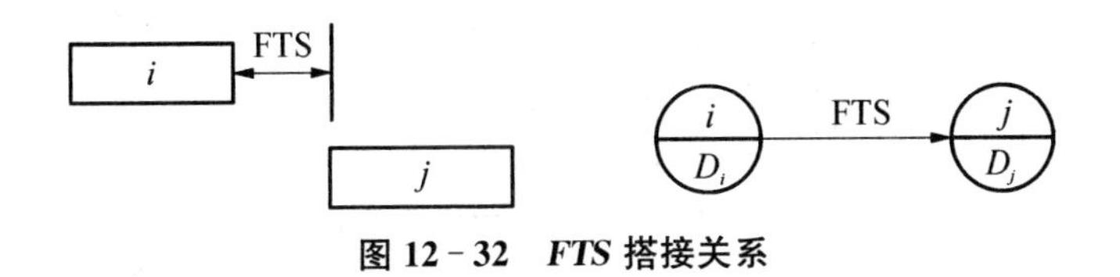

图 12－32　*FTS* 搭接关系

FTS 搭接关系的时间参数计算式为：

$$ES_j = EF_i + FTS_{i-j} = ES_i + D_i + FTS_{i-j} \tag{12-10}$$

当 $FTS=0$ 时，则表示两项工作之间没有时距，即为普通网络图中的逻辑关系。

(2) *STS*（开始到开始）关系

开始到开始关系是通过前项工作开始到后项工作开始之间的时距（STS）来表达的，表示在 i 工作开始经过一个规定的时距（STS）后，j 工作才能开始进行，如图 12－33 所示。

STS 搭接关系的时间参数计算式为：

$$ES_j = ES_i + STS_{i-j}; \tag{12-11}$$

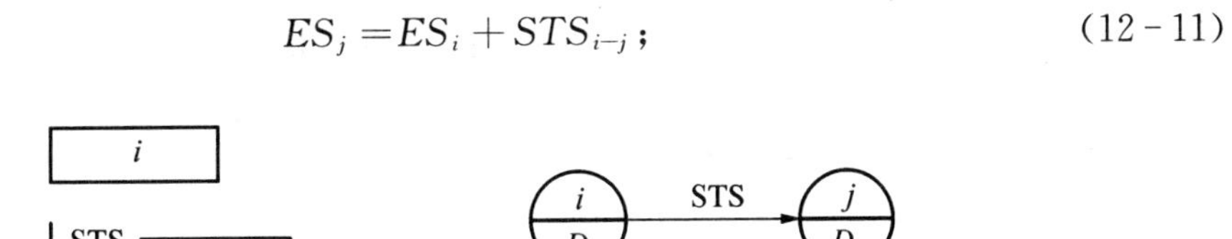

图 12－33　*STS* 搭接关系

(3) *FTF*（结束到结束）关系

结束到结束关系是通过前项工作结束到后项工作结束之间的时距（FTF）来表达的，表示在 i 工作结束（FTF）后，j 工作才可结束，如图 12－34 所示。

FTF 搭接关系的时间参数计算式为：

$$EF_j = EF_i + FTF_{i-j} = ES_i + D_i + FTF_{i-j},$$

或

$$ES_j = EF_j - D_j = EF_i + FTF_{i-j} - D_j \tag{12-12}$$

(4) *STF*（开始到结束）关系

开始到结束关系是通过前项工作开始到后项工作结束之间的时距（STF）来表达的，它表示 i 工作开始一段时间（STF）后，j 工作才可结束，如图 12－35 所示。

STF 搭接关系的时间参数计算式为：

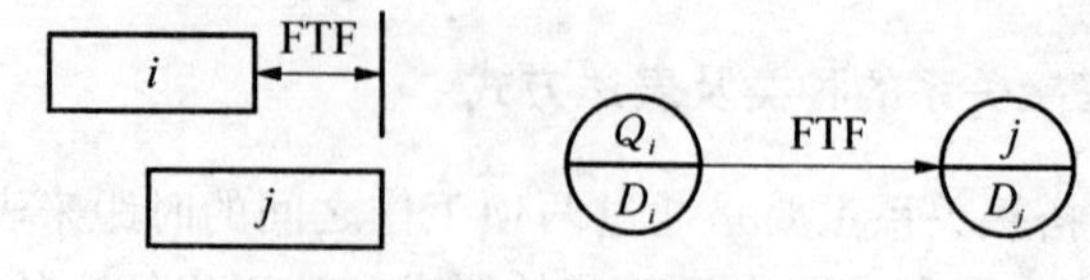

图 12-34 *FTF* 搭接关系

$$EF_j = ES_i + STF_{i-j} \quad \text{或} \quad ES_j = EF_j - D_j = ES_i + STF_{i-j} - D_j; \quad (12-13)$$

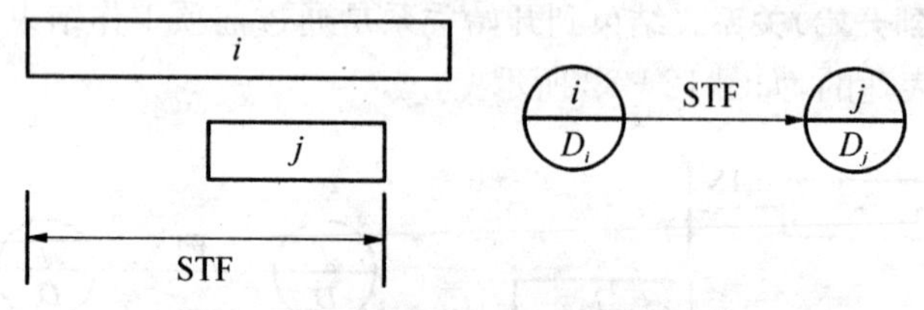

图 12-35 *STF* 搭接关系

(5) 混合搭接关系

在搭接网络计划中,除上述四种基本搭接关系外,相邻两项工作之间有时还会同时出现两种以上的基本搭接关系,称之为混合搭接关系,如图 12-36 所示。

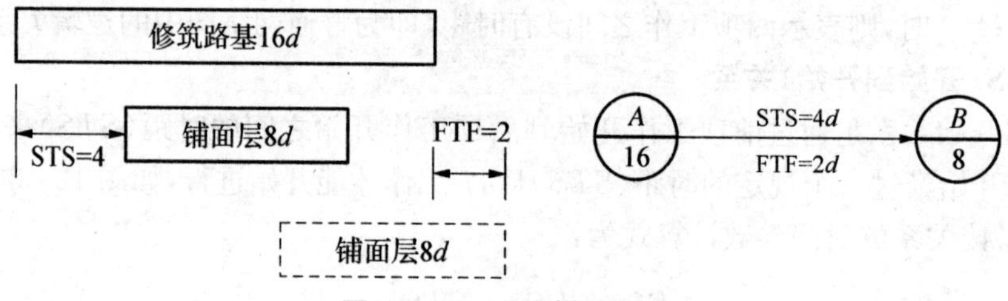

图 12-36 混合搭接关系

2. 搭接网络计划时间参数的计算

单代号搭接网络计划时间参数的计算与前述单代号网络计划和双代号网络计划时间参数的计算原理基本相同。

(1) 计算工作的最早开始时间和最早完成时间

工作最早开始时间和最早完成时间的计算应从网络计划的起点节点开始,顺着箭线方向依次进行。

① 令起点节点的最早开始时间为 0,即 $ES_s = 0$,若单代号搭接网络计划中的起点节点是表虚拟工作,则其最早开始时间和最早完成时间均为零,即 $ES_s = EF_s = 0$。

② 凡是与网络计划虚拟起点节点相联系的工作,其最早开始时间为零,即 $ES_1 = 0$。

③ 凡是与网络计划虚拟起点节点相联系的工作,其最早完成时间应等于其最早开始时间与持续时间之和。

④ 其他工作的最早开始时间和最早完成时间应根据时距按前述公式(12-7)~(12-10)计算。

⑤ 终点节点所代表的工作,其最早开始时间按理应等于该工作紧前工作最早完成时间的最大值。

(2) 计算工作时差。搭接网络计划同前述简单的网络计划一样，工作时差也分为总时差和自由时差。

① 工作的总时差。搭接网络计划中工作的总时差可用公式(12-14)～(12-16)计算。

$$TF_n = T_P - T_C \tag{12-14}$$

$$TF_i = \min(LAG_{i-j} + TF_j) \tag{12-15}$$

式中：LAG_{i-j}——工作 i 与 j 之间的时间间隔。

$$LAG_{i-j} = ES_j - EF_i \tag{12-16}$$

但在计算出总时差后，需要根据公式 $LF_i = EF_i + TF_i$ 判别该工作的最迟完成时间是否超出计划工期。

② 工作的自由时差。搭接网络计划中工作的自由时差用下列公式计算：

$$EF_n = T_P - EF_n \tag{12-17}$$

$$FF_i = \min(LAG_{i-j}) \tag{12-18}$$

(3) 计算工作的最迟完成时间和最迟开始时间。工作的最迟完成时间和最迟开始时间可以用公式(12-7)和(12-8)计算。

$$LF_i = EF_i + TF_i \tag{12-19}$$

$$LS_i = ES_i + TF_i \tag{12-20}$$

(4) 确定根据线路。同前述简单的单代号网络计划一样，可以利用相邻两项工作之间的时间间隔来判断关键线路。即从搭接网络计划的终点节点开始，逆箭线方向，依次找出相邻两项工作之间时间间隔为零的线路就是关键线路。关键线路上的工作即为关键工作，关键工作的总时差最小。

【例 12-11】 单代号搭接网络图时间参数计算。

单代号搭接网络图时间参数计算见图 12-37 所示。

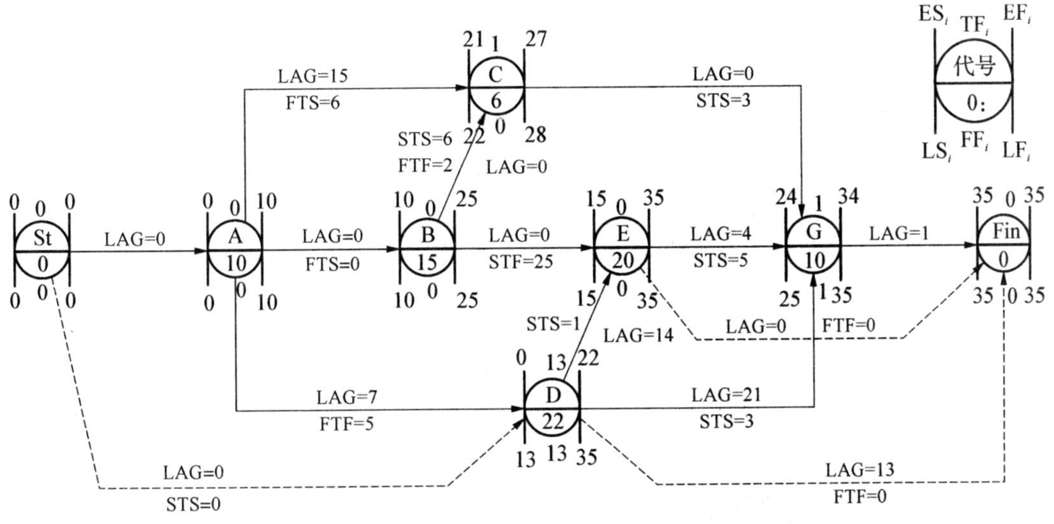

图 12-37　单代号搭接网络图时间参数计算结果示意

【注:】由于在搭接网络计划中,终点节点一般都表示虚拟工作(其持续时间为零),故其最早完成时间与最早开始时间相等,且一般为网络计划的计算工期。但是,由于在搭接网络计划中,决定工期的工作不一定是最后进行的工作,因此,在用上述方法完成计算之后,还应检查网络计划中其他工作的最早完成时间是否超过已算出的计算工期。如其他工作的最早完成时间超过已算出的计算工期,应由其他工作的最早完成时间决定。同时,应将该工作与虚拟工作(终点节点)用虚箭线相连。

12.5 网络计划的优化

网络计划的优化是指利用时差不断地改善网络计划的最初方案,在满足既定目标的条件下,按某一衡量指标来寻求最优方案,对网络计划进行不断调整,直到寻找出满意结果为止的过程。

网络计划优化的目标一般包括工期目标、费用目标和资源目标。根据既定目标网络计划优化的内容分为工期优化、费用优化和资源优化三个方面。

12.5.1 工期优化

1. 工期优化的概念

工期优化就是通过压缩计算工期,以达到既定工期目标,或在一定约束条件下,使工期最短的过程。

工期优化一般是通过压缩关键线路的持续时间来满足工期要求的。在优化过程中要注意不能将关键线路压缩成非关键线路,当出现多条关键线路时,必须将各条关键线路的持续时间压缩同一数值。

2. 工期优化的步骤与方法

(1) 找出关键线路,求出计算工期。

(2) 按要求工期计算应缩短的时间。

(3) 选择被压缩的关键工作,在确定优先压缩的关键工作时,应考虑以下因素:

① 缩短持续时间对工程质量和施工安全影响不大的工作;

② 有充足储备资源的工作;

③ 缩短持续时间所需增加的费用最少的工作。

(4) 将应优先缩短的工作缩短至最短持续时间,并找出关键线路,若被压缩的工作变成了非关键工作,则应将其持续时间适当延长至刚好恢复为关键工作。

(5) 重复上述过程直至满足工期要求或工期无法再缩短为止。

当采用上述步骤和方法后,工期仍不能缩短至要求工期则应采用加快施工的技术、组织措施来调整原施工方案,重新编制进度计划。如果属于工期要求不合理,无法满足时,应重新确定要求的工期目标。

【例 12-12】 已知网络计划如图 12-38 所示,箭线下方括号外为正常持续时间,括号内为最短工作时间,假定计划工期为 100 天,根据实际情况和选择被压缩工作应考虑的因素，缩短顺序依次为 B、C、D、E、G、H、I、A，试对该网络计划进行工期优化。

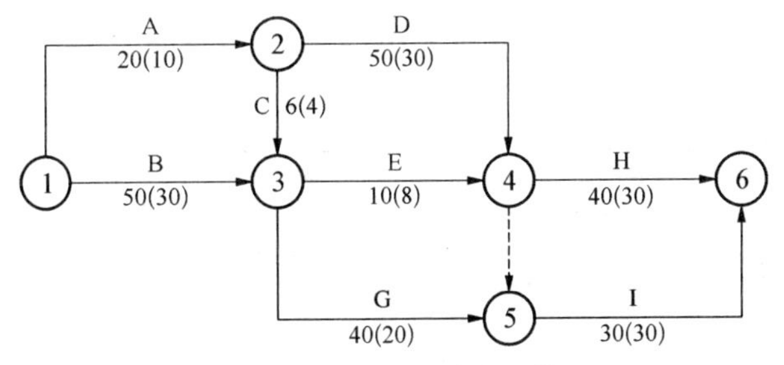

图 12－38　待工期优化网络图

【解】（1）找出关键线路和计算计算工期，如图 12－39(a)所示，工期优化时，可用"标号法"快速找出关键线路和工期。

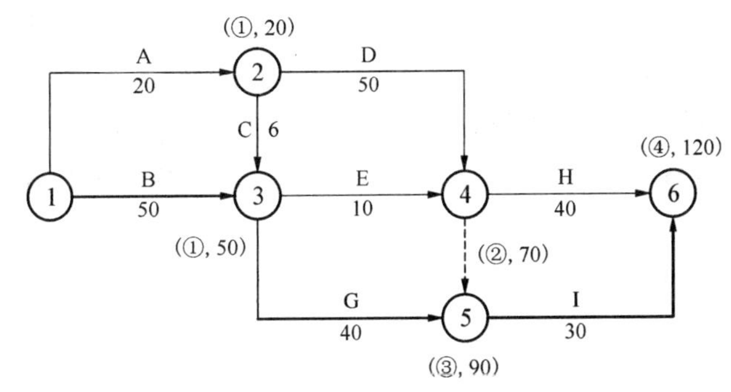

(a)　工期优化第一步：用"标号法"找出关键线路和工期

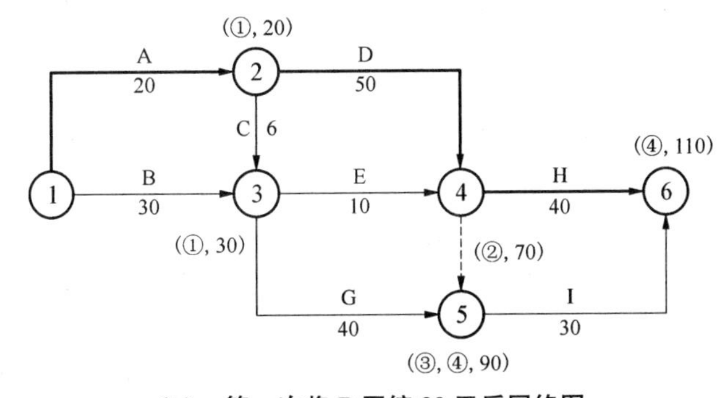

(b)　第一次将 B 压缩 20 天后网络图

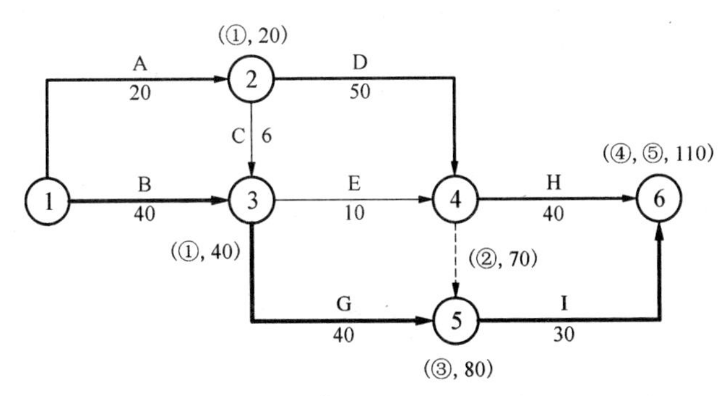

(c)　将 B 压缩 10 天后的网络图

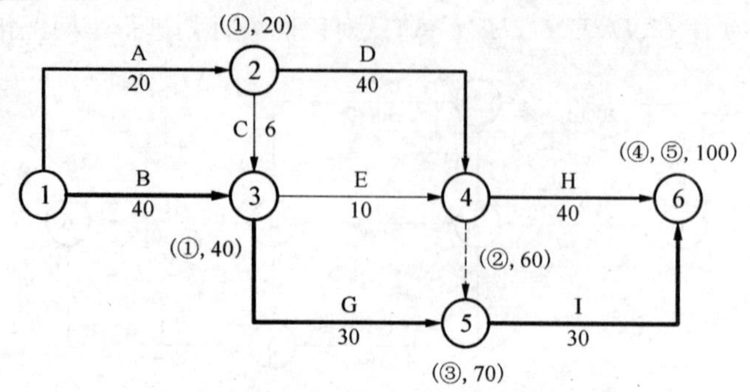

（d） 将工作 D、G 各压缩 10 天后的网络图

图 12－39 例 12－12 附图

方法：计算各节点的最早时间，标注节点最早时间的同时，把数据的来源节点标注出来。如图 12－39(a)中，节点②的最早时间是 20，数据来源于节点①，即节点②最早时间的源节点是①，则在②节点上标注为“(①,20)”顺箭头依次按照顺线累加、取大的原则一直计算到结束节点。结束节点的最早时间即计算工期。从结束节点逆箭线依次寻找节点最早时间的源节点，连起来就是关键线路。**关键线路用双箭线、彩色箭线或加粗箭线突出标出**。如图 12－39(a)所示。

（2）计算应缩短的工期：

$$\Delta T = T_c - T_p = 120 - 100 = 20$$

（3）根据已知条件，将工作 B 压缩到极限工期，再重新计算网络计划和关键线路，如图 12－39(b)所示；

（4）显然，关键线路已发生转移，关键工作 B 变为非关键工作，所以，只能将工作 B 压缩 10 天，使之仍然为关键工作，如图 12－39(c)所示；

（5）再根据压缩顺序，将工作 D、G 各压缩 10 天，使工期达到 100 天的要求，如图 12－39(d)所示。

12.5.2 费用优化（工期成本优化）

工程网络计划一经确定（工期确定），其所包含的总费用也就确定下来。网络计划所涉及的总费用是由直接费和间接费两部分组成。直接费由人工费、材料费和机械费组成，它是随工期的缩短而增加；间接费属于管理费范畴，它是随工期的缩短而减小。由于直接费随工期缩短而增加，间接费随工期缩短而减小，两者进行叠加，必有一个总费用最少的工期，这就是费用优化所要寻求的目标。工期与费用的关系如图 12－40 所示。

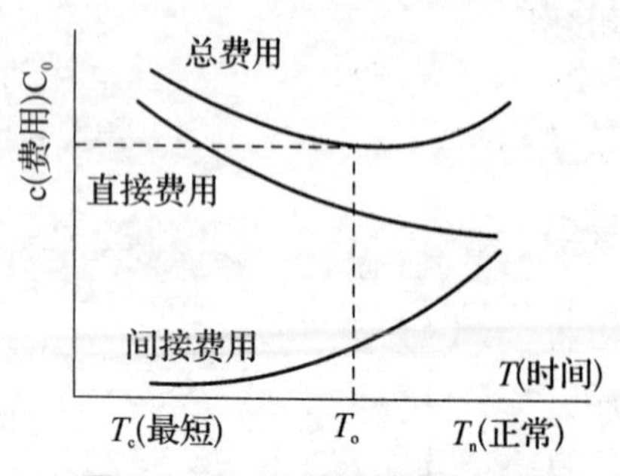

图 12－40 工期与费用的关系

费用优化的目的，一方面可以求出工程费用(C_o)最低相对应的总工期(T_o)，常在计划编制过程中应用；另一方面可求出在规定工期条件下最低费用，一般在计划实施调整过程中应用。

费用优化的基本思路是不断地从工作的时间和费用关系中，找出能使工期缩短而又能使直接费增加最少的工作，缩短其持续时间，同时，再考虑间接费随工期缩短而减小的情况。把不同工期的直接费与间接费分别叠加，从而求出工程费用最低时相应的最优工期或规定工期时相应的最低工程费用。

1. 费用优化的步骤

(1) 计算工程总直接费后及直接费的费用率(赶工费用率)。

直接费用率是缩短工作单位时间所需增加的直接费，工作 $i-j$ 的直接费率用 ΔC_{ij}^{0} 表示。直接费用率等于最短时间直接费与正常时间直接费所得之差除以正常工作历时减最短工作历时所得之差的商值，即

$$\Delta C_{i-j}^{0}=\frac{C_{i-j}^{c}-C_{i-j}^{n}}{D_{i-j}^{n}-D_{i-j}^{c}} \tag{12-21}$$

式中：D_{i-j}^{n}——正常工作时间；

D_{i-j}^{C}——最短工作时间；

C_{i-j}^{n}——正常工作时间的直接费；

C_{i-j}^{C}——最短工作时间的直接费。

(2) 确定间接费的费用率

工作 $i-j$ 的间接费的费用率 ΔC_{i-j}^{k} 根据实际情况确定。

(3) 找出网络计划中的关键线路和计算出计算工期。

(4) 在网络计划中找出直接费用率(或组合费用率)最低的一项关键工作(或一组关键工作)，作为压缩的对象。

(5) 压缩被选择的关键工作(或一组关键工作)的持续时间，其压缩值必须保证所在的关键线路仍然为关键线路，同时，压缩后的工作时间不能小于极限工作时间。

(6) 计算相应的费用增加值和总费用值(总费用必须是下降的)，总费用值可按下式计算：

$$C_{t}^{0}=C_{t+\Delta T}^{0}+\Delta T(\Delta C_{i-j}^{0}-\Delta C_{i-j}^{k}) \tag{12-22}$$

式中：C_{t}^{0}——将工期缩短到 t 时的总费用；

ΔT——工期缩短值；

$C_{t+\Delta T}^{0}$——工期缩短前的总费用。

其余符合意义同前。

(7) 重复以上步骤，直至费用不再降低为止。

在优化过程中，当直接费用率(或组合费率)小于间接费率时，总费用呈下降趋势；当直接费用率(或组合费率)大于间接费率时，总费用呈上升趋势。所以，当直接费用率(或组合费率)等于或略小于间接费率时，总费用最低。整个优化过程可列表进行优化过程。

表 12-5　费用优化表示意

缩短次数	被压缩工作	直接费用率(或组合费率)	费率差	缩短时间	缩短费用	总费用	工期
1	—	—	—	—	—	—	—

注：费率差＝直接费用率(或组合费率)－间接费率

【例 12-13】 已知网络计划如图 12-41 所示，箭线上方括号外为正常直接费，括号内为最短时间直接费，箭线下方括号外为正常工作历时，括号内为最短工作历时。试对其进行费用优化。间接费率为 0.120 千元/天。

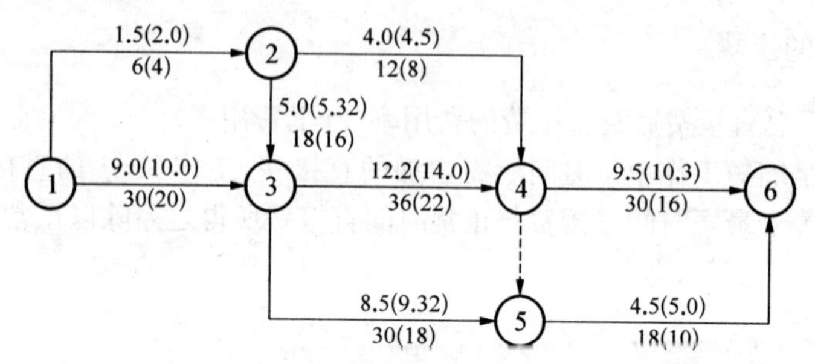

图 12-41 待费用优化网络图

【解】

(1) 计算工程总直接费。

$\sum C^0 = 1.5 + 9.0 + 5.0 + 4.0 + 12.0 + 8.5 + 9.5 + 4.5 = 54.0$(千元)

(2) 计算各工作的直接费率，如表 12-6 所示：

工作代号	最短时间直接费－正常时间直接费（千元）	正常历时－最短历时(天)	直接费率（千元/天）
1—2	2.0—1.5	6—4	0.25
1—3	10.0—9.0	30—20	0.10
2—3	5.25—5.0	18—16	0.125
2—4	4.5—4.0	12—8	0.125
3—4	14.0—12.0	36—22	0.143
3—5	9.32—8.5	30—18	0.068
4—6	10.3—9.5	30—16	0.057
5—6	5.0—4.5	18—10	0.062

(3) 找出网络计划的关键线路和计算出计算工期，如图 12-42 所示。

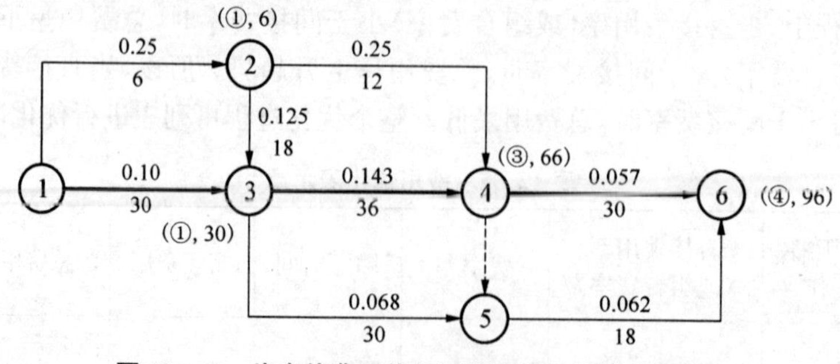

图 12-42 找出待费用优化网络图的关键线路和工期

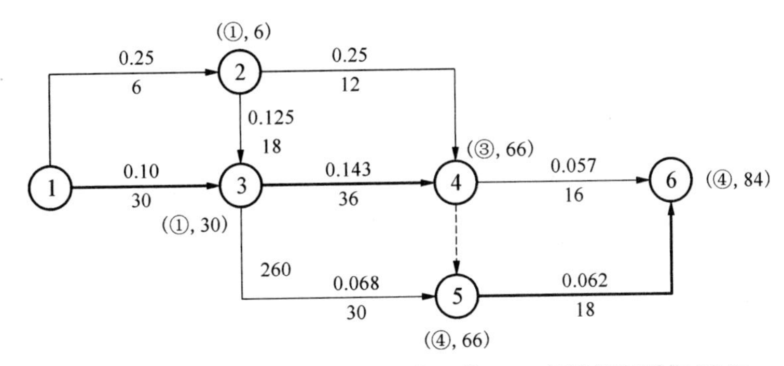

图 12-43　费用优化第一次压缩：将工作 4—6 压缩最短时间 16 天

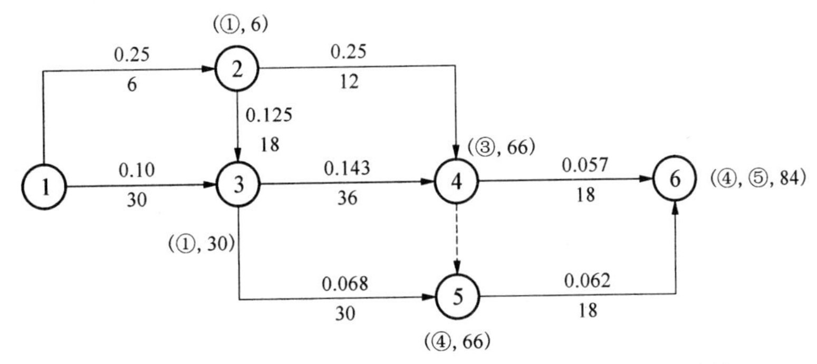

图 12-44　费用优化第一次压缩后调整：将工作 4-6 持续时间调整至 18 天

(4) 第一次压缩：

在关键线路上，工作 4—6 的直接费率最小，故将其压缩到最短时间 16 天，压缩后再用标号法找出关键线路，如图 12-43 所示。

原关键工作 4—6 变为非关键工作，所以，通过试算，将工作 4—6 的工作时间延长到 18 天，工作 4—6 仍为关键工作。则将工作 4—6 的持续时间调整至 18 天，如图 12-44 所示。

在第一次压缩中，压缩后的工期为 84 天，压缩工期 12 天。直接费率为 0.057 千元/天，费率差为 0.057－0.12＝－0.063 千元/天(负值，总费用呈下降)。

第二次压缩：

方案 1：压缩工作 1—3，直接费用率为 0.10 千元/天；

方案 2：压缩工作 3—4，直接费用率为 0.143 千元/天；

方案 3：同时压缩工作 4—6 和 5—6，组合直接费用率为(0.057＋0.062)＝0.119 千元/天。

故选择压缩工作 1—3，将其也压缩到最短历时 20 天。如图 12-45 所示。

从图中可以看出，工作 1—3 变为非关键工作，通过试算，将工作 1—3 压缩 24 天，可使工作 1—3 仍为关键工作。如图 12-46 所示。

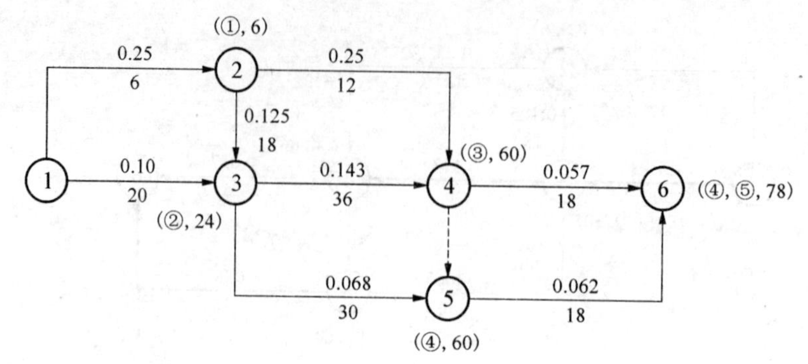

图 12-45　费用优化第二次压缩:将工作 1—3 持续时间压缩至最短时间 20 天

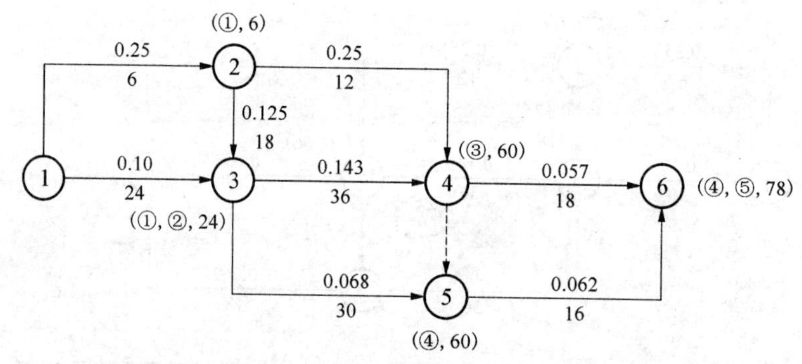

图 12-46　费用优化第二次压缩后调整:将工作 1—3 持续时间调整至 24 天

第二次压缩后,工期为 78 天,压缩了 84−78=6 天,直接费率为 0.10 千元/天,费率差为 0.10−0.12=−0.02 千元/天(负值,总费用仍呈下降)。

第三次压缩:

方案 1:同时压缩工作 1—2、1—3,组合费率为 0.10+0.25=0.35 千元/天;

方案 2:同时压缩工作 1—3、2—3,组合费率为 0.10+0.125=0.225 千元/天;

方案 3:压缩工作 3—4,直接费率为 0.143 千元/天;

方案 4:同时压缩工作 4—6、5—6,组合费率为 0.057+0.062=0.119 千元/天;

经比较,应采取方案 4,只能将它们压缩到两者最短历时的最大值,即 16 天。如图 12-47 所示。

至此,得到了费用最低的优化工期 76 天。因为如果继续压缩,只能选取方案 3,而方案 3 的直接费率为 0.143 千元/天大于间接费率,费用差为正值,总费用上升。

压缩后的总费用为:

$$\sum C_t^0 = \sum \{C_{t+\Delta T}^0 + \Delta T(\Delta C_{i-j}^0 - \Delta C_{i-j}^k)\}$$
$$= 54 - 0.063 \times 12 \quad 0.02 \times 6 - 0.001 \times 2 = 53.122(\text{千元})$$

费用优化过程见表 12-7 所示。

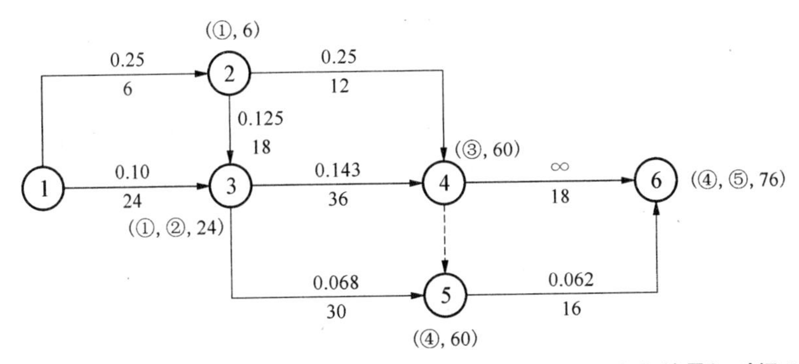

图 12-47　费用优化第三次压缩：同时压缩工作 4—6、5—6 至它们的最短时间 16 天

表 12-7　费用优化过程

缩短次数	被压缩工作	直接费用率（或组合费率）	费率差	缩短时间	缩短费用	总费用	工期
1	4—6	0.057	−0.063	12	−0.756	53.244	84
2	1—3	0.100	−0.020	6	−0.120	53.124	78
3	4—6 5—6	0.119	−0.001	2	−0.002	53.122	76

12.5.3　资源优化

资源包括人力、材料、动力、机械设备等。如果工作进度安排不恰当，会在计划的某些阶段出现对资源需求的“高峰”，而在另一些阶段出现对资源需求的“低谷”。这种资源的不均衡，会造成资源供应不足或过剩，同时，也会给工程组织和管理带来麻烦。资源优化的目的，就是为了解决资源供应不均衡的问题。资源优化有两种情况。

1. 规定工期的资源均衡

在工期限定的情况下，当对资源的需求出现“高峰”时，我们通常对非关键工作进行调整，以使资源尽量达到均衡，调整的方法有以下三种：

（1）利用时差，推迟某些工作的开始时间。推迟规则为：优先推迟资源强度小的工作（资源强度是指单位时间内的资源需要量）；当有几项工作的资源强度相同时，优先推迟机动时间大的工作。

（2）在条件允许的情况下，可在资源需求量超限的时段内中断某些工作，以减少对资源的需要量。

（3）改变某些工作的持续时间。

2. 资源有限条件下使工期最短

当一项工程计划经过调整资源均衡之后，如果所需要的资源很充足，就可实施了。但是，当资源供应有限时，就要根据有限的资源去安排工作。资源有限条件下的分配方法可用备用库法。

资源分配的优先安排规则如下：

(1) 优先安排机动时间少的工作；

(2) 当几项工作的机动时间相同时，优先安排持续时间短的和资源强度小的工作。

应注意的是：优先保障关键工作的资源安排和力争减少资源的库存积压，以提高利用率；要灵活地运用以上优先安排规则，并考虑尽可能的最优组合。

单元练习题

1. 什么是网络图？什么是网络计划？
2. 什么是双代号网络图？什么叫单代号网络图？
3. 工作和虚工作有什么不同？虚工作的作用有哪些？
4. 什么是逻辑关系？网络计划有哪两种逻辑关系？有何区别？
5. 简述网络图的绘制原则。
6. 试述工作总时差和自由时差的含义及其区别。
7. 节点位置号是怎样确定？用它来绘制网络图有哪些优点？
8. 什么是节点最早时间、节点最迟时间？
9. 什么是线路、关键线路、关键工作？
10. 什么是网络计划优化？

习题库

网络计划技术

第十三章
施工组织设计编制

本单元学习目标

学生掌握单位工程施工组织设计内容组成。

学生熟悉单位工程施工组织设计编制要求。

学生了解施工组织总设计编制要求。

学生熟悉专项方案内容组成和编制要求。

学生能模仿案例，编制多层以下、中小型规模建筑工程的施工组织设计目录框架和基本内容。

13.1 施工组织设计概述

建筑工程项目无论规模大小，投标阶段要编制施工组织设计，中标后正式开工前，以投标施工组织设计内容为基础，再次深度编制施工组织设计用于指导施工实施。施工组织设计是专业术语，类似做事情前的计划汇报书，通过该计划书让别人相信你是有准备有能力按要求完成任务，达到预期目标。建筑工程(外延就是建设工程)规模大、投资高、工期紧、影响因素甚多，为了保证按质按时竣工，必须在实施前编制一份详细的计划书，实施过程按计划书中安排计划进行，当然中间可以做适当的调整，这就是施工组织设计。按《建筑施工组织设计规范》(GB/T 50502－2009)的定义"以施工项目为对象编制的，用以指导施工的技术、经济和管理的综合性文件"，施工组织设计编制一般有三种：施工组织总设计、单位工程施工组织设计和施工方案(又称为专项工程施工方案)。不是每个拟建的建筑工程项目都要同时编制这三个文件，按项目规模大小和特点、复杂程度及实施需要，决定编制其中的一种、两种或三种。

13.2 施工组织设计编制原则

编制施工组织设计主要内容依据有：与工程建设有关的法律、法规和文件，国家现行有关标准和技术经济指标，工程所在地区行政主管部门的批准文件，建设单位对施工的要求，工程施工合同或招标投标文件，工程设计文件，工程施工范围内的现场条件、工程地质及水文地质、气象等自然条件，与工程有关的资源供应情况，施工企业的生产能力，机具设备状况和技术水平等。

编制施工组织设计也必须遵守一些程序原则，承包人项目部组织编写项目施工组织设计，提交本单位技术部门审批，通过后提交建设单位（监理单位）审核签字。内容指导原则是符合施工合同或招标文件中有关工程进度、质量、安全、环境保护、造价等方面的要求；积极开发使用新技术和新工艺，推广应用新材料和新设备；坚持科学的施工程序和合理施工顺序，采用流水施工和网络计划等方法，科学配置资源，合理布置现场，采取季节性施工措施，实现均衡施工，达到合理的经济技术指标；采取技术和管理措施，推广建筑节能和绿色施工；有效结合质量、环境和职业健康安全体现三位一体管理体系。编制内容应包括编制依据、工程概况、施工部署、施工进度计划、施工准备与资源配置计划、主要施工方法、施工现场平面布置及主要施工管理计划。

施工组织设计的编制和审批符合下列规定：施工组织设计应由项目负责人主持编制，可根据需要分阶段编制和审批，施工组织总设计应由总承包单位技术负责人审批，单位工程施工组织设计应由施工单位技术负责人或技术负责人授权的技术人员审批，施工方案应由项目技术负责人审批，重点难点分部分项工程和专项工程施工方案应由施工单位技术部门组织相关专家评审，施工单位技术负责人批准。由专业承包单位施工的分部分项工程或专项工程的施工方案，应由专业承包单位技术负责人或技术负责人授权的技术人员审批，有总承包单位时，应由总承包单位项目技术负责人核准备案，规模较大的分部分项工程和专项工程的施工方案应按单位工程施工组织设计进行编制和审批。

施工组织设计应实行动态管理，项目施工过程中发生以下 5 个方面变化的，要对施工组织设计及时修改或补充：① 工程设计有重大修改；② 有关法律、法规、规范和编制实施、修订和废止；③ 主要施工方法有重大调整；④ 主要施工资源配置有重大调整；⑤ 施工环境有重大改变。经修改或补充的施工组织设计应重新审批后实施。项目施工前，应进行施工组织设计逐级交底，项目施工过程中，应对施工组织设计的执行情况进行检查、分析并适时调整，施工组织设计应在工程竣工验收后归档。

13.3 单位工程施工组织设计编制

单位工程施工组织设计，是以单位（子单位）工程为主要对象编制的施工组织设计，对单位（子单位）工程的施工过程起指导和制约作用，如一栋 8 层框架教学楼、一栋 11 层剪力墙住宅楼、一栋多层研发中心办公楼就是一个单位工程，针对它们施工前编制的施工组织设计就是单位工程施工组织设计。

按《建筑施工组织设计规范》要求，单位工程施工组织设计应包括（但不限于）以下内容：① 工程概况；② 施工部署；③ 施工进度计划；④ 施工准备与资源配置计划；⑤ 主要施工方案；⑥ 施工现场平面布置；⑦ 主要施工管理计划。按《建设工程施工合同（示范文本）》（GF-2017-0201）通用条款中“7. 工期与进度中”章节对施工组织设计内容要求，应包含（但不限于）内容有：① 施工方案；② 施工现场平面布置图；③ 施工进度计划和保证措施；④ 劳动力及材料供应计划；⑤ 施工机械设备的选用；⑥ 质量保证体系及措施；⑦ 安全生产文明施工措施；⑧ 环境保护、成本控制措施；⑨ 合同当事人约定的其他内容。两个文件对比可以看出，尽管说法好像有差异，其实内容范围和要求是一致的，为了统一，我们以《建筑施工组织设计规范》内容要求为依据进行学习。

1. 单位工程施工组织设计基本内容

（1）工程概况

工程概况应包括工程主要情况、各专业设计简介和工程施工条件等。工程主要情况具体是工程名称、形状和地理位置；工程的建设、勘察、设计、监理和总承包等相关单位的情况，工程承包范围和分包工程范围，施工合同、招标文件和总承包单位对工程施工的重点要求，其他应说明的情况；专业设计简介内容为建筑设计文件描述的建筑规模、建筑功能、建筑特点、建筑耐火、防水及节能要求等，并应简单描述工程的主要装修做法；结构设计、简介结构形式、地基基础形式、结构安全等级、抗震设防类别、主要结构构件类型及要求等；机电及设备安装专业包括给水、排水及采暖系统、通风与空调系统、电气系统、智能化系统、电梯等各个专业系统做法要求；施工条件包括项目建设地点气象状况，施工区域地形、工程水文地质状况、地上地下管线及相邻的地上地下建(构)筑物，与项目施工有关的道路、河流，当地建筑材料、设备供应和交通运输等服务能力状况，当地供电、供水、供热和通信能力，其他与施工有关的现场内外客观主要因素。

（2）施工部署及施工方案

施工部署和施工方案是单位工程编制的技术与管理核心，工程施工目标根据施工合同、招标文件以及本单位对工程管理目标的要求确定，施工部署包括进度、质量、安全、环境和成本目标。施工部署中的进度安排和空间组织应注意 2 个大原则：① 工程主要施工内容及其进度安排应明确说明，施工顺序应符合工序逻辑关系；② 施工流水段应结合工程具体情况分阶段进行划分，单位工程施工阶段的划分一般包括地基基础、主体结构、装饰装修和机电设备安装三个阶段。工程施工的重点和难点应从组织管理和施工技术两个方面进行分析；施工单位明确项目管理组织机构形式，并宜采用框图的形式表示，确定项目经理部的工作岗位设置及其职责划分；对施工中开发和使用的新技术、新工艺做出部署，对新材料和新设备的使用提出技术及管理要求；对主要分包工程施工单位的选择要求及管理方式进行简要说明。

施工方案编制时，单位工程根据《建筑工程施工质量验收统一标准》中分部、分项工程的划分原则，对主要分部、分项工程制定施工方案；对脚手架工程、起重吊装工程、临时用水用电工程、季节性施工等专项工程所采用的施工方案应进行必有的验算和说明。单位工程施工方案中要详细完整确定施工段的划分、施工流向、施工顺序、主要施工方法和施工机械选择等重点技术内容。

施工顺序指单位工程中各分部分项工程施工阶段的先后次序及制约关系。一般建筑工程的施工遵循“先准备后开工、先地下后地上、先主体后围护、先结构后装修、先土建后设备”的总程序原则。确定时考虑的因素一般有：① 施工工艺要求；② 施工机械设备与施工方法的协调；③ 便于施工组织管理、满足施工质量和安全要求；④ 遵循施工程序要综合自然条件气候及外部环境。

施工流向是指单位工程在平面上或竖向上施工的开始部位及其流动方向，它确定的是拟建项目各分部分项工程在空间上的安排顺序及搭接。施工流向的确定一般要考虑如下的一些主要因素:① 现场施工条件和施工方法,施工现场内外部客观条件很多是无法改变的,只能顺应和主动地变不利为有利。施工方法是确定施工流向的关键因素,比如现浇框架中模板的支设,是采用先梁板模后柱模,还是先柱模板后梁板模;② 各分部分项工程施工难度大小,对技术复杂、进度慢、工期较长的分部分项或部位先施工;③ 施工组织的分层分段、单体是否有高低层、高低跨;④ 分部分项工程的工程特点及施工阶段相互关系,如外装修从上到下进行,屋面防水先完成再室内装修,室内先顶棚再墙面后地面,地面则先室内后室外;⑤ 对工业厂房,考虑车间的生产工艺流程、建设单位对生产和使用的需要。

(3) 施工进度计划

按照施工部署的安排进行编制进度计划,施工进度计划可采用网络图或横道图表示,并配有必有的文字说明,对于工程规模较大或较复杂的工程,宜采用网络图表示。单位工程施工组织中的进度计划编制主要的依据包括:① 经过审批的施工组织总设计、施工图、采用的规范标准等技术资料;② 施工组织总设计对本单位工程进度的节点性控制,本单位工程的开竣工日期;③ 劳动力、材料构件、机械设备的供应情况;④ 主要分部分项工程施工方案;⑤ 单位内容的人工、材料和机械消耗定额。

施工进度计划编制步骤一般为:划分施工过程→计算工程量→计算劳动量→确定各施工过程的施工天数→编制施工进度计划初始方案→检查与调整初始方案,编制正式进度计划。

(4) 施工准备与资源配置计划

施工准备工作包括技术准备、现场准备和资金准备等,技术准备指施工所需技术资料准备、施工方案编制计划、试验检验及设备调试工作、样板制作计划等,在技术准备中对主要分部分项工程和专项工程在施工前要单独编制施工方案,施工方案根据工程进展情况分阶段编制完成,主要施工方案应制定编制计划;试验检验及设备调试工作应根据现行规范、标准中的有关要求及工程规模、进度等实际情况制定;样板制作计划应根据施工合同或招标文件的要求并结合工程特点制定。根据现场施工条件和工程实际需要,准备现场生产、生活等临时设施属于现场准备内容,按施工进度计划编制资金使用计划。资源配置计划主要是各施工阶段用工量,及根据施工进度计划确定各施工阶段劳动力配置计划;物质配置计划中主要工程材料和设备的配置计划应根据施工进度计划确定,包括各施工阶段所需要主要工程材料、设备的种类和数量,工程施工主要周转材料和施工机具的配置计划应根据施工部署和施工进度计划确定,包括各施工阶段所需主要周转材料、施工机具的种类和数量。各项资源配置一般采用表格进行辅助说明,如表 13-1、表 13-2 所示。

表 13-1 劳动力配置计划

序号	工种名称	配置 (工日)	时间安排及数量(人数)		备注
			××月	××月	

表 13-2　预制构配件及外购半成品配置计划

序号	配件名称	规格	型号 图号	配置		使用部位	加工单位	进场日期	备注
				数量	单位				

(5) 主要施工方案

单位工程根据《建筑工程施工质量验收统一标准》中分部、分项工程的划分原则，对主要分部、分项工程制定施工方案；对脚手架工程、起重吊装工程、临时用水用电工程、季节性施工等专项工程所采用的施工方案应进行必有的验算和说明。

(6) 施工现场平面布置

单位工程施工现场平面应在总设计的控制下，科学合理布置，占用面积少，合理组织运输减少二次搬运。施工区域的划分和场地的临时占用应符合总体施工部署和施工流程的要求，减少相互干扰，充分利用既有建(构)筑物和既有设施为项目施工服务，降低临时设施的建造费用，临时设施应方便生产和生活，办公区、生活区和生产区宜分离设置，符合节能环保、安全和消防等要求，遵守当地主管部门和建设单位关于施工现场安全文明施工的相关规定。平面布置图在总平面布置图控制下，根据施工部署，绘制不同施工阶段的平面布置图，平面布置图的绘制应符合国家相关标准要求并附必要说明。单位工程施工现场平面布置图应包括(但不限于)下列内容：施工现场状况，拟建建(构)筑物的位置、轮廓尺寸、层数等，工程施工现场的加工设施、存贮设施、办公和生活用房等位置和面积，布置在工程施工现场的垂直运输设施、供电设施、供水供热设施、排水排污设施和临时施工道路等，现场必备的安全、消防、保卫和环境保护等设施，相邻的地上、地下既有建(构)筑物及相关环境。

施工平面布置图设计步骤一般为：收集整理现场资料→垂直运输机械位置确定→钢筋及木工等加工点布置、预拌砂浆等搅拌站布置、材料堆场及仓库布置→现场运输道路布置→临时设施布置→水电管网布置→安全文明宣传展示点及工序样板点布置。

(7) 目标管理计划及主要技术经济指标

单位工程对进度管理计划、质量管理计划、安全管理计划、环境管理计划、成本管理计划等目标设定和实现措施，各项管理计划可以单独成章，也可在相应章节里插入说明。技术经济指标作为对施工组织设计评价和决策的依据，在单位工程施工组织设计编制中，通过计算可以列出工期指标、劳动生产指标、降低成本率指标、主要材料节约指标、机械化程度指标、构件装配率指标等技术经济数值。

2. 单位工程施工组织设计编制案例

单位工程的施工组织设计在规范原则框架下，结合工程实际和承包人具体情况，科学、灵活编制，不是套用一成不变、千篇一律的样板。一个完整的单位工程施工组织设计少则几万字，多则几十万字(含必备的图表内容)。案例 1 就是某编制示例，考虑教材篇幅限制，部分内容进行了删减，附在本单元后。

13.4 施工组织总设计

当拟建项目是若干个单位工程组成的群体工程(如某小学新校区、某地块安置房等)或特大型单体项目(如南京紫峰大厦、上海中心大厦等),就必须编制施工组织总设计,然后根据施工安排可以进一步编制多个单位(子单位)工程施工组织设计。施工组织总设计是对整个拟建群体的施工过程起到统筹规划、重点控制的作用,是指导全场性的施工准备工作和施工全局的纲要性技术经济文件,一般由总承包单位或大型项目经理部的总工程师主持编制。施工组织总设计的编制内容目录和组成基本与单位工程施工组织类似,只是范围更大、考虑层次更高,内容体现的是整个拟建项目片区施工时,原则性、纲要性的指导思路和布局。

1. 施工组织总设计原则

施工组织总设计的主要作用是从全局出发,为整个项目的施工作出全面的战略部署,为施工企业编制施工计划和单位工程施工组织设计提供依据,为建设单位或业主编制工程建设计划提供依据,为组织施工力量、技术和物质资源的供应提供依据,为确定设计方案的施工可能性和经济合理性提供依据。

为了更好发挥施工组织总设计总指导、总控制的作用,让编制工作顺利进行并保证文件质量,除去要结合施工现场场内外实际环境状况,施工组织总设计编制主要依据还有:① 工程勘察资料和现场调查资料。查阅地形、地貌、工程地质及水文地质、气象等自然条件,为建设项目服务的建筑安装企业和预制加工企业的人力、设备、技术和管理水平,工程材料来源和供应情况,交通运输情况,水电供应情况,当地的政治、经济、文化、科技、宗教等社会资料;② 设计文件和有关合同。国家或地方有关部门批准的建设计划、可行性研究报告、工程项目一览表、分期分批施工项目和投资计划,项目所在地主管部门的批件,施工单位上级主管部门下达的施工任务计划,招投标文件和工程承包合同,材料、设备供货合同等;③ 规范、技术标准以及前期资料。与项目有关的国家、行业和地方现行的规范、规程、标准、图集等,前期批准的建设项目初步设计、技术设计、总概算或修正概算等文件资料;④ 类似工程或结构相近工程经验资料。

施工组织总设计编制同样要遵守客观程序,减少不必要的循环和返工,让施工组织总设计成文效率更高,施工组织总设计一般的编制程序为:熟悉研究设计文件→确定施工部署→拟定施工方案、估算工程量→编制施工总进度计划→编制劳动力配置计划、材料配置计划、机具设备配置计划→编制材料运输计划、制订临时生活设施、编制临时生产设施计划→编制施工准备工作计划→布置施工现场总平面图→计算技术经济指标→审定。

2. 施工组织总设计编制的内容

施工组织总设计内容编制必须遵守《建筑施工组织设计规范》给出的(但不限于)内容范围指引,并且做到与时俱进,增加新时代新形势下对施工现场的安全、文明、绿色环保可循环可持续等方面的措施与控制。一般情况下,一份完整的施工组织总设计必须包含:工程概况、总体施工部署、施工总进度计划、总体施工准备与主要资源配置计划、主要施工方法和施工总平面布置。

（1）工程概况

工程概况介绍项目主要情况和主要施工条件等。项目主要情况指项目名称、性质、地理位置和建设规模；项目的建设单位、勘察单位、设计单位和监理单位的情况，项目的设计情况介绍。项目承包范围即主要分包工程范围说明，施工合同或招标文件对项目施工的重点的要求，以及项目自身特殊性所需要说明的情况。施工条件介绍项目建设地点气象情况，施工区域地形的工程地质水文情况，施工区域地上、地下管线即相邻的地下、地下建(构)筑物，与项目施工有关的道路、河流等状况，项目所在地的建筑材料、设备供应和交通运输服务能力状况，项目当地供水、供电、供热和通信能力状况，以及其他可能影响项目施工的场内场外其他情况。

（2）总体施工部署

施工组织总设计是对群体建筑群或整个大型单体的框架性原则性方向性把控，必须对项目总体施工做出宏观布置：确定项目施工总进度、质量、安全、环境和承包等目标，根据项目施工总目标的要求，确定项目分期分阶段竣工即交付计划，确定项目分期分阶段施工的合理顺序及空间.对项目施工的重点和难点应进行简要分析，总承包单位应明确项目管理组织机构形式，并宜采用框图的形式表示，对项目中开发和使用的新技术、新工艺应做出部署，对主要分包施工单位的资质和能力提出明确要求。

（3）施工总进度计划

施工总进度计划按照项目总体施工部署的安排进行编制，总进度计划可采用网络图或横道图表示，并附必要说明。

（4）总体施工准备与主要资源配置计划

施工组织总设计中对群体编制的总体施工准备包括技术准备、现场准备和资金准备等，要注意技术准备、现场准备和资金准备应满足项目分期分阶段施工的需要。同时做好劳动力和物资这两项资源配置计划，劳动力配置计划应确定各施工阶段的总用工量，根据施工总进度计划确定各施工阶段的劳动力配置计划。关于物资配置计划主要是根据施工总进度计划确定主要工程材料和设备的配置计划，根据总体施工部署和施工总进度计划确定主要施工周转材料和施工机具的配置计划。

（5）主要施工方法

在施工组织总设计中，对项目设计的单位（子单位）工程和主要分部分项工程所采用的施工方法进行简要说明，对脚手架工程、起重吊装工程、临时用水用电工程、季节性施工等专项工程所采用的施工方法进行简要说明。注意总设计中只需要简要介绍，具体工艺方法在每个单位(子单位)工程或专项工程中叙述。

（6）施工总平面布置

群体工程或大型单体工程，必须先进行总平面规划布置，然后才能进行单位工程或分期分阶段工程的平面布置，总平面布置如果不科学不合理，会影响整个项目的综合效益和效率，甚至会带来反作用。施工总平面布置图应包括的内容有：项目施工用地范围内的地形情况，全部拟建项目的建(构)筑物和其他基础设施的位置；项目施工用地范围内的加工设施、运输设施、存贮设施、供电设施、供水供热设施、排水排污设施、临时施工道路和办公、生活用房等，施工现场必备的安全、消防、保卫和环境保护等设施；相邻的地上、地下既有建(构)筑物及相关环境。施工总平面布置的原则是:平面布置科学合理、施工场地占用面积少,合理组织运输、减少二次搬运,施工区域的划分和场地的临时占用应符合总体施工部署和施工流程的要求,减少相互干扰;充分利用既有建(构)筑物和既有设施为项目施工服务,降低临时设施的建造费用;临时设施应方便生产和生活,办公区、生活区和生产区宜分离设置,符合节能环保和安全消防等要求;遵守当地主管部门和建设单位关于施工现场安全文明施工的相关规定;可以根据项目总体布置绘制现场不同施工阶段的总平面布置图,总平面布置图的绘制应符合国家相关标准要求并附必有说明。

13.5　专项工程施工方案编制

对拟建项目施工中,施工单位根据设计资料及现场综合情况,确定的难点重点分部分项工程可以自行编制专项施工方案,或在单位工程施工组织设计里进行专门章节编制。如果拟建项目含有《危险性较大的分部分项工程安全管理规定》(中华人民共和国住房和城乡建设部令第 37 号)的施工内容,在施工前必须编制专项方案,如果这个危险性较大的分部分项工程超过一定规模,还要组织专家论证,这个超过一定规模工程定义和范围见《住房城乡建设部办公厅关于实施〈危险性较大的分部分项工程安全管理规定〉有关问题的通知》(建办质〔2018〕31 号)的附件 2。本节仅就专项施工方案主要内容编制及要求进行学习介绍。

1. 专项施工方案概述

一般的单位工程施工组织设计中都包括施工方案部分,当某专项施工方案(施工方案)作为一份完整单位工程施工组织的组成部分时,它的编制要求和内容见本单元 13.3 节"单位工程施工组织设计编制"。

当就拟建项目中某些重点难点分部分项工程施工,单独成册编制的专项施工方案(施工方案),它就有点类似单位工程施工组织设计的模式,必须(但不限于)对专项工程的工程概况、施工安排、施工准备及资源配置计划、施工进度计划、施工方法及工艺要求等全面、科学、合理编制,且关键进度节点、质量、安全等必须是在施工组织总设计或单位工程施工组织的框架下进行,受到它们的约束控制。

危险性较大的分部分项工程简称"危大工程",是指房屋建筑和市政基础设施施工过程中,容易导致人员群死群伤或者造成重大经济损失的分部分项工程。危大工程及超过一定规模的危大工程范围由国务院住建部主管部门制定,省级住房城乡建设主管部门可以结合本地区实际情况,补充本地区危大工程范围。

2. 专项施工方案编制原则

施工单位应当在危大工程施工前组织工程技术人员编制专项施工方案,实行施工总承包的,专项施工方案由施工总承包单位组织编制,实行分包的,专项方案可以由相关专业分包单位组织编制。专项施工方案由施工单位技术负责人审核签字,加盖单位公章,并由总监理工程师审查签字,加盖职业印章后方可实施。由分包单位编制的专项施工方案,由总承包单位技术负责人及分包单位技术负责人共同审核签字并加盖单位公章。对于超过一定规模的危大工程，施工单位应当组织召开专家论证会对专项施工方案进行论证。实施施工总承包的，由施工总承包单位组织召开专家论证会，专家论证前专项方案应当通过施工单位审核和总监理工程师审查。对专家提出的意见和建议，施工单位进行修改完善后，由施工单位技术负责人重新审核签字盖章，总监理工程师审查重新签字盖章。专项施工方案论证不通过的，施工单位修改后重新组织专家论证。

3. 危险性较大的分部分项工程

危险性较大的分部分项工程包含基坑工程、模板工程及支撑体系、起重吊装及起重机械安装拆卸工程、脚手架工程、拆除工程、暗挖工程及其他部分。

挖深度超过 3 m(含 3 m)的基坑槽土方开挖、支护、降水，或开挖深度虽未超过 3 m，但地质条件、周围环境和地下关系复杂、或影响毗邻建筑物构筑物安全的基坑槽土方开挖、支护及降水。

各类滑模、爬模、飞模、隧道模等工具式模板工程；混凝土模板支撑中遇到搭设高度 5 m 及以上，或搭设跨度 10 m 及以上的；或施工总荷载(荷载效应基本组合的设计值)10 kN/m^2 及以上，或集中线荷载(荷载效应基本组合的设计值)15 kN/m 及以上；或高度大于支撑水平投影宽度且相对独立无联系构件的混凝土模板支撑工程，钢结构安装等满堂支撑体系。

起重吊装中采用非常规起重设备和方法，且单件吊装重量在 10 kN 及以上，安装采用起重机械进行的工程；起重机械安装和拆卸。

搭设高度 24 m 及以上的落地钢管脚手架工程(包括采光井、电梯井内脚手架)；附着式升降脚手架、悬挑脚手架、高层作业吊篮、卸料平台、操作平台、异型脚手架。

可能影响行人、交通、电力设施、通信设备或其他建筑物构筑物安全的拆除工程。

建筑幕墙安装工程、钢结构、网架和索膜结构安装工程、人工挖桩孔工程、水下作业工程、装配式建筑混凝土预制构件安装工程，以及采用新技术、新工艺、新材料、新设备可能影响工程施工安全，尚无国家、行业及地方标准的分部分项工程。

4. 超过一定规模的危险性较大的分部分项工程

需要专家论证的超过一定规模的危险性较大的分部分项工程，工程范围与危险性较大的分部分项工程范围一致，仍然是基坑工程、模板工程及支撑体系、起重吊装及起重机械安装拆卸工程、脚手架工程、拆除工程、暗挖工程及其他部分这七大内容，只是此时工程的深度、高度、荷载、规模等条件更复杂，危险程度更高。内容具体条款不再详述，读者可查阅《住房城乡建设部办公厅关于实施〈危险性较大的分部分项工程安全管理规定〉有关问题的通知》(建办质〔2018〕31 号)的附件 2。

5. 专项施工方案编制案例

“案例 2　某项目支撑专项方案”以某模板支撑的专项工程施工方案编制为例子，让读者初步了解专项施工方案编制的内容及格式。

案例1 某综合楼单位工程施工组织设计

第一章 工程概况

1.1 总体情况

该工程位于××市南京西路99号，建筑面积22 074.22 m^2，其中地下3 776.81 m^2，地上18 297.41 m^2。框架剪力墙结构，另一部分为2层地库，采用无梁板柱结构体系。结构安全等级二级，抗震设防烈度7度。

1.2 建筑设计概况

该住宅楼采用框架剪力墙结构。

抗震设防烈度为7度，基本地震加速度0.10 g，抗震等级三级。

建筑物设计使用年限:50年

耐火等级:二级　　　安全等级:二级

(其他具体内容略)

1.3 结构设计概况(具体内容略)

1.4 施工条件(具体内容略)

1.5 总体要求

1. 质量目标:合格

2. 安全目标:杜绝一切重大伤亡事故。

3. 工期目标:满足合同要求。

4. 文明施工目标:创建文明工地。

5. 服务目标:建造业主满意工程。

第二章 施工方案

2.1 施工顺序

本工程本着"先土建后安装""先地下后地上""先主体后装修"、的原则安排各工种、各工序流水施工作业。投入充足的劳动力、机具设备、材料，本着"安全第一""质量为本"指导思想组织现场施工。根据工程的施工条件，全工程分为以下几个施工阶段:

测量放线→桩基基础施工→土方工程→主体结构→二次结构→屋面工程→装修工程→清理交工。

2.2 主要分部分项工程的施工方法

2.2.1 测量放线(具体内容略)

2.2.2 桩基工程

2.2.2.1 打桩工程(具体内容略)

2.2.2.2 施工工序

测量放线→平整场地→试验桩沉桩→静载试验→工程桩预制→工程桩沉桩→送桩→桩孔回填→土方开挖→检测→凿桩接桩。

2.2.2.3 沉桩施工工艺(具体内容略)

2.2.2.4 静力法沉桩压桩标准(具体内容略)

2.2.2.5　工程质量标准及检验质量验收标准(具体内容略)

2.2.3　土方工程

根据定位放线所撒的灰线来开挖基础土方,要求轴线位置清楚,标高位置控制准确,拟采用机械和人工相结合的方法进行挖土,土方就地堆放,回填后多余土方外运。

2.2.3.1　施工准备(具体内容略)

2.2.3.2　勘察施工现场(具体内容略)

2.2.3.3　编制施工方案(具体内容略)

2.2.3.4　设置测量控制网　(具体内容略)

2.2.3.5　基坑降水(具体内容略)

2.2.3.6　土方开挖(具体内容略)

2.2.3.7　土方回填(具体内容略)

2.2.4　脚手架工程(具体内容略)

2.2.5　模板工程

2.2.5.1　模板施工准备工作(具体内容略)

2.2.5.2　模板施工要点(具体内容略)

2.2.5.3　模板支撑施工主要安全技术措施(具体内容略)

2.2.6　钢筋工程(具体内容略)

2.2.7　混凝土工程

2.2.7.1　柱混凝土浇筑(具体内容略)

2.2.7.2　楼面混凝土浇筑(具体内容略)

2.2.7.3　混凝土试块(具体内容略)

2.2.7.4　混凝土的养护(具体内容略)

2.2.7.5　混凝土质量通病的防治措施(具体内容略)

2.2.8　砌筑工程

2.2.8.1　设计要求(具体内容略)

2.2.8.2　施工要求(具体内容略)

2.2.8.3　主要施工方法(具体内容略)

2.2.9　屋面工程

2.2.9.1　屋面工程施工要点(具体内容略)

2.2.9.2　防水涂料和防水卷材的施工(具体内容略)

2.2.10　装饰工程

2.2.10.1　外墙面砖(具体内容略)

2.2.10.2　内装修工程(具体内容略)

2.2.11　金属结构工程

2.2.11.1　钢柱施工程序(具体内容略)

2.2.11.2　放样、号料(具体内容略)

2.2.12　门窗工程

2.2.12.1　塑钢窗

工艺流程:弹线找规矩→门窗洞处理→连接件安装→窗框安装固定→窗扇安装→门窗

口四周密封嵌缝→安装五金配件→安装纱窗密封条。(质控要点具体内容略)

2.2.12.2 铝合金门窗(具体内容略)

2.2.12.3 防火门安装(具体内容略)

2.2.18 楼地面工程(具体内容略)

2.2.18.1 水泥砂浆地面(具体内容略)

2.2.18.2 地砖楼地面(具体内容略)

2.2.19 涂料施工(具体内容略)

2.2.20 外墙保温施工

2.2.20.1 施工工艺

1. 施工流程图工序:衔接交底→基层面验收→挂基准线→材料准备→分层抹保温砂浆→打磨、修角→挂网(有面砖的挂钢网,无面砖的挂玻纤网)→抹护面抗裂砂浆→验收

2. 操作程序及施工要求(具体内容略)

2.3 安全文明施工设计

1. 安全警示标志牌:在易发伤亡事故(或危险)处设置明显的、符合国家标准要求的安全警示标志牌。

2. 现场围挡:现场采用封闭围挡,高度不小于 1.8 m,围挡材料可采用彩色、定型钢板,砖、混凝土砌块等墙体。

3. 牌图:在进门处悬挂工程概况、管理人员名单及监督电话、安全生产、文明施工、消防保卫五板;施工现场总平面图。

4. 企业标志:现场出入的大门应设有本企业标识或企业标识

5. 场容场貌:道路畅通,排水沟、排水设施通畅,工地地面硬化处理,绿化。

6. 材料堆放:材料、构件、料具等堆放时,悬挂有名称、品种、规格等标牌,水泥和其他易飞扬细颗粒建筑材料应密闭存放或采取覆盖等措施,易燃、易爆和有毒有害物品分类存放。

7. 现场防火:消防器材配置合理,符合消防要求。

8. 垃圾清运:施工现场应设置密闭式垃圾站,施工垃圾、生活垃圾应分类存放。

9. 安全用电:

(1) 按施工用电规划总平面图,施工前向施工人员交底,安装好后进行验收。

(2) 建立安全检测制度并作好记录。

接地电阻每月检测一次,绝缘电阻每月检测一次,漏电保护器半月检测一次。

(3) 电气维修应定时定人,每天 1 人进行值班,常到班组,现场检查,及时发现和消除事故隐患。

(4) 所有电气设备金属外壳必须设有良好的接零保护。

(5) 用电设备进行完工后,应及时拆除,入库以防受潮和漏电。

(6) 定期对电工进行用电安全教育和培训,应持证上岗,严禁无证上岗或随意串岗。

(7) 各种用电设备实行一机一闸一保护,必须施行三相五线制,遵循安全用电技术规范。施工现场的手持电动工具,必须选用Ⅱ类工具,配有额定漏电电流不大于 30 毫安,动作时间不大于 0.1 秒的漏电保护器保护。

(8) 施工现场的配电箱,开关箱应配置一级漏电保护,一般额定漏电保护动作电流不大于 30 mA。

(9) 配电箱、开关箱应上锁，并专人负责，电气装置必须完好无损，装设端正、牢固、导线绝缘良好。

(10) 检修人员应穿绝缘鞋，戴绝缘手套，用绝缘工具。

2.4　环境保护内容及方法

1. 建设工地生活污水、施工废水等必须单独铺设污水收集管道和收集池，做到雨污分流，并提供雨污分流管线图，由区建设局对雨污分流和污水收集情况进行验收。

2. 建设工地产生的生活污水，具备接管条件的，经预处理后统一纳入城镇污水管网集中处理；不具备接管条件的，采取临时过渡措施，委托统一清运。

3. 施工机械产生的施工废水、车辆冲洗水、工地地面冲洗水要采取指定清洗地点，铺设临时管网等措施，保证统一收集，经处理后回用、接管或清运。

4. 项目开工前应提供有关污水预处理监测报告，污水接管证明和临时清运协议等，经区环保局审查同意后，方可开工建设。

5. 加强污水处理和清运管理，指定专人负责，建立污水处理和清运情况的记录台账，规范污水处理的排放和清运。

6. 严格按照《中华人民共和国环境噪声污染防治法》《江苏省环境噪声污染防治条例》等规定，规范建设施工噪声管理。

7. 对施工现场的强噪声设备须合理布局，远离边界和敏感区，并采取封闭隔声措施，确保噪声达标排放，减少噪声扰民。对车辆装卸、敲击等人为噪声须加强管理，最大限度降低噪声影响。

8. 严格控制建设施工作业时间。因生产工艺上要求或者特殊需要，必须夜间作业、连续作业的，必须办理夜间施工许可证，公告附近居民，并采取有效措施降低噪声排放，减少对周围环境的影响。在中、高考等敏感时间段停止施工。

第三章　施工进度计划(附有横道图)

3.1　施工进度计划详见施工进度横道图

为了保证各分部、各分项工程均有充裕时间保证工程施工和施工质量，编制工程施工总进度计划时，要确定各阶段的目标时间，阶段目标时间不能更改。施工设备、资金、劳动力在满足阶段目标的前提下进行配备。

3.2　制定竣工工期

要正确处理工期与质量、安全、成本的关系。要在确保质量和安全的前提下抓好工期。工程项目领导人员要重视工期，制定具体工期目标，明确工期控制点并制定措施，努力实现。工期 T=530 天。施工时间为 2016 年 11 月 1 日～2018 年 4 月 20 日。

3.3　从物资落实方面保证工期

开工前，组织专业人员编制各类物资和半成品计划，专人负责落实采购工作，做到材料、半成品按质按时适量供应，杜绝由于物资供应短缺而影响施工进度现象发生。

3.4　从劳动力落实方面保证工期

安排技术素质好、有类似工程施工经验的工人、管理人员投入施工，施工人员使用我司的基本力量，全公司范围内统一调配，在专业工程和劳动力需要量等方面，满足现场施工需要。

3.5　从机械落实方面保证工期

现场工程材料和半成品的垂直运输，以井架为主，辅以足够手推车进行运输。公司优先安排该工程需要的一切施工机械，力求提高施工机械化水平，减轻劳动强度，加速施工进度，详见附表“主要施工机械设备一览表”。

3.6　从组织、管理落实方面保证工期

公司各职能部门协助项目部及时解决施工中存在问题。保证项目的运作资金及时到位。公司各职能部门监控项目部的各项管理工作，保证项目部各项管理落实到位。按总进度计划排月计划，按月计划排周计划，按计划保证进度。保证后勤工作为施工现场服务。为确保按期完成本工程，在保证质量、安全的前提下，认真落实加快工程进度的具体措施。在施工过程中，项目经理协调、指挥、检查，防止返工而影响工期，同时，项目部按日安排具体施工进度计划，做到以日保旬，以旬保月，确保总工期按计划完成。管理人员坚持每天下班前一小时开现场生产碰头会，小结当天工作情况和存在的问题，布置第二天的工作，及时解决施工过程中的矛盾，凡受客观因素影响工作进度时，必须采取有力措施，及时补回来。保证横道图计划表的实现。

第四章　资源需求计划

4.1　拟投入的主要施工机械设备表

表 4-1　拟投入的主要施工机械设备表

序号	机械或设备名称	型号规格	数量	产地	额定功率（kW）	用于施工部位
1	塔吊	QTZ40	1	国产		结构
2	挖掘机	WY100	1	国产		基础
3	汽车	4.5T	1	国产		主体
4	砂浆搅拌机	LHJ-200	1	国产	3	主体装饰
5	钢筋切断机	QJ40	1	国产	3	主体
6	钢筋弯筋机	GW40	1	国产	3	主体
7	木工圆盘锯	MJ104-1	1	国产	3	主体装饰
8	木工平刨	MB573	1	国产	3	主体装饰
9	插入式振捣器	ZN-35	3	国产	0.5	主体
10	平板振捣器	ZW-7	1	国产	0.5	主体
11	真空吸水机	HZJ-60	1	国产	2	主体
12	混凝土抹光机		1	国产	3	主体
13	打夯机	HW-60	1	国产	2	基础
14	交流电焊机	BX3-700	1	国产	20	主体

续表

序号	机械或设备名称	型号规格	数量	产地	额定功率(kW)	用于施工部位
15	直流电焊机	AX3－700	1	国产	10	主体
16	电渣压力焊机	JSD－600	1	国产	10	主体
17	闪光对焊机	UN1－100	1	国产	150	主体
18	切割机	220V	1	进口	0.5	主体装饰
19	卷扬机	1T	1	国产	1.5	主体装饰
20	地坪切割机		1	国产	1	装饰
21	电锤		1	进口	0.8	主体装饰
22	手式电钻		1	进口	0.3	主体装饰
23	对讲机	MOTOROLA	2	进口		主体装饰
24	万用表		1	国产		主体装饰
25	全站仪	GTS301D	1	国产		主体
26	经纬仪	J2	1	国产		主体
27	水平仪	DS3	1	国产		主体装饰
28	套丝机	2”	1	国产		安装
29	套丝机	4”	1	国产		安装
30	电动试压泵	4DY165/0.3	1	国产		安装
31	剪板机	Q11－3X2000H	1	国产		安装
32	液压折边机	WS－12	1	国产		安装
33	联合角咬口机	TZL－15W	1	国产		安装
34	单平口咬口机	YZD－15W	1	国产		安装
35	按扣式咬口机	YZA－12	1	国产		安装
36	压筋机	YJ－1.2X2300	1	国产		安装
37	角钢卷圆机	JT－40	1	国产		安装

4.2　拟投劳动力动态表

表4－2　拟投劳动力动态表

时间 / 工种	按工程施工阶段投入劳动力情况		
	基础施工阶段	主体施工阶段	装饰施工阶段
挖土工	5	0	0
回填土工	4	0	4

续表

工种＼时间	按工程施工阶段投入劳动力情况		
	基础施工阶段	主体施工阶段	装饰施工阶段
木工	13	13	4
钢筋制作工	5	3	1
钢筋绑扎工	15	8	1
混凝土工	5	5	1
瓦工	5	13	4
抹灰工	0	4	18
电焊工	2	3	1
架子工	2	4	1
机操工	5	6	2
机电安装工	3	4	13
机修电工	1	1	1
油漆工	0	2	5
辅工	4	4	4

4.3 拟投入的周转材料计划表

表 4-3 拟投入的周转材料计划表

序号	材料名称	规格	单位	数量	来源
1	防水胶合板模板	15 mm 厚	平方米	按实	新购
2	普通胶合板模板	18 mm 厚	平方米	按实	新购
3	钢管	ϕ48×3.5	吨	按实	本公司
4	扣件		万只	按实	本公司
5	木材		m^3	按实	新购置
6	脚手板	200×70×4 000	块	按实	本公司
7	竹笆	1 000×1 200	张	按实	新购置
8	密目安全网	1 800×6 000	口	按实	本公司
9	防护眼镜		副	按实	本公司
10	安全带		根	按实	本公司

4.4 专业施工人员使用计划

根据预算工程量与工期安排，结合以往施工经验，各专业施工人员使用计划如表 4-5，表 4-6。以上职工均为本公司长期在册固定职工。

公司根据项目部每月提供的施工实际进度与劳动力使用计划及时予以补充调整，以确保施工正常进行。

表4-4　主要工艺检测计量器具使用计划表

序号	仪器名称	型号	数量	单位	厂家
1	激光垂准仪	DZG6	1	台	苏光
2	激光经纬仪	J2JD	1	台	苏光
3	自动安平水准仪	DSZ3	2	台	苏光
4	水准仪	M12	1	台	南京
5	钢卷尺	50 m	2	把	南京
6	对讲机	GP68	1	对	天津
7	接受靶		5	个	
8	L1普通型不锈钢尺	3 m	1	个	南京
9	组合检测工具		2	套	
10	地磅		1	台	
11	钢卷尺	5 m	10	把	
12	混凝土抗压模/抗渗模		2/1	组	
13	砂浆试压		2	组	
14	铅垂仪		1	台	

表4-5　基础结构施工安排

工程	木工	钢筋工	混凝土工	架子工	瓦工	现场电工	合计
人数	45	30	20	15	25	2	128

表4-6　±0.00以上主体结构施工安排

工种	木工	钢筋工	混凝土工	架子工	安工	瓦工	现场电工	其他	合计
人数	60	32	30	25	35	80	3	1	275

4.5　冬雨季施工、文明施工、安全施工、环境保护措施材料计划

名称	雨鞋	雨衣	防尘网	安全帽	洒水车	铁锹	反光衣
数量	60双	60双	2 000平方	500个	2辆	60个	500套

第五章　施工准备工作计划

5.1　施工场外准备(具体内容略)

5.2　场内准备(具体内容略)

5.3　技术准备

5.3.1　施工图熟悉、审图(具体内容略)

5.3.2　施工图自审、会审和现场签证(具体内容略)

5.3.3　编制项目质量计划(具体内容略)

5.3.4　编制施工组织设计(具体内容略)

第六章　施工现场总平面布置(附有平面布置图)

6.1　施工平面布置的总说明

总体指导思想:考虑全面周到,充分利用工地内现有设施,临设布置合理有序,方便施工,便于管理,利于文明施工。

施工平面的布置:施工现场总平面布置包括临时设施,施工道路,水,电管线,水平运输,垂直运输布置等。

现场生产区的布置应随工程形象进度的进展相应作一定的调整,基础施工完毕后、主体施工中、主体施工完毕后及装修施工中及施工扫尾阶段分别视现场情况进行调整。

现场生产区考虑各专业工种都有相对独立的生产区域;施工机械设备的布置应考虑到其有效范围覆盖到整个施工区域;尽量减少运输距离。

现场还应在生产加工区和建筑主体区靠近现场施工道路部位,设置材料堆场,材料堆放位置应尽量靠近作业区,避免二次搬运。

6.2　施工现场目前现状(具体内容略)

6.3　施工总平面布置原则及依据

1. 本工程将实行由总包统一管理的原则,施工现场必须充分考虑施工各专业、各工种的场地使用的综合效益,履行总包责任,精心组织、合理安排。

2. 施工道路必须畅通无阻,车辆进出方便,路基稳固,路况良好,同时不影响拟建工程施工和施工设备的安装与拆除。

3. 施工供电系统必须满足施工用电高峰的容量需求,线路布置必须符合施工安全规定,并且使用方便。

4. 施工供水系统必须满足施工,并且使用方便,还应满足消防专门要求。

5. 临时设施应将符合标化工地要求和防火规定。

6. 堆场应努力将土建与水电安装及设备安装等专业分开设置,以使其互不干扰和渗透,确保堆场物资的质量和安全,并减少二次搬运,以求综合效益最好。

7. 施工排水系统必须满足各施工阶段的污水排放和最不利气候条件下的雨水排放。

8. 施工现场按标准化工地要求,规划相关的围墙、绿化、旗杆、标语、施工标牌、门卫、环境卫生等功能设置。

6.3.1　布置原则

为保证施工现场布置紧凑合理、现场施工顺利进行,施工平面布置原则确定如下:

1. 施工平面按基础、主体、装饰分三阶段进行布置,根据施工进度推进做适当调整。

2. 采用预制装配式临建设施,提高装配速度,尽快投入使用。

6.3.2　布置依据

1. 招标文件有关要求。

2. 现场红线、临界线、水源、电源位置以及现场勘察成果。

3. 总平面图、基坑支护开挖图、建筑平面、立面图。

4. 总进度计划及资源需用量计划。

5. 总体部署和主要施工方案。

6. 安全文明施工及环境保护要求。

6.3.3　临时设施

1. 生产临设

根据工程现场特点,考虑临设与各自堆场配套使用,设置钢筋加工场、木工加工场及其他工种用地。

2. 生活、办公临设

(1) 现场在大门进口边设置门卫室。门卫室悬挂《施工现场车辆管理和人员参观管理办法及门卫岗位制度》。并配备办公桌椅、登记本、值班表、紧急联络电话表及警钟系统等,门卫人员统一着装并佩戴执勤袖标。门卫室处设立安全帽存放区,确保进入现场的人员(包括访客)都必须戴上安全帽。

(2) 根据工程现场特点,在场地西侧布置生活区,2 层活动板房以及配套设施,可提供 300 人住宿使用。

(3) 现场办公楼一栋,有若干个办公室。

6.3.4　堆、加工场(具体内容略)

6.3.5　现场排水(具体内容略)

6.3.6　其他(标牌、照明、监护等具体省略)

6.3.7　施工临时道路(具体内容略)

6.3.8　总平面布置管理说明

表 6-2　总平面布置管理说明

序号	管理方面	措　　施	责任单位
1	共性要求	办公区、堆放区、加工区等均封闭管理。	总包单位
2	临建	业主及我方公司要求整洁、完好、美观设置围墙、大门、办公室等临建设施。	总包单位
3	场容	道路、排水通畅,场地整洁、干净,主要道路硬化。	总包单位
4	卫生	1. 专人每天保持现场干净清洁。 2. 专人每天对现场内及周边道路清扫、洒水。 3. 卫生设施、排水沟及阴暗潮湿地带,定期投药、消毒,以防鼠害及传染病发生。	总包单位
5	车辆	按规定区域停放,专人指挥车辆出入,严禁场内任意停车。	总包单位
6	垃圾	零星建筑垃圾袋装化,及时清运出现场;用密封式圈筒稳妥下卸建筑物内垃圾,严禁向外抛掷。	总包单位
7	材料设备	标记标识整齐、编号明显,周围清洁。	总包单位

第七章　施工技术组织措施

7.1　安全生产、文明施工及环境保护目标

目标:无安全事故发生。

施工现场严格按照“两型五化”标准安排布置,创建安全生产、文明施工规范化工程。以人为本,严格遵守国家、省市有关环境保护的法律法规,采取有效措施,严格控制施工现场的各种粉尘、废气、废水、固体废弃物以及噪声、振动对环境的污染和危害。最大限度地减轻污染,达到国家及省市环保部门的有关规定。

7.2　安全生产管理措施

7.2.1　建立和健全安全保证体系(具体内容略)

7.2.2　施工前的勘察(具体内容略)

7.2.3　安全教育(具体内容略)

7.2.4　施工现场保卫工作(具体内容略)

7.2.5　施工安全技术交底(具体内容略)

7.2.6　安全检查(具体内容略)

7.2.7　特殊工种持证上岗(具体内容略)

7.2.8　脚手架工程(具体内容略)

7.2.9　模板工程(具体内容略)

7.2.10　钢筋工程(具体内容略)

7.2.11　混凝土工程(具体内容略)

7.2.12　“三宝”“四口”防护(具体内容略)

7.2.13　安全用电

工地设电工二名,负责工地施工用电管理。所有用电器具均作接地保护,安装漏电保护开关,用电线路架设严格执行安全规范。尽量采用架空线路,如有临时用到拖地线路时,必须是耐磨压绝缘性能良好的无损伤电缆,不允许使用普通电线代替。每个用电器要有各自专用的闸刀开关,不允许一闸多用,不允许线路混乱。配电箱要防雨并上锁,由电工保管,其他人员一律不得私自接线。用电器、闸刀开头必须使用符合要求的保险丝,绝不允许用其他金属线代替。

7.2.14　机械设备(具体内容略)

7.2.15　现场防火、防爆的消防措施(具体内容略)

7.3　环境保护措施

7.3.1　防止大气污染(具体内容略)

7.3.2　防止水污染(具体内容略)

7.3.3　防止施工噪声污染(具体内容略)

7.3.4　施工现场“两型五化”措施(具体内容略)

第八章　环境保护与文明施工措施

8.1　文明施工措施(具体内容略)

8.1.1　现场管理(具体内容略)

8.1.2　料具管理(具体内容略)

8.2　环境保护措施(具体内容略)

8.2.1　大气环境保护(具体内容略)

8.2.2 水污染防治、处理及回用(具体内容略)

8.2.3 光污染防治(具体内容略)

8.2.4 材料与资源(具体内容略)

8.3 防止扰民和民扰措施(具体内容略)

8.4 安全应急救援预案(具体内容略)

第九章 季节性施工措施

为保质按期完成该项目的施工任务,采取各项有效的措施,搞好季节性施工也是重要的一环,因此在综合考虑施工进度时,及时与气象部门建立联络关系,掌握天气的变化,为整个施工项目创造有利条件。

9.1 雨期施工措施

9.1.1 基坑工程施工措施(具体内容略)

9.1.2 钢筋混凝土工程施工措施(具体内容略)

9.1.3 室内外装修工程施工措施(具体内容略)

9.1.4 施工用电措施(具体内容略)

9.1.5 临时设施雨季措施(具体内容略)

9.2 冬期施工措施(具体内容略)

9.3 防台风措施(具体内容略)

9.4 高温季节施工措施(具体内容略)

第十章 新技术、新产品、新工艺、新材料应用

10.1 科技进步目标

中国经济发展已深深融入世界经济一体,建筑市场上纯劳务性质上的"体力、速度"上的竞争已不再是发展主流,而通过使用"新技术、新材料、新工艺、新设备"四新技术,促进企业科技进步,提高企业的科技含量,适应日益变化的竞争环境,才是建筑市场竞争发展的潮流和方向。历年来我公司在工程项目施工中积极采用住房和城乡建设部推广应用的十项新技术,以及江苏省住房和城乡建设厅重点推广十项新技术,取得显著的经济和社会效益,同时也取得了丰富的经验;同时公司建有省级技术中心,工程施工中积极开展技术研发与攻关,取得多项科研成果,对提高企业建筑市场的综合竞争实力起到非常重要的作用。

10.2 确保科技进步目标实现的措施(具体内容略)

10.3 拟采用四新技术的主要内容(具体内容略)

10.3.1 钢筋混凝土裂缝控制技术措施(具体内容略)

10.3.2 建筑企业信息化管理新技术(具体内容略)

附表项目进度计划总表

附图项目施工现场布置平面图示意

序号	工作名称	工程量	工日	2016年12月	2017年2月	2017年4月	2017年6月	2017年8月	2017年10月	2017年12月	2018年2月	2018年4月
				10 20 31 41 51 62	10 20 30 39 49 59	10 20 30 41 51 61	10 20 30 41 51 61	10 20 30 41 51 61	10 20 30 41 51 61	10 20 31 41 51 62	10 20 30 39 49 59	10 20 30 41 51 61
1	桩基、基础工程											
2	土方工程											
3	水电工程											
4	脚手架工程											
5	钢筋分项工程											
6	模板分项工程											
7	混凝土分项工程											
8	二次结构											
9	外墙保温											
10	外墙装饰											
11	屋面工程											
12	门窗工程											
13	室内装修											
14	外架拆除											
15	零星工程											
16	竣工验收											

注：日历工期500天

项目进度安排计划总表

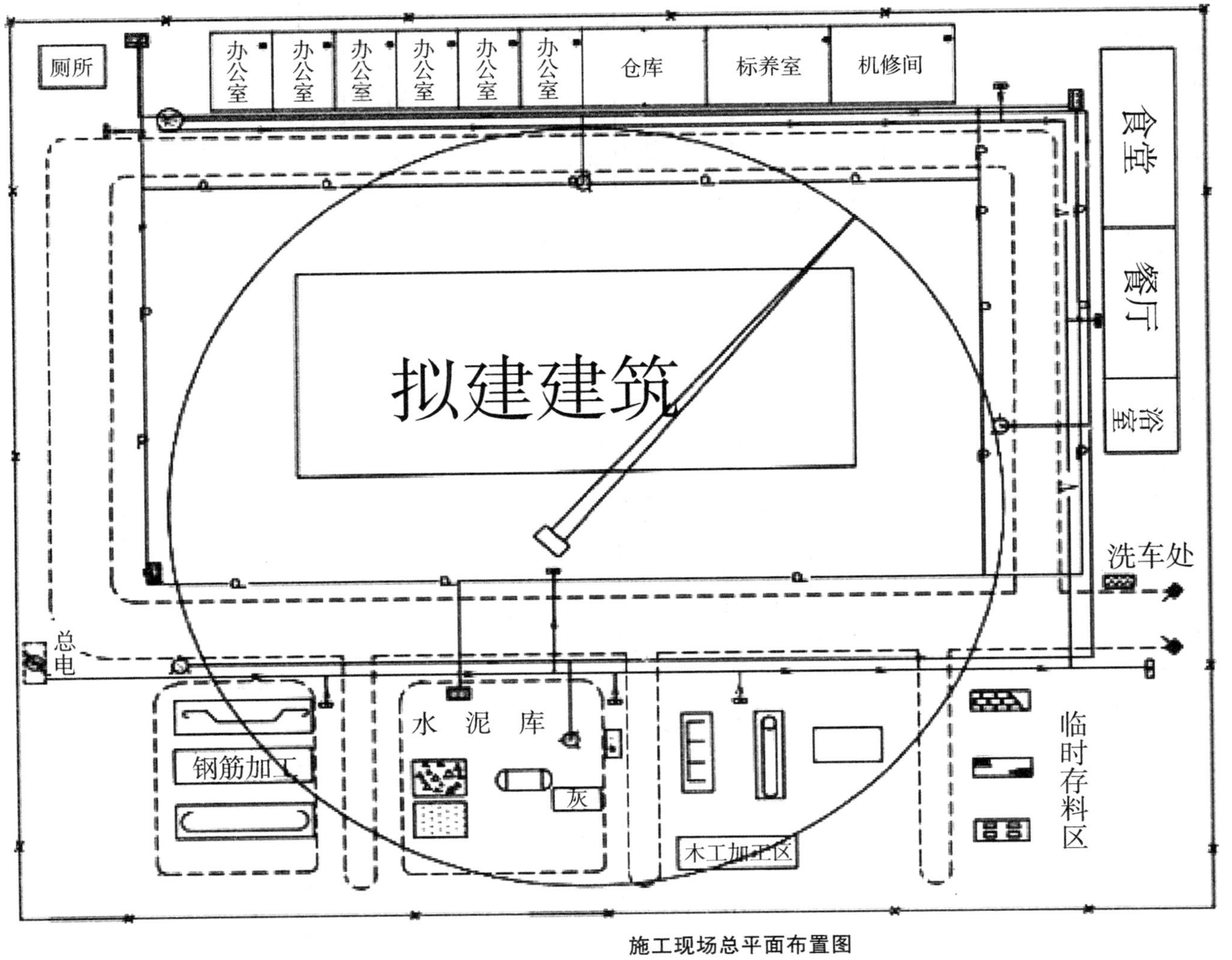

厕所
办公室
办公室
办公室
办公室
办公室
办公室
仓库
标养室
机修间
食堂
餐厅
浴室
拟建建筑
洗车处
总电
钢筋加工
水泥库
灰
木工加工区
临时存料区

施工现场总平面布置图

案例 2 某项目支撑专项方案

1. 工程概况

1.1 建筑概况：

××有限公司中央商务区地下车库位于××市鼓楼区北京路北侧、上海路东侧。

该项目地下车库结构形式为框架、剪力墙结构。最大梁跨度(轴线尺寸)8.0 m。

该项目人防地下车库层高约 3.8 m，其余地下车库层高约 3.7 m，模板支撑架最大高度(属于超重支模)3.8 m，最大梁截面 550 mm×1 300 mm，属超重支模范畴。

1.2 参建单位名称

建设单位：××置业有限公司

设计单位：××建筑设计有限公司

监理单位：××项目管理集团有限公司

施工单位：××建设发展集团有限公司

1.3 大支模概况

根据建办质〔2018〕31 号文件关于实施《危险性较大的分部分项工程安全管理办法》有关问题的通知相关规定：施工总荷载(设计值)15 kN/m^2 及以上，集中线荷载(设计值)20 kN/m及以上，需按高支撑模板系统有关规定进行施工并进行专家论证。

本工程大支模范围：地下车库屋面梁。

根据本工程图纸梁、板设计情况，将本工程属于大支模部位的主要梁、板截面的具体参数统计如下：

大支模统计表

部位	板、梁标高(m)	截面尺寸(mm)	备 注
梁	−1.5	600×850	人防地下车库
梁	−1.65	550×1 000	人防地下车库
梁	−1.65	500×1 100	人防地下车库
梁	−1.65	550×1 300	人防地下车库
梁	−1.65	600×1 100	人防地下车库
梁	−1.35	550×1 000	地下车库
梁	−1.65	550×900	地下车库
梁	−1.65	550×1 000	人防地下车库
梁	−1.65	600×900	地下车库
板	1.65		人防地下车库

2. 编制依据

类别	名　称	编　号
法规	中华人民共和国建筑法	主席令第 19 号
	建筑工程质量管理条例	国务院令第 279 号
	建设工程安全生产管理条例	国务院令第 393 号
	危险性较大的分部分项工程安全管理规定	建设部令 37 号
规范规程	建筑地基基础设计规范	GB 50007 - 2011
	建筑结构荷载规范	GB 50009 - 2012
	混凝土结构设计规范(2015 年版)	GB 50010 - 2010
	建筑施工脚手架安全技术统一标准	GB 51210 - 2016
	钢结构设计标准	GB 50017 - 2017
	木结构设计标准	GB 50005 - 2017
	混凝土结构工程施工质量验收规范	GB 50204 - 2015
	钢结构工程施工质量验收标准	GB 50205 - 2020
	建筑工程施工质量验收统一标准	GB 50300 - 2013
	混凝土结构工程施工规范	GB 50666 - 2011
	建筑施工扣件式钢管脚手架安全技术规范	JGJ 130 - 2011
	建筑施工临时支撑结构技术规范	JGJ 300 - 2013
	建筑施工安全检查标准	JGJ 59 - 2011
	建筑施工高处作业安全技术规范	JGJ 80 - 2016
	江苏省房屋建筑和市政基础设施工程危险性较大的分部分项工程安全管理实施细则	(2019 版)
	建筑施工手册	第五版
	建筑施工脚手架实用手册	

设计文件

图纸名称	图　号	备注
建筑设计施工图	建施	
结构设计施工图	结施	

施工合同

合同名称	编　号	签订日期
建设工程施工合同		

3. 施工准备

3.1　材料与设备

钢材应符合现行国家标准《碳素结构钢》(GB/T 700－2006)和《低合金高强度结构钢》(GB/T 1591－2018)的规定。钢管应符合现行国家标准《直缝电焊钢管》(GB/T 13793－2016)或《低压流体输送用焊接钢管》(GB/T 3091－2015)中规定的Q235普通钢管的要求，并应符合现行国家标准《碳素结构钢》中Q235A级钢的规定。不得使用有严重锈蚀、弯曲、压扁及裂纹的钢管。(其他具体内容略)

材料需要计划表

序号	施工部位	材料名称	规格	单位	数量	备注
1		木枋	36×88×4 000 mm	m^3	30 000	
2		钢管	ϕ48×2.7	米	40 000	
3		扣件	/	颗	30 000	
4		普通高强对拉螺栓	M12	套	4 000	
5		木胶合板	1 220×2 440×15 mm	m^2	40 000	
6						

机械设备需要计划表

序号	机械名称	型号	数量	单机功率
1	平刨机	MB573A	6台	8.5 kW
2	圆盘锯	MJ104A	6台	6.5 kW
3	压刨机	MB104	6台	3 kW
4	电焊机	BX1－500	10台	5 kVA
5	台钻	MK362	6台	
6	砂轮机	立式	5台	

3.2　技术准备

施工前编制有针对性的高支模施工方案，提供高支模施工技术保障；明确项目工程、质量、安全、物质等各部门施工管理人员任务与责任。同时组织人员认真熟悉方案，结合本工程的特点，制定详细的施工计划，并做好施工前三级技术安全交底，搞好上岗人员的培训工作。轴线、模板边线放线：用经纬仪引测建筑物的边柱或墙轴线，并以该轴线为起点，引出其他各条轴线。根据施工图弹出模板边线及水平检测线，以便于模板的安装及校正。水平标高控制：根据模板实际施工要求用水准仪把建筑水平标高直接引测到模板安装位置，也可引测到其他过度引测点，并办好预检手续。

4. 大支模工艺技术

4.1　工艺流程

【板模板】

搭支架→测水平→摆主梁→调整楼板模标高及起拱→铺模板→清理、刷油→检查模板标高、平整度、支撑牢固情况。

【梁模板】

弹梁轴线并复核→搭支模架→调整托梁→摆主梁→安放梁底模并固定→梁底起拱→扎梁筋→安侧模→侧模拉线支撑(梁高加对拉螺栓)→复核梁模尺寸、标高、位置→与相邻模板连固。

【柱模板】

搭设安装脚手架→沿模板边线贴密封条→立柱子片模→安装柱箍→校正柱子方正、垂直和位置→全面检查校正→群体固定→办预检。

【墙模搭设】

单块就位组拼安装工艺流程:

组装前检查→安装门窗口模板→安装第一步模板(两侧)→安装内楞→调整模板平直→安装第二步至顶部两侧模板→安装内楞调平直→安装穿墙螺栓→安装外楞→加斜撑并调模板平直→与柱、墙、楼板模板连接。

预拼装墙模板工艺流程:

安装前检查→安装门窗口模板→一侧墙模吊装就位→安装斜撑→插入穿墙螺栓及塑料套管→清扫墙内杂物→安装就位另一侧墙模板→安装斜撑→穿墙螺栓穿过另一侧墙模→调整模板位置→紧固穿墙螺栓→斜撑固定→与相邻模板连接。

4.2　大支模设计(具体内容略)

4.3　高、大支模施工方法

4.3.1　一般规定

柱模板搭设完毕经验收合格后,先浇捣柱混凝土,然后再绑扎梁板钢筋,梁板支模架与浇好并有足够强度的柱和原已做好的主体结构拉结牢固。经有关部门对钢筋和模板支架验收合格后方可浇捣梁板混凝土。浇筑时按梁中间向两端对称推进浇捣,由标高低的地方向标高高的地方推进。事先根据浇捣混凝土的时间间隔和混凝土供应情况设计施工缝的留设位置。搭设本方案提及的架子开始至混凝土施工完毕具备要求的强度前,该施工层下2层支顶不允许拆除。根据本公司当前模板工程工艺水平,结合设计要求和现场条件,决定采用扣件式钢管架作为本模板工程的支撑体系。

保证结构和构件各部分形状尺寸,相互位置的正确。

具有足够的承载能力,刚度和稳定性,能可靠地承受施工中所产生的荷载。

不同支架立柱不得混用。

构造简单,装板方便,并便于钢筋的绑扎、安装,浇筑混凝土等要求。

多层支撑时,上下二层的支点应在同一垂直线上,并应设底座和垫板。

现浇钢筋混凝土梁、板,当跨度大于4 m,模板应起拱;当设计无具体要求时,起拱高度宜为全跨长度的1/1 000～3/1 000。

拼装高度为2 m以上的竖向模板,不得站在下层模板上拼装上层模板。安装过程中应设置临时固定措施。

当支架立柱成一定角度倾斜，或其支架立柱的顶表面倾斜时，应采取可靠措施确保支点稳定，支撑底脚必须有防滑移的可靠措施。

在立柱底距地面 200 mm 高处，沿纵横向水平方向应按纵下横上的程序设扫地杆。可调支托底部的立柱顶端应沿纵横向设置一道水平拉杆。扫地杆与顶部水平拉杆之间的距离，在满足模板设计所确定的水平拉杆步距要求条件下，进行平均分配确定步距后，在每一步距处纵横向各设一道水平拉杆。

所有水平拉杆的端部均应与四周建筑物顶紧顶牢。无处可顶时，应在水平拉杆端部和中部沿竖向设置连续式剪刀撑。

钢管立柱的扫地杆、水平拉杆、剪刀撑应采用 ϕ48×2.7 mm 钢管，用扣件与钢管立柱扣牢。钢管扫地杆、水平拉杆应采用对接，剪刀撑应采用搭接，搭接长度不得小于 1 000 mm，并应采用不少于 2 个旋转扣件分别在离杆端不小于 100 mm 处进行固定。

支架搭设按本模板设计，不得随意更改；要更改必须得到相关负责人的认可。

水平杆每步纵横向水平杆必须拉通；

水平杆件接长应采用对接扣件连接。水平对接接头位置要求如下图：

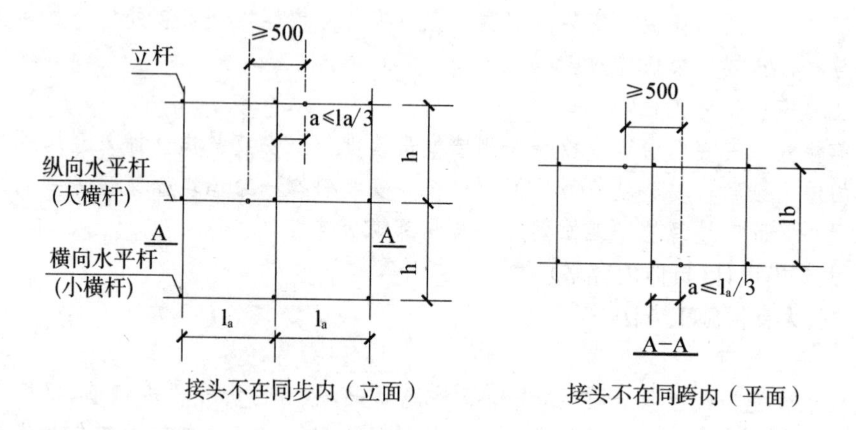

接头不在同步内（立面）　　接头不在同跨内（平面）

水平拉杆如下图示意：

(其具体内容略)

4.4　大支模构造要求

立杆、纵向水平杆、剪刀撑、扣件、可调托撑及其他要求(其具体内容略)

4.5　大支模支撑系统验收

大支模支撑系统质量验收、支撑系统整体稳定性和安全可靠性验收(其具体内容略)

4.6　大支模拆除的工艺要求

大支模拆除工艺要求、大支撑模板拆除工序要求、大支模拆除安全要求(其具体内容略)

4.7　超重大支撑模板支架应执行的强制性条文(其具体内容略)

5. 安全、环境保障措施

为保障高支模支撑系统安全顺利进行,项目部要求严格做好安全和环境保障措施,具体如下:安全教育措施、安全防护措施、泵送混凝土安全措施、施工安全技术措施、安全检查、环境保护措施、安全保证体系、环境保护体系(具体内容略)

6. 超重大支模支架监测措施

大支撑模板支架重点监测措施、大支撑模板支架搭设时监测措施、大支撑模板支架使用时监测措施、超重大支撑模板支架拆除时监测措施(具体内容略)

7. 安全技术措施

包括注意事项、雨季施工措施、防台风措施、炎热天气施工措施(具体内容略)

8. 高、大支模安全应急预案

本超重支模支撑系统作业危险源较多。因此,有必要针对可能发生的危险源及伤害因素制定相应的安全技术措施加以控制,才能对安全施工起到保障作用。

机构设置、人员职责表、应急救援工作程序、应急救援措施(具体内容略)

9. 计算书及相关附图(具体内容略)

单元练习题

习题库

施工组织设计编制

1. 什么是施工组织设计?施工组织设计有什么作用?

2. 施工组织总设计,单位工程施工组织设计,施工专项方案有何联系和区别?

3. 单位工程施工组织设计至少应包括哪些内容?

4. 单位工程施工组织设计编制有哪些依据?编制原则和程序是怎样的?

5. 课后寻找并认真阅读一份2020年后的完整版"×××单位工程施工组织设计",自己体会"单位工程施工组织设计"的内容,并总结编制人是如何随着社会行业发展,增添哪些新的内容纲要的。

参考文献

[1] 中华人民共和国住房和城乡建设部.建筑工程施工质量验收统一标准:GB 50300-2013[S].北京:中国建筑工业出版社,2013.

[2] 中华人民共和国住房和城乡建设部.土方与爆破工程施工及验收规范:GB 50201-2012[S].北京:中国建筑工业出版社,2012.

[3] 中华人民共和国住房和城乡建设部.建筑地基基础工程施工质量验收标准:GB 50202-2018[S].北京:中国计划出版社,2018.

[4] 中华人民共和国住房和城乡建设部.砌体结构工程施工规范:GB 50924-2014[S].北京:中国建筑工业出版社,2014.

[5] 中华人民共和国住房和城乡建设部.砌体结构工程施工质量验收规范:GB 50203-2011[S].北京:中国建筑工业出版社,2011.

[6] 中华人民共和国住房和城乡建设部.砌体结构通用规范:GB 55007-2021[S].北京:中国建筑工业出版社,2021.

[7] 中华人民共和国住房和城乡建设部.混凝土结构工程施工质量验收规范:GB 50204-2015[S].北京:中国建筑工业出版社,2014.

[8] 中华人民共和国住房和城乡建设部.混凝土结构通用规范:GB 55008-2021[S].北京:中国建筑工业出版社,2021.

[9] 中华人民共和国住房和城乡建设部.建筑施工扣件式钢管脚手架安全技术规范:GB 55023-2022[S].北京:中国建筑工业出版社,2011.

[10] 中华人民共和国住房和城乡建设部.施工脚手架通用规范:GB 55023-2022[S].北京:中国建筑工业出版社,2021.

[11] 中华人民共和国住房和城乡建设部.建筑装饰装修工程质量验收标准:GB 50210-2018.[S] 北京:中国建筑工业出版社,2018.

[12] 中华人民共和国住房和城乡建设部.地下防水工程质量验收规范:GB 50208-2011[S].北京:中国建筑工业出版社,2011.

[13] 中华人民共和国住房和城乡建设部.屋面工程质量验收规范:GB 50207-2012[S].北京:中国建筑工业出版社,2012.

[14] 中华人民共和国住房和城乡建设部.建筑节能工程施工质量验收标准:GB 50411-2019[S].北京:中国建筑工业出版社,2019.

[15] 中华人民共和国住房和城乡建设部.建筑工程绿色施工规范:GB/T 50905-2014[S].北京:中国建筑工业出版社,2014.

[16] 中华人民共和国住房和城乡建设部.建筑施工安全技术统一规范:GB 50870-2013[S].北京:中国计划出版社,2013.

[17] 中华人民共和国住房和城乡建设部.钢结构工程施工质量验收标准:GB 50205-2020[S].北京:中国计划出版社,2020.

[18] 中国建筑业协会.建设工程施工管理规程:T/CCIAT 0009-2019[S].北京:中国建筑工业出版社,2019.

[19] 建筑施工手册第五版编委会.建筑施工手册[M].5 版.北京:中国建筑工业出版社,2013.

[20] 中华人民共和国住房和城乡建设部.外墙外保温工程技术标准:JGJ 144-2019[S].北京:中国建筑工业出版社,2019.

[21] 中华人民共和国住房和城乡建设部.建设工程项目管理规范:GB/T 50326-2017[S].北京:中国建筑工业出版社,2017.

[22] 中华人民共和国住房和城乡建设部.建筑施工组织设计规范:GB/T 50502-2009[S].北京:中国建筑工业出版社,2009.

[23] 姚谨英.建筑施工技术[M].6 版.北京:中国建筑工业出版社,2017.

[24] 危道军.建筑施工组织[M].4 版.北京:中国建筑工业出版社,2017.

[25] 姚刚,华建民.土木工程施工技术与组织[M].2 版.重庆:重庆大学出版社,2017.